张中荃 主编

21世纪高等院校信息与通信工程规划教材

21st Century University Planned Textbooks of Information and Communication Engineering

现代交换技术（第3版）

Modern Exchange
Technology (3rd Edition)

U0262355

人民邮电出版社
北京

精品系列

图书在版编目（CIP）数据

现代交换技术 / 张中荃主编. -- 3版. -- 北京：
人民邮电出版社，2013.8（2023.8重印）
21世纪高等院校信息与通信工程规划教材
ISBN 978-7-115-32108-4

Ⅰ. ①现… Ⅱ. ①张… Ⅲ. ①通信交换－高等学校－
教材 Ⅳ. ①TN91

中国版本图书馆CIP数据核字(2013)第148771号

内 容 提 要

本书以程控交换、ATM 交换、MPLS 交换到软交换的技术发展为线索，对现代交换技术进行了系统介绍。重点介绍程控交换技术和 MPLS 交换技术，简述移动交换的技术特点和 ATM 交换的基本机理，并简要介绍软交换技术、IMS 技术和光交换技术。全书内容分为 10 章，包括交换技术概述、数字交换和数字交换网络、程控交换机的硬件系统、程控交换机的软件系统、移动交换系统、ATM 交换技术、MPLS 交换技术、MPLS 技术的工程应用、软交换技术，以及交换新技术。

本书注重基本概念、基本原理和实用性，力求做到内容新颖、知识全面，由浅入深、通俗易懂。

本书可作为通信工程专业的本科教材和从事相关专业的技术人员培训教材，也可供相关专业的硕士研究生学习参考。

◆ 主　　编　张中荃
　　责任编辑　滑　玉
　　责任印制　彭志环　杨林杰

◆ 人民邮电出版社出版发行　　北京市丰台区成寿寺路 11 号
　　邮编　100164　　电子邮件　315@ptpress.com.cn
　　网址　http://www.ptpress.com.cn
　　固安县铭成印刷有限公司印刷

◆ 开本：787×1092　1/16
　　印张：20.25
　　字数：479 千字

2013 年 8 月第 3 版

2023 年 8 月河北第 22 次印刷

定价：49.00 元

读者服务热线：(010)81055256　印装质量热线：(010)81055316
反盗版热线：(010)81055315
广告经营许可证：京东市监广登字20170147号

数字程控交换机是公用电话网、移动电话网、综合业务数字网中的关键设备，在电信网中起着非常重要的作用。同时，随着人们对信息需求的日益扩大，以 ATM、IP 技术为基础的新的宽带网络正在迅速建设和发展。利用 ATM 与 IP 融合的技术构造 Internet 的骨干传送网，可以克服阻碍网络扩展的局限因素，并可大幅度地提高性能。因此，掌握程控交换机的基本原理，理解宽带交换技术及其相关概念，对从事通信工程的技术人员来说是十分必要的。

由于技术发展很快，需要讲述的内容很多，但限于篇幅，不可能将所有内容都进行详细叙述，因此，本书以程控交换、ATM 交换、MPLS 交换到软交换的技术发展为线索，重点介绍程控交换技术和 MPLS 交换技术，简述移动交换的技术特点、ATM 交换的基本机理和软交换技术。本书是在《现代交换技术》（第 2 版）教材多年教学应用的基础上，通过删除部分内容，合并部分章节，将新技术成果融入各相关章节中，并结合作者多年教学的心得和体会修订而成的。主要修订思路如下：修改完善各相关章节内容；删除了第 6 章中 ATM 网络信令一节，将其核心内容在分层技术中介绍；把软交换技术作为单独一章进行编写，以便适应软交换技术应用日益增强的需要；同时增加了 IMS 技术及其应用介绍。

全书共分 10 章。前 5 章主要介绍程控交换技术和移动交换技术。首先从人们较为熟悉的电话通信入手，引入交换的基本概念和电话交换信令方式，并对各类交换技术进行了比较；然后介绍数字交换网络、用户电路、用户集线器、中继器、信号部件、控制系统等硬件组成，重点讨论 T 型时分接线器、S 型接线器、多级时分交换网络、信号音产生等工作原理和用户电路 BORSCHT 功能；接下来介绍呼叫处理的基本原理、程序的执行管理、系统的诊断与维护等软件组成，重点分析讨论用户摘挂机的识别原理、脉冲识别原理及计数、位间隔识别原理、双音频收号原理、时间表的工作原理以及设计；最后简要介绍移动交换中的控制原理、位置登记、越区切换、漫游、网络安全等关键技术和接口信令。后 5 章主要介绍宽带交换技术。从介绍 ATM 交换技术、IP 与 ATM 融合的技术模型入手，重点介绍多协议标记交换（MPLS）技术，包括 MPLS 的网络体系结构、工作原理、标记分发协议（LDP）和标记交换路径（LSP）、MPLS 技术的工程应用（流量工程、QoS 机制、虚拟专用网）等相关内容；然后介绍软交换技术，包括软交换的基本概念、网络结构、相关协议和应用，最后简要介绍 IMS 技术和光交换技术。

本书观点独到、语句精练、论述清楚、内容丰富、紧跟潮流，以期为 21 世纪的科学技术发展和人才培养贡献绵薄之力。

本书主要有以下几个特点。

（1）内容安排独具匠心。以交换技术发展为线索，将交换技术的过去、现在和将来有机地编排在一起，使学生通过本书的学习对当代各种交换技术有一个全面的认识与了解。

（2）知识层次深浅得当。在本书的编写过程中，力求做到内容新颖、概念准确、知识全面、由浅入深，注重基本概念和基本原理。

（3）注重实用技术，提倡创新能力。以典型集成电路为例，介绍专用集成电路的应用方法，促进学生对基本原理的理解和创新能力的培养。

（4）文笔通俗流畅，可读性好。作者力求以通俗易懂的语言将枯燥的理论知识娓娓道来，以提高学生的阅读兴趣和阅读效率。

本书由张中荃主编，参加编写的还有谢国益、王凯、王宏伟、田八林、韩悦、何益新、王程锦，全书由张中荃教授统稿和修改。由于编者水平所限，书中难免存在错误和不当之处，敬请读者斧正。

编　者
2013 年 4 月

目　　录

第 1 章　交换技术概述

通信网是由用户终端设备、传输设备和交换设备组成的。它由交换设备完成接续，使网内任一用户可与其他用户通信。数字程控交换机是数字电话网、移动电话网及综合业务数字网中的关键设备，在通信网中起着非常重要的作用。为了更好地掌握交换技术的相关知识，本章从交换的基本概念入手，介绍交换节点的基本功能、交换技术的分类和发展，并通过对不同交换方式的比较，使读者能准确理解交换的概念。在本章的最后介绍交换信令方式。

1.1　交换的基本概念

1.1.1　交换的引入

通信的目的是实现信息的传递。自从 1876 年 Bell A.G.发明电话以来，一个电信系统至少应由终端和传输介质组成，如图 1-1 所示。终端将含有信息的消息（如语音、文本、数据、图像等）转换成可被传输介质接收的电信号，并将来自传输介质的电信号还原成原始消息。传输介质则是把电信号从一个地点传送到另一地点。这种仅涉及两个终端的通信称为点对点通信。

图 1-1　点对点通信系统

当存在多个终端时，人们希望其中任意两个终端之间都可以进行点对点通信。在用户数量很少时，可以采用个个相连的方法（称为全互连方式），再加上相应的开关控制即可实现，如图 1-2 所示。此时，若用户数为 N，互连线对数为 $N(N-1)/2$，如 $N=8$，则互连线需要 28 对。这种连接方式存在下列缺点：互连线对数随终端数的平方增加；终端间距离较远时，需要大量的长途线路；为保证每个终端与其他终端相接，每个终端都需要有 $N-1$ 个线路接口；当增加第 $N+1$ 个终端时，必须增设 N 对线路。因此，这种全互连方式是很不经济的，且操作复杂，当 N 较大时，这种互连方式无法实用化。于是，引入了交换设备（也称交换机或交换节点），所有用户线都接至交换机上，由交换机控制任意用户间的接续，如图 1-3 所示。

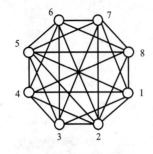

图 1-2 用户个个相连

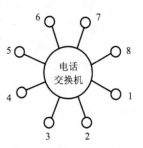

图 1-3 交换节点的引入

由此可见，实现通信必须要有 3 个要素，即终端、传输和交换。

电话交换是电信交换中最基本的一种交换业务。它是指任何一个主叫用户的信息，可以通过通信网中的交换节点发送给所需的任何一个或多个被叫用户。

当电话用户分布的区域较广时，就需设置多个交换节点，交换节点之间用中继线相连，如图 1-4 所示。

当交换的范围更大时，多个交换节点之间也不能做到个个相连，而要引入汇接交换节点，如图 1-5 所示。可以推想，长途电话网中的长途交换节点一般要分为几级，形成逐级汇接的交换网。

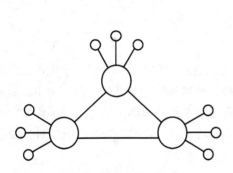

图 1-4 采用多个交换节点

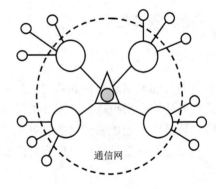

图 1-5 采用汇接交换节点

1.1.2 交换节点的基本功能

交换节点可控制以下的接续类型。

① 本局接续：本局用户线之间的接续。

② 出局接续：在用户线与出中继线之间的接续。

③ 入局接续：在入中继线与用户之间的接续。

④ 转接接续：在入中继线与出中继线之间的接续。

为完成上述的交换接续，交换节点必须具备如下最基本的功能。

① 能正确接收和分析从用户线或中继线发来的呼叫信号。

② 能正确接收和分析从用户线或中继线发来的地址信号。

③ 能按目的地址正确地进行选路以及在中继线上转发信号。

④ 能控制连接的建立。

⑤ 能按照所收到的释放信号拆除连接。

1.2 交换技术分类

众所周知，通信所传输的消息有多种形式，如符号、文字、数据、语音、图形、图像等。根据不同的通信形式，交换技术有着多种不同的分类方法。按照传输信号方式分类，可以分为模拟交换和数字交换；按照接续控制方式分类，可以分为布控交换和程控交换；按照传输信道的占用方式分类，可以分为电路交换和分组交换；按照传输带宽分配方式分类，可以分为窄带交换和宽带交换。下面就按照不同的分类方式，介绍各种交换技术的基本概念。

1.2.1 模拟交换与数字交换

通信所传输的消息虽然有多种形式，但大致可归纳成两种类型：连续消息和离散消息。连续消息指消息的状态是随时间连续变化的，如强弱连续变化的语音等。离散消息指消息的状态是可数的或离散的，如符号、文字、数据等。通常，将连续消息和离散消息分别称为模拟消息和数字消息。

1. 模拟信号和数字信号

对应于两种不同类型的消息，可以有两种信号形式。对应于模拟消息的是模拟信号，对应于数字消息的是数字信号，如图 1-6 所示。

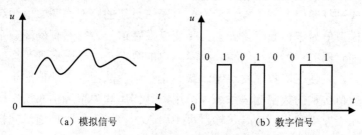

图 1-6 模拟信号和数字信号

（1）模拟信号

模拟信号是指代表消息的信号及其参数（幅度、频率或相位）随着消息连续变化的信号，如图 1-6（a）所示。这里，"模拟"两字的含义是指用电参量（如电压、电流）的变化来模拟信息源发送的消息，如电话信号就是语音声波的电模拟，它是利用送话器的声/电变换功能，把语音声波压力的强弱变化转变成语音电流的大小变化。

（2）数字信号

数字信号是指信号幅度并不随时间作连续的变化，而是取有限个离散值的信号。通常用两个离散值（"0"和"1"）来表示二进制数字信号，如图 1-6（b）所示。电报通信用 5 位而计算机通信用 7 位"0"和"1"的组合来表示传送的数据和控制字符就是这种形式的信号。

需要指出的是，模拟信号和数字信号虽然是两种不同的信号形式，但它们在传输过程中是可以相互转换的。

2．模拟通信和数字通信

（1）模拟通信

以模拟信号为传输对象的传输方式称为模拟传输，而以模拟信号来传送消息的通信方式称为模拟通信。图 1-7 所示为简单的模拟通信系统模型，信息源输出的是模拟信号。调制解调器分别起着发信机和收信机的作用，它们实质上是一种信号变换器，对信号进行各种变换，使其适合于传输媒质的特性；经过调制器调制的信号仍然是一种连续信号，称之为已调信号；解调器则对已调信号进行反变换，使其恢复成调制前的信号形式。在某些场合，未经调制的模拟信号也可以直接在信道上传输，通常称这种原始信号为基带信号，所以模拟通信系统又有基带模拟通信系统和调制模拟通信系统之分。在模拟通信中，传输信号的频谱比较窄，信道利用率较高；但也存在明显的缺点，诸如抗干扰能力弱、保密性差、设备不易大规模集成以及不适应计算机通信飞速发展的需要等。

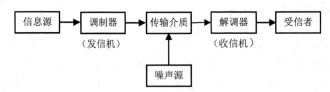

图 1-7　模拟通信系统模型

（2）数字通信

以数字信号为传输对象的传输方式称为数字传输，以数字信号来传送消息的通信方式称为数字通信。如果信息源输出的是模拟信号，可以通过取样、量化、编码等数字化处理后，以数字信号的形式进行通信。图 1-8 所示为数字通信系统的模型。图中信源编码器的作用是把信息源输出的模拟信号进行数字化处理，转变成数字信号，它具有提高数字信号传输有效性的作用。信道编码器的作用是将信源编码器输出的数字信号（码序列）按照一定的规则人为地加入多余码元，以便在接收端发现错码或纠正错码，从而提高通信的可靠性。调制器和解调器仅对采用模拟传输的数字通信系统才有用，其作用和模拟通信系统中所述的类似。信道译码器的作用在于发现和纠正信号传输过程中引入的差错，消除信道编码器所加入的多余码元。信源译码器是把数字信号还原为模拟信号。

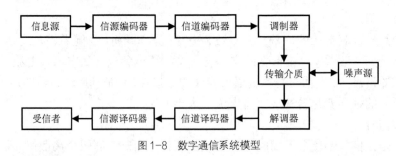

图 1-8　数字通信系统模型

数字通信与模拟通信相比，具有抗干扰性强、保密性好、设备易于集成化，以及便于使用计算机技术进行处理等优点；其主要缺点是所用的信道频带比模拟通信所用的信道频带宽得多，降低了信道的利用率。但随着信道性能的改善，这一问题会逐渐得到解决。

3．模拟交换和数字交换

要完成两个不同用户间的通信，交换起着关键性的作用。

（1）模拟交换

以模拟信号为交换对象的交换称为模拟交换，传输和交换的信号是模拟信号的交换机称为模拟交换机。在模拟交换机中，交换网络的交换功能是通过交叉接点矩阵提供的，通过控制交叉接点的闭合来完成输入线和输出线的连接。

（2）数字交换

以数字信号为交换对象的交换称为数字交换，传输和交换的信号是数字信号的交换机称为数字交换机。在数字交换机中，话路部分交换的是经过脉冲编码调制（Pulse Code Modulation，PCM）的数字化信号，交换网络采用的是数字交换网络（Digital Switch Network，DSN）。

1.2.2　布控交换与程控交换

布控就是布线逻辑控制（Wired Logic Control，WLC），布控交换是利用逻辑电路进行控制的一种交换方式。步进制、机动制、纵横制等机电制交换机都是布控交换机。

程控就是存储程序控制（Stored Program Control，SPC），程控交换是利用计算机软件进行控制（即存储程序控制）的一种交换方式。程控交换包括模拟程控交换和数字程控交换。模拟程控交换是指其控制部分采用存储程序控制（SPC）方式的模拟交换。数字程控交换是指采用存储程序控制（SPC）方式的数字交换。

1.2.3　电路交换与分组交换

1.2.3.1　电路交换

1．传统的电路交换

电路交换（Circuit Switching，CS）是指固定分配带宽（传送通路），连接建立后，即使无信息传送也占用电路的一种交换方式。电路交换是最早出现的一种交换方式，如最早的人工电话的电话交换机采用的就是电路交换方式。电路交换是一种实时交换，当任一用户呼叫另一用户时，应立即在这两个用户间建立电路连接；如果没有空闲的电路，呼叫就不能建立而遭受损失，故应配备足够的连接电路，使呼叫损失率（简称呼损率）不超过规定值。电路交换的基本过程包括呼叫建立阶段、信息传送（通话）阶段和连接释放阶段，如图1-9所示。

传统电路交换的特点是：采用固定分配带宽，电路利用率低；要预先建立连接，有一定的连接建立时延，通路建立后可实时传送信息，传输时延一般可以不计；无差错控制措施，对于数据交换的可靠性没有分组交

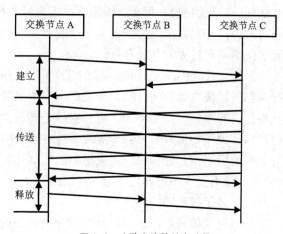

图1-9　电路交换的基本过程

换高；用基于呼叫损失制的方法来处理业务流量，过负荷时呼损率增加，但不影响已建立的呼叫。因此，电路交换适合于电话交换、文件传送、高速传真，不适合突发（Burst）业务和对差错敏感的数据业务。

2．多速率电路交换

多速率电路交换（Multi-Rate Circuit Switching，MRCS）是基于传统电路交换的一种改进方式，它可以对不同的业务提供不同的带宽，包括基本速率（例如 8kbit/s 或 64kbit/s ）及其整数倍；在节点内部的交换网络及其控制上可以采用两种方法来实现多速率交换的要求，即采用多个不同速率的交换网络和采用一个统一的多速率交换网络。多速率电路交换具有以下缺点：基本速率较难确定；速率类型不能太多，否则很难实现，仍缺乏灵活性；固定带宽分配，不适应突发业务的要求；控制较复杂等。

3．快速电路交换

快速电路交换（Fast Circuit Switching，FCS）是电路交换的又一种形式，是为了克服传统电路交换中固定分配带宽的缺点和提高灵活性而提出的。快速电路交换的基本思路是只在信息要传送时才分配带宽和有关资源，并快速建立通道，用户没有信息传输时则释放传输通道。其具体过程是：在呼叫建立时，用户请求一个带宽为基本速率的某个整数倍的连接，有关交换节点在相应路由上寻找一条适合的通道；此时并不建立连接和分配资源，而是将通信所需的带宽、所选的路由编号填入相关的交换机中，从而"记忆"所分配的带宽和去向，实际上只是建立了"虚电路"（Virtual Circuit，VC），或称为逻辑连接（Logical Connection，LC）；当用户发送信息时，通过呼叫标识可以查到该呼叫所需带宽和去向，才激活虚电路，迅速建立物理连接。由于快速电路交换并不为各个呼叫保留其所需带宽，因此，当用户发送信息时并不一定能成功地激活虚电路，会引起信息丢失或排队时延。

1.2.3.2 分组交换

为了克服电路交换中各种不同类型和特性的用户终端之间不能互通、通信电路利用率低以及有呼损等方面的缺点，提出了报文交换的思想。报文交换的基本原理是"存储—转发"。在报文交换中，信息的格式是以报文为单位的，包括报头（发信站地址、终点收信站地址及其他辅助信息组成）、正文（传输用户信息）和报尾（报文的结束标志，若报文长度有规定，则可省去此标志）三部分。报文交换的主要缺点是时延大，且时延的变化也大，不利于实时通信；需要有较大的存储容量。

分组交换（Packet Switching，PS）采用了报文交换的"存储—转发"方式，但不像报文交换那样以报文为单位交换，而是把用户所要传送的信息（报文）分割为若干个较短的、被规格化了的"分组"（Packet）进行交换与传输。每个分组中有一个分组头（含有可供选路的信息和其他控制信息）；分组交换节点采用"存储—转发"方式对所收到的各个分组分别处理，按其中的选路信息选择去向，发送到能够到达目的地的下一个交换节点。

1．分组交换中的相关概念

（1）通信线路的资源共享

分组交换的最基本思想就是实现通信资源的共享。现有通信线路（模拟信道和数字信道）具有一定的传输能力，而数据终端对实际通信速率的要求随着应用的不同，差别是很大的，经济有效地使用通信线路的方法就是组合多个低速的数据终端共同使用一条高速的线路，也就是多路复用。从如何分配传输资源的观点来考虑，多路复用方法可以分为两类：预分配（预分配复用或固定分配）资源法和动态分配（或统计时分复用）资源法。

（2）交织传输

在预分配复用方式下，每个用户传输的数据都在特定的子信道中流动，接收端很容易把它们区分开来。在统计时分复用方式下，各个用户数据在通信线路上互相交织传输，因此不能再用预先分配时间片的方法把它们区分开来。为了识别来自不同终端的用户数据，可将交织在一起的各种用户数据在发送到线路上之前，先给它们打上与终端（或子信道）有关的"标记"，通常是在用户数据之前加上终端号或子信道号，这样在接收端就可以通过识别用户数据的"标记"把它们清楚地分开。

用户数据交织传输的方式有3种：比特交织、字节或字符交织和分组（或信息块）交织。比特交织的优点是时延最小，但是每一个用户数据比特都要加"标记"，传输效率很低，一般不采用。分组（或信息块）交织的传输效率最高，因增加的"标记"信息与用户数据相比所占比例很小；但是它可能引起比较大的时延，且该时延随着通信线路的数据传输速率的提高而减小。字节交织的性能（时延和传输效率）介于比特交织与分组交织之间，计算机和数据终端常常以字节（或字符）为单位发送和接收数据，因而可以采用字节交织方式。通常，中高速线路适用于采用分组交织方式，低速线路适用于采用字节交织方式。

（3）分组的形成

从上述分析可知，把一条实在的线路分成许多逻辑上的子信道，将线路上传输的数据组附加上逻辑信道号，就可以让来自不同数据源的数据组在一条线路上交织传输，接收端很容易将它们按逻辑信道号区分开来，实现了线路资源的动态分配。为了提高复用的效率，将数据按一定长度分组，每一个分组中包含了一个分组头，其中包含所分配的逻辑信道号和其他控制信息，这种数据组就称为分组（Packet）。

（4）分组的交换

分组交换是将报文分成多个分组来独立传送，收到一个分组即可以发送，减少了存储的时间，因而分组交换的时延小于报文交换，如图1-10和图1-11所示。分组长度的确定是一

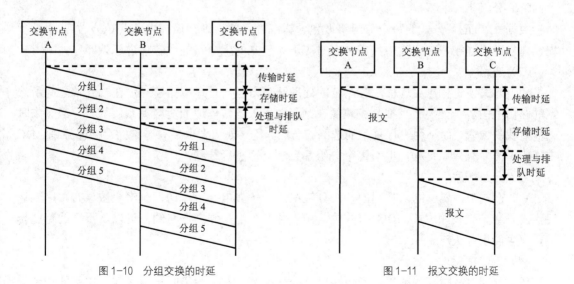

图1-10　分组交换的时延　　　　　　　　　　图1-11　报文交换的时延

个重要的问题，分组长度缩短会进一步减少时延而增加开销（每个分组都有分组头），分组长度加大会减少开销但会增加时延。通常，分组长度的选择要兼顾到时延与开销这两个方面。

分组交换的主要优点是：第一，为用户提供了在不同速率、不同代码、不同同步方式、不同通信控制协议的终端之间能够相互通信的灵活的通信环境；第二，采用逐段链路的差错控制和流量控制，出现差错可以重发，提高了传送质量和可靠性；第三，利用线路动态分配，使得在一条物理线路上可以同时提供多条信息通路。

分组交换的缺点是：由于协议和控制复杂，信息传送时延大，通常只用于非实时的数据业务。

2. 虚电路和数据报

分组交换可提供虚电路（Virtual Circuit，VC）和数据报（DataGram，DG）两种服务方式。所谓虚电路方式，就是在用户数据传送前先要通过发送呼叫请求分组建立端到端之间的虚电路；一旦虚电路建立后，属于同一呼叫的数据分组均沿着这一虚电路传送，最后通过呼叫分组来拆除虚电路。

虚电路不同于电路交换中的物理连接，而是逻辑连接。虚电路并不独占线路，在一条物理线路上可以同时建立多个虚电路，也就是建立多个逻辑连接，以达到资源共享。但是从另一方面看，虽然只是逻辑连接，毕竟也需要建立连接，因此不论是物理连接还是逻辑连接，都是面向连接的方式。虚电路有两种：交换虚电路（Switching Virtual Circuit，SVC）和永久虚电路（Permanent Virtual Circuit，PVC）。前述通过用户发送呼叫请求分组来建立虚电路的方式称为 SVC。如果应用户预约，由网络运营者为之建立固定的虚电路，就不需要在呼叫时临时建立虚电路，而可直接进入数据传送阶段，称之为 PVC。

不需要预先建立逻辑连接，而是按照每个分组头中的目的地址对各个分组独立进行选路的分组交换称为数据报方式。这种不需要建立连接的方式，称为无连接方式。图 1-10 所示可理解为采用数据报方式的分组交换的时延，如果是虚电路方式，还应增加呼叫建立阶段和清除阶段。

下面是虚电路与数据报的比较。

（1）分组头

数据报（DG）方式的每个分组头要包含详细的目的地址，而虚电路（VC）方式由于预先已建立逻辑连接，分组头中只需含有对应于所建立的虚电路的逻辑信道标识即可。

（2）选路

VC 方式预先有建立过程，有一定的处理开销，但一旦虚电路建立，在端到端之间所选定的路由上的各个交换节点都具有映像表，存放出入逻辑信道的对应关系，每个分组到来时只需查找映像表，而不用进行复杂的选路。当然，建立映像表也要有一定的存储器开销。DG方式则不需要有建立过程，但对每个分组都要独立地进行选路。

（3）分组顺序

VC 方式中，属于同一呼叫的各个分组在同一条虚电路上传送，分组会按原有顺序到达终点，不会产生失序现象。DG 方式中，由于各个分组是独立选路的，可以从不同的路由转送，有可能引起失序。

（4）故障敏感性

VC 方式对故障较为敏感，当传输链路或交换节点发生故障时可能引起虚电路的中断，需要重新建立。DG 方式中，各个分组可选择不同路由，对故障的防卫能力较强，从而可靠性较高。

（5）应用

VC 方式适用于较连续的数据流传送，其持续时间显著地大于呼叫建立时间，如文件传送、传真业务等。DG 方式则适用于面向事务的询问/响应型数据业务（突发业务）。

3．路由选择

路由选择是指选择从源点到达终点的信息传送路径。分组能够通过多条路径从源点到达终点，这是分组交换网的重要特征之一，因此，选择什么路径最合适就成了交换机必须解决的问题。分组交换网不论是采用虚电路方式还是采用数据报方式，都需要确定网络的路由选择方案，所不同的是虚电路方式是为每一次呼叫寻找路由，在一次呼叫之内的所有分组都沿着由路由选择软件确定的路径通过网络；而数据报方式是为每一个分组寻找路由。路由选择方法通常有扩散式路由法、查表路由法和虚电路路由表法 3 种。

（1）扩散式路由法

扩散式路由法是指分组从原始节点发往与它相邻的每个节点，接收该分组的节点检查它是否已经收到过该分组，如果已经收到过，则将它抛弃；如果未收到过，则该节点便把分组再发往其所有相邻的节点（除了该分组来源的那个节点之外）。这样，一个分组的许多拷贝便尝试着通过各种可能的路径到达终点，其中总是有一个分组以最小的时延首先到达终点，此后到达的该分组的拷贝将被终节点抛弃。

扩散式路由方法的路由选择与网络的拓扑结构无关，即使网络严重故障或损坏，只要有一条通路存在，分组也能到达终点，因此分组传输的可靠性很高。但是其缺点是分组的无效传输量很大，网络的额外开销也大，网络中业务量的增加还会导致排队时延的加大。

（2）查表路由法

查表路由法是在每个节点中使用路由表，它指明从该节点到网络中的任何终点应当选择的路径。分组到达节点之后按照路由表规定的路径前进，分组从一个节点前进到另一个节点可以有多个路由，其中可以区分出主用路由和备用路由，或者是第 1，2，3…路由。分组首先选择第 1 路由前进，如果网络故障或通路阻塞则自动（或人工）选择第 2，3…路由。路由表是根据网络拓扑结构、链路容量、业务量等因素和某些准则（如最短距离原则、时延最小原则等）计算建立的。

查表路由法与网络结构参数有关，它又分为最短距离法和最小时延法。最短距离法是分组经过的中继线数越少越好，这样会使分组的时延减小；但是当许多分组都按照这一原则蜂拥到某些路径上的时候，将导致分组的队列变长而且时延加大。最短距离法主要依赖于网络的拓扑结构，因网络结构不经常变化，故这种路由表的修改也不很频繁，因而有时也称查表路由法为静态路由表法。最小时延法依据的是网络结构（相邻关系）、中继线速率和分组队列长度，因分组队列长度是一个经常变化的因素，当某条线路上的分组队列较长时，计算该线路上的时延也较大，按路由原则将导致一些分组绕道。这种随着网络的数据流或其他因素的变化而自动修改路由表的方法称为自适应路由法（或动态路由法）。

（3）虚电路路由表法

虚电路方式是对一次呼叫确定路由，路由选择是在节点接收到呼叫请求分组之后执行的，在此之后到达的数据分组将沿着由呼叫请求分组建立的路径通过网络。也就是说，在网络中存在一个端到端的虚电路路由表，该表分散在各节点中，指明了虚电路途径的各节点的端口号和逻辑信道号（Logical Channel Number，LCN）之间的链接关系，同一条线两端的端口号可以不同，但是与同一条虚电路相对应的 LCN 必须相同。有了这个虚电路路由表，数据分组可以快速地找到输出方向，虚电路方式的分组传输时延比较小。虚电路路由表的内容随着呼叫的建立而产生，随着呼叫的清除而消失，是随呼叫而动态变化的。

虚电路的重连接（Reconnect）是由以虚电路交换方式工作的网络提供的一种功能。在网络中，当由于线路或设备故障而导致虚电路中断时，与故障点相邻的节点能够检测到该故障，并向源节点和终节点发送清除指示分组，该分组中包含了清查工作的原因和诊断码。当源节点交换机接收到该清除指示分组之后，就会发送新的呼叫请求分组，而且将选择新的替换路由与终节点建立新的连接。所有未被证实的分组将沿新的虚电路重新发送，保证用户数据不会丢失，终端用户感觉不到网络中发生了故障，只是出现暂时性的分组传输时延加大的现象。如果新的虚电路建立不起来，那么网络的源节点和终节点交换机将向终端用户发送清除指示分组。

1.2.3.3 帧交换

通常的分组交换是基于 X.25 协议的。X.25 包含了 3 层：第一层是物理层，第二层是数据链路层，第三层是分组层，它们分别对应于开放系统互连（Open System Interconnection，OSI）参考模型的下三层，每一层都包含了一组功能。而帧交换（Frame Switching，FS）则只有下面两层，没有第三层，简化了协议，加快了处理速度。

帧交换是以一种帧方式（Frame Mode）来承载业务（Bearer Service）的，在数据链路层以上以简化的方式来传送和交换数据单元。通常，在第三层传送的数据单元称为分组，在第二层传送的数据单元称为帧（Frame）。所以，帧方式是将用户信息流以帧为单位在网络内传送。

帧交换与传统的分组交换比较有两个主要特点：一个是帧交换是在第二层（链路层）进行复用和传送，而不是在分组层；另一个是帧交换将用户面与控制面分离，而通常的分组交换则未分离。用户面（User Plane）提供用户信息的传送，控制面（Control Plane）则提供呼叫和连接的控制，主要是信令（Signaling）功能。

1.2.3.4 快速分组交换

快速分组交换（Fast Packet Switching，FPS）可理解为尽量简化协议，只具有核心的网络功能，以提供高速、高吞吐量、低时延服务的交换方式。有时，FPS 是专指异步转移模式（Asynchronous Transfer Mode，ATM）交换，但广义的 FPS 包括帧中继（Frame Relay，FR）与信元中继（Cell Relay，CR）两种交换方式，信元中继为 ATM 所采用。实际上，ATM 是源自 FPS 和异步时分交换的。

帧中继是典型的帧方式。与帧交换比较，帧中继进一步简化了协议，非但不涉及第三层，连第二层也只保留了链路层的核心功能，如帧的定界、同步、透明性以及帧传输差错检测等。帧中继只进行差错检验，错误帧被丢弃，不再重发。帧中继采用 ITU-TQ.922 建议的链路层接入协议 LAPF 的一个子集，对应于数据链路层的核心子层，称为数据链路核心（DL-Core）协议。帧中继采用可变长度帧，其数据传输采用数据链路连接标识符（Data Link Connection

Identifier，DLCI）来指明信息传输通道，DLCI 被填入交换机的路由表中，并没有分配网络资源。只有当数据在终端用户之间传输时，才在相邻交换节点之间或端局节点和终端之间快速分配传输资源。帧中继可适应突发信息传送，很适用于局域网（Local Area Network，LAN）的互连。

1.2.4　窄带交换与宽带交换

传统的电话交换和数据交换分别适合于语音和 2Mbit/s 以下的数据交换，提供的业务速率限定为 64kbit/s 或 $n×64$kbit/s（n=2～30）的业务交换，这种方式称为窄带交换。

20 世纪 80 年代初期以来，随着宽带业务的发展及其业务发展的某些不确定性，迫切要求找到一种新的交换方式，因而产生了以异步转移模式（ATM）为代表的宽带交换方式，包括 IP 交换、IP/ATM 集成交换、标记交换、帧中继交换、光交换等新的交换方式。

1.3　交换技术的发展

1.3.1　电话交换技术的发展

1．机电式电话交换

自从 1876 年 Bell A.G.发明电话以后，为适应多个用户之间电话交换的要求，在 1878 年就出现了第一部人工磁石电话交换机。磁石电话机要配有干电池作为通话电源，并用手摇发电机发送交流的呼叫信号。后来又出现了人工共电交换机，通话电源由交换机统一供给，共电电话机中不需要手摇发电机而由电话机直流环路的闭合向交换机发送呼叫信号。共电式交换机比磁石式交换机有所改进，但由于仍是人工接线，接续速度慢，用户使用也不方便。

在 1892 年开通的第一部自动交换机是由 Strowger A.B.于 1889 年发明的步进制史端乔式自动交换机。用户通过话机的拨号盘发出的直流脉冲信号，可以控制交换机中电磁继电器与上升旋转型选择器的动作，从而完成电话的自动接续。步进制的得名是源于选择器的上升和旋转是逐步推进的。从此，电话交换由人工时代开始迈入自动化的时代，这是第一个有意义的转变。史端乔式自动交换机最先在美国开通，不久又出现了德国西门子式自动交换机。这些交换机虽然在选择器结构、电路性能等方面有所改进，但其共同特点仍然是由用户话机发出的脉冲信号直接控制交换机的步进选择动作，因此还是属于步进制的直接控制方式。

稍后，开始引入间接控制的原理，用户的拨号脉冲由交换机内的公用设备记发器接收和转发，以控制接线器的动作。采用了记发器，可以译码，增加了选择的灵活性，而且也可以不按十进制工作。旋转制选择器中的弧刷是做弧形的旋转动作，升降制是做上升下降的直线动作，可统称为机动制。

不论是步进制还是机动制，选择器均需进行上升和/或旋转的动作，噪声大，易于磨损，通话质量欠佳，维护工作量大。

纵横制交换机的出现，是电话交换技术进入自动化以后具有重要意义的转折点。纵横制最先在瑞典和美国获得较广泛的应用，有代表性的是瑞典开发的 ARF、ARM、ABK 等系列和美国先后于 1938 年、1943 年和 1948 年开通的 1 号、4 号和 5 号纵横制交换机。日本也研制了系列化的产品，并有所改进和提高，如 C400 和 C460 用于市话，C63 和 C82 用于长话，C410 则具有集中用户交换机（Centrax）功能。法国和英国也都研制了自己的纵横制交换机，如法国的潘特康特型、英国的 5005 型等。我国从 20 世纪 50 年代后期也致力于纵横制的研制，并陆续定型和批量生产。主要型号有用于市话的 HJ921 型，用于长话的 JT801 型，HJ905 型和 HJ906 型则属于用户交换机。

纵横制的技术进步主要体现在两个方面：一是采用了比较先进的纵横接线器，杂音小、通话质量好、不易磨损、寿命长、维护工作量减少；另一个是采用公共控制方式，将控制功能与话路设备分开，使得公共控制部分可以独立设计，功能增强，灵活性提高，接续速度快，便于汇接和选择迂回路由，可以实现长途电话交换自动化。因此，纵横制远比步进制、机动制先进，而且更重要的是，公共控制方式的实现孕育着计算机程序控制方式的出现。

步进制、机动制和纵横制都属于机电式自动交换。从 20 世纪初到 20 世纪 50 年代，机电式电话交换技术的发展日臻完善。在话路接续方面，从笨重、结构复杂的选择器发展到动作轻巧、比较完善的纵横接线器；在控制方式上，从十进制直接控制（Direct Control）逐步发展到间接控制（Indirect Control），以至完全的公共控制（Common Control）方式。

2．模拟程控交换

1965 年，美国开通了世界上第一个程控交换系统，在公用电信网引入了程控交换技术，这是交换技术发展中具有更为重大意义的转折点。从此，各国纷纷致力于程控交换系统的研制。世界上较具代表性的模拟程控交换系统有美国的 1ESS，2ESS，3ESS 和 1EAX，日本的 D10，D20 和 D30，法国的 E11，德国的 EWS 系列，瑞典的 AXE10，加拿大的 SP-1，荷兰的 PRX-205，国际电话电报公司（ITT）的梅特康特型。

相对于机电式自动交换而言，程控交换的优越性概括如下。

（1）灵活性大，适应性强

程控交换方式可以适应电信网各种网络环境、性能要求和变化发展，在诸如编号计划、路由选择、计费方式、信令方式、终端接口等方面，都具有充分的灵活性和适应性。

（2）能提供多种新服务性能

程控交换方式主要依靠软件提供多种新服务性能，如缩位拨号、热线、闹钟服务、呼叫等待、呼叫前转、会议电话等。

（3）便于实现共路信令

共路信令（即公共信道信令）是在交换系统的控制设备之间相连的信令链路上传送大量话路的信令，控制设备必须进行高速的处理。显然，只有在采用了程控交换方式以后，才能促进共路信令的实现与发展。

（4）操作维护管理功能的自动化

使用软件技术，可以使交换系统的操作维护管理自动化，并增强其功能，提高质量。例如，硬件的自动测试与故障诊断、话务数据的统计分析、用户数据与局数据的修改等功能，都是机电式交换所无法比拟的。此外，程控交换还可适应集中的维护操作中心和网络管理系统的建立和发展。

（5）适应现代电信网的发展

现代电信网要不断开发新业务，要与计算机技术和计算机通信密切结合，因此，作为电信网的交换节点的程控化，显然是现代电信网发展的基础条件之一。

3．数字程控交换

20 世纪 70 年代开始出现数字程控交换，到 20 世纪 80 年代初期，数字程控交换在技术上已日趋成熟，众多型号的数字程控交换系统纷纷推出，例如，阿尔卡特的 E10，贝尔电话设备制造公司（BTM）的 S1240，AT&T 的 4ESS 和 5E5S，爱立信的 AXE10（全数字化），西门子的 EWSD，北方电讯的 DMS，富士通的 FETEX-150，日本电气（NEC）的 NEAX-61，以及 ITATEL 和 UT-10 等系统。其中，1970 年的 E10A 和 1976 年的 4ESS 是最早推出的市话和长话数字交换机；1980 年推出的 DMS-100 是最早的全数字市话交换机；1982 年开通的 S1240 和 5ESS 是最早的分布式控制系统，前者基于功能分担，后者基于容量分担（话务分担）；稍后推出的 UT-10 则对呼叫处理实现更完全的分布式控制。

数字程控交换在发展的初期，有些系统由于成本和技术上的原因，曾采用过部分数字化，即选组级数字化而用户级仍为模拟型，编译码器也曾采用集中的共用方式，而非单路编译码器。随着集成电路技术的发展，很快就采用单路编译码器和全数字化的用户级。

数字程控交换普遍采用 7 号共路信令方式，这就是说，一方面从随路信令发展为共路信令，另一方面又从适用于模拟网的 6 号共路信令发展为适合于数字网的 7 号共路信令。

随着微处理机技术的迅速发展，数字程控交换普遍采用多机分散控制方式，灵活性高，处理能力增强，系统扩充方便而且经济。在软件方面，除去部分软件要注重实时效率和为了适应硬件要求而用汇编语言编写以外，其他软件普遍采用高级语言，包括 C 语言、CHILL 语言和其他电信交换的专用语言。对软件的要求不再是节省空间开销，而是可靠性、可维护性、可移植性和可再用性，使用了结构化分析与设计、模块化设计等软件设计技术，并建立和不断完善了用于程控交换软件开发、测试、生产、维护的支撑系统。

我国虽然起步较晚，但由于起点较高，在 20 世纪 80 年代中后期到 90 年代初相继推出了 HJD04、C&C08、ZXJ10、SP30 等大型数字程控交换系统，这些数字程控交换系统在我国电信网中的比重逐步增加，有些还出口到国外，使我国的数字程控交换技术和产业跻身于世界先进的行列。

相对于模拟程控交换而言，数字程控交换显示了以下的优越性：体积小，节省机房面积；交换网络容量大、速度快、阻塞率低、可靠性高；便于采用数字中继，可灵活组网，与数字中继配合不需要模数转换，便于构成综合数字网（Integrated Digital Network，IDN）；能适合综合业务数字网（Integrated Service Digital Network，ISDN）的发展。

4．POTS 交换节点的发展趋势

用于公用电话交换网（Public Switched Telephone Network，PSTN）的电话交换系统提供的是普通电话业务（Plain Old Telephone Service，POTS）。数字程控交换适应了电信网数字化的发展，为了进一步适应电信网综合化、智能化、个人化的发展，自 20 世纪 80 年代中期以来，数字程控交换节点的功能在 POTS 的基础上不断增强，主要有以下 3 个方面。

① 增强为窄带综合业务数字网中的交换节点：在 POTS 交换系统中增加必要的硬件和软件，可以增强为窄带综合业务数字网（Narrow band-ISDN，N-ISDN）的交换节点。

② 增强为智能网中的业务交换点：智能网（Intelligent Network，IN）可以在 POTS 的基础上提供很多先进的智能网业务，POTS 交换系统通过功能增强可以成为智能网中的业务交换点（Service Switching Point，SSP）。

③ 增强为移动网中的移动交换局：实现终端移动性以至个人移动性的个人化是电信网发展的又一主要方向，移动交换中心（Mobile Switching Center，MSC）实际上是在数字程控交换平台上增加无线接口和相应的移动交换性能。

1.3.2 分组交换技术的发展

1．早期的研究和试验

1964 年 8 月，Baran P. 在以分布式通信为题的一组兰德（Land）公司的研究报告中，首先提出了后来称之为分组交换的有关概念。这一研究是为了建立安全的军事通信系统而作出的，包括分布式的分组交换、数字微波和加密能力，但这一计划未能实现。在 1962—1964 年期间，美国国防部高级研究计划局（Advanced Research Projects Agency，ARPA）对通过广域计算机网链接分时计算机系统产生了强烈的兴趣，亦未付诸实施，但激励了后继的研究工作。

在英国国家物理实验室（National Physical Laboratory，NPL）工作的 Davies D. 于 1965 年构想了存储转发分组交换系统的原理，并于 1966 年 6 月的建议中提出了"分组（Packet）"这一术语，用来表达在网络中传送的 128byte 的信息块，1967 年 10 月公开发表了 NPL 关于分组交换的建议。尽管分组交换显示了不少优点，但通信界仍然难以接受，使得英国在几年内并未建设多节点的分组交换网。Davies 则在 NPL 实现了具有单一分组交换节点的局部网。

Roberts L. G. 于 1964 年 11 月提出计算机网的重要性以及需要新的通信系统来支持。他于 1967 年 1 月加入美国国防部高级研究计划局后促进了计算机网的研究工作，1967 年 6 月发布了 ARPAnet 的计划，用专线将多个节点的小型计算机互连，每个计算机可用作分组交换和接口设备。至 1969 年 11 月，具有 4 个节点的 ARPAnet 已有效地运行，并且很快地扩展，至 1971 年 4 月支持 23 个主计算机，1974 年 6 月支持 62 个主机，1977 年 3 月支持 111 个主机。ARPAnet 的一个重要特性是完全分布式，对每个分组采用基于最小时延的动态选路算法，并考虑了链路的利用率和队列长度。ARPAnet 的成功运行，表明动态分配和分组交换技术可以有效地用于数据通信。

1972 年 10 月，在第 1 届计算机通信国际会议（International Computer Communication Conference，ICCC）上。分组交换首次进行公开演示。在会议地点装设了一个 ARPAnet 的节点，具有约 40 个接入终端。在 20 世纪 70 年代，动态分配技术在不少专用网中进行了试验，如 SITA，TYMNET，CYCLADES，RCP 和 EIN 等网络，这些网络采用了不同的分组长度和选路方法，包括虚电路方式和数据报方式。RCP 是法国邮电部门的分组试验网，用作公用分组交换网的试验床。

2．分组交换公用数据网

ARPAnet 和一些专用分组交换网的试验，促进了分组交换进入公用数据网，形成分组交换公用数据网（Packet Switched Public Data Network，PSPDN）。20 世纪 70 年代前期，不少国家的邮电部或通信运营公司宣布了各自的公用分组交换网的计划，如英国的 EPSS，美国的 Telenet，法国的 TRANSPAC，加拿大的 DATAPAC 等。

在 1974—1975 年间，已有 5 个独立的公用分组网在建设之中，于是产生了接口标准化的要求，从而在 1976 年 3 月制定了著名的原 CCITT（Consultative Committee of International

Telegraph and Telephone，国际电报电话咨询委员会）的 X.25 协议。在这以后，又陆续制定了其他有关的协议，如 X.28、X.29 及 X.75 等。

作为第一个公用分组网，美国的 Telenet 于 1975 年 8 月运行。开始时只有 7 个互连的节点，到 1978 年 4 月增加到 187 个节点，使用了 79 部分组交换机，为美国 156 个城市服务，并与 14 个国家互连。X.25 建议产生后，Telenet 即采用 X.25 协议。

1971 年，英国的 EPSS 和加拿大的 DATAPAC 均宣称投入运行；另外在美国，TYMNET 也开始提供公用数据业务。DATAPAC 于 1978 年实现了与 Telenet 的互连。法国的 TRANSPAC 于 1978 年运行，日本、德国、比利时等国家的公用分组网此后也相继开放了公用数据业务。这些公用分组网均基于 X.25 协议，可以兼容。随着这些公用分组网的运行，分组交换技术得到广泛的应用和发展。

3．分组交换系统的分代

从技术发展来看，分组交换系统大致可以划分为三代。

（1）第一代分组交换系统

第一代分组交换系统实质上是用计算机来完成分组交换功能。它将存储器中某个输入队列中的分组转移到某个输出队列中，典型的代表如 ARPAnet 中所用的分组交换系统。不久，在系统中增设了前端处理机（Front End Processor，FEP），执行较低级别的规程，如链路差错控制，以减轻主计算机的负荷。在第一代系统中，分组吞吐量受限于处理机的速度，一般每秒只有几百个分组，这与当时传输链路的速率基本适配。

（2）第二代分组交换系统

第二代分组交换系统采用共享媒体将前端处理机互连，计算机主要用于虚电路的建立，不再成为系统中的瓶颈。共享媒体可以是总线型或环型，用于 FEP 之间分组的传送。共享媒体采用时分复用方式，每个时刻只能传送 1 个分组，因此吞吐量将受到介质的带宽限制。为此可采用并行的媒体，设置多重总线或多重环。

第二代分组交换系统在 20 世纪 80 年代得到了充分的发展，如 AT&T 的 1PSS，阿尔卡特的 DPS2500，西门子的 EWSP，北方电讯的 DPN-100 等系统，吞吐量达到每秒几万个分组。比较完善的第二代分组交换系统的设计目标和技术特征如下：

① 高度模块化和多处理机分布式控制结构；

② 容量和应用系列化的系统结构；

③ 适应各种终端接口和网间接口；

④ 先进的处理机和高速处理能力。

（3）第三代分组交换系统

第三代分组交换系统则用空分的交叉矩阵来取代共享媒体这一瓶颈。交叉矩阵一直是电话交换和并行计算机系统感兴趣的研究领域。通常是用较小的基本交换单元来构成多级互连网络，增强并行处理功能，可以大大提高吞吐量。实际上，第三代分组交换已进入快速分组交换的范畴。

1.3.3 ATM 交换技术的发展

1．早期的研究

20 世纪 80 年代初以来，随着宽带业务的逐步发展及其业务发展的某些不确定性，迫切要求找到一种新的交换方式，能兼有电路交换与分组交换的优点。1983 年出现的快速分组交换（Fast Packet Switching，FPS）和异步时分（Asynchronous Time Division，ATD）交换的结合，导致了 ATM 交换方式的产生。

1983 年，美国贝尔实验室提出了 FPS 的原理，研制了原型机，FPS 源自分组交换，减少了链路层协议的复杂性，以硬件来实现协议的处理，从而大大提高了速度。同年，法国 Coudreuse J．P.提出了 ATD 交换的概念，并在法国电信研究中心研制了演示模型。ATD 源自同步时分（Synchronous Time Division，STD）交换，采用标记复用。

FPS 和 ATD 的概念提出以后，很多设备制造公司、邮电管理部门和标准化组织很快就表示了强烈的兴趣，许多公司均进行了深入的研究、模拟和试验。例如，1984 年即报道了 Starlite 宽带交换机。

ATD 与 FPS 由于发展的背景不同，存在着一些差异。

① ATD 源自 STD，位于开放系统互连模型 OSI 的第一层，从而控制头的功能减到最小，只用来识别呼叫连接；FPS 则从 PS 发展而来，控制头中含有其他功能，这些功能在 ATD 中移到了高层。

② ATD 采用固定长度的分组，信息域长度为 8～32byte；FPS 为可变长度帧，平均约 100byte。

③ ATD 用于数据、视频和语音的综合交换，侧重于视频；FPS 则主要用于高速数据的传送和交换。

1985 年以来，原 CCITT 也开始了这种新交换方式的研究，开始称之为新传送模式。在 1987 年的原 CCITT 第 18 研究组会议上，决定采用信元来表示分组。其中重要的研究课题是采用固定长度信元还是可变长度信元，以及如何规定信元的长度和信头的长度。这些问题与带宽的使用效率、交换速度和实现的复杂性以及网络性能等重要因素均有密切关系。原 CCITT 第 18 研究组在 1988 年的会议上决定采用固定长度的信元，定名为 ATM，并认定 ATM 用作宽带综合业务网（Broad band-ISDN，B-ISDN）的复用、传输和交换的模式。1990 年，原 CCITT 第 18 组制订了关于 ATM 的一系列协议，并在以后的研究中不断地深入和完善。

2．公用 ATM 交换网

从 20 世纪 80 年代后期到 20 世纪 90 年代初期，不少计算机领域和通信领域的厂商致力于 ATM 技术的研究和 ATM 交换系统的开发。首先推出的是吞吐量在 10Gbit/s 以下的一些小容量 ATM 交换机，用于计算机通信网。随着宽带业务的发展和 ATM 技术的逐渐成熟。ATM 交换技术的应用开始从专用网扩大到公用网，其标志是公用网大容量 ATM 交换系统的纷纷推出和一些公用 ATM 宽带试验网的运行。

（1）公用 ATM 宽带试验网

1994 年 8 月投入运营的美国北卡罗来纳信息高速公路，是美国第一个在州的范围内采用 ATM 和 SONET（Synchronous Optical NETwork）的公用 ATM 宽带网，被看做未来国家基础信息设施的雏型，用于远程教学、远程医疗、商务、司法、行政管理等领域，可以支持 ATM 信元中继业务、交换型多兆比特数据业务、帧中继业务以及电路仿真业务。

在欧洲，由法国、德国、英国、意大利、西班牙等国发起的泛欧 ATM 宽带试验网，于 1994 年 11 月开始运行，后来扩大到欧洲的十多个国家，是覆盖面较广的 ATM 试验网。

在亚洲，日本也建设了 ATM 宽带试验网，在东京、大阪、京都等地设置了 ATM 主交换机，进行局域网（LAN）互连、高清晰度电视（High Difinition Television，HDTV）和多媒体业务等试验。我国在北京、上海、广州等地也建设了 ATM 宽带试验网，并将实现互连和扩展到其他城市。目前，ATM 宽带信息网已在部分城市之间建成并投入应用。

（2）公用 ATM 交换系统

公用网 ATM 骨干交换系统必须具有高吞吐量和可扩展性，吞吐量通常为 40～160Gbit/s，应能支持各种接口、业务和连接类型。随着宽带信令标准的日益完善，除去永久虚连接（Permanent Virtual Connection，PVC）以外，应能提供交换虚连接（Switch Virtual Connection，SVC）。公用网 ATM 交换系统还应具有能保证服务质量的业务流控制功能。

已推出的公用网 ATM 交换系统有富士通的 FETEX-150、爱立信的 AXD301 和 ESP 等。我国的中兴、华为、上海贝尔等公司均推出了 ATM 交换系统。

3. 研究热点与展望

（1）ATM 交换结构

自从提出 ATM 的概念以来，ATM 交换结构就一直是研究重点之一，包括拓扑结构、缓冲方式、控制机理、性能分析等。到目前为止，关于 ATM 交换结构的有关技术已基本成熟，但一些新的研究进展仍不时出现。

（2）ATM 网的业务流控制

如何能有效而公平地分配带宽等资源，保证各种特性不同的业务和各种呼叫连接的服务质量，是业务流控制要解决的重要而复杂的问题。由于这一问题尚未很好解决，因此业务流控制仍将是当前和今后研究的热点。

（3）语音通过 ATM

ATM 网的最终目标是实现包括语音在内的各种业务的综合交换。由于语音实时性强，对时延和时延抖动有严格要求，语音通过 ATM（Voice over ATM，VoA）的技术仍在作进一步研究，以求得完善解决。

（4）与智能网的结合

智能网的能力集 3（Capabilities-3，CS-3）的目标是将智能网（IN）与 B-ISDN 结合。ATM 交换机是 B-ISDN 中的宽带交换节点，同时也将是 IN 中的业务交换点（Serevice Switching Point，SSP）。

（5）光交换

光交换一直作为下一代的交换技术而在不断地研究，光交换是研究的重点。目前已研制了吞吐量在 1000Gbit/s 以上的一些光交换机构。今后光交换的实用化，是实现包含光交换的全光宽带通信网的技术关键之一。

光交换和 ATM 交换一样，是宽带交换的重要组成。在长途信息传输方面，光纤已经占了绝对的优势。用户环路光纤化也得到很大发展，尤其是宽带综合业务数字网（B-ISDN）中的用户线路必须要用光纤。这样，处在 ISDN 中的宽带交换系统上的输入和输出的信号，实际上就都是光信号，而不是电信号了。

光波技术已经在信息传输中得到广泛的应用，而目前交换设备都是采用电交换机，即光信号要先变成电信号才能送入到电交换机，从电交换机送出的电信号又要先变成光信号才能送上传输线路，因此如果是用光交换机，这些光电变换过程都可以省去了，减少了光电变换的损伤，并可以提高信号交换的速度。

应用光波技术的光交换机也应由传输和控制两部分组成。把光波技术引入交换系统的主要课题，是如何实现传输和控制的光化。从目前已进行的研制和开发的情况来看，光交换的传输路径采用空分交换方式、时分交换方式和波分交换方式。

1.3.4 IP 交换技术的发展

1. 发展背景

近年来，Internet 在全球范围内快速增长，从 1989 年开始，大约每隔 56 周 Internet 上的主机数就翻一番，呈指数级增长。最近 3 年，每隔 23 周 Internet 上的 Web 服务器数就翻一番。Internet 上的主要业务由传统的文件传送（FTP）、电子邮件（E-mail）、远程登录（Telnet）等转向多媒体应用丰富的 WWW。据统计，全球 Internet 用户已达亿户，其中 79%是 WWW 用户，平均每月增加 95 万户，平均每 30min 就有一个网络上网。

用户数的剧增和对带宽要求较高的 WWW 应用的普及，导致网上信息流量的持续增加，由多层路由器构成的传统网络趋向饱和。当路由器网络扩充到一定限度后，其经济性和效率却随规模的进一步增大而下跌，将面临下述一些问题。

① Internet 骨干网的传送容量太小，带宽资源不足，现有路由器寻址速度低，吞吐量不够，同时用户接入速率太低。

② 当用户数量急剧增加时，路由器网络性能将下降，这时路由器虽然可以保证优先级较高的数据传输，但由于它采用无连接的 IP（Internet Protocol），因而不能使服务质量（带宽、优先级等）与商业上的优先级对应起来。

③ 路由器网络规模的进一步增大要求路由器支持大数量的端口，然而目前一般的路由器只支持 10 个端口，即使是大型路由器也只能支持 50 个端口，即路由器的端口数受到限制。因此，大型的 Internet 节点需要配置多个路由器，它们之间通过以太网或 FDDI 相连，这种可堆叠式配置无论在成本上和性能上代价都很高。同时，在纯路由器网络中，每一个端口，即使是内部中间端口，也需要占用 IP 地址。

④ 规模较大的路由器网络大多采用分层结构，并且大的节点也采用上述可堆叠式配置，以支持大量用户接入。由于 IP 包在沿途每一个路由器上都需进行排队和协议处理，分层路由器结构和可堆叠式配置使得 IP 包需要经过更多的路由器数（称为 Hop 数），这将导致传输延迟增加，性能下降。

⑤ 当前 Internet 所使用的 IPv4 协议对实时业务、灵活的路由机制、流量控制和安全性能的支持不够，地址资源也短缺。

为建立更大规模的网络，许多 Internet 服务提供者（ISP）进行了积极的探索和实践。当前，人们认为在路由器网络中加入交换结构是一个比较好的解决方案。

当前所建设的计算机局域网，主要是基于共享媒体类型的物理网络（例如以太网），适用于低速数据通信。由于采用共享媒体的结构，用户需要竞争网络资源，当用户数增加时，每个用户实际获得的链路传送能力大幅度下降，不能保证通信的服务质量。同时共享媒体的网络结构在安全性和可靠性方面也不如星型网和网状网结构。随着多媒体通信的发展，不仅要求高速的数据通信，还要求保证通信的服务质量（Quality of Service，QoS），如带宽、延迟、分组丢失率等，同时还要求能传送语音、图像等。

2．IP 交换

IP 交换（IP Switch）是 Ipsilon 公司提出的专门用于在 ATM 网上传送 IP 分组的技术，它克服了 Classical IP over ATM 的一些缺陷（如在子网之间必须使用传统路由器等），提高了在 ATM 上传送 IP 分组的效率，是目前一种典型的属于集成模型的技术。

IP 交换的核心是 IP 交换机，由 ATM 交换机、IP 交换机控制器组成。IP 交换机控制器主要由路由软件和控制软件组成。ATM 交换机的一个 ATM 接口与 IP 交换机控制器的 ATM 接口相连接，用于控制信号和用户数据的传送。在 ATM 交换机与 IP 交换机控制器之间所使用的控制协议为 RFC 1987 通用交换机管理协议（General Switch Management Protocol，GSMP）；在 IP 交换机之间适用的协议是 RFC 1953 Ipsilon 流管理协议（Ipsilon Flow Management Protocol，IFMP）。

IP 交换把输入的数据流划分为持续期长、业务量大的用户数据流（如 FIP 数据、HTTP 数据以及多媒体音频、视频数据等）和持续期短、业务量小、呈突发分布的用户数据流（如 DNS 查询、SN-MP 查询等）这两种类型。对于前者，IP 交换的传输时延小，传输容量大，用户数据流在 ATM 交换机硬件中直接进行交换；对于后者，由于节省了建立 ATM 虚电路的开销，所以交换的效率得到了提高，用户数据流通过 IP 交换机控制器中的 IP 路由软件进行传输，即与传统路由一样，也是一跳接一跳地进行存储、转发传送的。IP 交换的缺点是只支持 IP，同时它的效率有赖于具体用户业务环境。

利用 ATM 传送 IP 技术构造 Internet 的骨干传送网，可以克服上述那些阻碍网络扩展的局限因素，包括网络的经济性。通过在路由器之间引入 ATM 交换设备，可以减少以往过多的路由器跳数所产生的开销，降低网络的复杂性，同时还大幅度地提高了性能。

用 ATM 传送 IP 技术构造宽带 Internet 骨干网具有许多明显的优势，主要包括下述几方面。

（1）网络性能大幅度提高

目前已有的 ATM 产品可提供高达 622Mbit/s 的端口速率。ATM 标准化组织正在定义 2.5Gbit/s 的接口标准，这大大提高了 Internet 骨干网的速率，解决了 Internet 网的带宽瓶颈问题。由于 ATM 交换机取代了多层的路由器结构和可堆叠式的节点配置，ATM 信元交换（ATM 交换机只对 5Byte 信元头进行处理）取代了路由器第三层的处理（通常 IP 头为 40Byte），传输时延大大降低。从路由器的角度看，整个 ATM 交换网络只是一个单跳网络，只有终端路由器才进行第三层的协议处理，即可支持 Internet 网在 ATM 上的直接路由，大大提高了 Internet 网的路由效率。

（2）设备费用降低

ATM 交换机相对于路由器来说，能够支持更多的端口，每个端口的费用更低，一个具有 10Gbit/s 吞吐量的 ATM 交换机处理能力相当于每秒可处理 2000 万个 IP 数据包的路由器，而其价格与每秒只处理 200 万个 IP 数据包的路由器相当。

（3）服务质量得到保证

ATM 本身已具有综合业务功能，通过在 ATM 边缘交换设备上结合使用资源预留协议（Resource ReSerVation Protocol，RSVP）技术，宽带 Internet 网便可根据用户申请和需要的优先级提供相应服务质量的业务，从而提供具有质量保证的宽带多媒体信息服务。利用 ATM 面向连接的特性，网络运营者可以定义多个虚连接，使得那些对时间敏感的数据传输不会受诸如文件传送、图像下载的影响。

（4）可靠性大大增强

ATM 交换机的设计一向重视容错问题，与路由器相比具有更高的可靠性，而且成本低，这一点对网络核心特别重要。

（5）大大增加了可管理性

随着路由器网络规模的不断扩大，网络变得愈加难以管理。许多大型的纯路由器网络占用大量的 IP 地址。而由于 ATM 交换机是在第一层和第二层进行数据处理，IP 地址不会被消耗在中间节点上，因而交换核心的使用可以使网络的逻辑结构从物理结构中分离出来，从而在网络的拓扑和配置上带来很大的灵活性。ATM 交换机还为网络诊断提供了先进的工具和更好的流量管理能力。

（6）提高了可扩充性

在 ATM 交换机上加入一条新的线路或端口都非常容易，而且不影响现有的应用。

3．标记交换技术

标记交换是 Cisco 推出的一种基于传统路由器的 ATM 承载 IP 技术。虽然 IP 交换技术与标记交换技术一样是 IP 路由技术与 ATM 交换技术相结合的产物，但两种技术的产生却有着完全不同的出发点。IP 交换技术认为路由器是 IP 网中的最大瓶颈，它希望借助 ATM 技术完全替代传统的路由技术；而标记交换技术则不然，标记交换最本质的特点是没有脱离传统路由器技术，但在一定程度上将数据的传递从路由变为交换，提高了传输的效率。另外，标记交换机既不受限于使用 ATM 技术，也不仅仅转发 IP 业务。

标记交换是一种多层交换技术，它把 ATM 第二层交换技术和第三层路由技术结合起来，能充分利用 ATM 的 QoS 特性支持多种上层协议，能在各种物理平台上实现，是一种性能比较优越的 ATM 上的 IP（IP over ATM，IPoA）技术。标记交换使处于交换边缘的路由器能将每个输入帧的第三层地址映射为简单的标记，然后把打了标记的帧转化为 ATM 信元。

标记交换的体系结构既能在交换信元的系统上运行，又能在交换包的系统上运行。标记交换技术可在各种不同的物理媒体上使用，包括 AIM 链路、HSSI、LAN 接口等。标记交换网络一般包括标记边缘路由器、标记交换机以及标记分布协议 3 个部分。

标记交换技术不依赖于路由过程中使用的特定网络层协议，因此标记交换技术支持不同的路由协议（如 OSPF，BGP 及 OSIISIS 等）以及各种网络层协议（如 IP，IPX 等）。标记交换技术也不修改现有的路由协议。标记交换还支持多点广播功能，可以保证有一定 QoS 要求的用户数据的传送。但由于标记交换是 Cisco 公司的专有技术，要求网络中端到端都有 Cisco 公司的设备，所以其推广应用受到限制。

4．IP/ATM 集成交换

由于 Internet 的迅速发展，基于 IP 网络的应用日益广泛。IP 与 ATM 的结合已成为研究的热点和发展趋势。IP 与 ATM 的结合有两种模式：重叠模式与集成模式。重叠模式中，端系统需分配 ATM 地址和 IP 地址，且需要地址解析，地址和路由功能重复，IP 分组的传送效率低，但由于使用标准的 ATM 信令协议，有利于今后向 ATM/B-ISDN 的方向发展。集成模式是将 IP 与 ATM 有机地结合在一起，不需要地址解析，IP 分组的传送效率较高。所谓 IP/ATM 集成交换，就是将第三层选路功能与第二层的转发功能融合在同一个系统中实现，通常称为交换/路由器。转发采用 ATM 交换结构，而 ATM 交换结构是受控于 IP 的选路，从而兼具 IP 选路的灵活性、健壮性和 ATM 交换的高速度、高带宽的优点。

Internet 工程任务组制定的 Classical IP over ATM，ATM 论坛制定的局域网仿真（Local Area Network Emulation，LANE）和 ATM 上的多协议（Multiple Protocol over ATM，MPoA）属于重叠模式，MPoA1.0 版已于 1997 年度通过。IP 交换、标签（Tag）交换等则属于集成模式，并将制定统一的多协议标记交换（Multi-Protocol Label Switching，MPLS）标准。

5．软交换技术

传统的基于 TDM 的 PSTN 语音网，虽然可以提供 64kbit/s 的业务，但业务和控制都是由交换机来完成的。这种技术虽然保证语音有优良的品质，但对新业务的提供需要较长的周期，面对日益竞争的市场显得力不从心。基于 IP 或 ATM 的分组交换数据网适合各种类型信息的传输，而且网络资源利用率高。如何对待已经进行了巨额投资的传统 PSTN，是否需要做大的改造以适应日益增加的数据业务量；如何实现 PSTN 低成本地向基于分组的网络结构演进，或者如何实现 PSTN 与新建数据网的体系融合；等等。其关键就是呼叫服务器（Call Server，或称为软交换 Softswitch）。Call Server 是下一代语音网络交换的核心，如果说传统电信网络是基于程控交换机的网络，而下一代分组语音网络则是基于 Call Server（Softswitch）的网络。国内各运营商对软交换非常关注，中国电信正着手制定相关的企业标准，部分省市电信公司开始和各制造商就软交换的技术和应用进行交流和实验，软交换技术在我国的发展前景非常广阔。

6．IMS 技术

IP 多媒体子系统（IMS，IP Multimedia Core Network Subsystem）是基于 IP 网络的一种全新多媒体业务形式，被业内公认为是解决移动与固网融合，引入语音、数据、视频三重融合等差异化业务的核心技术。IMS 是第三代合作伙伴计划 （3GPP）在 Release 5 版本提出的除电路域和分组域以外的新的子系统，旨在建立一个与接入无关的、基于会话初始协议（SIP）/IP 的并且支持多种多媒体业务类型的平台。IMS 网络是下一代移动通信网络的演进方案，目前，很多运营商正投入大量的资源对 IMS 网络进行测试和研究，而国内运营商的 IMS 研究方向和测试主要是针对固定宽带接入。伴随着 IMS 固定接入网络的测试，出现了一系列的安全问题，这些安全问题有的相似于 IP 网络中已出现的安全问题，可以按已有的技术进行防范和保障，也有一部分安全问题在 IMS 安全协议中已经定义，并形成相应的技术规范。但是，随着 IMS 研究的不断深入以及由于现网复杂环境的变化，IMS 固定接入网络的安全问题依然是一个非常重要的研究课题，很多的安全问题仍然需要去探索和解决。

1.4 电话交换信令方式

1.4.1 信令的概述

在交换机各部分之间或者交换机与用户、交换机与交换机之间，除传递语音、数据等信息外，还必须传送各种专用的附加性质的控制信号，以保证交换机协调动作，完成用户呼叫的处理、接续、控制与维护管理等功能。在术语方面，有关占用线路、建立呼叫、应答、拆线等控制信号，通常称作信令，信令是在分布通信网控制系统中与信息有关的呼叫控制信号。

图 1-12 所示为电话交换网中呼叫接续过程所需要的基本信令。

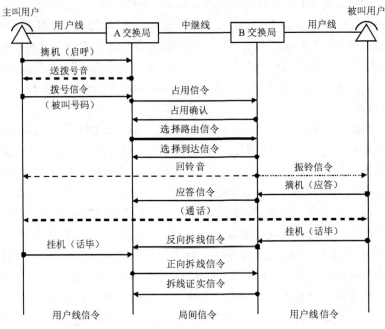

图 1-12　出局呼叫接续过程中的基本信令

1.4.2　信令的类型

1．带内信令

在电话交换局间，在语音频带（300～3400Hz）之内传送的信令称为带内信令；在语音频带之外传送的信令称为带外信令。带内信令可以利用整个语音频带，因此信令可以使用多个频率（例如多频编码信号）。

带内信令的特点如下述。

① 带内信令可用于任何形式的电路，凡是能传送语音的电路均能传送带内信令。

② 采用带内信令不会将呼叫接至有故障的语音电路上，因为语音电路有故障时，信令也无法传递，因而也不可能建立接续。

③ 带内信令可使用的频带较宽，可以采用速度快、具有自检能力的多频编码信号。

④ 采用带内信令时，因为线路信号设备跨接在语音电路上，很容易受到语音电流的干扰，有时甚至会将语音误认为是信令而导致错误的动作，因此，要采取必要的措施加以防护。

2．随路信令

简单地说，与语音信息采用同一信道（或通路）传送的信令称为随路信令。第一个数字系统是 1970 年作为传输链路使用的，并采用了一种新的带外信令。脉冲编码调制系统将模拟语音编码为数字信号，然后将多路的信号进行复用变为单一的数字流（如 PCM30/32），其中，所有语音信道线路的状态（环路或断开）通过一个信令信道传送，其他用于接续控制的信号通过相应的语音信道传送。由于在一帧中的每个信道包含 8bit，信令信道的每个 bit 能够用来表示一个语音信道的状态。帧需要组合成复帧，以至于能够表示全部的 30 个语音信道（30/32

路的系统）。另一个信道（信道 0）是用来表示同步、复帧指示和传输链路管理信息。这种随路的信令具有带内信令所没有的优点，因为它防止了语音模拟为虚假信令，并且为用户通信提供了真正的商业语音频带。然而，带外信令的效率低，整个呼叫过程只有一个 bit 用于信令，它的值是 1，表示线路为环路状态。一种更好的系统是基于数据的系统。

3. 分组信令

分组信令是基于开放系统互连（OSI）模型（见图 1-13）的、为数据通信系统提供消息通信的信令。OSI 七层模型中的每一层完成一组为其上一层服务的不同功能。前 3 层是针对支持用户和网络之间的通信，高层（4～7 层）是在网络内部传送消息至目的地用户。七层模型的分层如下述。

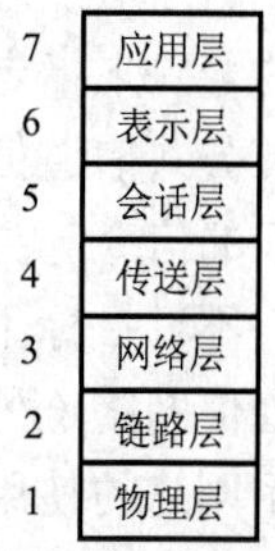

7	应用层
6	表示层
5	会话层
4	传送层
3	网络层
2	链路层
1	物理层

图 1-13　OSI 七层模型

① 物理层提供机械、电气、功能和程序上的方法，以激活、维持和去激活在数据链路实体之间进行比特传输的物理连接。它为上一层提供按顺序的比特传送业务。

② 数据链路层提供网络实体中有关建立、维持和释放数据链路连接，以及传送数据链路业务数据单元的功能和程序的方法。数据链路的连接是由一个或多个物理连接组成的。数据链路层检测和校正（可能时）物理层发生的差错。数据链路层提供给网络层的业务是控制物理层内的哪个数据电路之间的互连。

③ 网络层提供建立、维持和终止网络连接的方法，以及在传送实体之间交换网络业务数据单元至网络连接中的功能和程序。网络层提供传送实体进行通信的独立的选路和中继。网络层的基本业务是在传送实体之间提供透明的数据传送能力。该业务允许由网络层的上层确定待传送数据的内容。

④ 传送层提供采用会话层的通信实体之间的透明数据传送，并且使得它不受如何获得可靠和有效的数据传送的具体方法的影响。这意味着传送层必须了解网络层所提供的任何限制，如网络层用户数据（网络业务数据单元）的最大的容量，因此传送层负责会话层数据的分段和重组，使得其数据部分可以由网络层传送到目的地。在传送层定义的所有协议具有端到端的含义，其中所谓的端是指具有传送关系的传送实体。这样传送层是面向 OSI 的端开放系统的，传送协议只在 OSI 端的开放系统之间使用。

⑤ 会话层为表示层提供通信的方法，它包括在两个表示层实体之间的连接，以支持按序的数据交换和连接的释放。当表示层在会话业务点请求建立会话连接时，就产生会话连接。在由表示实体或会话实体进行释放之前，会话连接将一直保持。只有无连接通信方式时的会话层功能提供传送地址到会话地址的映射。

⑥ 表示层是指在进行通信中的应用实体信息的表示方法，它提供通信的应用实体，负责所表示数据的公共格式和原则。

⑦ 应用层是指应完成的任务，如文件传送、消息处理等。

采用 OSI 七层模型的通信使用了带有每一个用户数据单元（分组）的选路和目的地的方式，从理论上讲，语音也可以采用这种类型的信息交换。首先完成数字化，然后将比特流变为分组，每个分组具有作为网络层功能的选路和网络部分内容。虽然这种基于消息的通信的效率很高，但由于数字处理和交换技术发展还不够快，为了满足每个分组信息进行选路，因此不能使用语音分组。其折中的方法是只采用 OSI 七层模型中的低 3 层功能，使所有的信令在单个的公共信道中采用分组方法传送。

4．公共信道信令

公共信道信令是指在电话网中各交换局的处理机之间用一条专门的数据通路来传送通话接续所需的信令信息的一种信令方式。公共信道信令综合了随路和分组信令所具有的优点。通信是分层进行的，链路层的特性（网络实体通信、差错检出/校正等）允许网络层采用基于消息的方法。在信令信道中的消息与某一特定的用户连接有关，并且该信道将用于通信。在两个网络节点之间不需要在每一个物理链路提供信令信道，用户的通信信道能够由链路和信道的号码来指定。

公共信道信令不包括完整的七层模型，它最初的应用是在网络内部使用，以提供交换机之间的信令，更准确地说，是在现代系统中的节点（接口是指网络节点接口 NNI）之间的信令，不过目标不仅仅在于基于信息系统的交换机之间的通信，完整的信令系统将维持它自身的通信网络（网中网）。用不同的功能组合为功能级来代替分层，是因为要附加功能级以适应公用网络的使用。

1.4.3　用户线信令

用户线信令是在用户话机与交换机之间的用户线上传送的信令（见图 1-12），对于常见的模拟电话用户线情况，这种信令包括用户状态信令、选择信令和各种可闻音信令。

1．用户状态信令

用户状态信令用于监视用户线的环路状态变化，广泛采用简单而经济的直流环路信号表示。通过用户话机的摘机/挂机动作，使用户线直流环路接通或断开，从而形成各种用户状态信令。基本的用户状态信令有以下 4 种：

① 呼出占用（主叫用户摘机）；

② 应答（被叫用户摘机）；

③ 前向拆线（主叫用户挂机）；

④ 后向拆线（被叫用户挂机）。

交换机对检测到的每一种信令，都将作出相应的响应。例如，收到被叫用户发出的"应答"信令，交换机应立即切断铃流，并建立主叫用户与被叫用户间的通路连接。

2．选择信令

选择信令又称地址信令，是主叫用户发出的被叫用户号码。主叫用户通过脉冲号码或双音频号码形式送出地址信息给交换局，供交换局选择被叫用户。

3．各种可闻音信令

各种可闻音信令都是由交换机向用户发送的，我国标准 GB 3380—82 规定了电话自动交换网有关振铃、信号音等用户线信令的要求。对程控交换设备而言，主要有振铃信号（铃流），频率为 25Hz，正弦波，输出电压有效值为 90V，通常采用 5s 断续（1s 送，4s 断）的方式发送；拨号音采用连续发送的 450Hz 信号；回铃音采用 450Hz 信号，5s 断续的方式发送（同振铃信号）；忙音采用 450Hz 信号，0.7s 断续（0.35s 送，0.35s 断）的方式发送；通知音采用不等间隔 1.2s 断续（0.2s 送，0.2s 断，0.2s 送，0.6s 断）的方式发送；催挂音采用连续发送响度较大的信号，以示与拨号音的区别。除此之外，交换机发送给用户的信令还有空号音、长途通知音、拥塞音、等待音、提醒音等。

1.4.4 局间信令

局间信令是在交换机或交换局之间中继线上传送的信令（见图 1-12）。由于目前使用的交换机制式和中继传输信道类型很多，因而局间信令相对比较复杂。根据信令通路与语音通路的关系，可将局间信令分为随路信令（Channel Associated Signaling，CAS）和公共信道信令（Common Channel Signaling，CCS）。为了统一局间信令，原 CCITT 规范了一整套信令系统：原 CCITT No.1 信令系统常用于人工交换的国际无线电路。原 CCITT No.2 信令系统计划用于二线制电路的半自动操作，但该信号系统从未在国际业务中使用。原 CCITT No.3 信令系统在半自动和自动接续中使用，仅用于欧洲的终接或者经转业务。原 CCITT No.4 信令系统用于单向传输电路，可应用于任何类型的电缆或无线电路，但不适用于洲际电路或使用语音插空（TASI）技术的各种电路。原 CCITT No.5 信令系统用于终端和经传的国际长途业务，它可用于地下电缆电路、海底电缆电路以及无线电路等情况。原 CCITT No.6 信令系统是根据程控模拟交换机提出的共路信令，但可工作于模拟和数字信道。原 CCITT No.7 信令系统于 1980 年提出，是一种最适合于数字程控交换机的共路信令系统。

我国通信网中正在使用的有随路信令系统（即中国 1 号信令）和公共信道信令系统（即中国 7 号信令），这里只对这两种信令系统作简单介绍。

1．中国 1 号信令

我国自行制定的中国 1 号信令是将话路所需要的各种控制信号（如占用、应答、拆线及拨号等）由该话路本身或与之有固定联系的一条信令通路（信道）来传递，即用同一通路传送语音信息和与其相应的信令。

中国 1 号信令包括线路信号和记发器信号两部分。

（1）线路信号

线路信号是在线路设备（如各种中继接口）之间进行传送的信号，主要表明中继线的使用状态，如示闲信号、占用信号、应答信号、拆线信号、闭塞信号等。线路信号用于控制交换机之间（也有交换机内部）的传输路径，在呼叫持续期间完成路由的建立、维持及监视。中国 1 号信令的线路信号有 3 种形式：直流线路信号、带内单频脉冲线路信号和数字型线路信号。

（2）记发器信号

记发器信号是在记发器（多频收发码器）之间进行传送的信号，主要包括选择路由所需的地址信号（即被叫号码）和其他用于建立接续的控制信号。记发器信号是在占用信号之后，通过相应语音通路从一个局的记发器发出，而由另一个局的记发器接收。这种信号都是在通话之前传送的，一旦电话接通，各局的记发器设备便释放复原，记发器信号就停止传送。中国 1 号信令的记发器信号采用多频编码、连续互控，一般采用端到端传送。当转接段增多、各段长途线路的质量差异较大时，为了保证信令能正确、可靠地传送，也采用逐段转发与端到端相结合的方式。

记发器信号在传送时，互控过程分 4 拍进行。

第 1 拍，发送端记发器发出一个前向信号。

第 2 拍，接收端接收并识别出该前向信号后，立即回送一个后向信号给发送端，表示前向信号收到并已寄存。

第 3 拍，发送端接收并识别出后向信号后，立即停发前向信号，表示后向信号已收到并寄存。

第 4 拍，接收端识别出前向信号已停发，立即停发后向信号。

发送端识别出后向信号停发后，依据刚才记录下来的后向信号的要求，发送另一个前向信号，开始第二个互控过程，如此循环往复，直至所有信令信号发送完毕。

（3）应用举例

图 1-14 所示为两市话局间采用中国 1 号信令进行呼叫接续的基本信令过程。其中线路信号为数字型，A 交换局为主叫局，B 交换局为被叫局，两用户占用第 1 路中继，记发器信号随话路 TS_1 传送。信令传送过程如下所述。

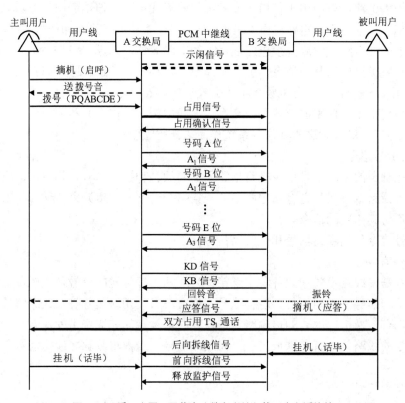

图 1-14　采用中国 1 号信令（数字中继）的一次市话接续

当 A 交换局收齐主叫用户所拨局间字冠 PQ 位后，识别并选中第 1 路中继，从信令通路发出占用信号，要求占用该中继。B 交换局接收到该占用信号后，回送占用确认信号。A 交换局继续收号，并将所收号码（PQABCDE）逐位译为多频记发器信号，经过数字化后，由 TS_1 送给 B 交换局，即按上述的四拍互控过程进行多频记发器信号的传送。7 位用户号码共 7 个互控周期，其中：A_1 表示发下位；A_3 表示转至 B 组信号（KB）的控制信号，B 组信号的内容为被叫用户的状态（忙或闲）；KD 信号的内容为用于长途接续或市内接续控制。当所有号码发送完毕，B 交换局收到 KD 信号后，测试被叫用户忙闲状态。若被叫用户空闲，则回送 KB=1 的编码给 A 交换局，并经话路 TS_1 给主叫送回铃音，同时向被叫用户送铃流。被叫用户摘机应答后，B 交换局向 A 交换局送应答信号，两用户开始通话。如果被叫用户先挂机，则 B 交换局向 A 交换局送后向拆线信号。主叫用户挂机后，A 交换局向 B 交换局送前向拆线信号，B 交换局还原后，回送 A 交换局释放监护信号。至此，一次局间接续结束。

2. 中国 7 号信令

中国 7 号信令是根据原 CCITT No.7 信令结合我国电信网实际而制定的，是支持现有网络中语音呼叫和非语音呼叫有关的信令的共路信令系统。它提供的交换控制信息的程序和协议，使信令消息可以在这一信令链路上安全可靠地传送。信令链路传送消息的程序、协议和进行消息选路的机制综合在一起被称为消息传递部分（Message Transfer Part，MTP）。MTP由 7 号信令功能结构的前三级（MTP1，MTP2 和 MTP3）组成。一个典型的 7 号协议堆栈如图 1-15 所示。

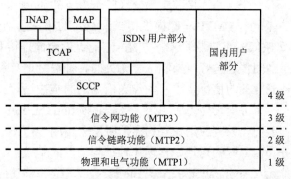

图 1-15　典型 7 号信令协议结构

（1）各部分主要功能

消息传递部分的第 1 级（MTP1）规定了信令传输通路的物理、电气和功能的特性，用于信令消息的双向传递。它由同一个数据速率在相反方向上工作的两个数据通路组成，符合 OSI 第 1 层（物理层）要求。在窄带的数字交换系统中，正常情况下它是 PCM 系统中的一个 64kbit/s 的数字信道。第 1 级是 7 号信令的信息载体，它可以是多种多样的，如光纤、PCM 传输线或数字微波等，但第 1 级的功能规范并不涉及具体的传输介质，它只是规定传输速率、接入方式等信令链路的一般要求。

消息传递部分的第 2 级（MTP2）也是为窄带应用规定的，它定义了两个直接连接的信令点之间的信令数据链路上传送信令消息的功能和程序。它和第 1 级一起为两个信令点之间的消息传送提供了一条可靠的链路。它符合 OSI 第 2 层（数据链路层）要求。第 2 级的功能包括：信令单元的定界和定位；信令单元的差错检测；通过重发机制实现信令单元的差错校正；通过信令单元的差错率监视检测信令链路故障；故障信令链路的恢复；信令链路流量控制等。

消息传递部分第 3 级（MTP3）是在第 1 级或第 2 级出现故障时，负责将信令消息从一个信令点可靠地传送到另一个信令点，并且要求在窄带和宽带的环境时是相同的。它符合 OSI 第 3 层（网络层）要求，MTP3 可分成信令消息处理和信令网管理两个基本部分。信令消息处理功能是指当本地节点为消息的目的地信令点时，将消息送往指定的用户部分；当本地节点为消息的转接信令点时，将消息转送至预先确定的信令链路。信令消息处理功能包含消息鉴别、消息分配和消息路由 3 个子功能。信令网管理功能是指在信令网发生故障的情况下，根据预定数据和信令网状态信息调整消息路由和信令网设备配置，以保证消息传递不中断。信令网管理功能包括信令业务管理、信令链路管理和信令路由管理，它是 7 号信令系统中最为复杂的一部分，也是直接影响消息传送可靠性的极为重要的部分。

第 4 级是用户部分。它由各种不同的用户组成，每个用户部分定义和某一用户有关的信令功能和过程。最常用的用户部分包括电话用户部分（Telephone User Part，TUP）、数据用户部分（Data User Part，DUP）和 ISDN 用户部分（ISDN User Part，ISUP）。TUP 是 7 号信令方式的第 4 级功能的电话用户部分，它支持电话业务，控制电话网的接续和运行。DUP 采用原 CCITT X.61 建议。ISUP 在 ISDN 环境中提供语音和非话交换所需的功能。自从开发了 ISUP 以后，TUP 的所有功能均可由 ISUP 提供。此外，ISUP 还指出非话呼叫、ISDN 业务和智能网业务所要求的附加功能。

信令链路连接控制部分（Signaling Connection and Control Part，SCCP）用于加强 MTP 功能，它与 MTP 一起提供相当于 OSI 的第三层功能。MTP 只能提供无连接的消息传递功能，而 SCCP 则加强了这个功能，它能提供定向连接和无连接网络业务。SCCP 可以在任意信令点之间传送与呼叫控制信号无关的各种信令信息和数据。这样它可以满足 ISDN 的多种用户补充业务的信令要求，为传送信令网的维护运行和管理数据信息提供可能。

事务处理能力应用部分（Transaction Capabilities Application Part，TCAP）指的是网络中分散的一系列应用在互相通信时所采用的一组协议和功能。这是目前很多电话网提供智能业务和信令网的运行、管理和维护等功能的基础。TCAP 对各种应用提供支持，它为应用业务单元（Application Service Element，ASE）、移动应用部分（Mobile Application Part，MAP）、操作维护应用部分（Operations & Maintenance Application Part，OMAP）和智能网应用部分（Intelligent Network Application Part，INAP）等操作提供工具。

（2）应用举例

由于原 CCITT No.7 信令比较复杂，在此只简单介绍该信令系统在控制电话接续时的简单过程。图 1-16 所示为在两个数字局间采用 7 号信令进行市话接续的过程，其中 A 局为主叫交换局，B 局为被叫交换局。

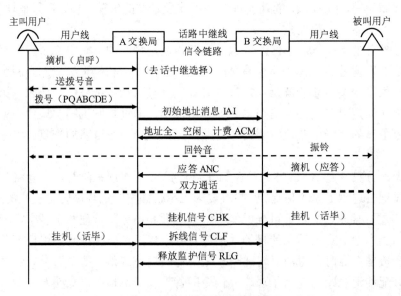

图 1-16　采用 7 号信令的市话接续控制信号示意图

A 交换局在收齐主叫用户所发的号码后，即一次性作为初始地址消息（Initial Address message with additional Information，IAI 或 Initial Address Message，IAM）发往 B 局交换（初始地址 IAI 信息及以下各信息的格式请参见其他资料）。B 交换局收到 IAI 信号后，根据其内容测试该被叫用户忙闲状态。如果被叫用户空闲，即在本局内建立通话通道，并立即回送给

A 交换局地址全消息（Address Complete Message，ACM）；同时向主叫用户送回铃音，向被叫用户送铃流。被叫用户应答后，B 交换局向 A 交换局送应答信号（Answer signal-Charge，ANC），双方开始通话。通话完毕，如果被叫用户先挂机，则由 B 交换局向 A 交换局送后向拆线信号（Clear Bac Ksignal，CBK）；主叫用户挂机后，由 A 交换局向 B 交换局送前向拆线信号（CLear Forward signal，CLF）。B 交换局还原后，向 A 交换局送释放监护信号（ReLease Guard signal，RLG）。

从上例可知，当采用 7 号信令时，"线路信号"控制过程大体与随路线路信号相似，以 30/32 路 PCM 基群为例，由于 7 号信令的信令通道 TS_{16}（也可以使用 TS_0 之外的其他时隙）与各路是没有固定联系的，因而更具灵活性。采用 7 号信令的"记发器信号"只需送 1 次 IAI 即可解决问题，因而大大提高了接续速度。有关 7 号信令的更详细的资料可参阅其他的信令书籍。

复习思考题

1. 为什么要引入交换？
2. 交换节点有哪些基本功能？
3. 通信的三要素是什么？
4. 交换节点有哪些接续类型？
5. 什么是模拟信号？
6. 什么是数字信号？
7. 数字通信与模拟通信相比，具有哪些优缺点？
8. 模拟交换与数字交换有什么本质区别？
9. 什么是布控（WLC）和程控（SPC）？
10. 什么是分组交换？
11. 分组交换中，交织传输主要有哪些方法？各有何特点？
12. 什么是虚电路（VC）？
13. 什么是虚电路方式和数据报方式？
14. 电话交换技术主要经历了哪些阶段？
15. 随路信令和公共信道信令有什么不同？
16. 中国 1 号信令规定了哪两种信号？
17. 中国 1 号信令中的记发器信号是如何传送的？
18. 7 号信令的功能结构可分为哪几级？并说明各级的主要功能。
19. 7 号信令与 1 号信令相比，主要有哪些优点？
20. 随路信令和公共信道信令分别是通过什么信道（时隙）传送的？

第2章 数字交换和数字交换网络

数字程控交换机除采用存储程序控制之外，很重要的一点是采用了数字交换网络。数字交换网络也是数字程控交换机的核心，交换机的容量主要取决于交换网络的大小和处理机系统的呼叫处理能力。本章从数字交换原理入手，在介绍 T 型时分接线器和 S 型时分接线器这两种基本交换单元的基础上，介绍 T-S-T，S-T-S 等多级时分交换网络的构成。最后介绍阻塞的概念及其计算方法。

2.1 数字交换原理

2.1.1 数字交换

数字程控交换机的根本任务是通过数字交换来实现任意两个用户之间的语音交换，即在这两个用户之间建立一条数字语音通道。

最简单的数字交换方法是给这两个要求通话的用户之间分配一个公共时隙（时分通路），两个用户的模拟语音信号经数字化后都进入这个特定的时隙（Time Slot，TS），这就是动态分配时隙的方法。实际的数字程控交换机能接很多用户，因此要求先对每个用户分配一个固定时隙，然后在两个用户（不同时隙）之间进行交换。

当语音信号变成数字信号后，每个用户的语音信息就在 PCM（脉冲编码调制）复用线上占据一个固定的时隙，在这个固定的时隙上，周期地传递该用户的语音信息。例如，A 用户占据的是 TS_1 时隙，则 A 用户的语音信息就将每隔 $125\mu s$ 在 TS_1 时隙内以数字信号的方式向交换网络传递一次。由交换网络传送给 A 用户的语音信息也将每隔 $125\mu s$ 时间在 TS_1 时隙内送给 A 用户。所以 TS_1 时隙就是固定给 A 用户使用的话路，无论是发话还是受话，均使用这个 TS_1 时隙的时间。当然发话回路和受话回路是分开的，但传递 A 用户语音信息的时间和 A 用户接收来话的语音信息的时间是在同一个时隙时间之内。30 个用户就分别固定占用 30 个时隙，如 A 用户占用 TS_1，B 用户占用 TS_2，C 用户占用 TS_3，…，N 用户占用 TS_N。

2.1.2 时隙交换原理

为了能够形象地说明时隙交换原理，用两个时序开关代替控制机构，控制语音信息的交换。如图 2-1 所示，图中有一个语音存储器，它有 32 个存储单元，每个单元都有单元地址，按 0，1，2，3，…，31 顺序排列，在其左侧（输入侧）有一个时序开关 $K_{入}$，开关的接点有 32 个，分别按序号与相应的语音存储器的存储单元相连接；在其右侧（输出侧）也有一个时序开关 $K_{出}$，开关的接点也有 32 个，但每个接点不是按顺序，而是按用户的要求来连接的，即 TS_1 用户的语音信息 a 要送给 TS_2 用户，则开关 $K_{出}$ 的 2#接点就与语音存储器 1#单元的输出侧相连接；TS_3 用户的语音信息 c 要送给 TS_N 用户，则开关 $K_{出}$ 的 N#接点就与 3#存储单元的输出侧相连；若 TS_2 用户语音信息 b 送给 TS_1 用户，则 $K_{出}$ 的 1#接点应与 2#单元相接；TS_N 用户的语音 n 送给 TS_3 用户，则 $K_{出}$ 的 3#接点就与 N#单元相接，等等。

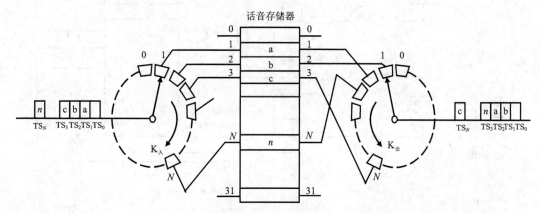

图 2-1　用时序开关代替控制机构的表示方法

　　时序开关 $K_{入}$ 和 $K_{出}$ 每秒旋转 8000 周，每周所需时间是 125μs。在 TS_0 时隙，开关与 0#接点接通；在 TS_1 时隙，开关与 1#接点接通；TS_2 时隙，开关与 2#接点接通……在 TS_N 时隙，开关与 N#接点接通，等等。$K_{入}$ 和 $K_{出}$ 是同步旋转的。

　　在 TS_1 时隙时，$K_{入}$ 和 $K_{出}$ 分别与语音存储器的 $1\#_入$ 和 $2\#_出$ 单元相连，即 $K_{入}$ 和 1#存储单元相连，$K_{出}$ 与 2#存储单元输出相连，此时在 TS_1 时隙里传送来的 a 语音信息就存入语音存储器的 1#单元，而语音存储器 2#单元内存放的 b 语音信息就在此时通过 $K_{出}$ 的 1#接点送出，也就是输出端在 TS_1 时隙送出 b 语音信息给 TS_1 用户。在 TS_2 时隙时，$K_{入}$ 和 $K_{出}$ 分别与语音存储器的 $2\#_入$ 和 $1\#_出$ 单元相连接，使 TS_2 时隙传来的 b 语音信息存入 2#单元，而使 1#单元内的 a 语音信息通过 $K_{出}$ 的 2#接点送给 TS_2 用户，这就实现了 A 用户和 B 用户的通话。其他时隙的信息交换也依此进行。

　　由于开关是周而复始地旋转，所以语音信息将不断地存入和送出。每隔 125μs，语音信息就变换一次，每次只传送语音信息的一个抽样值。

　　因此，在时分通路里，若 A 用户的语音信道占用 TS_1 时隙，B 用户的语音信道占用 TS_2 时隙，TS_1 时隙和 TS_2 时隙是互相错开的。要想交换这两个用户的信息，则只能采取暂存的办法，即 A 用户的语音在 TS_1 时隙传送来时，先将其存放在一个称为语音存储器的某个单元里，假如是 1#单元，等到 TS_2 时隙时，再从 1#单元将 A 用户的语音信息取出来，送给 B 用户。而 B 用户的语音信息是在 TS_2 时隙时发出，先将语音送到语音存储器并暂存在 2#单元里，等到 TS_1 时隙时再从 2#单元将其取出，送给 A 用户，这样就实现了时隙交换。

　　如图 2-2 所示，A 用户的语音编码信息 a 在 TS_1 时隙时，通过 A 用户的发送回路送至交换网络的语音存储器中的 1#单元暂存，在 TS_2 时隙时将语音信息 a 从 1#单元取出，经交换网络的输出线送至 B 用户接收回路送给 B 用户。B 用户的语音编码信息 b 在 TS_2 时隙时，通过 B 用户发送回路送至交换网络的语音存储器中的 2#单元暂存，在 TS_1 时隙时将语音信息 b 从 2#单元中取出，经交换网络的输出线送至 A 用户的接收回路送给 A 用户，完成了 A 用户和 B 用户之间的信息交换。

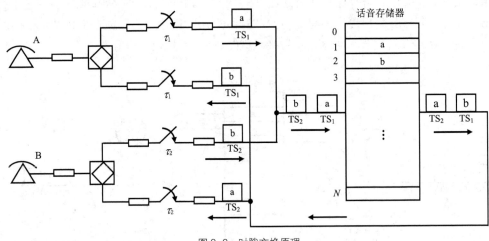

图 2-2 时隙交换原理

2.1.3 数字交换网络

由上所述，时隙交换的实质就是将一个语音信息由某个时隙搬移至另一时隙，它是通过时分接线器来完成的。由于时分接线器的容量不大，目前所能生产的时分接线器的最大容量也只有 2048 个单元，若组成一个电话交换局显然是不够的，还必须利用空间交换来扩大其容量。这里讲的空间交换仍是时分制的数字交换，信息编码仍是在某个时隙内传输，仅仅是由这一条复用线上交换到另一条复用线上，时隙不变。因此，数字交换网络包括时分接线器和空间接线器两种基本部件，分别用于完成时间交换和空间交换。

2.2 T 型时分接线器

2.2.1 T 接线器的基本组成

T 型时分接线器（Time Switch）又称时间型接线器，简称 T 接线器。它由语音存储器（Speech Memory，SM）和控制存储器（Control Memory，CM）两部分组成，其功能是进行时隙交换，完成同一母线不同时隙的信息交换，即把某一时分复用线中的某一时隙的信息交换至另一时隙。

SM 用于暂存经过 PCM 编码的数字化语音信息，由随机存取存储器（Random Access Memory，RAM）构成。其容量分别有 128，256，512 和 1024 单元，每一单元可以存储一个话路时隙的 8 位 PCM 编码信息。SM 的存储单元数应等于输入或输出时分复用线上的时隙数。已编码的语音信息周期性地写入语音存储器内，并从语音存储器内周期性地读出。在语音存储器内，可以进行若干次读操作，但写操作只能在规定的时间内进行一次。

CM 也由 RAM 构成，用于控制语音存储器信息的写入或读出。也就是说，其内容表示语音存储器写入或读出语音信息的控制地址，由处理机控制写入。控制存储器的单元数应等于语音存储器的单元数，控制存储器单元的位数由语音存储器的单元数来决定。

语音存储器存储的是语音信息，控制存储器存储的是语音存储器的地址。例如，输入输出时分复用线的时隙数为 512 个，则语音存储器和控制存储器的单元数均为 512 个，语音存储器的位数为 8 位（8 位 PCM 编码信息），控制存储器的位数为 9 位。

通过 T 接线器交换后输出的信息总是滞后于输入的信息，但最大不会超过 1 帧时间。

2.2.2　T 接线器的工作原理

按照控制存储器对语音存储器的控制关系，T 接线器的工作方式有两种：读出控制方式和写入控制方式。语音存储器的存储单元数在读出控制方式中标志着接线器的入线数，而控制存储器的存储单元数标志着接线器的出线数（在写入控制方式中恰与此相反）。若出线数等于入线数则称为分配器；出线数小于入线数则称为集线器；出线数大于入线数则称为扩展器。

1．读出控制方式

读出控制方式的 T 接线器是顺序写入控制读出的，如图 2-3 所示，它的 SM 的写入是在定时脉冲控制下顺序写入，其读出是受 CM 的控制读出的。也就是说，时分复用线上语音信息内容在时钟控制下顺序写入 SM 中；在 CM 的控制下，将 CM 的内容作为 SM 的读出地址，读出 SM 相应单元中的信息送到输出时分复用线上。CM 的写入是受中央处理机控制的，是控制写入；它的读出则是在定时脉冲控制下，顺序读出。

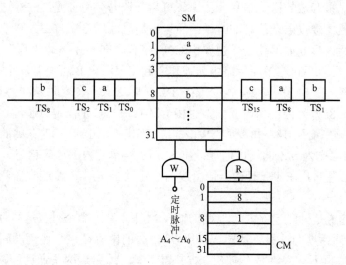

图 2-3　读出控制方式的 T 接线器

在图 2-3 中，SM 有 32 个单元，每个单元都有一个单元地址。所以，由 PCM 线上送来 32 个时隙，每个时隙都对应于一个存储单元。在 CM 中也有 32 个存储单元，它控制着 T 接线器的输出时隙。

SM 中每个存储单元内存入的是发话人的语音信息编码，通常是 8 位编码。在 CM 的每个存储单元内存放的是发话人语音信息在 SM 中的存放单元地址，所以在每个单元内存放的是地址码，地址码的位数与 SM 的单元数相关，若是 32 个存储单元，则地址码应是 5 位二进制码（$A_4A_3A_2A_1A_0$）。

定时脉冲是在主时钟的控制下，按照一定的周期和时序发出的控制脉冲。在 T 接线器中，定时脉冲是路时隙脉冲，即在每一路时隙时产生一个控制脉冲，并通过计数器发出地址码。所以定时脉冲是在每个时隙时发出一个控制脉冲，产生一个地址码，这个地址码是按照时序顺序排列的，即按照 0，1，2，…，31 这样的顺序周而复始地产生。这里，最后的地址码是 31，是由于存储器只有 32 个单元的缘故，如果存储器有 256 个单元，则地址码就应为 0～255。

T 接线器的工作是在中央处理机的控制下进行。当中央处理机得知用户的要求（拨号号码）后，首先通过用户的忙闲表，查被叫是否空闲，若空闲，就置忙，占用这条链路。中央处理机（Central Processing Unit，CPU）根据用户要求，向 CM 发出"写"命令，将控制信息写入 CM。

现假定 A 用户（占用 TS_1）与 B 用户（占用 TS_8）通话，即 $TS_1 \longleftrightarrow TS_8$。a 是 A 用户的语音信息编码，b 是 B 用户语音编码。为了叙述方便，假定主叫 A 的语音 a 向被叫传送，CPU 根据这一要求，向 CM 下达"写"命令，令其在 8#单元中写入"1"。

写入后，这条话路即被建立起来，用户可进行通话。在 TS_1 时隙到来时，语音信息 a 在此刻被送到 SM 的输入端，定时脉冲在此时所发出的控制脉冲通过写入控制线将写入地址码"1"送入 SM，控制 SM 在此时将输入端的语音信息 a 写入到 1#单元，这就是顺序写入，它是在定时脉冲的控制下进行的。

CM 的读出是在定时脉冲控制下，按时间的先后顺序执行。当定时脉冲到 TS_8 时隙时，就读出 CM 8#单元的内容"1"，这一读出内容通过读出控制线送入 SM，作为 SM 的读出地址，将 SM 1#单元里存放的语音信息 a 读出。可见，语音信息 a 是在 TS_8 这一时刻读出的，而此时刻正是用户 B 接收语音信息的时候，所以 a 信息就送给用户 B。

用户 B 的回话信息 b 如何传送，也要由 CPU 控制，向 CM 下达"写"命令，令其在 1#单元中写入"8"。写入后，这条回话路由即被建立起来，用户 B 可进行回话。回话是从 B 用户的发送回路送出，在 SM 的左侧（输入侧）TS_8 时隙送入，在定时脉冲为"8"时，将语音信息 b 写入到 SM 8#单元内。何时读出，也由 CM 控制。CM 在定时脉冲控制下，在 TS_1 时（定时脉冲从 TS_8 顺序变到 TS_{31} 再变到 TS_0，TS_1）读出 CM 1#单元内存储的内容"8"，通过读控制线送向 SM，作为 SM 的读出地址，将 SM 的 8#单元内的语音信息 b 读出，送至输出线上。因为语音信息 b 是在 TS_1 时送至输出线的，此时正是用户 A 接收语音信息的时候。所以 b 信息就送给用户 A。

这两条语音通道是同时建立的，即 CPU 向 CM 下"写"命令时，是同时下达的。但这种"写"命令在整个通话期间，只下达一次，所以 CM 的内容在整个通话期间是不变的。只有通话结束时，CPU 再下一次"写"命令，将其置"0"，才将这两条通话回路拆掉。

由上述情况可看出，CM 的单元地址与输出时隙号相对应，在其单元内写入的内容与输入时隙号相对应，该内容就是输入信息（发话人的语音信息）在 SM 的存入地址。例如，TS_2 的语音信息 C 要交换给 TS_{15}，则 CM 就应在 15#单元里写入 2#地址，这 15#与 TS_{15} 的时隙号（输出）相对应，而单元内写入的 2#与 TS_2 时隙号（输入）相对应。语音信息 C 存放在 SM 的 2#单元。所以 2#单元是发话人的语音信息在 SM 的存储地址。

2．写入控制方式

T 接线器采用写入控制方式时，如图 2-4 所示，它的 SM 的写入受 CM 控制，它的读出则是在定时脉冲的控制下顺序读出。所以，写入控制方式的 T 接线器是按控制写入顺序读出的，其 CM 仍然是按控制写入顺序读出。控制写入顺序读出就是输入时分复用线上语音信息内容在 CM 控制下写入到 SM 中（即把 CM 的内容作为 SM 的写入地址），在时钟控制下读出 SM 存储的内容送到输出时分复用线上。

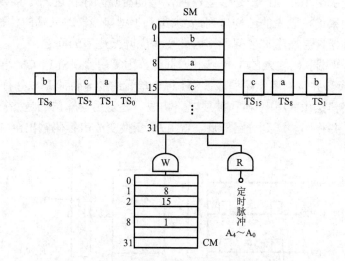

图 2-4　写入控制方式的 T 接线器

现在仍以上述的一对用户为例，说明时隙交换原理，即 $TS_1 \leftrightarrow TS_8$。

当 CPU 得知用户要求后，即向 CM 下"写"令，命令在 CM 的 1#单元写入"8"，在 8#单元写入"1"。每个单元地址与输入时隙相对应，在每个单元里写入的内容仍是发话人的语音信息在 SM 的存储地址，与其输出时隙相对应。CM 写入地址后，通路即建立起来，用户可以进行通话。

在 TS_1 时隙时，A 用户的语音 a 送到，存放地点则由 CM 决定，它不是按顺序存入。CM 的读出是按顺序读出的，所以在此时刻（即 TS_1 时刻）它在定时脉冲的控制下，读出 CM 1#单元的内容为"8"，并通过写入控制线送向 SM，作为 SM 的写入地址，SM 根据这个地址，将此时来的语音信息 a 存入 8#单元。SM 在定时脉冲的控制下，按时隙的先后顺序读出相应单元的内容，即在 TS_8 时，读出 8#单元的内容 a，送至输出线上。恰在语音信息 a 在 TS_8 时读出的时刻，B 用户接收语音信息，因而，完成了将语音信息从 A 用户的 TS_1 信道，交换到 B 用户的 TS_8 信道。

在 TS_8 时隙时，CM 在定时脉冲控制下，按顺序读出 8#单元的内容为"1"，则通过写入控制线送向 SM，作为 SM 的写入单元地址，SM 则根据这个地址，将此时送来的语音信息写入到 1#单元。此时输入线上送来的语音信息就是 B 用户的语音信息 b，所以 b 信息就被写入到 1#单元。这个语音 b 要等到下一个周期 TS_1 时隙时才能读出，并送到 A 用户的接收回路中。CM 的写入是每次通话只写一次，直到通话结束。

这种控制方式的 CM 单元地址是与输入时隙相对应，而单元内存放的内容（SM 的地址码）是与输出时隙相对应。例如，TS_2 用户的语音 c 要送给 TS_{15} 用户，则 CPU 在 CM 的 2#

单元写入"15"。在 TS_2 时，语音 c 存放在 SM 的 15#单元，在 TS_{15} 时从 15#单元中读出。

2.2.3 T 接线器的电路组成

时分接线器的交换容量主要取决于组成该接线器的存储器容量和速度，多以 8 端或 16 端 PCM 交换来构成一个交换单元，每一条 PCM 线称 HW（Highway）。如果输入端接 8 条 HW，T 接线器的 SM 就应有 256 个存储器单元；如果接 16 条 HW，SM 就应有 512 个存储单元。这样就产生了两个问题：一是这些条 HW 中的时隙顺序在进入 T 接线器时如何排列；二是这么多时隙如果仍按原来的结构排列，要求进入 T 型接线器输入端的传输速率大大提高，这对线路设备及元器件会产生许多问题，因此要考虑降低速率的问题。

图 2-5 所示为 8 端脉码输入的 T 接线器方框图，由复用器、SM、CM 和分路器所组成。复用器由串/并变换和并路复用电路构成，SM 每个单元内的 8 位码是以并行码的方式同时存入相应单元，分路器是由并/串变换和扩展电路构成。在复用器输出的是并行码，送到 SM，从 SM 输出的也是并行码，送到分路器后，经并/串变换变成串行码输出至各条 HW。

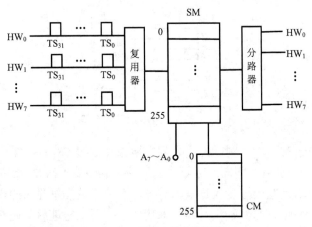

图 2-5　8 端输入的 T 接线器

1．复用器

复用器的基本功能是串/并变换和并路复用。其目的是减低数据传输速率，便于半导体存储器件的存储和取出操作；尽可能利用半导体器件的高速特性，使在每条数字通道中能够传送更多的信息，提高数字通道的利用率。它是由移位寄存器、锁存器和 8 选 1 的电子选择器组成，如图 2-6 所示。

（1）串行码和并行码

如图 2-7（a）所示，串行码是指各时隙内的 8 位码 $D_0 \sim D_7$ 是按时间的顺序依次排列。即按 TS_0 的 D_0，D_1，…，D_7 的 8 位码依次排列，紧接着就是 TS_1 的 D_0，D_1，…，D_7 的 8 位码依次排列，等等。

如图 2-7（b）所示，并行码是指各时隙内的 8 位码 D_0，D_1，…，D_7 分别同时出现在 8 条线上，即首先是 TS_0 的 D_0，D_1，…，D_7 的 8 位码同时出现在 8 条线上；在下一时刻，TS_1 的 D_0，D_1，…，D_7 的 8 位码又同时出现在 8 条线上，等等。在每条线上传送的是各时隙中的相同号位码，如在 D_0 线上，传送的都是各个时隙的 D_0 位码；在 D_1 线上，传送的都是各时

隙的 D_1 位码，等等。

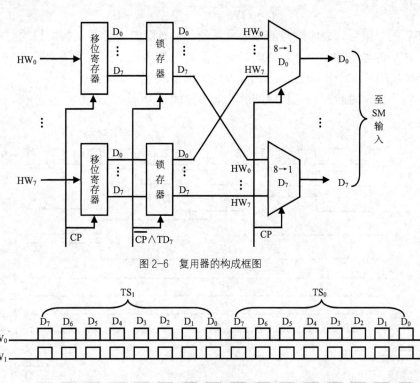

图 2-6　复用器的构成框图

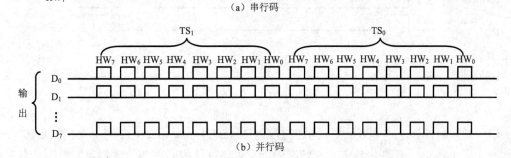

图 2-7　8 端脉码输入的串行码和并行码

每一端的脉码传输速率是 2.048Mbit/s，若 8 端 PCM 脉码输入以串行传输时，其传输速率将达到 16.384Mbit/s，若 16 端输入时，其传输速率将达到 32.768Mbit/s，这样高的传输速率会带来许多问题。从图 2-7 可明显地看出，通过串行码变成并行码，其传输速率降低到原速率的 1/8。它使制造工艺要求大为降低，减少了辐射干扰，降低了器件的开关速度，因而也降低了造价。当然，速率的降低是以增加传输线数为代价换来的。

（2）控制时序

8 端 PCM 脉码输入的 256 个时隙排列方式应是 HW_0 的 TS_0，HW_1 的 TS_0，HW_2 的 TS_0，…，HW_7 的 TS_0；HW_0 的 TS_1，HW_1 的 TS_1，HW_2 的 TS_1，…，HW_7 的 TS_1，等等。HW_0TS_0 作为总时隙的 TS_0，HW_1TS_0 为总时隙的 TS_1，…，HW_7TS_0 为总时隙的 TS_7，HW_0TS_1 为总时隙的 TS_8，…，HW_7TS_1 为总时隙的 TS_{15}，…，HW_7TS_{31} 为总时隙的 TS_{255}。总时隙共 256 个时隙，

分别为 $TS_0 \sim TS_{255}$。各 HW 线上的时隙号与总时隙号的对应关系可以用公式表示为

$$总时隙号 = HW 上的时隙号 \times 8 + HW 号$$

各 HW 的时隙号与总时隙号的编码关系为：总时隙的 8 位二进制编码的前 3 位 $A_2A_1A_0$ 表示 8 个 HW 的号（如 HW_0 用 000 表示）。总时隙的 8 位二进制编码的后 5 位 $A_7A_6A_5A_4A_3$ 表示各端 HW 中的 32 个时隙号，如 TS_1 为 00001，TS_3 为 00011。

$A_7 \sim A_0$ 作为定时脉冲，其相应的脉冲波形如图 2-8 所示。

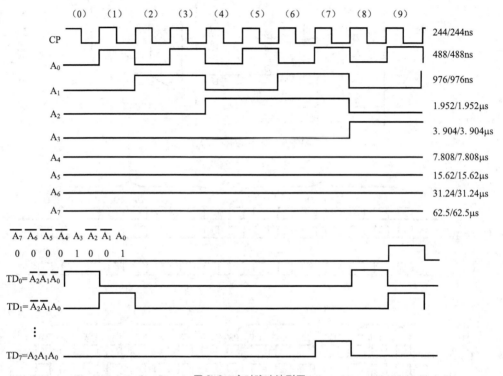

图 2-8　定时脉冲波形图

CP（Clock Pulse）脉冲的脉冲/间隙宽度为 244ns/244ns，和 30/32 路 PCM 系统中一位码的脉冲宽度（488ns）相同。A_0 是 CP 脉冲的分频，其脉冲和间隙的宽度均是 CP 脉冲的 2 倍。A_1 又是 A_0 的分频，依此类推，A_7 是 A_6 的分频，脉冲和间隙的宽度 62.5μs/62.5μs 的脉冲。

$A_7 \sim A_0$ 通过译码电路可译成 256 个时间位置（对应于时隙）不同的定时脉冲。它们的持续时间为 488ns，周期为 125μs，用以代表不同的 256 个存储单元地址，并控制其单元的写入或读出。

（3）串/并变换

在图 2-6 所示的复用器中，每一条 HW 接一个移位寄存器，移位寄存器的输入端为一条线，线上传输的是 32 个时隙的串行码。共有 8 个移位寄存器，分别与 8 条 HW 相接。每个移位寄存器的输出端为 8 条线，每条线上在各个时隙里只有一位码，所以经过移位寄存器是串入并出的。在 D_0 位线上只存各时隙的 D_0 位码，在 D_1 位线上只存各时隙的 D_1 位码，依此类推，在 D_7 位线上只存各时隙的 D_7 位码。这 8 位码不是同时出现在 8 条输出线上，而是在 CP 脉冲的前半期控制下一位一位地出现的。因此，在其后加了一个锁存器进行锁存，以便同

时输出。锁存器是由 $\overline{CP} \wedge TD_7$ 脉冲控制的。$TD_7 = A_2 \wedge A_1 \wedge A_0$ 是一个位脉冲，TD_7 是 D_7 位码出现的时间。$\overline{CP}$ 是 CP 脉冲后半期出现的时间，$\overline{CP} \wedge TD_7$ 是一个控制脉冲，它出现在 D_7 位码出现的后半期时间内，这个时间恰好是这个时隙的 8 位码已全部出齐的稍后一点（稍后半个位脉冲持续时间）出现的。当 $\overline{CP} \wedge TD_7 = 1$ 时，则将已经变换就绪的 8 位并行码一起送入锁存器。这时锁存器中的数据和输入端串行码的数据在时间上已经延迟了一个时隙。

（4）并路复用

在图 2-6 所示的复用器中，8 选 1 的电子选择器的功能是把 8 个 HW 的并行码按一定的次序进行排列，一个一个地送出。在它的输入端有 8 条线，分别与 8 个锁存器相连，因此在 8 条线上的脉码是各个 HW 的同一位码。例如，在 8 选 1（D_0）电子选择器上，8 条输入线上分别是 HW_0，…，HW_7 的 D_0 位码。这是同时出现的，在 CP 脉冲的前半期控制下，一个接一个地输出，在 D_0 线上按 TS_0，TS_1，…，TS_{31} 的顺序依次将 $HW_0 \sim HW_7$ 的 D_0 位码输出。与此同时，在 D_1 线上，D_2 线上，…，D_7 线上同样输出 $HW_0 \sim HW_7$ 的各时隙的 D_1 位码，D_2 位码，…，D_7 位码。例如，D_0 位线上内容是 HW_0TS_0 的 D_0 位码，HW_1TS_0 的 D_0 位码，HW_2TS_0 的 D_0 位码，…，HW_7TS_0 的 D_0 位码，HW_0TS_1 的 D_0 位码，…，HW_7TS_1 的 D_0 位码，…，HW_0TS_{31} 的 D_0 位码，…，HW_7TS_{31} 的 D_0 位码。这样一来，每条位线上的传输速率仍是 2.048Mbit/s，但其内容却大不一样，前者是串行码，后者是并行码。图 2-7 所示为各条线上的构成情况。在每条位线上传输的是 8 条 HW 中某一固定信息位的信息。每条 HW 上 32 个时隙复用，每条复用线上有 256 个时隙，每个时隙的持续时间是 488ns，这正是 8 位定时脉冲所形成的控制脉冲的宽度。若是 16 条 HW 输入，则有 512 个时隙，每个时隙所持续的时间将减少一半（即 244ns），CP 脉冲宽度也应作相应的变化。

2．分路器

分路器由锁存器和移位寄存器组成，如图 2-9 所示。其功能与复用器正好相反，完成并/串变换和分路输出功能。

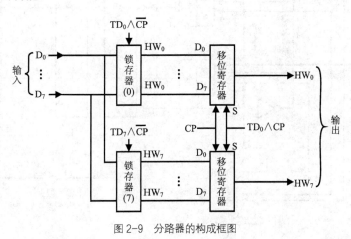

图 2-9 分路器的构成框图

锁存器是并入并出的 8 位寄存器。它是在位脉冲 $TD_0 \wedge \overline{CP} \sim TD_7 \wedge \overline{CP}$ 控制下，将来自复用线上的并行码信息（$D_0 \sim D_7$）分别写入到 8 条 HW 所对应的锁存器 0～7 中，即 HW_0 的 $D_0 \sim D_7$ 在 $TD_0 \wedge \overline{CP}$ 的控制下写入 0#锁存器中，HW_1 的 $D_0 \sim D_7$ 在 $TD_1 \wedge \overline{CP}$ 的控制下写入 1#锁存器中，依此类推，HW_7 的 $D_0 \sim D_7$ 在 $TD_7 \wedge \overline{CP}$ 的控制下写入 7#锁存器中。

$TD_0 \sim TD_7$ 是 8 个位脉冲，与复用器中所用的 $TD_0 \sim TD_7$ 相同，它们都是由定时脉冲 A_0、A_1、A_2 所控制。锁存器是在 $TD_i \wedge \overline{CP}$ 的控制下存入数据的。例如，0#锁存器即是在 $TD_0 \wedge \overline{CP}$ 的控制下，存入 HW_0 的 8 位码，它的存入时间是在 TD_0 位脉冲的后半期（CP 的后半期）。同样，其他锁存器也都是在各自的位脉冲的后半期存入的。

锁存器的下一级是移位寄存器，它有移位和寄存的功能，是由 CP 和 S 两种控制线控制的。在 CP=1、S=1 时，移位寄存器处于置数状态，只置数而不移位，置数就是存入。当 CP=1、S=0 时，移位寄存器处于移位状态，只移位而不置数，移位就是向外移出。

S 端是由 $TD_0 \wedge CP$ 控制，即 $S=TD_0 \wedge CP$。当 $TD_0=1$，CP=1 时，即在 CP 的前半期，S=1，移位寄存器处于置数状态，于是就将锁存器中 8 位码转存于移位器中。当下一个 CP=1 时，$TD_0=0$，所以 S=0，移位寄存器处于移位状态，在 CP 的控制下，按 CP 的节拍一位一位地输出，直到下一时隙的 TD_0 出现时，再置数据一次……如此循环下去。这样输出线上输出的就是串行码。

3. 语音存储器

语音存储器（SM）由 RAM 组成，是暂存语音信息编码的存储设备。图 2-10 所示为读出控制方式的 SM 的原理方框图。SM 的写入受定时脉冲控制（顺序写入），读出是由 CM 读出数据 $B_0 \sim B_7$ 控制进行。

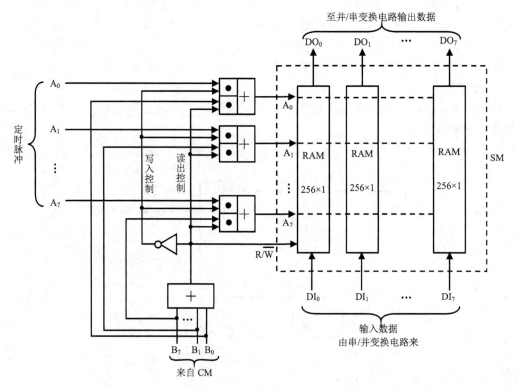

图 2-10　读出控制方式的语音存储器

SM 的输入数据 $DI_0 \sim DI_7$ 是某一语音抽样幅度的编码，该编码代表语音信息，每隔 125μs 变换一次。它是经 8 位并行码的形式存入 SM 的某个单元中。

$DO_0 \sim DO_7$ 是输出语音信息。

$A_0 \sim A_7$ 是定时脉冲（即 2.048MHz 信号经时钟分频电路后输出的 8 位码），8 位码的脉冲波形相"与"就形成一个脉冲宽度为 488ns 的定时脉冲，正好是一个位时间，这个定时脉冲是按照 $A_0 \sim A_7$ 8 位二进制代码的顺序，陆续轮换出现的。存储单元的地址也是按 $A_0 \sim A_7$ 的顺序排列，所以它也是单元地址码。这就是说，写入顺序是按 $A_0 \sim A_7$ 代码的顺序执行，它代表了 256 个单元地址，故 SM 有 256 个存储器单元。

$B_0 \sim B_7$ 代表了读出的单元地址，8 位码代表了 256 个单元地址，它们是由 CM 送来的读出地址。

$R/\overline{W}$ 为读写控制线，当 $R/\overline{W}$ =1 时，SM 处于读出状态，按照 $B_0 \sim B_7$ 提供的地址，读出该单元内所存储的信息。当 $R/\overline{W}$ =0 时，SM 处于写入状态，将语音信息 $DI_0 \sim DI_7$ 的内容写入到以 $A_0 \sim A_7$ 为地址的单元中。

接线器的工作原理如下。

CP 处于前半周期时，CM 不送数据，即 $B_0 \sim B_7$=0，"或"门输出为 0，使 $R/\overline{W}$ =0，SM 处于写入状态，"与非"门输出为 1，"写入控制"信号为 1，"读出控制"信号为 0，使各"与或"门的上侧"与"门打开，下侧的"与"门封闭，使定时脉冲 $A_0 \sim A_7$ 通过各个"与或"门的上侧"与"门输入到 SM 作为写入的单元地址，而打开该单元写入此时刻送来的语音信息 $DI_0 \sim DI_7$。由于写入的单元地址直接受定时脉冲 $A_0 \sim A_7$ 控制，故各单元的写入是按定时脉冲 $A_0 \sim A_7$ 的先后顺序而写入的，这就是顺序写入。

CP 处于后半周期时，CM 送来了读出地址 $B_0 \sim B_7$，$B_0 \sim B_7 \neq 0$，则 $R/\overline{W}$ =1，经"与非"门输出的"写入控制"信号为 0，从"或"门输出的"读出控制"信号为 1，则使各个"与或"门的下侧"与"门打开，上侧的"与"门封闭，阻断了 $A_0 \sim A_7$ 通向 SM 的通路，打通了 $B_0 \sim B_7$ 至 SM 的通路，使 $B_0 \sim B_7$ 成为此时刻的 SM 的读出地址，打开该单元，读出单元内的语音信息 $DO_0 \sim DO_7$。这就是控制读出。

由于 $B_0 \sim B_7$ 是在 CP 的后半期送来的，故作为读出地址，而 $A_0 \sim A_7$ 是在 CP 的前半期送来的，故作为写入地址，因此 SM 的写入和读出就很自然地分开了，互不干扰。

4．控制存储器

控制存储器（CM）是由 RAM、锁存器、比较器和读写控制器组成，图 2-11 所示为具有 256 个存储单元的 CM，所以由 8 个二进制数据码 $A_0 \sim A_7$ 分别表示 256 个单元地址。$A_0 \sim A_7$ 是定时脉冲。

CM 的写入受 CPU 控制，它和 CPU 之间有 17 条线相连。其中数据总线（DB）有 8 条（$BW_0 \sim BW_7$），$BW_0 \sim BW_7$ 实际上是发话人的语音信息在 SM 中的存储地址。地址总线（AB）有 8 条（$AW_0 \sim AW_7$），$AW_0 \sim AW_7$ 是 CM 的单元地址。还有一条"写"命令线，用于写入控制。当需要写入时，即"写"命令线送"1"，"写"命令应维持 125μs 的时间。

CM 的工作原理如下。

CPU 根据主叫用户的要求，选定路由以后，便通过数据总线送来数据 $BW_0 \sim BW_7$，放入锁存器暂存；通过地址总线送来写入地址 $AW_0 \sim AW_7$，放入锁存器暂存；通过"写"命令线送来"写命令（=1）"。当定时脉冲 $A_0 \sim A_7$ 送来的信号组合与写入地址 $AW_0 \sim AW_7$ 完全一致时，比较器输出"1"，当 CP=1 时，读写控制器的"与非"门的三个输入线上均为 1，则输出为 0，$R/\overline{W}$=0 使 RAM 处于写入状态。数据 $BW_0 \sim BW_7$ 即可按此时定时脉冲所提供的写入

地址 $A_0 \sim A_7$ 写入至 RAM 中的该单元存放。CP 的后半周期时，CP 处于 "0" 状态，使 $R/\overline{W}=1$，RAM 处于读出状态。此时就可将该单元所存放的数据 $B_0 \sim B_7$ 读出送至 SM，控制 SM 读出 $B_0 \sim B_7$ 单元的语音信息。

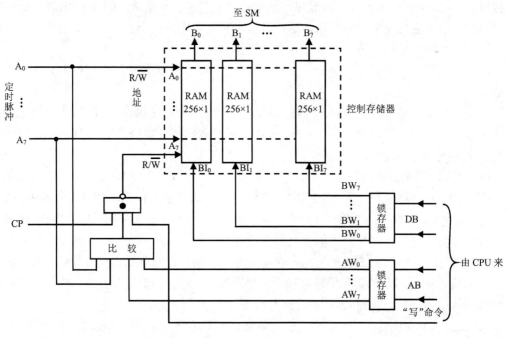

图 2-11 控制存储器

由于 "写" 命令持续的时间很短，最多为 125μs，所以写入数据后，在整个通话阶段，即不再写入，CM 存储的数据不再变化，于是就可以按照定时脉冲 $A_0 \sim A_7$ 所指定的单元地址，周期地读出该单元内存放的数据。整个 CM 的读出也是按照定时脉冲 $A_0 \sim A_7$ 的变化顺序，逐个单元地顺序读出，读出信息通过 $B_0 \sim B_7$ 总线送至 SM。由于 $A_0 \sim A_7$ 的变化周期是 125μs，所以每个单元里的数据是每隔 125μs 读出一次的。

2.2.4　T 接线器的实际电路与应用

MT8980 是 MITEL 公司生产的一种典型数字交换电路（T 接线器），能完成 8 线×32 信道的数字交换功能，它内部包含串/并转换器、数据存储器、帧计数器、控制接口电路、接续存储器、控制寄存器、输出复用电路及并/串转换器等功能单元，如图 2-12 所示。数据存储器就是 SM，接续存储器就是 CM，控制接口和控制寄存器用于处理机给芯片写入控制信息。

MT8980 电路的基本原理如下：串行 PCM 数据流以 2.048Mbit/s 速率（共 32 个 64kbit/s 的 8bit 数字时隙）分 8 路由 $SDI_0 \sim SDI_7$ 输入，经串/并转换，根据码流号（PCM 号）和信道号（时隙）依次存入数据存储器的相应单元中。控制寄存器通过控制接口，接收来自微处理器的指令，并将此指令写入到接续存储器。这样，数据存储器中各信道的数据按照接续存储器的内容（即接续命令），以某种顺序从中读出，再经复用、缓存、并/串转换，变为时隙交换后的 8 路 2.048Mbit/s 串行码流，从而达到数字交换的目的。

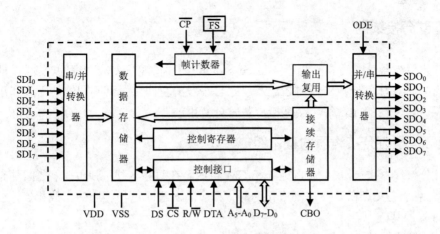

图 2-12　MT8980 的功能框图

电路内部的全部动作均由微处理器通过控制接口控制，微处理器可以读取数据存储器、控制寄存器和接续存储器的内容，也可以向控制寄存器和接续存储器写入命令。接续存储器的容量为 256×11 位，分为高 3 位和低 8 位两部分，前者决定本输出时隙的状态，后者决定本输出时隙所对应的输入时隙。电路不仅可以工作于交换方式，在接续存储器的控制下进行数据存储器内信息的读出；而且可以工作于消息方式，把接续存储器低 8 位的内容作为数据直接输出到相应时隙中去；此外，电路还可以置于分离方式，即微处理器的所有读操作均读自于数据存储器，所有写操作均写至接续存储器的低 8 位。

例如，要想把输入线 $SDI_3 TS_5$ 的内容交换到输出线 $SDO_1 TS_{20}$ 中，微处理器可以按照以下步骤向芯片写入控制指令。

① 给 0#控制寄存器（$A_5=0$，$A_4 \sim A_0=00000$）写入 8 位控制信息"00010001"（即 $D_7 \sim D_0=00010001$）。其中，$D_7=0$ 表示非分离方式，$D_6=0$ 表示交换方式，$D_4 D_3=10$ 表示指向接续存储器低 8 位，$D_2 D_1 D_0=001$ 表示输出码流号"1"（SDO_1），D_5 备用。

② 给接续存储器 20#信道（$A_5=1$，$A_4 \sim A_0=10100$，对应于输出时隙号 20）所对应的存储单元写入低 8 位控制信息"01100101"（即 $D_7 \sim D_0=01100101$）。其中，$A_5=1$ 表示指向接续存储器，$D_7 D_6 D_5=011$ 表示 SDI_3，$D_4 D_3 D_2 D_1 D_0=00101$ 表示 TS_5。

③ 给 0#控制寄存器（$A_5=0$，$A_4 \sim A_0=00000$）写入 8 位控制信息"00011001"（即 $D_7 \sim D_0=00011001$）。其中，$D_7=0$ 表示非分离方式，$D_6=0$ 表示交换方式，$D_4 D_3=11$ 表示指向接续存储器高 3 位，$D_2 D_1 D_0=001$ 表示输出码流号"1"（SDO_1），D_5 备用。

④ 给接续存储器 20#信道（$A_5=1$，$A_4 \sim A_0=10100$，对应于输出时隙号 20）所对应的存储单元写入高 3 位控制信息"00000001"（即 $D_7 \sim D_0=00000001$）。其中，$D_7 D_6 D_5 D_4 D_3$ 备用，$D_2=0$ 表示交换方式，$D_1=0$ 表示从 CBO 输出内容为"0"，$D_0=1$ 表示当 ODE=1，控制寄存器 $D_6=0$（交换方式）时允许将数据存储器中的数据输出到相应码流和时隙中。

⑤ 置 ODE 为"1"，表示输出驱动允许。

这样就完成了芯片控制信息的设置，MT8980 将自动把来自输入 PCM 线 $SDI_3 TS_5$ 的语音信息交换到输出 PCM 线 $SDO_1 TS_{20}$ 中，反方向交换时的控制信息设置读者可以自己完成。

2.3 S 型时分接线器

S 型时分接线器是空间型接线器（space switch），其功能是完成"空间交换"，即在一根入线中，可以选择任何一根出线与之连通。它与一般的空间接线器不同的是入线和出线的连接只是在某一时隙内接通，每个交叉接点是时分复用的。

2.3.1 S 型时分接线器的基本组成

S 型时分接线器由 $m×n$ 交叉点矩阵和 CM 组成。在每条入线 i 和出线 j 之间都有一个交叉点 K_{ij}，当某个交叉点在 CM 控制下接通时，相应的入线即可与相应的出线相连，但必须建立在一定时隙的基础上。

S 型时分接线器的 CM 和 T 型时分接线器的 CM 的结构基本相同。图 2-13 所示为 8×8 S 型时分接线器的 CM 结构原理图，数据总线是自 CPU 送来输入线号，因只有 8 条输入线，故只用 3 条数据线 BW_0、BW_1、BW_2 就够了；另外再加 1 条选通线 S，用来选择该 CM，故数据总线有 4 条。地址总线有 8 条，控制 256 个存储单元的写入地址。CM 的工作原理与 T 接线器中的 CM 一样，在此不再赘述。

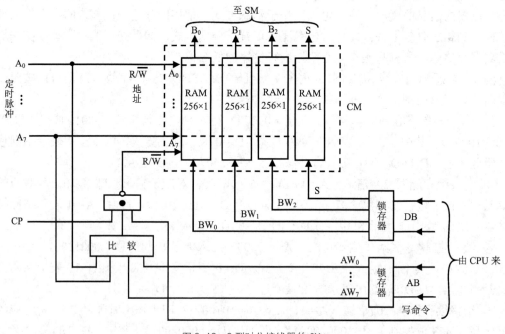

图 2-13 S 型时分接线器的 CM

2.3.2 S 型时分接线器的工作原理

根据 CM 是控制输出线上交叉接点闭合还是控制输入线上交叉接点的闭合，可分为输出控制方式和输入控制方式两种。

1．**输出控制方式**

图 2-14 所示为 8×8 S 型时分接线器的组成方框图。它有 8 条入线和 8 条出线，每条入线和每条出线之间均有交叉接点，因此有 8×8=64 个交叉接点。每根入线若是 32 时隙的串行码，每个时隙又有 8 位码，因此每条入线的数码率是 2048kbit/s，出线亦如此。每条出线上的所有交叉点均由一个 CM 控制，因此有 8 个 CM 分别对应控制 8 条出线，这就是输出控制方式。每个 CM 有 32 个单元，其中单元的地址与输入线的时隙号相对应，单元中的内容与输入线号对应。CM 的写入受 CPU 控制，读出是按定时脉冲时序进行控制，即按时间顺序读出。

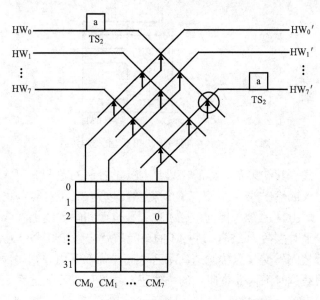

图 2-14　输出控制方式的 8×8 S 型时分接线器

例如，一个语音信息在 TS_2 时隙内传输，现将 TS_2 时隙内的语音信息 a 由 HW_0 交换到 HW_7 上。根据这一要求，CPU 向 7#CM 下"写"命令，令其在 2#单元里写入 0#输入线号。

当时序到 TS_2 时，在定时脉冲的控制下，读出 2#单元内容为"0"，即在 TS_2 时，控制存储器控制 7#输出线与 0#输入线的交叉接点闭合，从而使语音信息 a 在 TS_2 时隙时由 HW_0 输入线通过交叉接点传到 HW_7 输出线上，完成"空间交换"。交叉接点，只是在 TS_2 时隙里闭合，沟通了 a 信息的传送；若在其他时隙里闭合，就为其他时隙传递信息。所以 S 型时分接线器是时分复用的，只完成了语音信息的空间位置交换，时隙并没有交换。

2．**输入控制方式**

输入控制方式的 S 型时分接线器，每条输入线上都配有一个 CM，控制该输入线与输出线的所有交叉接点。

图 2-15 所示为一个 8×8 的交叉点矩阵，有 8 条 PCM 入线和 8 条 PCM 出线。图中，各条线上有 32 个时隙，所以每个 CM 也有 32 个存储单元。

如果 HW_0TS_2 中的信息"a"要交换到 HW_7TS_2 时，则 CPU 向 CM_0 发"写"命令，令其在 2#单元里写入 7#输出线号。当时序到 TS_2 时，在定时脉冲的控制下，读出 2#单元里的内容"7"，即在 TS_2 时控制 0#输入线与 7#输出线交叉接点闭合，使信息 a 从 HW_0 输入线交换到 HW_7 输出线上。

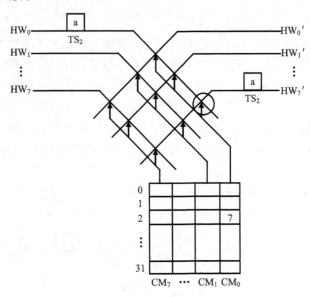

图 2-15　输入控制方式的 8×8 S 型时分接线器

上述两种工作方式，其结果是一样的，只是 CM 的控制对象和其写入的内容不同而已。

在每条输入线上（或输出线上），传输的时隙数可以是 32 个时隙，也可以是 128 时隙、256 时隙、512 时隙及 1024 时隙。因而，CM 单元数也要和输入线上（或输出线上）的时隙数相适应，若输入线上时隙数为 256，则 CM 的单元数就应为 256 个单元。

为了使 S 型时分接线器交叉点传输速率不致太高，往往采用并行码，即每根入（出）线实际是 8 根线，每根线是时隙内 8 位码中的一位码，这样可以降低速率 8 倍，但交叉矩阵的数量也增到 8 倍。

另外，在 S 型时分接线器中，交叉点矩阵的大小取决于输入及输出线的多少，如 8×8、16×16 等。同时 m×n 的矩阵中，m 可以等于 n，也可以不相等，不相等的如 6×24、24×6 等。

2.4　三级时分交换网络

要想组成一个大容量的交换网络，只靠一级 T 接线器是不能办到的，因为目前一级 T 接线器最多只能实现 64 端脉码间的交换，而 S 接线器又不能单独使用，故在实际使用中都是采取多级的交换网络。

2.4.1　T-S-T 型时分交换网络

1. 读—写方式的 T-S-T 网络

T-S-T 交换网络是由输入级 T 接线器（TA）和输出级 T 接线器（TB），中间接有 S 型时分接线器组成。图 2-16 所示为 16 个输入 T 接线器和 16 个输出 T 接线器，中间是 16×16 的 S 型时分接线器的交叉点矩阵。每个 T 接线器的容量都是 256 个单元，输入 T 接线器是 8 端脉码输入，8 条并行码输出；输出 T 接线器是 8 条并行码输入，8 端脉码输出，即每条 HW 有 32 个时隙。在 S 型时分接线器内传输的是并行码，是 8 套 S 型时分接线器并行工作。

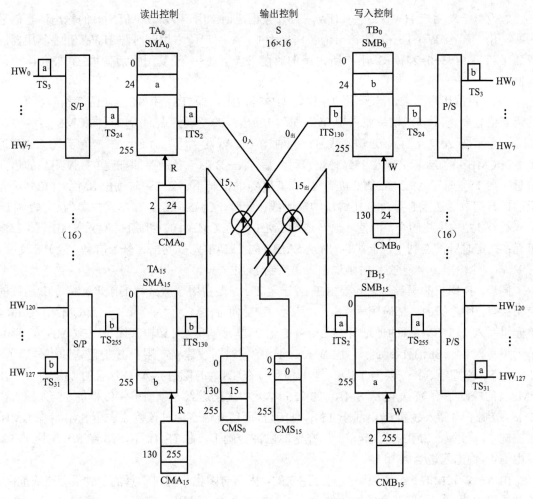

图 2-16　读—写方式的 T–S–T 交换网络

在图 2-16 中，输入 T 接线器是采用读出控制方式，输出 T 接线器采用写入控制方式，S 型时分接线器是采用输出控制方式。

在 S 型时分接线器上使用的时隙既不是主叫用户时隙，也不是被叫用户时隙，而是"内部时隙"（internal time slot），也称"中间时隙"，内部时隙是任选的，CPU 可以就近任选一个空闲时隙。内部时隙的选择一般都是成对选取，一发一收，要同时选择。为了选择方便和简化控制，一发一收的两个时隙可按某种固定关系选择：奇偶关系或相差半帧的关系等。

① 奇偶关系。若主叫用户至被叫用户的通路选用偶数时隙 TS_{2p}，则被叫用户至主叫用户的通路即应选奇数时隙 TS_{2p+1}。例如，当主叫用户的去话内部时隙为 TS_2 时，被叫用户的去话内部时隙应为 TS_3，两者应相差一个时隙。

② 相差半帧的关系——反相法。主叫用户至被叫用户的通路选用 TS_i，被叫用户至主叫用户的通路应选用 $TS_{i+F/2}$。F 是一帧的时隙数，也就是 SM 的单元数。例如，主叫用户的去话内部时隙为 TS_2。在图 2-16 中，T 接线器为 256 个单元，即一帧为 256 个时隙，故 $F=256$，所以被叫用户的去话内部时隙应选为 $TS_{2+256/2}=TS_{130}$。

下面通过一个通话接续过程来看一下 T-S-T 网络的工作原理。

假设有一对用户 $HW_0TS_3 \Longleftrightarrow HW_{127}TS_{31}$ 互相通话。用户 A（HW_0TS_3）的输出语音信息为 a，用户 B（$HW_{127}TS_{31}$）的输出语音信息为 b。A 用户所占用的时隙 HW_0TS_3 经复用器后变成了 $TS_{24}(8×3+0=24)$，B 用户所占用的时隙 $HW_{127}TS_{31}$ 经复用器后变成了 $TS_{255}(8×31+7=255)$。

CPU 根据用户要求，选择了两个空闲的内部时隙，即 TS_2 和 TS_{130}，两者相差半帧。A 的语音信息要送入 TB_{15}，故要占用 0#入线和 15#出线的交叉接点，所以要向 CMS_{15} 发"写"命令，令其在 2#单元写入 0#输入线号；同时向 CMA_0 发"写"命令，在 2#单元写入 24#地址，在 CMB_{15} 的 2#单元写入 255#地址。写入后，A→B 的一条通路即被建立，A 用户的语音信息 a 在 TS_{24} 时存入 SMA_0 的 24#单元，在 CMA_0 的控制下，在 TS_2 时读出 SMA_0 中 24#单元里的语音信息 a 送至 S 型时分接线器的输入线；此时，CMS_{15} 读出 2#单元内容为 0，控制 0#输入线与 15#输出线闭合，而使 a 语音送至 SMB_{15}，在 CMB_{15} 的控制下，写入 SMB_{15} 的 255#单元；在定时脉冲控制下，于 TS_{255} 时从 SMB_{15} 的 255#单元里读出 a 语音信息，经 P/S 变换，在 HW'_{127} 的输出线上于 TS_{31} 时隙送出 a 语音给 B 用户。

同理，B 用户的语音信息 b 要由 TA_{15} 送至 TB_0，要占用 S 接线器的 15#入线与 0#出线的交叉接点，所选择的内部时隙为 TS_{130}。因此，CPU 向各 CM 发"写"命令，令 CMA_{15} 在 130#单元里写入 255（SMA_{15} 的地址）；在 CMS_0 的 130#单元里写入 15#输入线号；在 CMB_0 的 130#单元里写入 24（SMB_0 的地址）。由 B→A 的一条通路即被建立，用户 B 的语音即可传递了。$HW_{127}TS_{31}$ 时隙经 S/P 变换为 TS_{255}，语音信息 b 在 TS_{255} 时隙时存 SMA_{15} 的 255#单元，在 CMA_{15} 的控制下于 TS_{130} 时从 SMA_{15} 的 255#单元中读出送入 S 型时分接线器的 15#入线；在 CMS_0 控制下，15#入线和 0#出线于 TS_{130} 时闭合，而使 b 语音通过该接点送至 SMB_0；在 CMB_0 的控制下，写入到 SMB_0 的 24#单元；在定时脉冲控制下，在 TS_{24} 时读出，经 P/S 变换于 TS_3 时由 HW_0 输出线送至 A 用户。

由 A→B 和由 B→A 的通路是同时建立的，内部时隙也是同时选择的，故不会造成混乱。这种通路的建立一直保持到通话的结束，所以在整个通话过程中对各 CM 的写入也是只在开始占用时写一次。

由于上述的 T-S-T 交换网络的输入级 T 接线器是采用读出控制方式，输出级 T 接线器是采用写入控制方式，为了叙述方便，不妨将它称作读—写方式。还有一种方式是输入级 T 接线器是采用写入控制方式，输出级 T 接线器是采用读出控制方式，将其称作写—读方式。

2. 写—读方式的 T-S-T 交换网络

写—读方式的 T-S-T 交换网络如图 2-17 所示，网络的结构与图 2-16 的网络相同，只是在控制方式上有所不同。输入级（TA）是写入控制，输出级（TB）是读出控制，S 型时分接线器仍是输出控制。每个存储器的容量均是 256 个单元，在 S 型时分接线器中传输交换的是并行码。

仍以 $HW_0TS_3 \Longleftrightarrow HW_{127}TS_{31}$ 这两个用户的通话接续为例，讨论这种方式的接续过程。用户 A 占用的是 HW_0TS_3 时隙，传送的语音是 a，经 S/P 变换后，其时隙为 TS_{24}。用户 B 占用的是 $HW_{127}TS_{31}$ 时隙，传送的语音是 b，经 S/P 变换后，时隙为 TS_{255}。

CPU 根据用户的要求，首先应找出空闲的内部时隙，假定为 TS_2 和 TS_{130}，然后向各 CM 发"写"命令：令 CMA_0 在 24#单元里写入 2#地址；令 CMB_{15} 在 255#单元里写入 2#地址；令 CMS_{15} 在 2#单元里写入 0#输入线号；令 CMA_{15} 在 255#单元里写入 130#地址；令 CMB_0

在 24#单元里写入 130#地址；令 CMS_0 在 130#单元里写入 15#地址。

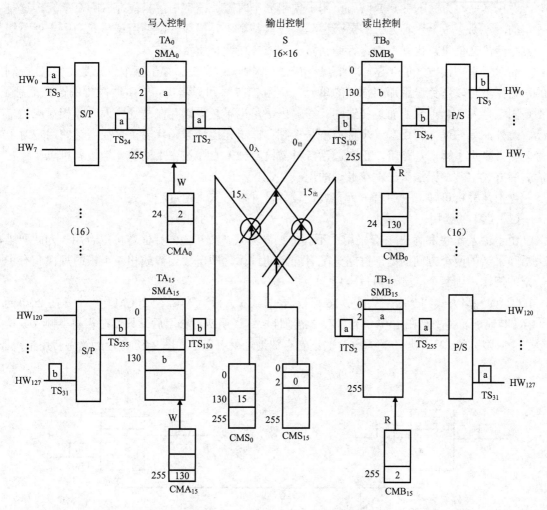

图 2-17　写一读方式的 T-S-T 交换网络

写入后通路建立起来，通话便可开始。在 HW_0TS_3 时隙里送来的语音信息 a，通过 S/P 变换后，于 TS_{24} 时在 CMA_0 的控制下，写入 SMA_0 的 2#单元；在 TS_2 时读出，此时 CMS_{15} 控制0#输入线和15#输出线接通，使语音信息a 通过该接点而写入SMB_{15}的2#单元，在CMB_{15} 的控制下于 TS_{255} 时隙时读出，最后经 P/S 变换而送至 $HW_{127}TS_{31}$ 的用户。

同理，B 用户的语音信息 b，由 $HW_{127}TS_{31}$ 时隙送出，经 S/P 变换后，在 CMA_{15} 的控制下，于 TS_{255} 时写入到 SMA_{15} 的 130#单元，于 TS_{130} 时读出并通过 S 线器的接点（15#入和 0#出 的交叉点）而送至 SMB_0 的 130#单元中，在 CMB_0 的控制下，于 TS_{24} 时隙时输出，经并/串 （P/S）变换后，送至 HW_0TS_3 时隙输出送至主叫 A 用户。

3．T-S-T 交换网络的分析

（1）输入级 T 接线器和输出级 T 接线器的安排

从原理上讲，输入 T 级和输出 T 级采用何种控制方式都是可以的，但是从控制的方便，以及维护管理的角度出发，还是有讨论的必要。

输入 T 级和输出 T 级采用不同的控制方式，便于 CM 合用。

对于读一写方式的 T-S-T 网络，用户使用哪个时隙，语音信息只能存入哪个单元，这是固定的，不易更改。这种方式的灵活性差，一旦某个单元损坏，则使用该单元的用户就不能正常存储语音信息，也就不能进行通话接续，或者使通话质量变差。

而对于写一读方式的 T-S-T 网络却没有这一限制，语音信息存于哪个单元是由 CPU 控制的，它完全可以避免选用那些损坏的单元。从图 2-17 中可以看出，TS_{24} 时隙中的语音信息 a 不是固定存入 24#单元，而是任选的。在输出级里也不是固定存在与受话人时隙相对应的单元。此外，写一读方式还有一个优点就是控制存储单元地址号码代表了正在通话的用户时隙号，如果要想了解哪几路用户正在通话，只需检查一下 CM 被占用的单元地址就可以了。在读一写方式中，却无法查出正在通话的用户是谁。

由上述分析可知，采用写一读方式比较好，许多厂家采用这种方式。

（2）CM 的合用

由于输入 T 级和输出 T 级采用了不同的控制方式，故它们的存储器可以合用。为此要求去话和来话的两个方向的内部链路分配有一定的规律，即奇数规律或相差半帧的规律。有了一定的规律，则两个 CM 就可以合用。

① 读一写方式的合用。从图 2-16 可以看出，CMA_0 和 CMB_0 两个 CM，一个是在 2#单元里存 24#地址，一个是在 130#单元里存 24#地址，这说明两者合用后，只要在相差半帧（或相差一个时隙）的单元地址里写入同样的语音存放地址就可以了。图 2-18 所示为这种合用情况。

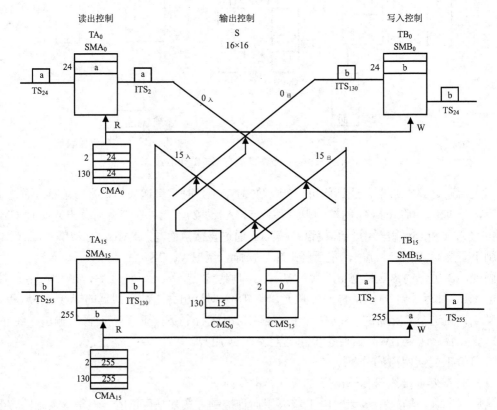

图 2-18　读一写方式 CM 的合用

② 写—读方式的合用。从图 2-17 可以看出，CMA_0 和 CMB_0 占用的单元地址是相同的，都是 24#单元，只是单元里存放的 SM 的地址相差半帧。地址码差半帧只是意味着 $A_0 \sim A_7$ 的 8 位地址码只需在 A_7 的地址线上加一个 "非" 门即可解决合用问题。图 2-19 所示为写—读方式合用的情况。在 CMA_0 的输出线上，增加一组地址线至 SMB_0 的读出端，在这组地址线中的 A_7 地址上串联一个 "非" 门，使 A_7 变成 $\overline{A_7}$，这样即可代替 CMB_0。同理，在 CMA_{15} 中也增加一组地址输出线，在 A_7 的地址线串联一个 "非" 门，连至 SMB_{15} 的读出控制端上，取消 CMB_{15}。

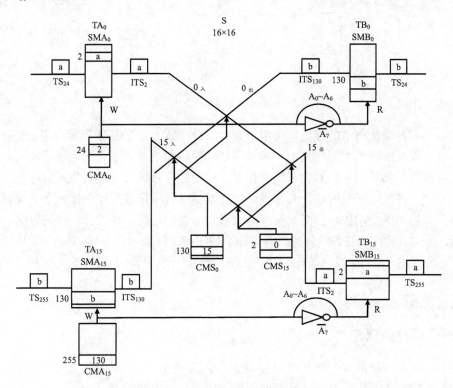

图 2-19　写—读方式控制存储器的合用

2.4.2　S-T-S 型时分交换网络

S-T-S 三级时分交换网络是由输入 S 级、中间 T 级和输出 S 级组成，如图 2-20 所示。图中的 S 型时分接线器是并行码 16×16 接线器，每根入线含有 8 端脉码，经串/并变换电路后，变成 8 根线的 256 个时隙并行码，输入到 $S_入$ 级。每根线上的数码率为 2.048Mbit/s，经 $S_入$ 级后，输出至 T 接线器。T 接线器有 16 个，分别与 $S_入$ 级的输出线相连，每个 T 接线器的容量为 256 个单元，它是并行码入、并行码出。故 T 接线器输出直接入 $S_出$ 级的入线，经接点后，从 $S_出$ 的输出线输出，再经并/串变换电路后，还原为 8 端脉码的串行码。

因 $S_入$ 级采用输出控制方式，$S_出$ 级采用输入控制方式，因而两个 S 级的 CM 的存储内容完全一样，这就可将两个 CM 合并，由一个 CM 同时负责 $S_入$ 和 $S_出$ 的接点控制。

从图 2-20 可以看出，主、被叫间的通话链路不止一条，可以有多种接续路由。只要某个 T 接线器的 8#单元和 255#单元都空，这个 T 接线器就可被选中，作为 $S_入$ 和 $S_出$ 的连接通路。

如果所有 T 接线器中的这两个单元都至少有一个不空，就会出现阻塞。

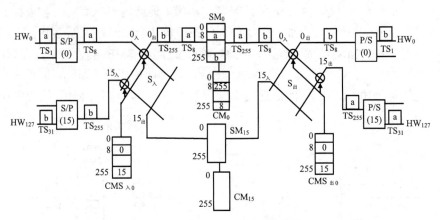

图 2-20　S-T-S 三级时分交换网络

　　为了增加时分交换网络的容量，采用了 S 型时分接线器与 T 接线器配合组成的 T-S-T 三级交换网络。如果需要更大的容量，一级 S 型时分接线器很难胜任。因为容量增大时，就要增加 S 型时分接线器的出入线数量，这将使交叉接点的数量急剧增加，生产成本也急增，很不经济。为此，许多厂家采用多级的 S 型时分接线器取代单级 S 型时分接线器。这样，虽然 S 型时分接线器的级数增加，但交叉接点的数量却下降，这是一种比较经济的办法。例如，日本 NEC 公司生产的 NEAX-61、法国 THOMSON-CSF 公司的 MT-20、日本日立公司的 HDX-10 等采用 T-S-S-T 的网络结构；意大利 Telettra 公司的 DTN-1 采用 S-S-T-S-S 网络结构。

2.5　阻塞的概念与计算

2.5.1　阻塞的概念

　　阻塞是指主叫向被叫发出呼叫时，被叫虽然空闲，但由于网络内部链路不通，而使呼叫损失的情况。这里主要讲的是交换网络的阻塞，所以也称内部阻塞。

　　对于 T-S-T 网络来说，阻塞主要是由 S 型时分接线器引起的，因为 T 接线器的入线和出线数量相等，故无阻塞。而 S 型时分接线器的情况却不同，就前面的例子可看出，在一条出线上有 16 条入线与之相连，出线上只有 256 条时隙，而入线的每一条线上都有 256 个时隙，因此 16 条入线上的某时隙要占用出线上的 256 个时隙中的某时隙，是极易造成阻塞的。例如，图 2-16 中，如果某用户经 TA_0 呼叫 TB_{15} 中的某用户，在 TB_{15} 的控存中，尽管 24 单元是空闲的，但由于 TA_0 控存中 24# 单元已被别的用户占用，因此，这条通路就不能建立。

　　由此可看出，一条通路的建立，必须是 S 型时分接线器的 CM 和两侧 T 接线器的 CM 都有相同地址的空闲单元才能接通，否则就出现阻塞。

2.5.2　阻塞概率的计算

　　以图 2-16 所示的 T-S-T 网络为例，这是一个具有 16 条输入母线，16 条输出母线，每条母线上有 256 时隙的交换网络。假定每条入线的话务量为 Y，即占用概率为 Y，则空闲概率

为 $1-Y$。

如果主被叫通话时所占用的两条通路同时都空闲的话，概率就应为 $(1-Y)^2$，而两条通路同时都忙的概率应为 $1-(1-Y)^2$。当两条通路都处于同一个 T 接线器内时，则通路的阻塞概率为 $[1-(1-Y)^2]^{256/2}$。

若两条通路分别处在两个 T 接线器中时，则阻塞概率应为 $[1-(1-Y)^2]^{256}$。所以，呼叫在交换网络中发生阻塞总的平均概率为

$$P=1/16[1-(1-Y)^2]^{128}+15/16[1-(1-Y)^2]^{256}$$

从式中可以看出，网络的阻塞概率是与每条入线上的话务量有关。当每条线的话务量高时，即表示每条线的利用率较高，此时网络的阻塞率就很大。例如，当 $Y=0.4\mathrm{Erl}$ 时，$P=9.7\times10^{-27}$；当 $Y=0.6\mathrm{Erl}$ 时，$P=1.27\times10^{-11}$；当 $Y=0.8\mathrm{Erl}$ 时，$P=3.6\times10^{-4}$。

为了降低阻塞概率，就需要增加级间的链路数即内部时隙数。这样做的结果可以使级间链路的话务量降低，从而降低阻塞率。从下列公式中可以看出当话务量降低，链路数增加时，可大大降低阻塞概率。当中间链路数增加一倍（即链路数为 512）时，不同话务量情况下的阻塞概率为

$$Y=0.8\mathrm{Erl}，P=1/16[1-(1-0.8)^2]^{256}+15/16[1-(1-0.8)^2]^{512}=1.81\times10^{-6}$$

$$Y=0.6\mathrm{Erl}，P=1/16[1-(1-0.6)^2]^{256}+15/16[1-(1-0.6)^2]^{512}=2.57\times10^{-21}$$

$$Y=0.4\mathrm{Erl}，P=1/16[1-(1-0.4)^2]^{256}+15/16[1-(1-0.4)^2]^{512}=1.51\times10^{-51}$$

因此，对于中间链路数较多（如 512）、话务量较低（如 0.4Erl）的情况，阻塞概率很低（$P=1.51\times10^{-51}$），可以近似地看做为零，即交换网络可认为是无阻塞网络。

复习思考题

1. 数字交换的本质是什么？
2. 在读出控制方式下，T 接线器中 SM 的写入及读出原理。
3. 在写入控制方式下，T 接线器中 SM 的写入及读出原理。
4. 简述 S 型时分接线器中控制存储器的配置方式。
5. S 型时分接线器可以实现不同母线上不同时隙的交换吗？为什么？
6. 简述 T 接线器和 S 型时分接线器中各存储器规模是如何确定的？
7. T 接线器的功能是什么？基本组成主要包括哪几部分？
8. S 型时分接线器的功能是什么？基本组成主要包括哪几部分？
9. 8PCM30/32 系统中，输出并行码的时隙数和速率各是多少？
10. 以 16 端脉码输入为例，求 HW_{15} TS_{24} 的变换后的时隙是多少？
11. 有 32 端脉码输入，问传输速率为多少？若采用串/并变换，速率可降为多少？
12. T 接线器中复用器的作用是什么？
13. 图 2-17 中，若给出的数字如下：CMA_0 的 35 号单元内容为 18，CMA_{15} 的 21 号单元内容为 14，请将相应的时隙填到适当的输入输出母线上。
14. 读出控制方式的 T 型接线器，若 TS_3 与 TS_{12} 要互相交换信息，试画图并填入相应的数字及信息。如果 SM 有 256 个存储单元，则在 SM 和 CM 中的各个单元内应有几位码？
15. 写入控制方式的 T 型接线器，若 TS_{10} 与 TS_{30} 要互相交换信息，试画图并填入相应

的数字及信息。如果 SM 有 512 个存储单元，则在 SM 和 CM 中的各个单元内应有几位码？

16．有一输出控制的 16×16 S 接线器。在每条 HW 上有 256 时隙，要在 TS_{26} 时隙实现 0#入线与 12#出线的空间交换，试画图并填写相关控制存储器的内容。

17．一 16×16 S 型时分接线器。在每条 HW 上有 256 时隙，要求 TS_8 时接通 A 点（入 $_0$→出 $_{15}$），TS_{15} 时接通 B 点（入 $_{15}$→出 $_0$）。试填写输入控制和输出控制两种情况下 CM 的相应内容。

18．图 2-16 所示为一个 T-S-T 交换网络，现有 0#组 HW_0TS_8 和 15#组 HW_7TS_{19} 进行交换，选择中间时隙是 ITS_{10}（反相法），试填写相应 SM 和 CM 的内容。

19．图 2-17 所示为一个 T-S-T 交换网络，现有 0#组 HW_0TS_8 和 15#组 HW_7TS_{19} 进行交换，选择中间时隙是 ITS_{10}（反相法），试填写相应 SM 和 CM 的内容。

20．图 2-16 所示为一个 T-S-T 交换网络，现有 $HW_{10}TS_8$ 和 $HW_{100}TS_{20}$ 进行交换，选择中间时隙是 ITS_{20}（反相法），试填写相应 SM 和 CM 的内容。

21．图 2-17 所示为一个 T-S-T 交换网络，现有 $HW_{10}TS_8$ 和 $HW_{100}TS_{20}$ 进行交换，选择中间时隙是 ITS_{20}（反相法），试填写相应 SM 和 CM 的内容。

22．一个读写方式的 T-S-T 网络，T 为 16 端 PCM，S 为输出控制（16×16），现有 $HW_{20}TS_8$ 和 $HW_{100}TS_{20}$ 进行交换，中间时隙是 ITS_{12}（反相法），试填写相应 SM 和 CM 内容。

23．一个写读方式的 T-S-T 网络，T 为 16 端 PCM，S 为输出控制（16×16），现有 $HW_{20}TS_8$ 和 $HW_{100}TS_{20}$ 进行交换，中间时隙是 ITS_{12}（反相法），试填写相应 SM 和 CM 内容。若 S 改为输入控制，试填写相应 SM 和 CM 内容。

24．对照图 2-20 所示的 S-T-S 三级网络，填写当 HW_7 的 TS_{18} 与 HW_{120} 的 TS_{16} 相互交换信息时，各级的 CM 和 SM 单元中的有关内容。

第**3**章 程控交换机的硬件系统

程控交换机是由硬件系统和软件系统组成。为了更好地掌握程控交换机的工作机理，本章首先从程控交换机的总体结构入手，给出了程控交换机硬件系统的基本组成；然后详细介绍了各硬件电路的功能、组成和工作原理。

3.1 程控交换机的总体结构

程控交换机的总体结构如图 3-1 所示。

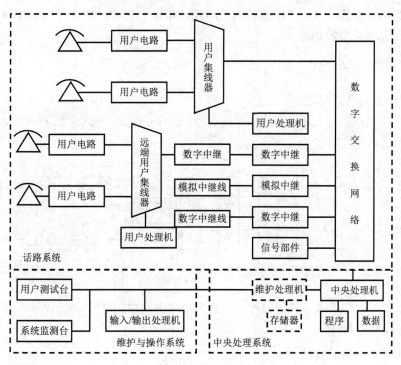

图 3-1 程控交换机的总体结构图

从图 3-1 可以看出，程控交换机的硬件包括话路系统、中央处理系统（控制系统）、维护与操作系统三部分。话路系统的作用是构成通话回路，可分为话路设备和话路控制设备，包括用户电路、集线器（用户集线器和远端用户集线器）、用户处理机、中继器、信号部件、数字交换网络。中央处理系统的主要作用是存储各种程序和数据，进行分析处理，并对话路系统、输入/输出系统各设备发出指令；中央处理系统主要由中央处理机及各种存储器组成，如果是多级系统还有维护处理机和存储器。维护与操作系统主要完成系统的操作与日常维护工作，包括用户测量台、系统监测台、输入/输出设备等。

3.2 话路系统

话路系统可以分为用户级和选组级两部分，主要包括用户电路、用户集线器、中继线接口、信号部件、数字交换网络（即选组级）以及用户处理机等部件。用户级是用户终端与数字交换网络之间的接口电路；数字交换网络是话路系统的核心设备，交换机的交换功能主要是通过数字交换网络来实现的。数字交换网络已在第 2 章进行了详细的介绍，本节主要介绍用户级话路中各部件的电路构成及原理。

3.2.1 用户级话路

用户级话路由用户电路和用户集线器组成。用户电路是用户线与交换机的接口电路，若用户线连接的终端是模拟话机，则用户线称为模拟用户线，其用户电路称为模拟用户电路，应有模/数（A/D）转换和数/模（D/A）转换的功能。若用户线连接的终端是数字话机，则用户线就称为数字用户线，其用户电路称为数字用户电路，它不需经过 A/D 和 D/A 变换，但需有码型变换和速率转换等功能。

3.2.1.1 模拟用户电路

1．用户电路的功能描述

在数字程控交换机中，用户电路（Subscriber Line Circuit，SLC）应具有 7 大功能，其框图如图 3-2 所示。

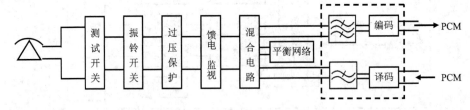

图 3-2 用户电路的功能框图

7 大功能的英文字头是 BORSCHT，又称为 BORSCHT 功能，其含义如下。

B：Battery feed 馈电。

R：Ringing control 振铃控制。

C：CODEC & filters 编译码和滤波。

T：Test 测试。

O：Overvoltage protection 过压保护。

S：Supervision 监视。

H：Hybrid 混合电路，即二/四线变换。

（1）馈电（B）

向用户话机馈电是采用−48V 的直流电源供电。在馈电电路中串联着电感线圈，如图 3-3 所示。电感线圈对语音信号呈现高阻抗，对直流则可视为短路，这样可防止不同用户间经电源而产生串话。通话时的馈电电流应控制为 18～50mA，使送话器特性处于最佳的工作状态，因此，环路电阻应小于 1900Ω。

为了适应远距离用户的需要，环路电阻超过 1900Ω 的用户，可在 b 线串接 + 24V 升压电池，但环路电阻最大不能超过 3000Ω。

（2）过压保护（O）

用户外线可能受到雷电袭击，也可能和高压线相碰。高压进入交换机内部就会毁坏交换机的相关部件。通常在总配线架上对每一用户都装有保安器，它能保护交换机免受高压袭击。但是从保安器输出的电压仍可能达到上百伏，这个电压也不允许进入交换机内部。因此，在用户电路中进一步对高压采取保护措施，称为二次保护。用户电路中的过压保护电路常常采用钳位方法，图 3-4 所示为由热敏电阻和二极管组成的二次过压保护电路，图中 4 个二极管组成了一个桥式钳位电路，使 a，b 线间的输入电压限制在−48V 或地电位上。热敏电阻 R 的作用是抑制电流的增加，因为当外来的高压作用的时间较长时，它的阻值就随电流的增加而增加（可由 10Ω 增加到 2000Ω）；当电流过大时热敏电阻 R 将烧毁，造成断路，这样可保护交换机的安全。

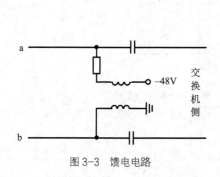

图 3-3 馈电电路

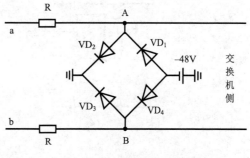

图 3-4 过压保护电路

当外线电压低于−48V 时，则 VD₁ 导通，使 A 点电位钳制在−48V 上，而在 R 上产生压降，使内线电压保持不变。当外线电压高于地电位时，则使 VD₂ 导通，使 A 点钳制在地电位上，在 R 上产生压降，使内线电压为 0，从而保护了交换机。

（3）振铃控制（R）

由于振铃电压为交流 75V±15V，频率为 25Hz，当铃流高压送往用户线时，就必须采取隔离措施，使其不能流向用户电路的内线，否则将引起内线电路的损坏。一般采用振铃继电器实现。

振铃继电器的启动是由用户处理机的软件控制的。如图 3-5 所示，需向用户送振铃信号时，由中央处理机发出控制信号至用户处理机的信号分配存储器，在用户处理机的软件控制

下，从信号分配存储器读出向被叫用户振铃的控制信息。该信息控制相应的振铃继电器 RJ

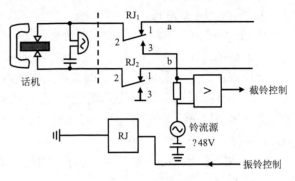

吸动，使 RJ$_1$ 和 RJ$_2$ 接点由 1 转接至 3，接点 2—3 接通，铃流通过继电器 RJ 的接点 2—3、话机电铃、隔直流电容器到电源地，形成铃流环路。振铃控制信息为 1s 续 4s 断，从而使继电器 RJ 是 1s 吸动、4s 释放。吸动时，2—3 点闭合，送铃流；释放时，2—1 点闭合，铃流中断，使话机与 a，b 线接通。

图 3-5 振铃控制电路

（4）监视（S）

监视功能主要是监视用户线的通/断状态，及时将用户线的状态信息送给处理机处理。

由于馈电电源通过用户线、用户话机等构成回路，故用户摘机，用户线就有直流电流；用户挂机，用户线就没有直流电流；用户拨号（脉冲拨号时），用户线上就是一串通/断变化的直流信号。所以处理机可根据用户线电流的有/无，也就是用户线的通/断来判断用户摘机、挂机或拨号。

监视电路与馈电电路是合在一起的，如图 3-6 所示。图 3-6（a）所示的监视电路就是在馈电回路中串入一个小电阻 R，在电阻两端接放大器，引出监视信号。图 3-6（b）中，则是在用户线的 a，b 线上，串入两个小电阻 R，将 R 上的电压引入比较器，经比较后输出监视信号。

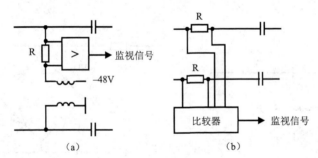

（a）   （b）

图 3-6 监视电路

（5）编译码和滤波（C）

编译码和滤波功能是完成模拟信号和数字信号间的转换。由用户话机送话器送出的语音信号是模拟信号，在送入数字交换网络前，要由编码器将其变成数字信号。由于模拟信号在编码前要进行抽样，故需将模拟信号的频带限制在 300～3400Hz 范围内，所以在编码器前要加一个带通滤波器。从数字交换网络送出的数字信号要通过译码器变成脉冲幅度信号，再通过低通滤波器还原成模拟信号送至用户话机的听筒，所以，在完成模/数转换时，编译码器和滤波器是密不可分的（见图 3-2）。

目前编译码器和滤波器都采用专用集成电路，这样做不但体积小，价格也大幅度下降，故常用单路编译码器与滤波器（如 MC145503 等），即每个用户电路中都单独配备一套编译码器与滤波器。

（6）混合电路（H）

混合电路的功能是用来进行二/四线转换。用户线上传送的是模拟信号，一般都是采用二线双向传输。而数字信号的传输必须是单向，即发送时要通过编码器，接收时要通过译码器，因此，需要四线传输。所以在二线和四线交接处必须要有二/四线转换接口，如图 3-7（a）所示。

图 3-7（b）所示为一种由集成电路做成的混合电路，从接收端 C_1—C_2 接收的信号，经 BG_1 送至 BG_2 和 BG_5。BG_5 是一个反向器，经反向后送至 BG_6。BG_2 和 BG_6 驱动功放电路向用户发送输入信号，由 Z_A 接收，但不可避免地还要回输给差动放大器 BG_3，这一回送信号通过 R_3 至发送端的放大器 BG_4。为了抵消这一回送信号，在 BG_1 和 BG_4 间加入一个平衡网络 R_1、R_2 及 Z_B，这就使 BG_1 的输出信号有一部分要通过平衡网络送至放大器 BG_4 的输入端，这一信号通过调整 Z_B 使它与 BG_3 回送的信号幅度相等、相位相反，合成后使其值为 0，使 BG_4 无输出。

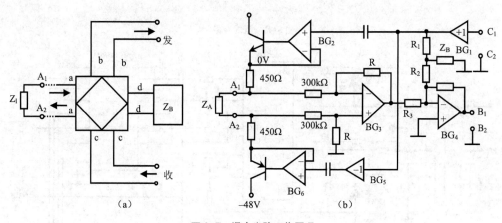

图 3-7 混合电路工作原理

（7）测试（T）

测试功能主要用于及时发现用户终端、用户线路和用户线接口电路可能发生的混线、断线、接地、与电力线碰接以及元器件损坏等各种故障，以便及时修复和排除。所以在用户电路中提供了一些测试接点及开关。这些接点及开关，多用继电器控制。当需要测试外线时，驱动外线继电器动作，使内、外线断开，将测试仪表与外线接通，进行测试；当需要测试内线时，则控制内线继电器动作，断开外线，将测试仪表与内线电路相接，测试内线。

对内线和外线的测试一般采用周期巡回自动或指定测试，测试电路如图 3-8 所示。

2．用户电路的设计举例

图 3-9 表示为采用 MC3419 和 MC145503 构成的模拟用户电路，MC3419 与外部 2 个达林顿管配合提供电流馈电功能（B），与振铃继电器及控制接口电路配合提供振铃与截铃功能（R），与外部上拉电阻配合提供状态监视功能（S），与平衡网络配合提供混合电路功能（H）；MC145503 完成编译码与滤波功能（C），其编译码所需的时钟信号和帧同步信号由时序分配电路提供；2 个热敏电阻和 4 个二极管组成过压保护电路（O）；由两个测试继电器提供内外线测试功能（T）。

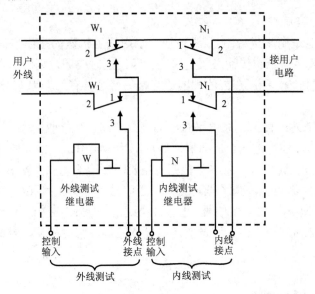

图 3-8　测试电路

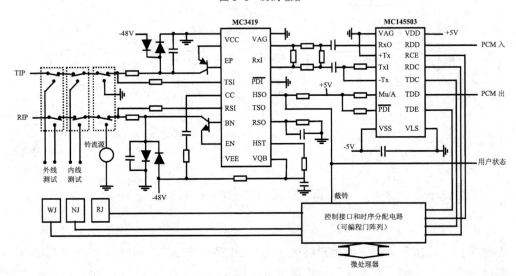

图 3-9　模拟用户电路设计举例

3.2.1.2　用户集线器

用户集线器（Subscriber Line Concentrator，SLC）是用来进行话务量的集中（或分散）的。对于每个用户来说，话务量是很低的，一般为 0.12～0.2Erl，如果每个用户都在交换机中占据一条话路，显然是很不经济的。为此采用用户集线器，进行话务量集中。通常以 120 个用户为一群，出线为 4 套 PCM 链路。每群有一个用户级 T 接线器（原理上与数字交换网络的 T 接线器相同），可以有多个用户群复接（到选组级去的各群语音存储器输出复接，由选组级来的则输入复接），从而将几百个用户或上千个用户共用的 120 条话路接到选组级。通常将复接的用户群数称作集中比。集中后，话路的话务量可达到 0.8Erl，这样既节省了投资，又能使用户级至选组级间采用传输质量高的 PCM 线路，改善了用户线的传输质量。

如图 3-10 所示，SMU 代表上行通路语音存储器，LCMU 代表上行通路用户级 T 的控制存储器。一个控制存储器按集中比（16:1）的要求，可控制 16 个语音存储器。控制存储器的单元数为 128 个单元，每个单元地址对应输出母线的一个时隙。每个语音存储器的单元数也是 128 个单元，每个单元对应一个用户时隙，所以每个语音存储器可接 120 个用户。各个语音存储器的输出则复联在一起，合成一条输出母线，由控制存储器控制，这条输出母线上只能提供 120 个话路（因控制存储器只有 128 个单元），这就完成了话务集中的功能。这是一个全利用度的网络，由 16 个语音存储器所接入的 1920 个用户中的任一用户都可与 120 个输出话路相接。

用户集线器采用了集中话路的办法，将几百个甚至上千个用户话路集中到 120 个话路上，送入交换网络集中交换，交换后还应通过用户集线器将话路中的信息分送至相关用户，故用户集线器还应具有话路扩展功能，即在 120 个话路中所传送的语音信息按要求可以送至 1920 个用户当中的任一用户，所以需要在输出端配置一个具有扩展功能的 T 接线器。图 3-11 所示为用户级 T 接线器分路示意图，SMD 代表下行通路语音存储器，LCMD 代表下行通路用户级 T 的控制存储器。用户级 T 接线器的输入是接在交换网络输出级的后面，它的输出是分接至各个用户话路的接收端，一般称为下行通道；而将用户话路的发送端经用户级 T 接线器输出并送至交换网络的通道称为上行通道。

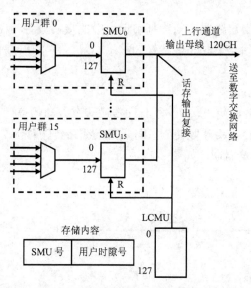

图 3-10　用户级 T 接线器复用示意图

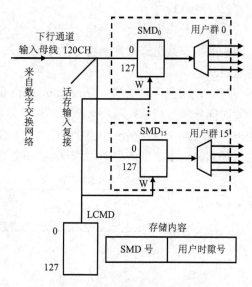

图 3-11　用户级 T 接线器分路示意图

上行通道和下行通道的用户级 T 接线器是分别采用读出控制方式和写入控制方式。LCMU 和 LCMD 的内容分别代表语音存储器（SMU 和 SMD）的读出地址和写入地址，所以控制存储器的单元数是 128 个单元，与各语音存储器的单元数一样。在图 3-10 中，16 个语音存储器的语音信息可以送到输出母线的任一话路中，因而控制存储器 LCMU 的存储单元地址与上行通道输出母线的话路时隙号相对应，单元内存储的内容应能表示要将哪个语音存储器的几号存储单元的语音信息输出。在图 3-11 中，从母线上送来的 120 个话路可以与 16 个语音存储器中的任一出线相接，因而控制存储器 LCMD 的存储单元地址与下行通道输入的话路时隙号相对应，单元内存储的内容应能表示由下行通道送来的语音信息应该存入哪个语音存储器的几号存储单元。这就要求在 LCMU 和 LCMD 的存储单元中有 4bit 表示语音存储器号，有 7bit 表示该语音存储器的单元号（即用户时隙号）。

远端用户级是指装在距离话局较远的用户分布点上的话路设备。它的基本功能与模拟用户级相似，也包括用户电路和用户集线器，只是把用户级装到远离交换局的用户集中点，它是将若干个用户线集中后以数字中继线连接至母局。由于用户语音信号在经数字传输之前就已数字化，故传到交换局的语音信号不必再进行 A/D 转换，即可直接经数字中继接口进入数字交换网络进行交换。远端用户级也可称为远端模块。

3.2.1.3 数字用户电路

数字用户电路（Digital Line Circuit，DLC）是数字用户终端设备与数字程控交换机之间的接口电路。数字用户终端设备有数字话机、个人计算机、数字传真机及数字图像设备等，它们都是以数字信号的形式与交换机相沟通。

1．S 接口

数字用户终端的数字信息采用四线制方式时，应采用 S 接口。S 接口的帧结构在 250μs 内要传送 48bit，传送速率为 192kbit/s。由于目前在电话网中，用户线大都是二线制，所以 S 接口用得较少，这里不作详细讨论。

2．U 接口

U 接口是在网络终端到电话局之间的 ISDN 用户线采用二线制市话电缆的接口设备。在二线制的用户线上进行数字信号的双向传输，必须要采取一些特殊的技术。目前有下述两种解决办法。

（1）时间分隔复用法（Time Division Multiplex）

时间分隔复用法又称"乒乓法"。它是将时间分成两段，在一段时间传送一个方向的信息，在另一段时间里传送另一个方向的信息，就好像打乒乓球似的。中间要留出线路传输时延 T_P 的时间和收、发之间的保护时间 T_S，构成一个突发周期，如图 3-12 所示。

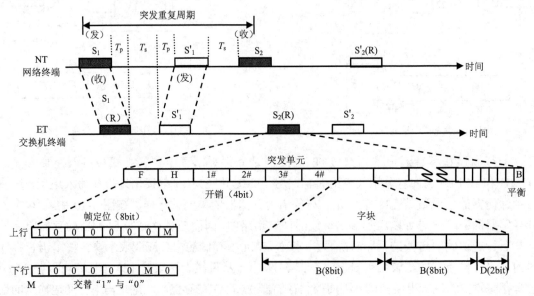

图 3-12 时间分隔复用法帧结构图

突发周期一般为 2～3ms。它是将 A 端连续发送的数字信号先送到缓冲存储器内，然后以至少两倍于线路数据的传送速率，在规定的传输时间内以突发的形式经用户线送往 B 端。当 B 端收完 A 端发来的信息后，再向 A 端发送高速率的数字信号（在图 3-12 中，NT 为 A 端，ET 为 B 端）。就这样在二线传输线上，周期性地轮流交替，突发式地传送数字信号，以实现数字信号的双向传输。

（2）回波消除法（Echo Cancellation）

采用二线制的数字用户线在与交换机连接时，要采用混合电路进行二/四线的变换。在混合电路中有平衡网络，使收、发两端衰减很大。但对于数字信号，由于频带过宽和信号过强，发送的数字信号回串到接收端的近端串扰电平就很高，因此，需要在电路中增加一个回波消除网络，以抵消近端串扰。

图 3-13 所示为回波消除器原理图。图中所示的回波复制网络与混合电路具有幅度相同、极性相反的传输特性。这样，从发送端送出的信号通过混合电路回串到接收端的回波信号 $e_回$ 与发送端经回波复制网络送至接收端的信号 $e_回$ 幅度相等、相位相反，因而相互抵消，达到了回波抑制的目的。

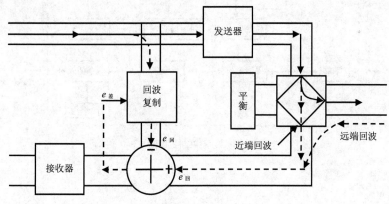

图 3-13　回波消除器原理图

3.2.2　中继器

3.2.2.1　模拟中继器

模拟中继器是数字交换机与其他交换机之间采用模拟中继线相连接的接口电路，它是为数字交换机适应模拟环境而设置的。模拟中继电路功能如图 3-14 所示，其功能与用户电路类似，也有过压保护（O）、编译码及滤波（C）和测试（T）功能，不同的是它不需要馈电（B）和铃流控制（R）功能。对于传送音频信号的实线中继线，在模拟终端要进行模/数和数/模转换。对于传送频分复用载波信号的模拟中继线，要进行 FDM-TDM 转换，直接变换成 PCM 数字编码。

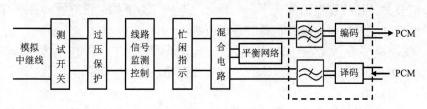

图 3-14　模拟中继电路的功能框图

3.2.2.2　数字中继器

1．功能

数字中继器是连接数字局之间的数字中继线与数字交换网络的接口电路，它的输入端和输出端都是数字信号，因此，不需要进行模/数和数/模转换。由于线路传输的码型与机内逻辑电路所采用的码型不同，因而需要码型变换。此外，由于从各条数字中继线送来的码流不同，决定码流速率的时钟频率和相位都会有些差异，码流中的帧定位信号也会与本局的帧定位信号不同步，等等，都需要接口设备加以调整和协调。所以，数字中继器应具有以下功能：码型转换、时钟提取、帧定位、帧定位信号和复帧定位信号的插入、信令提取及告警处理等。

数字中继器的组成框图如图 3-15 所示。

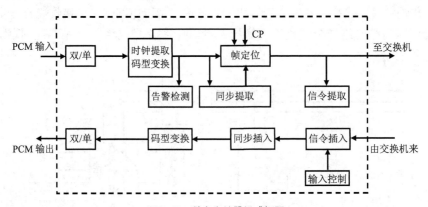

图 3-15　数字中继器组成框图

2．工作原理

（1）码型变换

码型变换是将线路上传输的 HDB_3 码型变成适合数字中继器内逻辑电路工作的 NRZ 码。

HDB_3 码是连"0"抑制码，它将 4 个连零码变成了"000V"或"B00V"的形式。所以码型变换设备要将其恢复成 AMI 码，再经整流后变成 RZ 码，最后变成 NRZ 码。

在向外发送时，将内部的 NRZ 码变成 HDB_3 码，送至 PCM 传输线上。

（2）时钟提取

时钟提取电路是用来从 PCM 传输线上送来的码流中提取发端送来的时钟信息，以便控制帧同步电路，使收端和发端同步。

从传输线上传来的 HDB_3 码变成的 AMI 码，在码型中没有时钟频率成分，故需要将 AMI 码经整流变成 RZ 码，从 RZ 码中提取时钟频率成分。

（3）帧同步和复帧同步

帧同步的目的是使接收端帧的时序一一对应，即从 TS_0 开始，使后面的各路时隙一一对应，保证各路信息能够准确地被接收端的各路所接收。

同步提取电路要从发端送来的码流中，检测出偶帧的 TS_0 中所发来的帧同步码"×0011011"（×表示国际备用），经过比较、鉴别和调整，确认其为帧同步信号时发出帧定位的控制信号。

对奇帧 TS_0 中送来的帧失步告警信号，还需辨别其真假。当确认其失步时，应通知控制系统和维护管理系统，以便采取措施进行处理。

帧同步并不等于复帧也同步。在复帧的各个 TS_{16} 中传送的是各条话路的信令码，因此，复帧不同步，将会造成各路的信令错位，使通信无法进行。因此，还需进行复帧同步。复帧同步就是要在输入的码流中，检测出 F_0 帧 TS_{16} 的前 4 位码 "0000"。一经检测出复帧同步码后，即可发出定位控制信息，使接收端的复帧时序和发端的复帧时序——对齐，这样检测和调整后，就做到了帧和复帧与发端同步，使通信能准确无误地进行。

（4）帧定位

帧定位是使输入的码流相位和局内的时钟相位同步。

因为发端局和收端局的时钟可能会出现一些偏差，或者由传输入的码流因时延的影响而与局内时钟在相位上有些偏差，这些都会影响局间信息交换的正常进行。所以必须把发端局送来的各时隙传送的信息，准确地按照本局的时钟传送，这就是帧定位的任务。

帧定位一般采用弹性存储器来实现。弹性存储器的写入，是由时钟提取电路从接收的码流中提取的发端时钟来控制，而读出则是由本局的时钟控制；再经过弹性存储器内的串/并变换及锁存器的处理，使其输出的各时隙，无论是在频率上还是在相位上均与本局时钟一致。

弹性存储器可以采用移位寄存器，也可以采用随机存取存储器（RAM）。

（5）信号控制

信号控制功能是通过信令插入和信令提取电路来完成的。在接收方向上，将传输线上通过 TS_{16} 时隙送来的信令码提取出来，按复帧的格式将其变换为连续的 64kbit/s 信号，在输入时钟的控制下，写入控制电路的存储器，在本局时钟的控制下，从存储器中读出。在发送方向上，信令信号在本局时钟控制下送到 TS_{16}，送往对端交换机。

（6）帧和复帧定位信号插入

因为在交换网络输出的信号中，不包含帧和复帧的同步信号，故在发送时，应将帧和复帧的同步信号插入，这样就形成了完整的帧和复帧的结构。帧和复帧定位信号插入是伴随帧和复帧同步信号的插入过程实现的。

3.2.3 信号部件

交换机需要向用户发送各种信号音，如拨号音、忙音和回铃音，也需要向其他交换局发送和接收各种局间信号，如多频信号，这些信号都是音频模拟信号。在前述图 3-1 中的信号部件主要有信号音发生器、多频接收器和发送器等，它们是接在数字交换网络上的，因此这些模拟信号必须经过数字化后才能进入交换网络，以达到传送信号的目的。这里主要介绍信号音的产生、发送和接收过程。

3.2.3.1 数字音频信号的产生

1. 单音频信号的产生

数字交换机中，单音频信号是由数字信号发生器产生的数字信号音。该发生器内有只读存储器、计数器和译码器等设备。对要求产生的信号音进行抽样，抽样频率为 8000Hz，也就是每隔 125μs 的时间抽样一次；再将每次抽样的幅度进行编码，写入只读存储器（Read Only Memory，ROM）中；最后在计数器的控制下，按一定的规律读出只读存储器中的内容，就产生了数字信号音。

下面通过一个简单的例子来说明单音频信号音的产生原理及过程，如图 3-16 和图 3-17 所示。

现假定要产生 500Hz 的音频信号。首先抽样，抽样周期为 125μs，从图 3-16 中看出可抽取 16 个样值。每个样值编成 8 位 PCM 码，第 1 位为极性码，第 2～8 位为幅度码，写入 ROM 中。图 3-17 所示为信号发生器的硬件结构。

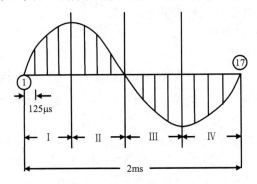

图 3-16　500Hz 音频信号产生原理

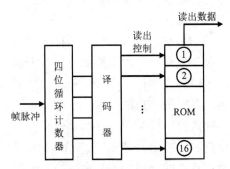

图 3-17　信号发生器硬件结构

ROM 的读出是受 0～15 循环计数器控制的，计数器在帧脉冲控制下，每来一个帧脉冲，计数器加 1；当计数器加到 15 时，若再输入一个帧脉冲就复位 0。计数器输出的四位码通过译码器形成 ROM 的读出控制信号，按四位码的顺序控制将 ROM 各个单元内容读出。

500Hz 的音频信号所需的存储单元较少，可以采用这种办法实现。但 450Hz 的音频信号，该抽取多少个样值呢？这就要求 450Hz 的信号能够经过几个周期后，恰是 8000Hz 抽样频率的周期的整数倍。即应求出 450Hz 和 8000Hz 的最大公约数为 50Hz，因此，要求 ROM 有 160 个单元，存储 160 个样值编码。

为了节省存储单元，根据图形的对称性，提出了节省 ROM 容量的办法。

为简单起见，仍以 500Hz 为例。从 500Hz 的波形图中可以看出在第 I，II 和 III，IV 段之间只差一个符号，即只有极性差别，幅度值是一样的。对于 I 和 II 来说，其幅度值是以第⑤号样值为对称轴对称，即①和⑨ 、②和⑧、③和⑦、④和⑥相等。这样，我们只需在 ROM 中存放第 I 段（即①～⑤的编码信号）即可，只占用 5 个单元。读取时可采用顺读、倒读，然后再顺读加负号，再倒读加负号，即

① 在 1～5 帧时读①～⑤单元；

② 6～9 帧时倒过来读，即④，③，②，①单元；

③ 10～13 帧时再正读，即②，③，④，⑤单元，读出后将极性码置反；

④ 在 14～17 帧时倒过来读，即④，③，②，①单元，读出后将极性码置反。

这样，ROM 容量只需 $N \div 4 + 1$（N 为未采用图形对称性时的所需容量）。

2．双音频信号的产生

双音频信号的产生和单音频信号产生的原理相同，也可以通过线性叠加，找出波形的对称性来节约 ROM 的容量。现以 700Hz + 900Hz 的双音频信号波形的对称分析为例，说明如何减少 ROM 的容量。

对于 700Hz + 900Hz 的双音频信号，要对其进行抽样，抽样频率是 8000Hz。首先要求出一个时间 T，使这三者从"0"开始，分别经过几周三者又互相重合，这就要求：

$700/m=900/n=8000/p$，即需要求出 m，n 和 p，这就要找出 700Hz，900Hz，8000Hz 这三者的最大公约数，其为 100Hz，得 T=10ms，从而求出 m=7，n=9，p=80。因此，可以把 700Hz＋900Hz 双音频信号看做是周期为 T=10ms 的周期信号。对其抽样有 80 个抽样点，则 ROM 就需要有 80 个存储单元。如果进一步分析其波形，可看出有明显的对称性，只要将第 1 部分（即信号的 1/4 周）的抽样值存储在 ROM 中，采用节省单元的信号音产生办法，即可解决双音频信号产生问题。第 1 部分有 21 个样点，ROM 只需 21 个存储单元就够了。

3.2.3.2 数字音频信号的发送

在数字程控交换机中，各种数字音频信号大多是通过数字交换网络送出，和普通语音信号一样处理。

1．用 T 接线器发送音频信号

要想将数字音频信号发送给某个用户，首先要将数字音频信号存放在 T 接线器的某个指定单元，当需要对某个用户送去音频信号时，则可从该单元中取出并送至该用户的所在时隙上。

一般选 TS_0 或 TS_{16} 所对应的存储单元存放音频信号。因为这两个时隙的信息是不需要交换的，所以在交换网络内，这两个时隙是空闲的，可以移做它用。现假定 T 型接线器有 256 个存储单元，是一个 8 端 PCM 的 T 接线器。将 HW_0TS_{16}（128#存储单元）借用来存放拨号音信息，则数字拨号音信息即可存入 128#存储单元。如果某个时隙的用户（例如 TS_{21} 时隙的用户）需要听拨号音，那么就可以在控制存储器的 21#单元写入 128 就可以了。如果停止输送，就在 21#单元内写入 0。

2．T-S-T 链路半永久性连接法

T-S-T 链路半永久性连接是在开局时，就将各链路接好。信号音接在 TST 网入口处的指定时隙 TS_i 中，指定一条链路作半永久性连接，将各模块的链路 TS_i 和 $TS_{i+半帧}$ 腾出来专门用来接续拨号音（其他音信号均可）。

3.2.3.3 数字音频信号的接收

各种信号音都是由用户话机来接收的。这种音频信号在用户电路中经过译码变成模拟信号自动接收。

多频信号是由接收器接收。一般采用数字滤波器滤波，通过数字逻辑识别电路识别后取得。图 3-18 所示为数字多频信号接收器的方框图。

多频信号有两种：一种是由用户电路送来的按钮话机双音多频（Dual Tone Multi-Frequency，DTMF）信号；另一种是由中继线接口电路送来的多频互控（Multi-Frequency Controlled，MFC）信号。这些信号在数字交换机中都变成了数字信号，通过

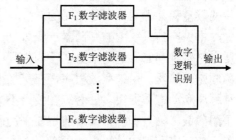

图 3-18 数字双音频信号接收器方框图

数字交换网络送到相应的接收器。对于按钮话机双音频信号，则由 DTMF 收号器接收；对于中继线送来的多频互控信号，则由 MFC 信号接收器接收。

接收器中采用的数字滤波器和传统的窄带滤波器不同，它的滤波过程实际上是一个计算过程，是将输入信号的序列数字按照预定的要求转换成输出数列。数字滤波器一般是由乘法

器、加法器和延迟器组成，它们的输入和输出信号都是离散序列。实际上，在目前的数字程控交换机中，多频信号的发送和接收都是采用数字信号处理器（Digital Signal Processor，DSP）来实现的。

多频互控信号是从 6 个频率中取 2 个频率（6 中取 2），或从 4 个频率中取 2 个频率。6 个频率是预先规定的，如 R_2 信号系统中的 6 个频率是 1380Hz，1500Hz，1620Hz，1740Hz，1860Hz 和 1980Hz。所以在接收器中就要设置 6 个数字滤波器，每个滤波器只准与之相应的频率通过，其他频率信号不能通过。这就是说 F_1 数字滤波器，只对 F_1 频率信号有响应，其输出端输出最大，而其他频率信号在这个滤波器的输出端没有输出。

接收器就是根据每个滤波器的输出大小来判定输入信号包含的是哪两个频率成分。

3.3 控制系统

程控交换机控制系统的硬件设备是处理机，其控制核心是中央处理机，它按照存放在存储器中的程序来控制交换接续和完成维护与管理功能。

程控交换机的控制系统一般可分为三级。

* 第一级是电话外设控制级。这一级是靠近交换网络以及其他电话外设部分，也就是与话路设备硬件的关系比较密切的部分，其控制功能主要是完成扫描和驱动。其特点是操作简单，但工作任务非常频繁，工作量很大。

* 第二级是呼叫处理控制级。它是整个交换机的核心，是将第一级送来的信息进行分析、处理，再通过第一级发布命令来控制交换机的路由接续或复原。这一级的控制功能具有较强的智能性，所以这一级均为存储程序控制。

* 第三级是维护测试级。主要用于操作维护和测试，它包括人—机通信。这一级要求更强的智能性，所以需要的软件数据量最多，但对实时性要求较低。

这三级的划分可能是"虚拟"的，仅仅反映控制系统程序的内部分工；也可能是"实际"的，即分别设置专用的或通用的处理机来分别完成不同的功能。例如，第一级采用专用的处理机（用户处理机），第二级采用呼叫处理机，第三级采用通用的处理机（主处理机）。这三级逻辑的复杂性和判断标志能力是按照从一级至三级顺序递增的，而实时运行的重要性、硬件的数量和其专用性则是递减的。

中央控制系统中的存储器一般可划分为两个区域：数据存储器和程序存储器。数据存储器也称暂时存储器，用来暂存呼叫处理中的大量动态数据，可以写入和读出。程序存储器也称固定存储器，用来存放程序，在交换处理中只允许读出，不允许写入。由于交换系统中各种程序和动态数据很多，对一些使用不太频繁的数据和程序也可以放在外部存储器中，早期采用磁鼓、磁盘和磁带，目前主要采用硬盘。在故障处理后再启动时，有时要重新向内存装入全部程序和固定数据，故硬盘可以作为后备用的外存储器或用于存放计费等大量信息。

3.3.1 处理机控制方式

随着微处理机和大规模集成电路的发展，微处理机的可靠性和功能不断增强，价格却逐渐下降，因而，在交换机控制系统中采用多处理机的结构越来越多，其控制方式也有多种多样。尽管这样，还可根据处理机所控制的范围将其分为集中控制方式和分散控制方式两大类。

3.3.1.1 集中控制

若在一个交换机的控制系统中，任一台处理机都可以使用系统中的所有资源（包括硬件资源和软件资源），执行交换系统的全部控制功能，则该控制系统就是集中控制系统，如图 3-19 所示。

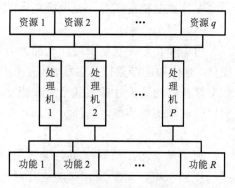

集中控制方式的优点是处理机能了解整个系统的状态和控制系统的全部资源，功能的改变只需在软件上进行，较易实现。

集中控制方式缺点是系统比较脆弱，一旦控制部件发生故障，就有可能导致整个系统瘫痪；另外，由于软件要包括所有的功能，规模庞大，管理十分困难。因此，目前除小容量的程控交换机外很少使用这种方式。

图 3-19 集中控制方式方框图

3.3.1.2 分散控制

若在一个交换机控制系统中，每台处理机只能控制部分资源，执行交换系统的部分功能，则这个控制系统就是分散控制系统，如图 3-20 所示。

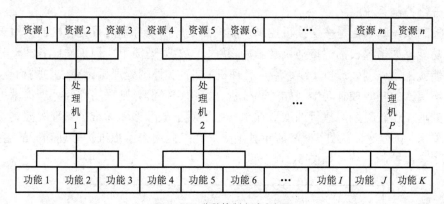

图 3-20 分散控制方式方框图

1．话务容量分担和功能分担

在分散控制系统中，各台处理机可按话务容量分担或功能分担的方式工作。

（1）话务容量分担

话务容量分担方式是每台处理机只分担一部分用户的全部呼叫处理任务，即承担了这部分用户的信号接口、交换接续和控制功能；每台处理机所完成的任务都是一样的，只是所面向的用户群不同而已。话务分担的优点是处理机的数量随着用户容量的增加而增加，缺点则是每台处理机都要具有呼叫处理的全部功能。

（2）功能分担

功能分担方式是将交换机的信令与终端接口功能、交换接续功能和控制功能等基本功能，按功能类别分配给不同的处理机去执行；每台处理机只承担一部分功能，这样可以简化软件，若需增强功能，在软件上也易于实现。缺点是在容量小时，也必须配备全部处理机。

在大中型交换机中，多将这两种方式结合起来使用。当着眼点放在处理能力时，就采用话务分担的工作方式，当着眼点放在简化软件时，则采用功能分担的工作方式。

2．静态分配和动态分配

在分散控制系统中，处理机之间的功能分配可能是静态的，也可能是动态的。

（1）静态分配

所谓静态分配就是资源和功能的分配一次完成，各处理机根据不同分工配备一些专门的硬件。这样做的结果提高了稳定性，但降低了灵活性。静态分配仅是指功能分担或话务分担，如交换机总的话务处理由几个处理机平均分配。这样做可以使软件没有集中控制时复杂，也可以做成模块化系统，在经济性和可扩展性方面显示出较强的优越性。

（2）动态分配

所谓动态分配就是指每台处理机可以执行所有功能，也可以控制所有资源，但根据系统的不同状态，对资源和功能进行最佳分配。这种方式的优点在于，当有一台处理机发生故障时，可由其余处理机完成全部功能。缺点是动态分配非常复杂，从而降低了系统的可靠性。

3．分级控制系统和分布式控制系统

根据各交换系统的要求，目前生产的大、中型交换机的控制部分多采用分散控制方式下的分级控制系统或分布式控制系统。

（1）分级控制系统

分级控制系统基本上是按交换机控制功能的高低层次而分别配置处理机的。对于较低层次的控制功能，如用户扫描、摘挂机及脉冲识别，虽然处理简单，但工作任务却十分频繁，其控制功能就采用外围处理机（或称用户处理机）完成。外围处理机只完成扫描和驱动功能，对于高一级层次的呼叫控制功能（如号码分析、路由选择等）则采用呼叫处理机承担。呼叫处理机的处理工作较复杂，执行的次数却少一些。对于故障诊断和维护管理等控制功能，处理就更加复杂，执行次数就更少，故应单独配置一台专门用来承担维护管理功能的主处理机。这就形成了三级控制系统，如图3-21所示。

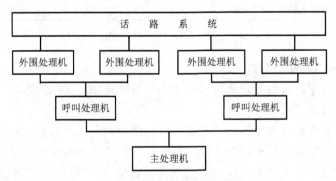

图3-21　三级控制系统方框图

这三级控制系统是按功能分担的方式分别配备外围处理机、呼叫处理机和主处理机。每一级内又采用了话务容量分担的方式，如外围处理机就采用几百个用户配置一台，配置的数量可以多些；呼叫处理因要处理外围处理机所送来的呼叫处理请求，所以可对若干个外围处理机配置一台，配备数量就可少一些；对于主处理机一般只需一台即可。外围处理机采用一般的微处理器即可，而呼叫处理机和主处理机则要求采用速度较高、功能较强的微处理器。

有的交换设备将呼叫处理机和主处理机合在一起，只分成二级结构。

（2）分布式控制系统

分布式控制就是所有的呼叫控制功能和数字交换网络的控制功能都由与小用户线群或小中继线群相连的微处理机提供。这些小用户线群或小中继线群分别组成终端模块，每个终端模块都有一个终端控制单元。在控制单元中配备了微处理机，一切控制功能都是由微处理机执行的。分布式控制交换机如图 3-22 所示。

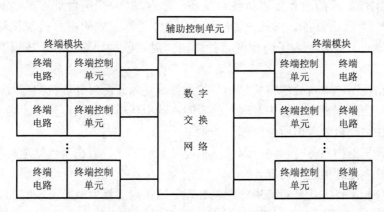

图 3-22　分布式控制交换机方框图

分布式控制有 3 种方式，即功能分散、等级分散和空间分散方式。功能分散方式是每台处理机负责一种功能。等级分散方式是在一群处理机中，每一台处理机担任一定角色，逐级下控。空间分散方式是每台处理机负责交换机的一部分区域（即一部分设备），此部分区域通话的全部功能由此处理机负责。

3.3.2　处理机的备用方式

在交换系统中，为了提高控制系统的可靠性，保证交换机能够不间断地连续工作，对处理机的配置就应采取备份的方式。最简单的备份方式就是双处理机结构。

双处理机结构有 3 种工作方式：同步双工工作方式、话务分担工作方式和主/备用工作方式。

1. 同步双工工作方式

同步双工工作方式是由两台处理机，中间加一个比较器组成，如图 3-23 所示，两台处理机合用一个存储器（也可各自配备一个存储器，但要求两个存储器的内容保持一致，应经常核对数据和修改数据）。

两台处理机中的一台为主用机，另一台为备用机，同时接收信息，同时执行同一条指令，各自进行分析处理，再将其执行结果进行比较。如果结果相同，说明工作正常，即由一台处理机（主用处理机）向外设发出命令，并转入下一条指令，继续工作。如果结果

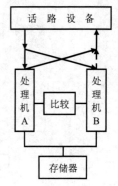

图 3-23　同步双工工作方式

不同，则立即退出服务，进行测试和必要的故障处理。

同步双工工作方式的优点是对故障反应快，一旦处理机发生故障，在进行比较时，就立即发现。而且备用机是处于和主用机并行工作，以便主用机发生故障就立即代替主用机工作，基本上做到不丢失呼叫。由于两台处理机合用一个存储器，因此软件的种类也少。

这种工作方式的缺点是对偶然性故障，特别是对软件故障处理不十分理想，有时甚至导致整个服务中断。在工作中，实际上只有一台在工作，而且要不断地进行相互比较，故效率较低。

2．话务分担工作方式

话务分担工作方式的两台处理机各自配备一个存储器，在两台处理机之间有互相交换信息的通路和一个禁止设备，如图 3-24 所示。这种工作方式的两台处理机轮流地接收呼叫，各自独立地进行工作。为了防止两台处理机同时接收同一个呼叫，故设有禁止设备进行调度。

在正常的情况下，每台处理机负担一半的话务量。为此两台处理机扫描时钟的相位是互相错开的。某一台处理机在扫描中发现新的呼叫，就由该机负责处理到底。当一台处理机发生故障时，就由另一台处理机承担全部话务量。

为了使故障机退出服务时，另一台处理机能及时地接替，应在两台处理机间定时互通信息，随时了解呼叫处理的进展情况。

由于话务分担工作方式是轮流进行呼叫处理，因而对偶然性故障有较好的处理效果。又由于两台处理机不同时执行同一条指令，因此，也不可能在两台处理机中同时产生软件故障，这就加强了处理机对软件故障的防护性能，同时也较容易发现软件故障。由于每台处理机都能单独地处理整个呼叫任务，而每一台处理机又只负担一部分话务负荷，所以一旦有过负荷出现时，也能适应。故这种工作方式有较高的过负荷处理能力。

在扩充新设备，修改软件时，该工作方式可以使一台处理机承担大部分或全部的话务负荷，而使另一台处理机用于测试和修改程序，不中断服务。它的缺点是软件较复杂，在程序设计中要避免双机同抢资源，而且双机互通信息也较复杂，对处理机的某些硬件故障不像同步双工工作方式那样较易发现。

3．主/备用方式

这种方式的两台处理机，一台为主用机，另一台为备用机，如图 3-25 所示。主用机发生故障时，备用机接替主用机进行工作。备用方式有两种，即冷备用和热备用。

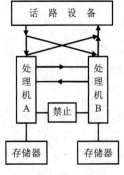
图 3-24　话务分担工作方式

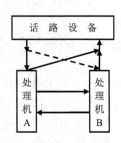
图 3-25　主/备用方式

冷备用方式是备用机只接通电源，不承担呼叫处理工作，处于停用状态，主用机承担全部呼叫处理工作。在主用机发生故障时，换上备用机，由于被换上的备用机没有经过校正，因而有可能丢失部分呼叫或全部呼叫。为了尽可能多地保留原来的呼叫数据，当主用机发生故障时，主用机和备用机进行转换，外存向备用机传递数据以建立主用状态，然后开始呼叫处理再启动。这种工作方式的优点是硬件和软件简单，但由于在产生故障时对呼叫丢失较多，因此，在重要的地方很少采用，一般多在用户级中采用。

热备用方式是备用机虽不完成呼叫处理工作，但和主用机一样接收外部输入数据，备用机存储器中存储的数据和主用机存储器中存储的数据相同，这样在主/备用进行互相转换时，能够继续完成原来的呼叫处理工作，而不丢失原来的呼叫。

这种方式的优点是转换速度快，不丢失呼叫，所以在选组级中多采用热备用的工作方式。缺点是两台处理机，包括存储器，只完成一台处理机的工作，效率低。

3.3.3 控制系统可用性

中央处理机是整个系统的控制核心，要求其可靠性高，能日夜不停地工作，中央处理系统出故障时影响面大，控制系统的可靠性可以用处理机的可用性来衡量：

$$可用性（A）= \frac{平均故障间隔时间 (MTBF)}{平均故障间隔时间 (MTBF) + 平均故障检修时间 (MTTR)}$$

处理机的故障可能由硬件引起，也可能由软件引起。但是，目前只有硬件可用性的定量，不适用于软件。

复习思考题

1. 程控交换机的硬件主要包括几个大部分？
2. 话路系统的作用是什么？主要包括哪些电路？
3. 用户电路的作用是什么？
4. 模拟用户电路 BORSCHT 功能的具体含义是什么？
5. 程控交换机的馈电电压是什么？用户通话时馈电电流一般为多少？
6. 程控交换机中振铃控制一般采用部件什么实现？铃流信号是什么？
7. 用户集线器的作用是什么？
8. 模拟中继电路的作用是什么？它与模拟用户电路功能有何异同？
9. 数字中继器的作用是什么？应具有哪些基本功能？
10. 在数字程控交换机中数字信号音是什么电路产生的？是如何产生的？
11. 试计算 1380Hz + 1500Hz 的数字多频信号所需只读存储器的容量。
12. DTMF 和 MFC 分别代表什么？
13. 处理机有几种控制方式？
14. 分散控制分哪几种方式？
15. 处理机的备用方式有哪几种？

16．什么叫热备份？什么叫冷备份？

17．什么是控制系统的可用性？

18．什么是"乒乓法"？为什么要用"乒乓法"？

19．简述回波消除的基本原理。

20．分布式控制系统有哪几种方式？

21．用户集线器和远端用户集线器有何异同？

22．程控交换机中信号部件主要完成哪些功能？

第 **4** 章 程控交换机的软件系统

程控交换系统中的硬件动作均由软件进行控制完成。软件是运行于交换系统各处理机中完成各项功能的程序和数据的集合；程序又是由若干条指令组成，所以交换机的软件系统非常庞大和复杂。这就要求软件系统具有高可靠性、高时效性和较强的多重处理能力。

4.1 程控交换机的软件组成

程控交换机的软件系统可分为两大部分，一部分是运行处理所必需的在线程序（也称为联机程序），另一部分是用于交换机的设计、调试、软件生产和管理的支援程序（也称为脱机程序）。

交换机的软件在结构上也向模块化方向发展，在许多交换机中，已实现了软件模块化。

为了保证交换机的业务不间断就要求软件应具有安全可靠性、可维护性、可扩充性，不仅能够完成呼叫处理，还应具有完善的维护和管理功能。

4.1.1 在线程序

在线程序是交换机中运行使用的、对交换系统各种业务进行处理的软件总和，它可分成系统程序和应用程序。系统程序是交换机硬件与应用程序之间的接口，它有内部调度、输入/输出处理、资源调度和分配、处理机间通信管理、人—机通信、系统监视、故障处理等程序。应用程序包含有呼叫处理、执行管理、系统恢复、故障诊断、维护管理等程序。下面着重介绍应用程序。

1. 呼叫处理程序

呼叫处理程序负责整个交换机所有呼叫的建立与释放，以及交换机各种新服务性能的建立与释放。呼叫处理程序主要有以下功能。

① 交换状态管理：负责呼叫处理过程中的不同状态（如空闲、收号等）的转移和管理。

② 交换资源管理：对呼叫处理过程中的电话外设（如用户设备、中继器、收发码器及交换网络等）进行调试和调用。

③ 交换业务管理：负责对程控交换机的许多新交换业务（如三方通话、热线服务等）的管理。

④ 交换负荷控制：监视交换业务的负荷情况，临时性控制发话或入局呼叫的限制。

呼叫处理程序比较复杂，这是由于对每一次呼叫，呼叫处理程序几乎要涉及所有的公共资源，使用大量数据，而且处理过程中，各种状态之间的关系也非常复杂。

2．执行管理程序（或叫操作系统）

执行管理程序负责对交换系统（尤指处理机）的硬件和软件资源进行管理和调度。执行管理程序主要有以下功能。

① 任务调度：负责按交换程序的实时要求和紧急情况的优先等级进行调度。

② I/O 设备的管理和控制：负责对显示器、磁带机、硬盘、监控台等 I/O 设备进行管理和控制。

③ 处理机间通信的控制和管理：负责交换系统中各处理机间信息交换的控制和管理。

④ 系统管理：负责对软件系统中软件的统一管理和调度。

3．维护管理程序

维护管理程序用于维护人员存取和修改有关用户和交换局的各种数据，统计话务量和打印计费清单等各项任务。它主要具有以下一些功能。

① 话务量的观察、统计和分析。

② 对用户线和中继线定期进行例行维护测试。

③ 业务质量的监视，它监视用户的通话业务的情况和质量，如监视呼叫信号，通话接续是否完成或异常情况。

另外，它还包括收费检查，即在用户要求下，对用户收费数据的详细记录进行核对收费记录情况。数据包括从用户摘机起到话终挂机止的各种数据，如呼叫时间、所拨号码、费率、应答时间、应答前计费表数字和挂机后计费表数字、挂机时间等，并可打印输出。

④ 业务变更处理，如用户的交换处理（包括新用户登记、用户撤销、用户改号或话机类别的更改等）、用户业务登记、更改和撤销。

⑤ 计费及打印用户计费账单。

⑥ 负荷控制，对话务过载进行处理。

⑦ 进行人—机通信的管理，对维护人员键入的控制命令进行编辑和执行。

4．系统恢复程序

系统恢复程序也称故障处理程序，负责对交换系统作经常性的检测，并使系统恢复工作能力。其主要完成以下功能。

① 硬件故障检测：通过硬件电路设计或周期性调用检测软件的方法来对交换机的设备故障进行检测。

② 硬件设备的切换：根据故障出现的频度来判断是瞬时故障还是永久性故障；撤下故障部件而接入备用部件，使交换机恢复工作，随后调用故障诊断程序对撤下的部件进行诊断，以确定故障位置。

③ 软件故障检测：用于监视程序执行是否超时，地址、数据是否合理，主/备用部件内数据表格是否一致，各种表格内容与实际硬件是否匹配等。

④ 软件故障的恢复：通过程序重复执行的方法，或重新加载的方法来恢复软件系统。

⑤ 设备状态的管理：对采用主/备用工作方式的硬件部件的"工作"、"备用"、"故障"等状态进行管理。

5．故障诊断程序

故障诊断程序是用于确定硬件故障位置的程序。对于多数程控交换机来说，可将故障诊断到某块印制电路板（PCB）。

故障诊断程序通常采用以下工作方式。

① 开机诊断。交换机加电后，首先自动对所有硬件部件进行诊断，将结果报告系统恢复程序。

② 人—机命令诊断。由维护人员通过人—机命令指定对交换机某一部件执行诊断。

③ 自动诊断。当系统恢复程序发现运行中的交换机有故障部件时，用备用部件代替该部件，并调用故障诊断程序对其进行诊断。打印输出或屏幕显示诊断结果。

4.1.2　支援程序

支援程序又称脱机程序，是软件中心的服务程序，多用于开发和生成交换局的软件和数据以及开通时的测试，主要包括编译程序、连接装配程序、调试程序、局数据生成、用户数据生成等，它与正常的交换处理过程联系不大。

支援程序按其功能可划分为设计子系统、测试子系统、生成子系统和维护子系统。

1．设计子系统

设计子系统用在设计阶段，作为功能规范和描述语言（SDL）与高级语言间的连接器，各种高级语言与汇编语言的编译器，链接定位程序及文档生成工作。设计完成所有的程序模块以及经过编译得到的目的代码应存储于数据库中。

2．测试子系统

测试子系统用于检测所设计软件是否符合其规范。其主要功能分测试与仿真执行两种。

测试功能是根据设计的规范生成各种测试数据，并在已设计的程序中运行这些测试数据以检验程序工作结果是否符合原设计要求。

仿真执行则是将软件的设计规范转换为语义等价的可执行语言，在设计完成前可根据仿真执行的结果检验设计规范是否符合实际要求。

测试数据、运行结果及仿真执行结果均应存储于数据库中。

3．生成子系统

生成子系统用于生成交换局运行所需的软件（即程序文件），它包括局数据文件、用户数据文件和系统文件。程序文件是程序和相应数据的有机组合。

（1）局数据文件

在软件中心的操作系统控制下，由局数据生成程序将原始局数据文件自动生成为规定的局数据的文件结构形式。这样，避免了某局逐字地设置局数据，既节省工时又避免了人为差错。

（2）用户数据文件

用户的各种数据是处理用户呼叫所必需的文件，新添或更改个别用户数据，可直接在运行局用键盘命令来实现。

（3）系统文件

系统文件包括系统程序、系统数据和一级局数据。系统程序就是交换用的各种处理程序，属于功能性程序，也是通用性程序，不同局均能使用。系统数据是与局条件无关的参数；而局数据则是随局条件而异的参数，一级局数据是局数据中固定不变的部分，因此，可纳入系统文件之中，二级、三级局数据是可变的数据。系统文件和局数据文件又合称为局文件。

根据系统组成特征的数据（如表示市话局、长话局、长市合一等局级参数，表示是否采用公共信道方式的参数，表示是否含可视电话、遥控功能的参数等），从母文件（初始文件）中选择适当的程序单元而产生系统文件的过程称作系统生成；系统生成过程所产生的系统文件的应用程序称为系统生成程序。

4．维护子系统

维护子系统用于对交换局程序的现场修改（或称补丁）的管理与存档。如果补丁所修改的错误具有普遍意义，则子系统应将其拷贝多份并加载至其他交换局中。由于同一程序模块在各个交换机中的地址一般都不相同，因此，需根据交换局的具体情况加至其局程序文件内，以加载至各交换机中运行。

4.1.3　数据

在程控交换机中，所有有关交换机的信息都可以通过数据来描述，如交换机的硬件配置、运行环境、编号方案、用户当前状态、资源（如中继、路由等）的当前状态及接续路由地址等等。根据信息存在的时间特性，数据可分为暂时性数据和半固定数据。

暂时性数据用来描述交换机的动态信息，这类数据随着每次呼叫的建立过程不断产生、更新和清除。半固定数据部分包括系统数据、局数据和用户数据。

为了使程控交换机的软件能够适应不同情况的要求，将软件中的程序和数据分开是非常必要的。因为这样交换机的程序就可以通用，程序只要配以不同的数据就可以适用于各个交换局。对于一个交换局而言，修改局数据不会影响程序的结构，体现了软件的灵活性和可修改性。

1．数据的分类

（1）系统数据

系统数据是仅与交换机系统有关的数据。不论交换设备装在何种话局（如市话局、长话局或国际局），系统数据是不变的。

（2）局数据

局数据是与各局的设备情况以及安装条件有关的数据。它包括各种话路设备的配置、编号方式、中继线信号方式等。局数据是与交换局有关的数据，一般采用多级表格的形式来存放局数据。

（3）用户数据

用户数据是交换局反映用户情况的数据。包括用户类别、用户设备号码、用户话机类别、新业务类别等。

2．表格

数据常以表格的形式存放，包括检索表格和搜索表格两种。

（1）检索表格

此表格以源数据为索引进行查表来得到所需要的目的数据，它分为单级和多级两种。

① 单级索引表格。所需的目的数据直接用索引查一个单个表格即可得到。例如，在程控

交换机中将用户电话号码译为设备号码的译码表，就属于这种表格。

图 4-1 所示为单级索引表格。在表格中索引号码 FA+（ABCDEFG），FA 为首地址，（ABCDEFG）为 7 位用户电话号 ABCDEFG 所对应的表中地址。它是按次序排列的，作为检索地址，根据这一地址，就可查到相应一行表格中所存放的设备号。若每个设备号在译码表中占一个单元，则有：

$$FA+（ABCDEFG）\rightarrow 设备号$$

若每个设备号在译码表中占 n 个单元，则有：

$$FA+n\times（ABCDEFG）\rightarrow 设备号$$

② 多级索引表格。只有通过多级表格检索查找，才能得到所需的目的数据。也就是说，表格安排成多级展开的形式。查第一张表格得到下一张表格的地址，依此类推，最后得到所需要的数据。要连续查找的表格数目可以是固定的，也可以是可变的。

图 4-2 所示为三级索引，若是用户译码表，则 XYZ 即为用户电话号码，X 可对应于局号，Y 可对应于千位号，Z 可对应于用户号码的最后 3 位号码。根据局号 X，在 N_1 表中可查到千位号译码表的首址 N_2X；根据千位号 Y，在 N_2X 表中可查到后 3 位号码译码表的首址 N_3Y，根据后 3 位号码 Z，在 N_3Y 表中可查到所需信息或所需信息的地址，即该用户的设备号。

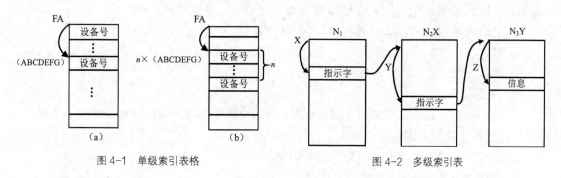

图 4-1 单级索引表格

图 4-2 多级索引表

（2）搜索表格

在搜索表格中，每个单元都包含有源数据和目的数据两项内容。在搜索时，以源数据为依据，从表首开始自上而下地依次与表中的源数据逐一比较，当在表中找到源数据与表中的源数据一致时，搜索停止，即可在相应的单元中得到目的数据。

表中的源数据可形象地称作"键孔"，而输入的源数据称作键，在搜索时，将键依次插入键孔试试看，如果一致，就停止搜索而取出目的数据。

图 4-3 所示为搜索表格。搜索表格主要用于用户线和中继线的连选。在每一单元中表示该相应的用户线或中继线是否空闲。若空，即被选中。若不空，则指示在该群中的下一条用户线或中继线的表格地址。

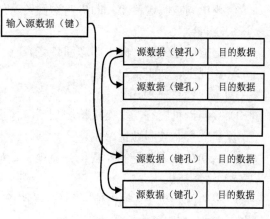

图 4-3 搜索表格

选用哪一种表格，主要取决于处理机的编址容量以及在处理某些格式的数据时其指令系统的效率。

4.2 呼叫处理的基本原理

4.2.1 呼叫处理过程及状态迁移

1. 呼叫处理过程

在程控交换机中，呼叫接续过程都是在呼叫处理程序控制下完成的。

（1）主叫用户摘机

① 交换机检测到用户 A 摘机状态。

② 交换机调查用户 A 类别、话机类别和服务类别。

（2）送拨号音

① 交换机为用户 A 寻找一个空闲收号器及其空闲路由。

② 向主叫用户送拨号音，并监视收号器的输入信号，准备收号。

（3）收号

① 用户 A 拨第一位号码，收号器收到第一位号后，停拨号音。

② 用户 A 继续拨号，收号器将号码按位储存。

③ 对"已收位"进行计数。

④ 将号首送到分析程序进行预译处理。

（4）号码分析

① 进行号首（第一至第三位号码）分析，以确定呼叫类别，并根据分析结果是本局、出局、长途或特服等决定该收几位号。

② 检查这一呼叫是否允许接通（是否限制用户等）。

③ 检查被叫是否空闲，若空闲，则予以示忙。

（5）接通被叫

① 测试并预占主、被叫通话路由。

② 找出向被叫送铃流及向主叫送回铃音的空闲路由。

（6）振铃

① 向被叫送铃流，向主叫送回铃音。

② 监视主、被叫用户状态。

（7）被叫应答和通话

① 被叫摘机应答，交换机检测到后，停振铃和停回铃音。

② 建立主、被叫通话路由，开始通话。

③ 启动计费设备开始计费，并监视主、被叫用户状态。

（8）话终挂机

① 主叫先挂机，交换机检测到后，路由复原，停止计费，主叫转入空闲，向被叫送忙音；被叫挂机后，被叫转入空闲状态。

② 被叫先挂机，交换机检测到后，路由复原，停止计费，被叫转入空闲，主叫听忙；主叫挂机，主叫转入空闲状态。

2．状态迁移

（1）稳定状态的迁移

状态迁移是由输入信息引起的。没有输入信息的激发，状态是不会改变的。例如，用户的挂机状态（称为空闲状态），如果没有输入一个摘机信息，则空闲状态就会保持不变，一旦摘机（即输入一个摘机信息），就使空闲状态改变。空闲状态向哪个稳定状态改变，则要进行分析处理，这就所谓的内部分析。经内部分析，知道了用户的类别及话机的种类后，若认为允许用户发话，就可向用户送拨号音，并给这个用户接上一个相应的收号器，转入准备收号的稳定状态，这就是输出处理。由此可以看出：由一种稳定状态向另一种稳定状态迁移时，必须要经过 3 个步骤：输入处理、内部分析和输出处理。每次状态迁移都要执行这一过程，这就是呼叫处理程序的基本组成，如图 4-4 所示。

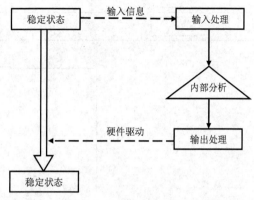

图 4-4　呼叫处理的基本过程

输入处理是对输入的信息进行识别和处理，一般由输入程序完成。内部分析是根据输入的信息、当前的状态以及内部情况，确定应执行的任务及向哪一种稳定状态转移。输出处理是根据分析结果启动硬件执行任务，同时将这一稳定状态转移到另一个稳定状态。

（2）状态迁移图

从上面的叙述中可以看出：从一种稳定状态转移到另一种稳定状态并不是只有一种迁移方向，而是要根据输入信息、所处状态及环境情况的不同而有不同的迁移方向。

在同一状态下，由于输入信号的不同，会得出不同的处理结果，如振铃状态下，主叫挂机，应按中途挂机进行处理；如果被叫摘机，则应按通话接续处理，转入通话状态。

在不同的状态下，输入同样的信号，也会转移到不同的状态。例如，同样的摘机信号，是在"空闲"的状态下输入的，则认为是主叫摘机呼叫，如在"振铃"状态下输入的摘机信号，就被认为是被叫摘机应答。

在同一个状态下，同样的输入信息，但环境条件不同，也会得出不同的结果。例如，在空闲状态下，主叫摘机，若此时交换机内有空闲的收号器，则应送拨号音，将状态转移至"等待收号"的状态；若此时交换机内没有空闲的收号器，则应向主叫送忙音，将状态转移至听忙音的稳定状态。

上述这些复杂的过程能在状态迁移图中一目了然地反映出来。表 4-1 所示为状态迁移图所采用的符号，图 4-5 所示为局内呼叫的状态迁移图。

表 4-1　　　　　　　　　　　　　　　状态迁移符号图形及注释

符 号 图 形	注 释	符 号 图 形	注 释
状态号　状态名　符号图形	稳定状态	t	计时器
△	挂机	◇	分支
△	摘机	▭	内部任务

符 号 图 形	注 释	符 号 图 形	注 释
外部 内部	交换设备范围	——————	连通备用
	接收器	------------	输入
	发送器		输出

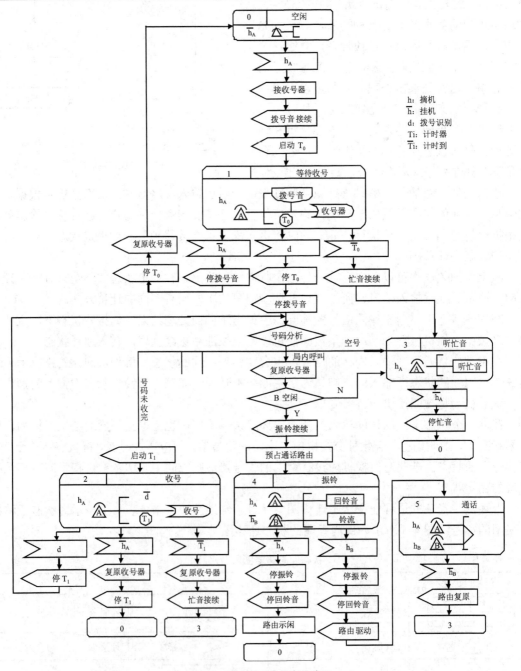

h: 摘机
$\overline{h}$: 挂机
d: 拨号识别
Ti: 计时器
$\overline{Ti}$: 计时到

图 4-5 局内呼叫的状态迁移图

4.2.2　输入处理

输入处理的任务是及时发现新的处理要求，并对用户线、中继线的状态进行监视、检测和识别，然后将其放在队列中或相应的存储区，以便由其他程序分析处理。

输入处理一般是通过各种扫描程序进行的。扫描程序可分为用户线扫描程序、脉冲号码扫描程序、双音频号码扫描程序、中继线扫描程序等。

4.2.2.1　用户线扫描程序

用户线扫描程序是用来对用户线的状态进行检测并及时发现用户线的状态变化。

用户线的状态有两种，即"通"或"断"。形成直流回路为"通"（或称续），用"0"表示；断开直流回路为"断"，用"1"表示。用户话机的摘机或挂机，反映在用户线状态上即为"通"或"断"，号盘话机的拨号脉冲，反映在用户线状态上也是"断"和"续"。

用户线扫描程序可以及时发现和处理用户线的状态变化。由于这些变化是随机的，而交换机的处理机工作是"串行"的，因此，处理机对用户线状态的监视只能采取定期的、周期性的监视。

周期的长短要根据监视的目的来决定。如果监视的目的是识别用户摘机或挂机，其扫描周期可长一些，一般可为 100～200ms；若监视的目的是识别拨号脉冲，则扫描周期就应短一些，可为 8～10ms。

1．用户摘机识别

用户摘机识别是找出状态从"1"变为"0"的用户。为此必须有两个存储器：一个用来存放本次扫描结果，用 LSCN 表示；另一个则用来存放前一次的扫描结果，用 LM 表示，代表用户忙闲状态。识别程序将这两次扫描结果进行逻辑运算，使其在发生摘机动作后的那个扫描时刻运算结果为"1"，在其他的扫描时刻均为"0"，这样就能"及时"识别出摘机用户。

图 4-6 所示为用户摘机识别的原理图。图中所示的摘机识别的扫描周期为 192ms，即每隔 192ms 对用户线状态扫描一次，若用户线状态为挂机状态，则这次扫描结果为"1"；若用户线状态为摘机状态，则这次扫描结果为"0"。前次扫描结果是 192ms 前的扫描结果，为了使摘机动作发生时，逻辑运算出"1"，故将这次扫描结果取"非"，再和前次扫描结果相"与"，

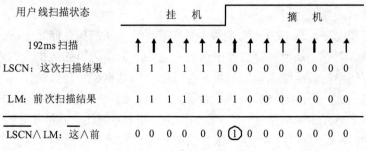

图 4-6　用户摘机识别原理图

用户摘机的识别逻辑式为：$\overline{LSCN} \wedge LM = 1$。其结果可从图中看出，在摘机动作发生后的那个扫描时刻，逻辑运算结果为 1，在其他时刻均为"0"，则可断定在该时刻前的扫描周期里用户摘机。图 4-7 所示为用户摘机识别程序的流程图。

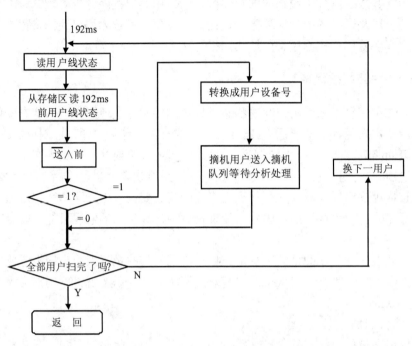

图 4-7　用户摘机识别程序流程图

由于处理机要监视的用户数量很大，为了提高效率，多采用群处理的方法。图 4-8 所示为用户线扫描示意图，图中 8 个用户为一组（都在同一块电路板上）。扫描存储器每个单元里有 8 位，每个用户占有一位，用来反映用户线的断/续状态。如果用户线闭合，该位写入"0"，表示该用户处于摘机状态。如果用户线开路，该位写入"1"，表示该用户处于挂机状态。扫描存储器的写入是由硬件控制写入的，即用户电路中的监视信号通过扫描电路直接向扫描存储器写入，写入的周期一般为 4ms。读出则是在用户处理机的程序控制下，每 192ms 读出一次。在内存中还划出一个区域，称为用户存储器，用来记录 192ms 前的用户线状态扫描结果，每个单元有 8 位，每个用户占用 1 位，与扫描存储器的单元一一对应，用来反映用户的忙/闲状态（摘机为忙，挂机为闲）。

用户摘机识别程序是在 192ms 周期级中断的启动下，从扫描存储器中读出某个单元的数据，送入运算器。同时，从用户存储器中读出与之相应的单元里的数据，送入运算器。在运算器内将扫描存储器的数据取"非"与用户存储器中的数据相"与"，看其结果是否为"0"。若为"0"，则说明这一组内无摘机用户。若不为"0"，则说明这一组内有摘机用户，这就要求进一步查找这个单元中哪一位是"1"，是"1"的位即为摘机用户，即可将该位的坐标号（即设备号）送入队列。此时应将扫描存储器存储的数据送入用户存储器中，作为下次 192ms 扫描时的前次扫描结果。

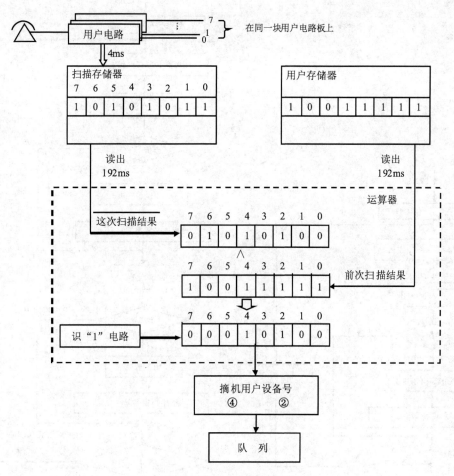

图 4-8　用户线扫描示意图

这种摘机识别是一组一组地进行的，称为群处理，其识别原理如下述。

用户设备号	7	6	5	4	3	2	1	0
这次扫描结果 LSCN	1	0	1	0	1	0	1	1
前次扫描结果 LM	1	0	0	1	1	1	1	1
$\overline{\text{LSCN}} \wedge \text{LM}$	0	0	0	①	0	①	0	0

上例摘机用户为 2#和 4#用户。

群处理识别用户摘机程序的流程图如图 4-9 所示。

2．用户挂机识别

用户挂机识别与摘机识别的原理差不多，只是将逻辑运算改成 LSCN$\wedge\overline{\text{LM}}$=1 即可。识别出"1"就是挂机用户。

为节省时间，一般采取摘挂机一起识别，这样扫描一次就全解决了。摘、挂机识别流程图如图 4-10 所示。

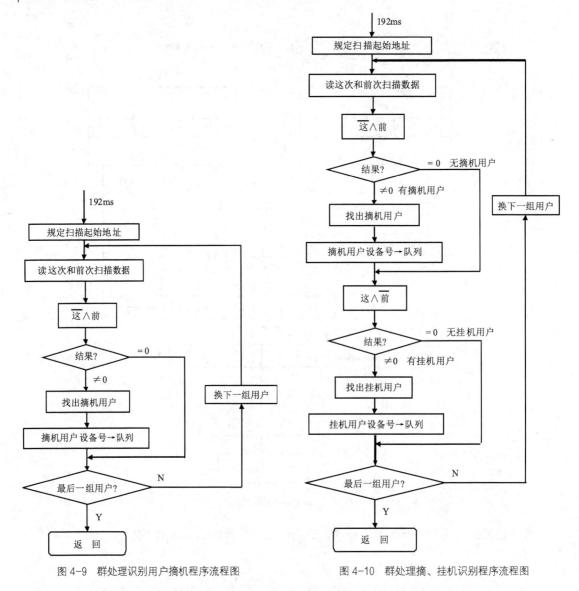

图 4-9 群处理识别用户摘机程序流程图

图 4-10 群处理摘、挂机识别程序流程图

例如，对某组用户群处理的结果如下述，可见摘机用户为 2# 及 4# 用户，而挂机用户为 5#用户。

用户设备号	7	6	5	4	3	2	1	0
这次扫描结果 LSCN	1	0	1	0	1	0	1	1
前次扫描结果 LM	1	0	0	1	1	1	1	1
摘机识别 LSCN∧$\overline{\text{LM}}$	0	0	0	①	0	①	0	0
挂机识别 $\overline{\text{LSCN}}$∧LM	0	0	①	0	0	0	0	0

4.2.2.2 脉冲号码扫描程序

脉冲号码扫描程序由 3 部分程序组成：脉冲识别、脉冲计数和位间隔识别及号码存储。

1．脉冲识别

脉冲识别是要识别脉冲串中的每一个脉冲，这就要求脉冲识别的周期必须小于最小脉冲的持续时间或脉冲的间隔时间。

号盘脉冲规定的参数如下。

脉冲速度——每秒钟送的脉冲个数，其允许的速度范围为 8～22 个脉冲/秒，最短的脉冲周期为 $1000ms/22 \doteq 45ms$。

脉冲断续比——脉冲的宽度（断）和脉冲间隔的宽度（续）之比。断续比允许的范围是 $3:1～1:1.5$。在 $3:1$ 的情况下，脉冲间隔的时间最短，其值为 $45ms×1/4 \doteq 11ms$。故脉冲识别的扫描周期应为 8～10ms，一般多选为 8ms。

脉冲识别原理如图 4-11 所示。

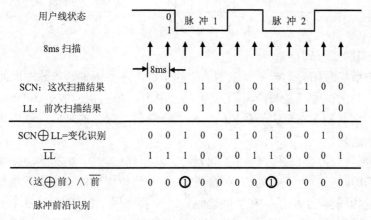

图 4-11　脉冲识别原理

脉冲识别原理与挂机识别原理基本相同。识别扫描周期为 8ms，即每 8ms 对用户线状态扫描一次，将结果写入扫描存储器（这次扫描结果）用 SCN 表示，在内存中划出一个区域作为用户存储器，存放前一个 8ms 扫描的结果（前次扫描结果）用 LL 表示。比较这次扫描和前次的扫描结果，就可看出状态变化，采用异或运算进行变化识别（这⊕前）。在变化识别中有脉冲的前沿和脉冲的后沿，为了只识别前沿，采取"（这⊕前）∧前"的逻辑运算，得出结果为"1"时，即是脉冲前沿，有一个"1"，就有一个脉冲，有两个"1"，就有两个脉冲。

脉冲前沿（即 LL=0，SCN=1）识别逻辑式为

$$(SCN \oplus LL) \wedge \overline{LL} = SCN \wedge \overline{LL} = 1$$

2．脉冲计数

脉冲识别的同时可以对脉冲计数。计数是在用户存储器内的一个存储区中进行的，在这个存储区内，设置一个脉冲计数器。由于脉冲个数最多为 10 个数字，即 0～9，这就要求用 4 位二进制数来表示，所以计数器应占 4 位，即 PC_0，PC_1，PC_2 和 PC_3，其数值分别为 2^0，2^1，2^2 和 2^3。

拨号脉冲的接收也是采用群处理方法。因此，脉冲计数也按不同的收号器分别进行。脉冲收号器实际上是在随机存取存储器中划定一个存储区，假如存储器的每个单元有 32 位，那就有 32 个收号器，每个收号器占 4 个单元。收号器是公用的，可以随机地分配给需要拨号的用户。若 PC_i 表示计数器的第 i 位，C_i 表示对 i 位的进位，则群处理的计数逻辑为

$$C_i \wedge PC_i \rightarrow C_{i+1}$$

$$C_i \oplus PC_i \to PC_i$$

脉冲计数原理如图 4-12 所示。脉冲计数程序还具有停送拨号音的功能，当第一个脉冲到来时，计数器计数第一个脉冲的同时，就要停送拨号音。

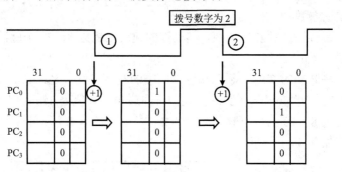

图 4-12　脉冲计数原理图

3．位间隔识别及号码存储

在识别用户所拨号码时，除了要识别脉冲的个数，还要识别两串脉冲之间的间隔，这就是位间隔识别。在两位号码之间的间隔称为"位间隔"，位间隔应大于 300ms。

位间隔的识别周期显然应大于最长的脉冲"断"或"续"的时间，这样才不至于将最长的脉冲误判为位间隔。

最长的脉冲是脉冲速度最慢（8 个脉冲/秒）、其断续比为 3∶1 的脉冲持续时间。这一脉冲持续时间（断的时间）为 1000ms/8×3/4=93ms。故选位间隔的识别程序执行周期为 96ms。位间隔识别原理如图 4-13 所示。在位间隔识别时，要采用 AP（Abandon Pause）逻辑。AP 表示本次扫描脉冲变化情况：AP=1 表示有脉冲变化，AP=0 表示无脉冲变化。AP 的逻辑式为 AP=AP∨变化。式中"变化"是变化识别的结果（即 SCN⊕LL），每隔 8ms 判断一次，AP 逻辑式就是在每个 8ms 中断周期到来时将脉冲变化情况进行运算，并送入 AP 的存储区内记录下来，每次 96ms 中断周期到来时将 AP 清"0"。通过观察分析发现，在 96ms 时间间隔内，只要出现脉冲变化，则 AP=1，可以断定在这期间没有位间隔；只有当 AP 在整个 96ms 期间

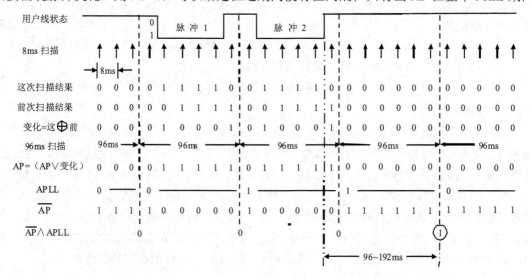

图 4-13　位间隔识别原理

内全为"0"时，才有可能是位间隔。但若位间隔时间较长，可能存在多个 96ms 期间无脉冲变化。因此，为了准确判断位间隔且不重复处理，引入变量 APLL 来表示前次 96ms 期间的脉冲变化情况，若前次 96ms 期间识别有脉冲变化而本次 96ms 期间识别无脉冲变化，则可以认为是位间隔。为此，采用 $\overline{AP} \wedge APLL = 1$ 的逻辑式来识别位间隔，如果运算结果是"1"，即有可能是位间隔。从图 4-13 中可看出，在"1"出现前至少已有一个 96ms 内没有脉冲变化，所以可以断定在 $96ms < t < 192ms$ 这段时间里没有脉冲变化。但是没有脉冲变化并不等于就是位间隔，因为中途挂机也是在很长的一段时间里没有脉冲变化。所以在一段时间里没有脉冲变化有两种可能：一种是位间隔，这种情况的出现只可能在用户线状态为"0"（摘机）的情况；另一种可能是中途挂机，这时的用户线状态必然是"1"。

为此，在出现 $\overline{AP} \wedge APLL = 1$ 时，还要检查存储器中前次扫描结果（LL），也就是要看一个 8ms 前用户的状态是摘机还是挂机，如是摘机状态，就可断定是位间隔；如是挂机状态，就可断定是中途挂机。所以确定是位间隔还是中途挂机，应进行一次逻辑运算：

$$(\overline{AP} \wedge APLL = 1) \wedge \overline{LL} = 1 \quad 位间隔$$
$$(\overline{AP} \wedge APLL = 1) \wedge \overline{LL} = 0 \quad 中途挂机$$

脉冲识别和位间隔识别程序流程图分别如图 4-14 和图 4-15 所示。

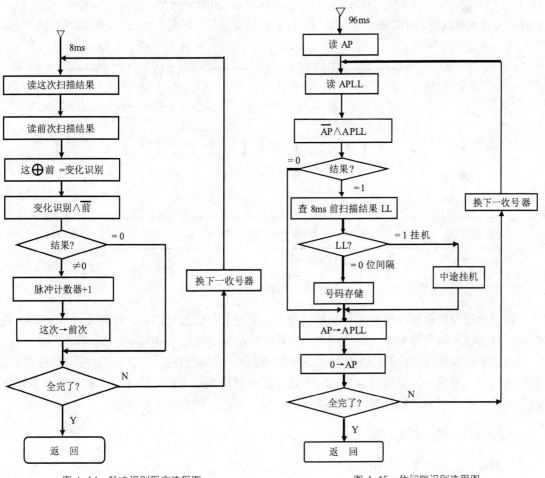

图 4-14 脉冲识别程序流程图　　　　图 4-15 位间隔识别流程图

在判别为位间隔后，应将收号器内所收的号码存入相应的存储器内，并使收号器清零，以便接收下一个数字。

4.2.2.3　双音频号码扫描程序

1．双音频话机拨号特点

双音频话机拨号是按号盘的数字键，每按一个数字键就送出两个音频信号，其中一个是高频组中的信号，另一个是低频组中的信号。每组有4个频率，每一号码分别在各组中取一个频率（四中取一）。例如，按"2"，话机则发出1336Hz+697Hz的双音频信号；按"6"，话机则发出1477Hz+770Hz的双音频信号。这种双音频信号可持续25ms以上。

2．双音频话机收号方法

数字程控交换机接收双音频号码信息是经用户电路的A/D变换后，通过用户级、选组级送入双音频收号器。收号器对收到的双音频信号进行处理后，将其转换为二进制数码形式，送至接收信号存储器RAM，由中央处理机读取处理。

中央处理机从双音频收号器读取信息采用"查询"方式，即首先读状态信息SP（SPeech）。若SP=0，表明有信息送来，可以读取号码信息；若SP=1，表明没有信息送来，不需读取。对SP的识别和脉冲识别的原理一样，只是扫描周期不同。由于双音频收号是按位收号，每一位双音频信号传送时间都大于25ms，因此，用16ms扫描周期进行识别。其识别原理如图4-16所示。

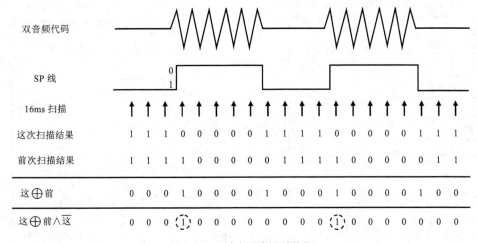

图4-16　双音频号码识别原理

双音频信号的识别在数字程控交换机中，多采用数字滤波器接收。双音频信号经A/D变换后，直接送入数字滤波器；检测出信号的频率成分后，由逻辑电路进行识别。

这里顺便需要说明的是，在交换局间传送的是一种局间信号（多频互控信号），它采用6中取2的方式编码，即每种信号是在6个选定的频率中取2个频率组成。因此，对多频互控信号的识别接收和双音频号码的识别接收方法是一样的，故在此不再赘述。

4.2.2.4　中继线扫描程序

中继线扫描程序主要是用于监视中继线上的呼叫状态，以便控制接续的进行。中继线上的呼叫状态信息是采用线路信号方式传递的。在中继线上只有占用、应答、反向拆线及正向拆线等信号，故一般采用结构简单的直流信号。因此，线路信号的识别方法与用户线扫描的方法相同，扫描周期一般采用 32ms。

4.2.3　分析处理

分析处理是对各种输入信息进行分析，以决定下一步应执行的任务。分析处理由分析程序负责执行。由于这种程序对实时要求不太严格，且没有固定的执行周期，因此，属于基本级程序。按其功能可分为去话分析、号码分析、来话分析和状态分析 4 种程序。

1．去话分析

去话分析的主要任务是分析主叫用户的用户数据，以决定下一步的任务和状态。

（1）用户数据

用户数据是去话分析的主要信息来源，用户数据主要包括以下内容。

① 呼叫要求类别：一般呼叫、模拟呼叫、拍叉簧呼叫。

② 端子类别：空端子、使用状态。

③ 线路类别：单线电话、同线电话。

④ 运用类别：一般用户、来话拒绝、去话拒绝。

⑤ 话机类别：号盘话机、按钮话机（双音频话机）。

⑥ 计费种类：定期或立即计费、家用计次表、计费打印等。

⑦ 出局类别：允许本区内呼叫、允许市内呼叫、允许国内长途呼叫、允许国际呼叫。

⑧ 服务类别：呼叫转移、呼叫等待、三方通话、免打扰、恶意呼叫追踪等服务性能。

此外，还应反映出各种用户使用的不同用户电路，如普通用户电路、带极性倒换的用户电路、带直流脉冲计数的用户电路、带交流脉冲计数的用户电路、投币话机专用的用户电路及传真用户等。这些数据都按一定格式和关系存入内存，使用时取出。

（2）分析过程

去话分析是根据用户数据，按去话分析流程图（见图 4-17），采用表格展开法进行的。最后，将分析结果送入队列，转至任务执行程序，并执行该程序。

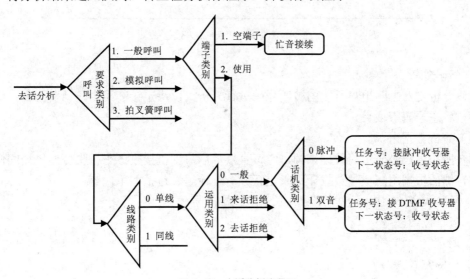

图 4-17　去话分析流程图

例如，假如有一摘机呼叫，其用户数据为：

呼叫要求类别=1，即一般呼叫；

端子类别=2，即使用状态；

线路类别=0，即单线电话；

运用类别=0，即一般用户；

话机类别=0，即号盘话机。

根据这个用户数据，用表格展开法进行分析，如图4-18所示。分析的结果是：接脉冲收号器，应转入的下一状态是收号状态。

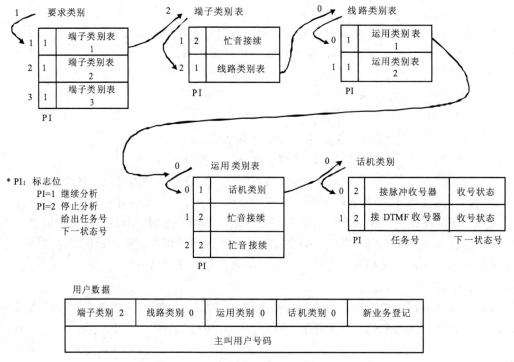

图 4-18　去话分析表格展开过程

2．号码分析

号码分析是对主叫用户所拨的被叫号码进行分析，以决定接续路由、话费指数、任务号码及下一状态号码等项目。

（1）分析数据来源

用户所拨号码是分析的数据来源，它可直接从用户话机接收下来，也可通过局间信号传送过来，然后根据用户拨号查找译码表进行分析。译码表包括如下内容。

① 号码类型：市内号、特服号、长途号或国际号等。

② 应收位数。

③ 局号。

④ 计费方式。

⑤ 电话簿号码。

⑥ 用户业务的业务号：缩位拨号、呼叫转移、叫醒、热线及缺席等服务业务的登记和撤销。

（2）分析过程

第一步：预译处理。

预译处理是对拨号的前几位进行分析处理。一般为 1~3 位，称为"号首"。例如，如果第一位拨"0"，表明是长途全自动接续；如果第一位是"1"，表示为特种服务接续；如果第一位是其他号码，则需进一步等第二位、第三位号码，才能确定是本局呼叫还是出局呼叫。根据分析的结果决定下一步任务、接续方向、调用程序以及应收几位号码等。这些可用多级表格展开法进行分析。

第二步：对号码分析处理。

当收完全部用户所拨号码后，则要对全部号码进行分析。根据分析结果决定下一步执行的任务。假如呼叫本局，则应调用来话分析程序；假如是呼叫其他局，则应调用出局接续的有关程序。图 4-19 所示为号码分析程序流程图。

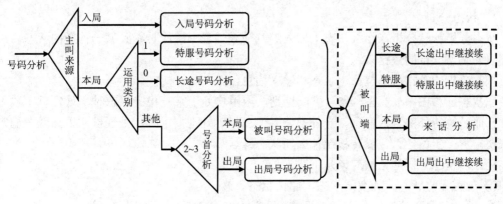

图 4-19 号码分析程序流程图

3．来话分析

来话分析是分析被叫用户的类别、运用情况、忙闲状态等，以确定下一个任务及状态号码。

（1）分析数据来源

来话分析的数据来源是被叫用户的用户数据。

① 运用类别：如去话拒绝、来话拒绝、来话去话均拒绝、临时接通等。

② 被叫的忙闲状态：被叫空、被叫忙、正在作主叫或正在作被叫、正在测试等。

③ 计费类别：免费、自动计费、人工计费等。

④ 服务类别：缩位拨号、呼叫转移、电话暂停或三方呼叫等。

（2）分析过程

根据收到的用户号码，从外存中读出被叫用户的用户数据，逐项进行分析，其分析程序流程图如图 4-20 所示。

来话分析过程一般多采用表格展开法。

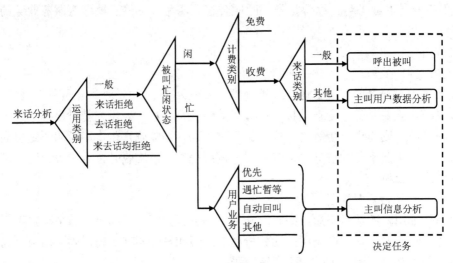

图 4-20　来话分析程序流程图

4．状态分析

状态分析就是分析在什么状态下输入哪些输入信息，并应转移到哪一种新的状态。

（1）状态分析的数据来源

状态分析的数据来源是稳定状态和输入信息。

在状态迁移图中（见图 4-5）可以见到，当用户处于某一稳定状态时，处理机一般不予理睬，而是等待外部输入信息。当外部输入信息提出处理要求时，处理机才根据现在稳定状态来决定下一步做什么，要转移至什么新状态等。

因此，状态分析的依据应该是下述几种。

① 现在稳定状态（如空闲状态、通话状态等）。

② 输入信息：这往往是电话外设的输入信息或处理要求，如用户摘机、挂机等。

③ 提出处理要求的设备或任务：如在通话状态时，挂机的用户是主叫用户还是被叫用户等。

状态分析程序根据上述信息经过分析以后，确定下一步任务。例如，在用户空闲状态时，从用户电路输入摘机信息（从扫描点检测到摘机信号），则经过分析以后，下一步任务应该是去话分析，于是就转向去话分析程序。如果上述摘机信号来自振铃状态的用户，则应为被叫摘机，下一步任务应该是接通话机。

输入信息也可能来自某一"任务"，所谓任务，就是内部处理的一些"程序"或"作业"，与电话外设无直接关系。例如，忙/闲测试（用户忙/闲测试、中继线忙/闲测试和空闲路由忙/闲测试与选择等），CPU 只和存储区打交道，与电话外设不直接打交道。调用程序也是任务，它也有处理结果，而且也影响状态转移。例如，在收号状态时，用户久不拨号，计时程序送来超时信息，导致状态转移，输出"送忙音"命令，并使下一状态变为"送忙音"状态。

状态分析程序的输入信息包括以下几种。

① 各种用户挂机，包括中途挂机和话毕挂机。

② 被叫应答。

③ 超时处理。

④ 话路测试遇忙。

⑤ 号码分析结果发现错号。

⑥ 收到第一个脉冲（或第一位号）。

⑦ 优先强接。

⑧ 其他。

（2）分析过程

当用户进入等待收号、振铃、通话等稳定状态后，若有输入信息，则要对输入信息进行分析，结合原有的接续状态作出判断，以确定下一个任务及状态号码。图 4-21 所示为状态分析程序的流程图。

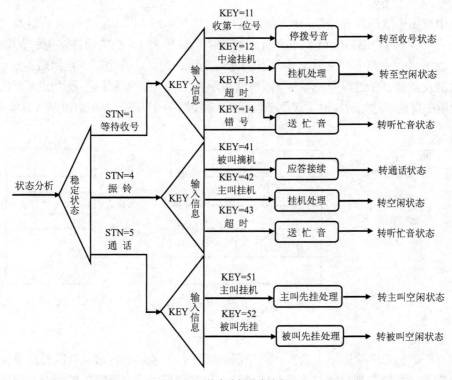

图 4-21　状态分析程序流程图

状态分析程序也可以采用表格方法来执行。表格内容如下。

① 处理要求，即上述输入信息。

② 输入信息的设备（输入点）。

③ 下一个状态号。

④ 下一个任务号。

前两项是输入信息，后两项是输出信息。

4.2.4　任务执行和输出处理

任务执行和输出处理是将分析程序分析的结果付诸实施，以使状态转移。分析程序只解决了对输入信息进行分析，确定应该执行的任务及向哪一种稳定状态转移。而任务执行和输出处理则要去执行这些任务，控制硬件动作，使从某一稳定状态转移到下一个稳定状态。

1．任务执行程序

任务执行是为输出处理做的动作准备。如向被叫振铃前，要预先测试选择一条空闲的线路和主被叫通话路由，然后才可以进行输出处理，即控制话路设备的驱动。因此，选取通路就是输出处理的任务执行。下面就以在各种任务中比较典型的路由选择和通路选择任务为例来简要说明。

（1）路由选择

路由选择是根据数字分析的结果，在相应的路由中选择一条空闲的中继线。该路由的中继线全忙时，若有迂回路由，则应进行迂回路由的选择，这种路由选择显然是在呼叫去向不属于本局范围时才需要。

路由中空闲中继线的选择多采用表格法进行，如图4-22所示。由图中可看出数字分析后得到路由索引4，再查路由索引表4#单元，得出中继群号为3，在空闲链队指示表中查3#单元，其内容为"0"，表示对应于3#中继群的路由全忙。为此，再用下一迂回路由索引6；查此路由索引表，得到中继群号7，查空闲链队指示表7#单元，得到的不是"0"，而是"1"，表示有空闲中继线可选用。这时，就不必再迂回，所以下一迂回路由索引10就不需要使用了。

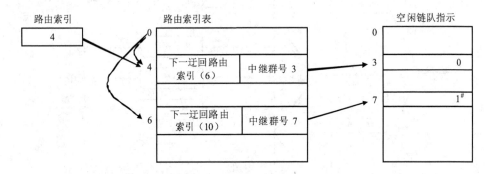

图4-22　路由选择表格法示意图

（2）通路选择

通路选择是指在交换网络上选择一条空闲的通路。一条通路常常由几级链路串接而成，只有在串接的各级链路都空闲时才是空闲通路。通常是利用各级链路的忙闲表，来选择空闲通路。

以T-S-T三级交换网络为例来说明通路选择的方法。如图4-23所示，该网络输入级T和输出级T接线器各有16个，S接线器是16×16的交叉矩阵，每个输入级T和输出级T接线器的内部时隙均为512时隙。这些内部时隙的忙闲状态由对应的忙闲表表示，每一时隙在忙闲表中占一位，该时隙忙，则在相应位中置"0"；该时隙空闲，则在相应位置"1"。每个忙闲表有16个单元，每个单元有32位，每个时隙都在忙闲表中有其位置。

例如，主叫向被叫去话时，若选用 TS_i 时隙，则被叫向主叫回话时，就选用 TS_{i+256}，这是采用反相法来同时选择来去话内部时隙的。

在进行通路选择时，出入端的位置已由数字分析程序确定。例如，入线在第 i 组输入级T接线器，出线在第 k 组输出级T接线器。为了找出一条空闲的内部时隙，则需将忙闲表A与忙闲表B′逐行对应位相"与"，即（第 i 组输入级T忙闲表A的 p 行）∧（第 k 组输出级T忙闲表B′的 p 行）结果为"0"，表示这一行中没有空闲通路，应再换一行，进行"与"

逻辑运算，运算结果不等于"0"，可用寻 1 指令从最右端起寻找第一个"1"，由所找到"1"的所在位的号码 $T_4 \sim T_0$ 和所在的行号 $T_8 \sim T_5$，即可得到所选中的中间时隙号码（ITS=行号×32+行内位置号）。

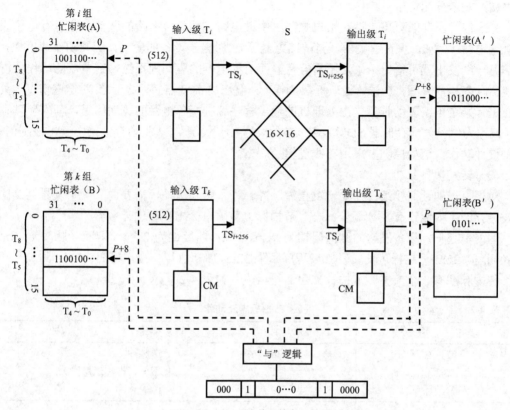

图 4-23　T-S-T 交换网络各级忙闲表

在被叫向主叫回话的链路上进行通路选择与上述原理和方法相同，只是要看 TS_{i+256} 的时隙是否可成为空闲通路。

2．输出处理

根据任务执行程序编制完成的命令，由输出处理程序输出硬件控制命令，控制硬件的接续或释放。输出处理包括以下功能。

① 话路的接续、复原。

② 信号音路由的接续、复原。

③ 发送分配信号（振铃控制、测试控制等）。

④ 转发拨号脉冲，主要是对模拟局发送。

⑤ 发线路信号和记发器信号。

⑥ 发公共信道信号。

⑦ 发处理机间通信信息。

⑧ 其他。

（1）路由驱动

路由驱动包括话路的接续和复原，信号音发送路由的接续和复原，以及信号（包括拨号号码和其他信号）接收路由的接续和复原。

对话路的驱动是根据所选定的通路输出驱动信息，写入相关的控制存储器中。因此，输出驱动的主要任务是编制好待输出的控制信息并在适当的时刻输出。

（2）发送分配信号

分配信号驱动的对象包括对用户电路、中继电路、话务台电路的驱动，这里有电子设备也有继电器（例如，振铃继电器、测试继电器等）。对电子设备的驱动，因其动作速度快，驱动信息一经发出就可得出结果，不需等待。而对继电器的驱动则不然，继电器的动作较慢，可能需几毫秒的时间，这样，处理机在执行下一任务之前就需"等待"。针对这些情况，处理机在进行某个电路驱动时，先由处理机的输出程序编制好各电路的驱动信息，写入驱动存储器（或称为信号分配存储器 SDM）。在定时脉冲控制下，顺序从驱动存储器中读出控制信息，控制硬件动作。这种控制多采用布线逻辑控制方式。

（3）转发拨号脉冲

对模拟局的话路接续，需要转发直流脉冲。为了转发脉冲，需要建立一个发号存储区。在发号存储区内应设有发号请求标志、节拍标志、脉串标志和号位计数器。

为简单起见，设备发送的脉冲周期为 96ms，脉冲断续比为 2：1，即断（脉冲）64ms，续（间隔）32ms。这样可使转发脉冲程序每隔 32ms 周期执行一次，可简化时间表。

转发脉冲有 3 个节拍，节拍标志由 2 位组成，如表 4-2 所示。

表 4-2 转发节拍标志及动作

节 拍	F_1 F_2	动 作
节拍 0	0 0	送脉冲
节拍 1	1 0	不变（继续送脉冲）
节拍 2	0 1	停送脉冲

脉串标志为 1 位，在送脉冲串期间为"1"，间歇期间为"0"。

整个脉冲转发工作是在转发脉冲程序和脉串程序的控制下进行的。转发脉冲程序的执行周期为 32ms，脉串程序的执行周期为 96ms。当要转发脉冲时，应先将所需转发的号码按位存入相应存储区中，由脉串控制信号逐位移入"发号存储区"内，然后将"发号请求标志"置"1"，表示要求转发脉冲，并把要发号的位数放入号位计数器。脉冲转发原理示意图如图 4-24 所示。

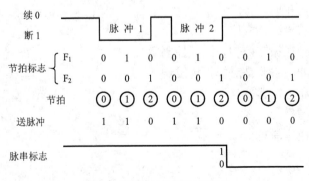

图 4-24 脉冲转发原理示意图

转发工作过程如下所述。

发号请求标志=1，号位计数器≠0，表示要转发脉冲，脉串程序将脉串标志置"1"，代表开始转发脉冲。

转发脉冲程序每 32ms（一个节拍）将节拍标志修改一次；一开始，节拍 0，即 $F_1=0$，$F_2=0$，转发脉冲程序就将"送脉冲信号"置"1"，启动硬件送出"1"，并修改节拍标志，使 $F_1F_2=10$。

节拍 1 时，转发脉冲程序发现 $F_1F_2=10$，则保持送脉冲信号为"1"，继续送脉冲。同时置 $F_1F_2=01$，并将脉冲计数器减 1，表示已送出一个脉冲。

节拍 2 时，转发脉冲程序发现 $F_1F_2=01$，表示应送脉冲间隔或者是一串脉冲结束。这时要检查脉冲计数器是否为"0"，若为"0"，表示一串脉冲结束，下面应送位间隔；若不为"0"，表示要送脉冲间隔。

若送脉冲间隔，就将"送脉冲信号"置"0"，硬件送出"0"（脉冲间隔），修改节拍标志，使 $F_1F_2=00$。

在下一个脉冲周期时，又从节拍 0 开始，在节拍 0 时，脉串程序经 96ms 后（节拍 0 起至节拍 2 终了，3 拍共 96ms）又开始启动。当检查脉冲计数器内容为"0"时，则将脉串标志置"0"。这时即使 F_1F_2 变化也不受影响，即转发送脉冲信号一直为"0"。这个时间由计数器控制，保证位间隔大于 300ms，同时把下一位号码移入发号存储区，并将号位计数器减"1"。若检查脉冲计数器内容不为零时，表示是脉冲间隔，不需要送位间隔，则可不予理睬。

300ms 以后，脉串标志为"1"，又开始上述过程，一直到号位计数器为"0"为止，表示脉冲转发完毕。

（4）多频信号发送

多频信号的发送和接收分 4 个节拍。

第一拍，发端发送前向信号。

第二拍，终端收到前向信号后，发后向信号。

第三拍，发端收到后向信号后，停前向信号。

第四拍，终端发现停前向信号后，停后向信号。

发端发现停后向信号后，发下一个前向信号，开始下一循环。这 4 个节拍，发端和终端各占 2 拍。

多频信号的发送和接收，采用互控方式时，在下一个节拍时要发什么信号与收到的信号有关，处理上比单频信号麻烦一些。

（5）线路信号的发送

线路信号的发送可由硬件实现，处理机发有关的控制信号。

4.3　程序的执行管理

程控交换机的交换接续是由处理机控制的。由于在整个交换接续过程中（从用户摘机呼叫到通话终了），有许多工作是由处理机处理的，而且一台处理机要承担几百个用户（甚至更多）的呼叫处理工作，这些呼叫要求是随机的，有时又很集中，每个呼叫的实时性要求很高，这就给处理的工作造成了很大的困难。如何保证用户打电话能"打得通"、"接得快"，这就必须在软件设计与管理上采取一些有力措施。

4.3.1 软件管理技术

1. 实时处理技术

在交换机中，许多处理请求都有一定的时间要求，所谓实时处理（Real Time Processing）就是指当用户无论在任何时候发出处理要求时，交换机都应立即响应，受理该项要求，并在允许的时限范围内及时给予执行处理，实现用户的要求。例如，当用户摘机时，只希望在听筒靠近耳朵时能听到拨号音即可。又譬如用户拨号，在接收用户拨号脉冲时，必须在下一个脉冲到来之前进行识别和计数，否则就会造成错号。特别是当出现故障时，更要求能够及时处理。由此可以看出，各种处理的实时要求并不相同，有的要求在 10ms 之内必须处理完毕，有些处理要求在时间上长一些也无妨。

实时处理常采用以下几种方式。

（1）定期扫描

由于用户呼叫处理请求是随机的，而处理机又不可能对每一设备进行连续监视，因此，要对其所控制的设备进行周期性的监视扫描（即定期扫描）。对实时性要求比较严格的处理要求，其扫描周期可以短一些（如拨号脉冲的监视扫描周期为 8ms），而对实时性要求不太严格的，扫描周期可以长一些（如对摘机或挂机的监视周期为 100～200ms）。一般扫描周期的长短是根据既能正确无误地识别信号，又尽量少占用处理机的时间为原则。

（2）多级中断

多级中断是用来按时启动实时要求较严格的程序。由于各种处理程序的实时要求的严格程度不同，因此，在执行时可有不同的优先次序。可以把各种程序实时要求的严格程度划分为若干个优先等级，并配以相应等级的中断，启动相应的程序。中断的级别可分为故障级中断和周期级中断。高一级中断可以中断低一级的程序，以保证优先次序的实现。

（3）队列

所谓队列就是排队，按先进先出的原则进行处理。例如，用户线扫描程序检测到用户摘机呼叫的请求后，应由分析程序进行处理，但分析程序的处理时间较长，不能马上处理，需要等待，这时就把该用户放入队列，等待分析程序处理。

2. 多重处理

一个交换机面对众多的用户，在同一时间里会有许多用户摘机呼叫，每一呼叫都伴随着许多事情要处理，如识别用户类型、向用户送拨号音、接收和分析用户拨号号码等。但是每个呼叫处理过程都不需要连续进行，中间有许多时间是不需要处理机加以控制的，如送拨号音、振铃、通话等事件，延续时间都较长，在这段时间里，处理机完全可以去处理其他事件。这就有可能采用多重处理的方法，提高处理机的工作效率。

多重处理（Multiple Processing）是指交换机的处理设备面对众多的呼叫，将几个工作任务"同时"进行处理的方法。这里的"同时"是从用户感觉的角度来衡量的，其实处理机在同一个时间里仍然只能做一件事。

多重处理采用了以下的两种处理方法。

（1）按优先顺序依次处理

将需要处理的任务加以分类，排定处理的先后顺序。一般的任务可按照到达的先后次序安排先后，即先到的先处理，后到的后处理。对于处理时间短的优先，执行周期短的优先，影响面大的优先，使每个任务都能在其允许的延缓时间内得到处理。

（2）多道程序同时运行

将每次的用户呼叫过程分成若干段落，每一段落称为进程（或称任务）。处理机在处理某个用户呼叫时，完成一个任务后，并不等待外设动作，而是即刻去处理另一呼叫请求，这样就可使多个呼叫"同时"得到处理。图 4-25 所示为三个呼叫同时处理的示意图。

在图 4-25 中，有 3 个呼叫 A，B 和 C。首先呼叫 B 发生，处理机进行处理，处理完第一个任务后，进行中断，转去处理呼叫 A，虽然呼叫 A 已等待了一段时间，但这段时间用户是感觉不到的。在处理呼叫 A 时，呼叫 B 外设动作，执行指令，外设正在运转中。当处理呼叫 A 的第一个任务后马上去处理呼叫 C，此时呼叫 A 的外设在动作。当呼叫 B 的外设动作结束后，发出中断请求，则中断呼叫 C 的程序而转去处理呼叫 B，此时呼叫 C 硬件开始运行。这样做，使 3 个呼叫都能及时地得到处理。

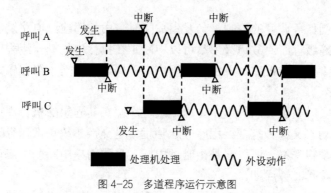

图 4-25　多道程序运行示意图

3．群处理

所谓群处理是执行一个程序可对多个输入同时处理。这种群处理的方法常用于用户线或中继线的扫描监视。因为交换机必须对大量的用户、中继线进行周期性监视，但在同一时刻出现的摘机呼叫或状态变化不会是很多的，在这种情况下，采用群处理的方法，可大大提高效率。

采用群处理的有以下几个方面。

① 用户摘、挂机识别。

② 用户拨号脉冲、位间隔、双音多频信号的识别。

③ 中继线监视扫描。

④ 中继线转发脉冲的识别。

4．多处理机

在多处理机控制的系统中，处理机之间可按负荷分担方式或功能分担方式工作，因此许多处理机同时运行。

这里需要说明的是，多处理机与前述的多重处理不同，多重处理是指在一个处理机中需要有一个操作系统对多道程序实施管理，该操作系统就是执行管理程序或监视程序。

4.3.2　程序的级别划分

处理机具有高速的处理能力，但同一时间也只能处理一项任务。这就需要很好地安排，使其能在分时处理的条件下满足实时处理的要求。

各程序本身的实时要求是不同的，有的实时性要求很高，有的则要求不高。因此，可以把程序按实时要求的高、低分成几个级别，实时性要求高的程序，定的级别就高；实时性要求低的程序，定的级别就低。

程序的执行级别可划分为 3 级：故障级、周期级和基本级。

1．故障级程序

故障级程序是实时性要求最高的程序。平时不用，一旦发生故障，就须立即执行。其任务是识别故障源，隔离故障设备，换上备用设备，进行系统再组成，使系统尽快恢复正常状态。故障级程序视其故障的严重程度又分为高级（FH）、中级（FM）和低级（FL）。FH 级是紧急处理程序，处理影响全机的最大故障，如整机电源中断等。FM 级是处理中央处理机故障的程序，仅次于 FH 级。FL 级是处理话路子系统或输入/输出子系统等局部故障的程序。

故障级程序不受任务调度的控制，当发生故障时，由故障检测电路发出故障中断请求，由故障中断启动故障级程序。故障级中断可以中断正在执行中的低一级程序，包括周期级和基本级程序，待故障处理结束后，再由调度程序启动周期级或基本级程序。

2．周期级程序

周期级程序是实时要求较高的程序。周期级程序都有其固定的执行周期，每隔一定的时间就由时钟定时启动，又称为时钟级程序。这种程序是交换系统正常运行时要优先执行的程序，它对时间的要求很严格，所以它是由时钟中断（也称周期中断）来启动。在两次时钟中断之间的时间间隔称作时钟周期。

周期级程序分为两级：H 级和 L 级。H 级程序对执行周期要求很严格，在规定的周期时间里必须及时启动，如用户拨号脉冲识别程序，必须每隔 8ms 启动一次，否则将会错号。L 级的程序对执行周期的实时要求不太严格，如用户摘挂机识别、对话路系统 I/O 设备的控制等，执行周期可以长一些，要求也不是很严格。

3．基本级程序

基本级程序对实时性要求不太严格，有些没有周期性，有任务就执行，有些虽然有周期性，但一般周期都较长。基本级多是一些分析程序，如去话分析程序、路由选择程序、维护运转程序等。

出现故障时，即发出故障级中断，中断正在执行的周期级程序或更低一级的程序，优先处理故障。周期级中断又可中断那些周期性较长或没有周期性（基本级）的程序，优先处理周期级程序。基本级程序的级别是最低级，采用插空运行和队列启动，按其重要性及影响面的大小，一般分为 BQ_1，BQ_2 和 BQ_3 3 级。

4.3.3 程序的启动控制

程序执行管理的基本原则有以下 4 条。

① 基本级按顺序依次执行。根据基本级的级别划分，在程序执行时应按级别顺序依次执行，只有当高级别的基本级执行完毕，才能进入低级别的基本级程序；在同一级别中的多个任务按照先到先服务的原则，排成先进先出的队列依次处理，故每级相当于一个队列。

② 基本级执行中可被中断插入，在被保护现场后，转去执行相应的中断处理程序。如果

是时钟中断，就去执行时钟级程序。若时钟级程序有几级时，应先执行 H 级程序，再执行 L 级程序。时钟级执行结束，恢复现场，又返回到基本级程序。如果是故障中断，就去执行相应的故障处理程序。

③ 中断级在执行中，只允许高级别中断进入。例如，在执行 H 级程序时，可被故障级程序中断插入；在执行 FL 级程序时，可被 FM 级程序或 FH 级程序中断插入等。

④ 基本级被时钟中断插入后的恢复处理应体现基本级中的级别次序。

各程序间的执行转移情况如图 4-26 所示。

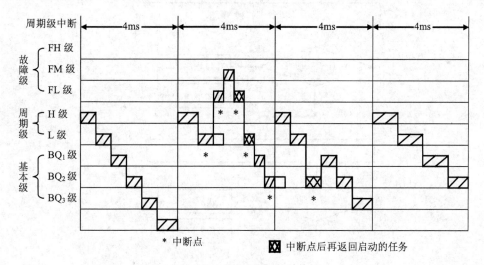

图 4-26　各级程序的转移

各级程序的启动是由任务调度程序控制进行的。每当发生周期中断时，处理机就从内存中启动任务调度程序，控制各种级别的程序顺序启动。各种级别的程序又有相应的控制程序，如 H 级控制程序（High Level ConTroL program，HLCTL）、L 级控制程序（Low Level ConTroL program，LLCTL）和基本级控制程序（Basic Level ConTroL program，BLCTL）。

在周期中断的控制下，任务调度程序首先启动 H 级控制程序，H 级控制程序即启动最优先的 H 级程序，执行完成一项任务后返回 H 级控制程序，H 级控制程序再启动下一个 H 级程序，再返回，再启动，如此按顺序启动执行，直到本次周期需要执行的 H 级程序全部执行完毕。随后任务调度启动 L 级控制程序，在 L 级控制程序控制下，启动 L 级程序，在 L 级程序都执行完毕后，再由任务调度程序启动基本级控制程序，控制基本级程序执行。这个过程是每隔 4ms 进行一次，其控制过程如图 4-27 所示。

如果在 4ms 内，所应执行的 H 级、L 级和 B 级程序都执行完后还有空余时间，处理机就执行暂停指令，进入暂停状态，等待下一个 4ms 中断的到来。

对于故障级中断是不受任务调度程序控制的。一旦发生故障，一方面通过中断源触发器发出中断，中断正在执行的周期级或基本级程序（对被中断的程序要进行现场保护，把被保护的内容存入规定的存储器内）。另一方面则通过紧急电路启动故障处理程序，处理完毕，启动再启动处理程序，使交换机重新投入运行。

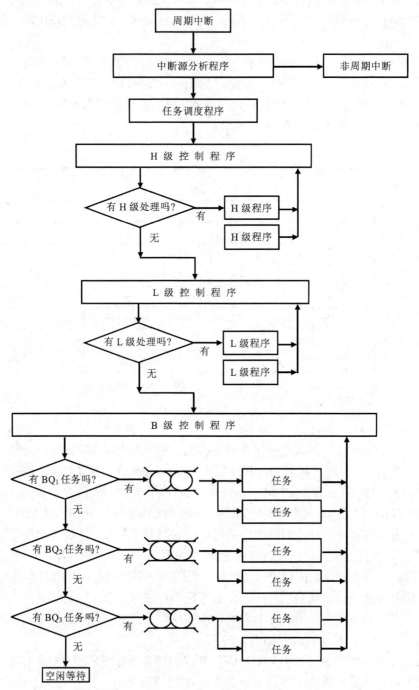

图 4-27　程序的启动控制过程

4.3.4　周期级的调度管理

周期级程序中各个程序的执行周期不同，而对众多的周期级程序，需要用时间表来调度控制。如图 4-28 所示，时间表是由时间计数器、屏蔽表、时间表和转移表组成的。

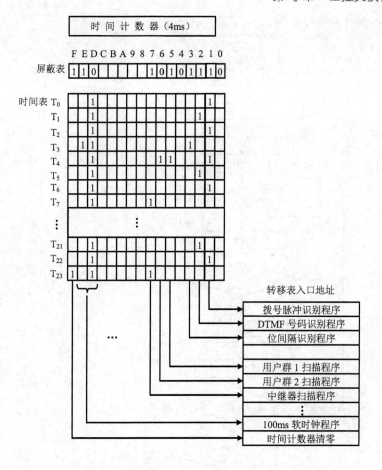

图 4-28　时间表

　　时间计数器是周期级中断计数器，它是根据时间表单元数设置的，如果时间表有 24 个单元，则时间计数器即由 "0" 开始累加到 "23" 后再回到 "0"。由此可见，时间计数器实际上是时间表单元地址的索引，以时间计数器的值控制执行时间表的各个单元的任务。

　　屏蔽表又称有效位。其中的每一位对应一条程序，若某一位为 "1"，就执行相应的程序，某一位为 "0"，则不执行该程序。

　　时间表实际上是一个执行任务的调度表。在图 4-28 中有 24 个单元，表明所要执行的程序最长的周期是 96ms（因为图中周期级中断的周期是 4ms，24 个单元为 96ms）。字长 16 位，即表明在每个单元里可以有 16 个要执行的程序。每一位代表一个程序，在该位中填入 "1"，即表示执行该程序，填入 "0" 表示不执行该程序。

　　转移表是存放周期级程序和任务的起始地址，它标明了要执行的程序逻辑的存放地址。转移表的行数对应于时间表的位数。当时间表某行某位为 "1" 时，即以位数为指针，查找转移表，可得到对应的程序的首地址，从而去调度执行。

　　由时间表控制启动的程序，其扫描周期并不都是 4ms。对测试用拨号脉冲识别程序的扫描周期为 8ms ，故在时间表中各单元的 1#位中每隔 1 个单元填入 "1"；DTMF 号码识别程序的扫描周期为 16ms，所以在时间表中，2#位中每隔 3 个单元填入一个 "1"。而位间隔识别程序的扫描周期为 96ms，所以在时间表中的 3#位处，只在一个单元中填入 "1"。

时间表的控制过程流程如图 4-29 所示，其具体内容如下所述。

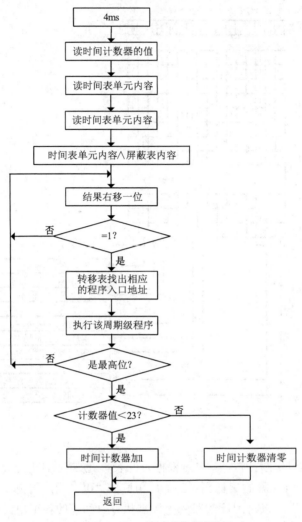

图 4-29 时间表的控制流程图

① 4ms 周期级中断到，读取时间计数器的值，根据其值读取时间表相应单元的内容。

② 将屏蔽表的内容与该单元对应位的内容相与，其结果为非"0"，则从右起寻"1"。

③ 结果为"0"，即不执行；结果为"1"，即根据该位的号码（列号），找到转移表中的相应行，得到要执行程序的首地址，并执行该程序。

④ 等所有位均进行了上述处理，且执行完相应的程序以后，表明这一 4ms 周期中已执行完周期级程序，可以转向执行基本级程序。

⑤ 若当前时间计数器值为"23"（即时间表最后一个单元），当处理至最后一位时，将时间计数器清零，以便在下一个 4ms 周期中断到来时从"0"单元重新开始。否则时间计数器加"1"。

根据图 4-28 所示的时间表设计，能被 96ms 整除的各种时间周期（8ms，16ms，32ms 和 48ms）均可以利用时间表来简单地形成，并进行该周期级程序的调度，H 级程序可用 H 级的时间表调度，L 级程序可用 L 级的时间表调度。对于一些周期较长的程序，还可以采用表格形式进行调度。以 100ms 软时钟为例，因 100ms=96ms+4ms，故在图 4-28 所示的时间表中增设两项任务（D 位和 E 位），并利用屏蔽表进行控制。具体控制过程如下所述。

① D 位的每个单元为 "1" 表示生成 100ms 任务的控制位，第 T_3 单元的 E 位为 "1" 表示 96ms，屏蔽表为 X10XXXXXXXXXXXXX（X 表示根据其他任务的具体要求而定）。

② 当时间计数器值为 "3" 时，即执行第 T_3 单元的任务，由于屏蔽表的作用执行第 E 位的任务，具体完成：第一是 100ms 软时钟的具体任务，第二是将屏蔽表改为 X01XXXXXXXXXXXXX（即第 D 和 E 位均取反），第三是将本单元（T_3）的 E 位清 "0"。

③ 经过 4ms 后（时间计数器值为 "4"），执行第 T_4 单元的任务时，由于屏蔽表的作用执行第 D 位的任务，其工作是将屏蔽表改为 X10XXXXXXXXXXXXX（即第 D 和 E 位均取反），然后将本单元（T_4）的 E 位置 "1"。

④ 再经过 96ms 后，时间计数器值又为 "4"，执行第 T_4 单元的 E 位任务，具体任务同 "步骤②"。

这样，使第 E 位的任务在时间表中每隔 96ms 就下移 4ms，即 96ms+4ms=100ms，形成了 100ms 的软时钟。

4.3.5 基本级程序的执行管理

基本级程序中有一部分程序是有周期性的，这一类程序可用时间表启动；而大部分程序是没有周期性的，这类程序就要采用队列法启动。队列通常用在周期级程序和基本级程序的衔接处，起到缓冲存储器的作用。

按其实时性要求的程度，一般将基本级程序分为 3 级，其队列也分成 3 级：BQ_1，BQ_2 和 BQ_3。当周期级程序执行完毕，基本级控制程序执行时，先从优先级最高的队列 BQ_1 中，取出第一张处理记录表，并根据表中地址去启动相应的处理任务，当这个处理任务完成后，再取第二张表，如此继续，直到 BQ_1 队列中的所有任务都完成后，转去取第二队列 BQ_2 的任务，将 BQ_2 中的任务全部完成后，再去取第三队列 BQ_3 的任务，直到将所有需要启动的基本级程序全部处理完毕，再等待周期级中断到来。这一过程如图 4-30 所示。

队列的形式有循环队列、链形队列和双向队列 3 种。

1. 循环队列

图 4-31 所示为一循环队列，在队列中有队首指针、队尾指针及排队的处理要求（a，b，c）。排队的单元是一定的，队首指针指的是出口地址，队尾指针指的是入口地址。所以，队首指针是指将要处理的任务，队尾指针是指新加入队列的任务所应排列的单元地址。例如，队首指针为 "0"，即表示马上要处理的是 0#单元中的 a 任务；队尾指针为 3，即表示新加入队列的任务应排在 3#单元。任务一经取出，即应改动队首指针，将队首指针由 "0" 改为 "1"，新的任务加入后，也应改动队尾指针由 3→4。

当任务进入最后一个单元时，它只能按顺序输入或输出，不允许中间插入或输出，故较死板，使用不方便。

2. 链形队列

链形队列是将一些位置零乱的存储表，位置不动，而将其首地址按一定顺序加以编排，链接在一队列之中。在这些存储表中除去应有存储的各种必须数据外，还有与之相接的下一张存储表的首地址。当第一张表处理完毕，即可根据下一张表的首地址找到第二张表，如此继续，在找到最后一张表时，在这张表内对应于下一张表的首地址栏中，填入"0"表示这一链队到此结束。

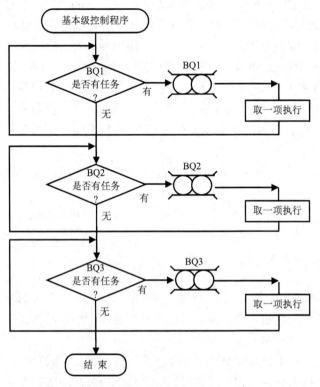

图 4-30 用队列控制基本级程序启动   图 4-31 循环队列

这种链队也有队首指针和队尾指针。当这一链队需要处理时，应根据队首指针，取出第一张表进行处理，随后即根据各表中的下一张表的首地址，依次取出各表的数据进行处理，直到最后一张表为止。当需要加入新的表格排入队尾时，应改写队尾指针及原最后一张表中的下一表首地址，由"0"改为新表的首地址。而新表的下一张表的首地址栏内填入"0"。

图 4-32 所示为链形队列。从图中可看出，插入或取出，只需将上一表中所指的下一表的首地址改一下即可。如果链队中的内容均已取走，则链队就成了空链，此时的队首指针应写入"0"，而队尾指针为队首指针的地址。

在进行取出操作时，首先要取出队首指针的内容，判断是否为空链。若是空链，就不进行取出操作，若不是空链，则按队首指针，取出该存储表中的数据，并将表中所列的下一张表的首地址送入队首指针。如果表中所列的下一张表的首地址为"0"，则将"0"送入队首指针，成为空链。此时还应将队尾指针改为队首指针的地址。这种链队，在中间插入或取出均可。

3．双向链队

上面所述的链队实际上是单向链队。这种链队虽然可以在中间插入或取出，但必须知道前一张表的指针内容，为此就不得不从头开始查找。而双向链队就是为了解决这一矛盾而产生的。在双向链队中，每张表应有两个指针：一个是指明前一张表的首地址，称"左指针"；

另一个是指明后一张表的首地址，称"右指针"，如图 4-33 所示。这样，每一张表虽然多占用了一个存储单元，但在中间插入或取出时，可以节省时间，能很方便地实现。

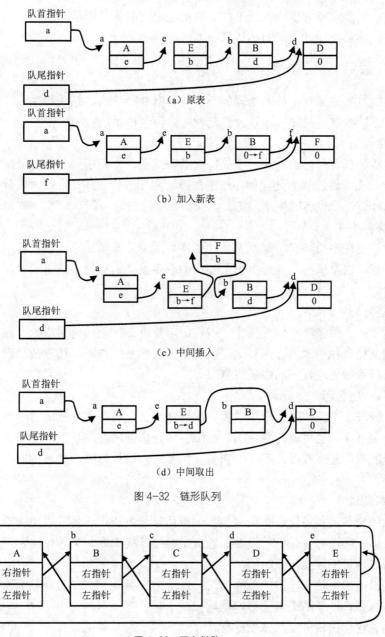

图 4-32 链形队列

图 4-33 双向链队

例如，要想在 b 表后插入一张 f 表，只需查 b 表即可。根据 b 表中的右指针为 c，即可知道与 b 表相连的下一张表为 c 表，故只需将 f 表的左指针指向 b，f 表的右指针指向 c，并根据 c 表的地址找到 c 表，将 c 表的左指针改为 f，而将 b 表的右指针改为 f，这样 f 表即插入 b 表与 c 表之间，取出也很方便。

4.4 系统的诊断与维护

程控交换机要求能可靠地连续工作，提供稳定的服务。而故障总是会发生的，这就要求能迅速地进行故障处理，力求缩小故障所造成的影响。

4.4.1 故障处理的一般过程

当交换机发生故障时，故障处理的一般过程有故障识别、系统再生成、恢复处理、故障告警打印、诊断测试、故障修理以及修复故障返回整机系统。

1．故障识别

各种设备配有各种检验电路，校核每次动作结果，如识别到不正常情况一般可通过故障中断报告给 CPU，通过故障处理程序中的故障识别和分析程序，可以大致分析出发生了什么性质的故障和哪一个设备发生了故障。

2．系统再生成

当故障识别程序找到有故障设备后，就将有故障的设备切除，换上备用设备，以进行正常的交换处理。这种重新组成可以正常工作的设备系列，称为系统再组成，是由系统再生成程序执行的。

3．恢复处理

故障发生后，暂停呼叫处理工作，进行故障处理。在系统再组成后，应恢复正常的呼叫处理，由恢复处理程序来进行恢复处理；对于一般的故障中断，切除故障设备和换上备用设备后，可以在呼叫处理程序的中断点恢复。

4．故障告警打印

交换机恢复正常工作后，应将故障状况通知维护人员，进行故障告警和故障打印。故障告警可使告警灯亮，也可使告警铃响。故障打印是将故障有关情况较详细地由打印机打印出来，打印机的打印速度较慢，应在呼叫处理恢复后，在执行呼叫处理的同时，利用空闲时间打印。

5．诊断测试

虽然故障设备已被备用设备所替换，但应尽早修复故障设备，以免在故障设备修复前又发生同类故障，因没有可替换的设备而造成交换接续的中断。为了使这种可能性减少到最小程度，就需要尽可能缩短修复时间。

维护人员可根据打印输出的故障情况，发出诊断指令，CPU 启动故障诊断程序对故障设备进行诊断测试，诊断结果再由打印机输出。

诊断测试也可由软件自动调度执行。

6．故障修理

对于硬件设备（如电路板）的故障，可由维护人员利用测试仪表进行测试和分析，更换损坏的元器件，以便达到硬件故障修复的目的。

7．修复设备返回整机系统

故障设备修复后，可由维护人员送入指令，以便使修复设备成为可用状态，返回交换机的工作系统中去。

4.4.2　故障检测与诊断

要进行故障处理,首先必须能发现故障。可由硬件或软件发现故障,此外还可进行用户线和中继线的自动测试。

1．硬件发现故障

硬件可通过奇偶校验、动作顺序校验、工作状态校验、非法命令校验等手段发现故障。一般在硬件设备中加入一些校验电路以监视工作情况,如发现异常,可以通过中断转告软件,也可以由软件查询发现故障。通常有两种检测方式:故障中断和状态监视。

2．软件发现故障

软件发现故障也有两种检测方式:控制混乱识别和数据检验。

(1)控制混乱识别

程序陷入无限循环状态,即属于控制混乱。此外,还有逻辑上混乱。监视程序是否出现无限循环,可根据程序的正常执行时长进行时间监视,低级别程序可由高级别监视,最高级别的程序可由硬件监视。

(2)数据检验

软件中有一些查核程序可自动地定时启动,可查核中继器和链路是否长期占用,忙闲表和硬件状态是否不一样,公用存储区是否长期被占用等不正常情况。

4.4.3　故障排除

在故障处理中,如果识别出故障设备,可将故障设备切除,换上备用设备,这是最简单的系统再组成。也可由人工对设备进行转换、切除和恢复工作。在较复杂的情况下,如难以区分故障设备或出现严重故障,要用逐次置换法来不断组成系统,以形成正常工作系统并找出故障设备。

复习思考题

1．指出程控交换机主要由哪几部分软件组成?
2．什么是局数据?什么是用户数据?
3．什么是在线程序?什么是支援程序?
4．什么是实时处理和多重处理?多重处理有哪几种处理方法?
5．什么是群处理?
6．画图说明单个用户的摘机识别方法和多个用户摘机的群处理识别方法。
7．画图说明单个用户的挂机识别方法和多个用户挂机的群处理识别方法。
8．画图说明拨号脉冲识别的方法和脉冲号码计数原理。
9．画图说明双音频号码识别的方法。
10．为什么拨号脉冲识别的扫描周期为 8ms?
11．为什么位间隔识别的扫描周期为 96ms?
12．根据下图说明拨号脉冲位间隔的识别方法。

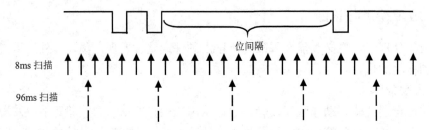

13. 在拨号脉冲识别过程中，能否识别脉冲后沿？为什么？

14. 在双音频号码识别过程中，能否识别 SP 线的后沿？为什么？

15. 呼叫处理过程中从一个状态转移到另一个状态包括哪几种处理？

16. 输入处理的任务是什么？主要包括哪些程序？

17. 内部分析程序主要任务是什么？主要包括哪些程序？

18. 简述去话分析程序的任务，并说明处理依据。

19. 简述号码分析程序的任务，并说明处理依据。

20. 简述来话分析程序的任务，并说明处理依据。

21. 简述状态分析程序的任务，并说明处理依据。

22. 在脉冲号码转发过程中，节拍标志 F1F2 的作用是什么？

23. 在脉冲号码转发过程中，脉冲计数器和号位计数器有什么不同？

24. 在稳定状态的迁移过程中，同一的稳定状态，输入信号相同，得出的结果是否一定相同？为什么？

25. 在稳定状态的迁移过程中，不同的稳定状态，输入信号相同，得出的结果是否一定相同或一定不同？为什么？

26. 程序执行管理的基本原则是什么？

27. 程控交换机的程序分为哪几级？各级是如何启动的？其级别关系如何？

28. 时钟中断周期为 10ms，脉冲收号扫描程序、位间隔识别程序、用户线扫描程序的执行周期分别是 10ms，100ms 和 200ms，根据上述要求画出时间表和转移表，填写有关内容。

29. 多重处理和群处理是不是两个完全不同的概念？为什么？

30. 基本级程序处理是如何控制的？各种队列形式的工作原理如何？

第5章 移动交换系统简介

移动通信是指用户终端处于可移动情况下，采用无线电技术实现信息传输的通信方式。在现代信息化的社会中，由于移动通信灵活方便的特点和人们对信息的需求，移动通信系统发展非常迅速，包括陆地移动通信系统、卫星移动通信系统、集群调度通信系统、无绳电话系统、码分多址（Code Division Multiple Access，CDMA）移动通信系统、无线寻呼系统及地下移动通信系统等。本章将针对各种移动通信系统中的交换问题进行介绍，以便读者了解有关移动通信的基本概念和基本技术。

5.1 移动交换系统概述

5.1.1 移动通信系统组成

移动通信系统一般由移动台（Mobile Station，MS）、基站（Base Station，BS）、移动交换中心（Mobile Switching Center，MSC）、与公用固定通信网相连的中继线等构成。移动通信系统组成图如图 5-1 所示。

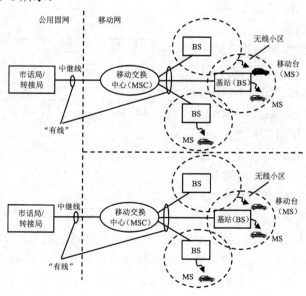

图 5-1 移动通信系统的组成

1．移动台（MS）

MS 是移动网的用户终端设备，其主要功能如下。

① 能通过无线接入通信网络，完成各种控制和处理以及提供主叫或被叫通信业务。

② 具备与使用者之间的人—机接口，当移动用户和市话用户建立呼叫时，MS 与最近的 BS 之间确立一个无线信道，并通过 MSC 与市话用户通话；同样，任何两个移动用户的通话也必须通过 MSC 建立。

③ 移动用户终端主要有车载式、手持式和便携式 3 种形式。

2．基站（BS）

BS 负责射频信号的发送、接收和无线信号至 MSC 的接入，还具有信道分配、信令转换、无线小区管理等控制功能，图 5-2 所示为 BS 的功能结构框图。通常，一个 BS 控制一个无线小区。

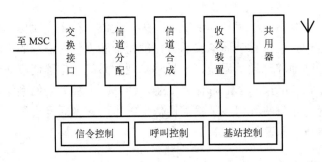

图 5-2　BS 的功能结构框图

3．移动交换中心（MSC）

MSC 完成对本 MSC 控制区域内的移动用户进行通信控制与管理，主要包括 MS 各种类型的呼叫接续控制；通过标准接口与 BS 和其他 MSC 相连，完成越区切换、漫游及计费功能；用户位置登记与管理；用户号码和移动设备号码的登记与管理；服务类型的控制；对用户实施鉴权；提供连接维护管理中心的接口，完成无线信道管理功能等。

图 5-3 所示为 MSC 的功能结构框图。MSC 的功能主要由归属位置寄存器（Home Location Register，HLR）、访问位置寄存器（Visitor Location Register，VLR）、设备识别寄存器（Equipment Identity Register，EIR）、认证中心（AUthentication Center，AUC）等实现。HLR 是一个负责管理移动用户的数据库，它存储所有它所管辖移动用户的签

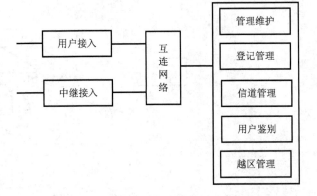

图 5-3　MSC 的功能结构框图

约数据和移动用户的位置信息，并为至某 MS 的呼叫提供路由信息。VLR 是一个动态数据库，包含它所管辖的区域内所出现的移动用户的数据和处理呼叫及接收呼叫所需的信息；负责移动用户的漫游控制，即当某 MS 出现在该位置区内时，它将启动位置更新。EIR 也是一个数据库，负责管理 MS 的设备识别。AUC 是为认证移动用户身份并产生相应鉴权参

数的功能单元。

4．与公用固网的连接

移动网通过 MSC 利用有线信道连接公用固网，主要有 3 种方式：用户线接入、市话中继线接入和移动电话汇接中心接入。

（1）用户线接入

用户线接入方式就是把移动用户作为市话局的一个用户，利用无线用户集中器通过市话用户线接入市话网。其特点是移动用户和市话用户的编号完全一致，可以全自动接续，每个呼叫要占用两条无线信道，适用于小容量系统。

（2）市话中继线接入

市话中继线接入方式就是通过交换控制设备（或交换机），利用若干条中继线和市话局连接。其特点是移动用户编号可以自成体系，移动用户呼叫市话用户时需要先拨一位字冠，市话用户呼叫移动用户时需要人工转接。

（3）移动电话汇接中心接入

移动电话汇接中心接入方式就是将某个大区域或全国的各移动电话局汇接起来构成一个区域性的或全国性的移动电话汇接中心，然后与长途干线或国际干线接续，以便形成地区性的或全国性的无线移动通信网；在一个区域内，可能有多个移动交换中心（即移动交换局），通过局间中继线和市话端局或汇接局连接。目前，移动网与公用固网主要就是采用汇接中心方式实现联网互通的。

5.1.2　移动交换控制的特征

由于移动用户随时随地运动，甚至在某些移动系统中，移动用户不通话时发射机是关闭的，它与交换中心没有固定的联系，因此，移动通信的交换技术有着自身的特点：位置登记、波道切换、漫游等。

第一，移动用户在服务区内移动，为了确保移动用户收到信息，必须有用户在本地区的位置信息，同时位置信息要存入与用户有契约的存储用户数据的交换机中，而且需要在用户每次变更所在区域时更改契约交换机内存储的用户位置信息。换句话说，要具有位置登记功能、把通信线路接到控制用户所在区的交换机的跟踪接续功能，以及通过配有交换机的 BS 对用户寻呼的功能。

第二，当移动用户在通信中从一个小区转移到其他小区，而通信还要继续进行时，需要能随时发现移动用户的位置变化，及时进行局间通信线路切换，即实现信道切换功能。

第三，在移动通信的交换中，需要有用户服务类型、通信/空闲信息等用户数据；在用户发信时，由控制本地服务区的交换机完成呼叫控制。当移动用户在远离本地区域的外地时，为了完成收发信的呼叫控制，相关用户数据应能为移动用户所到达的远地交换机注册访问的功能。

第四，移动网还需要与其他公用固网进行连接的相互接续功能，实现从相互接续的交换机到用户本地交换机的跟踪接续功能，并具有与公用固网相同的业务控制、信号处理、计费及维护试验等。

移动通信交换技术分类如图 5-4 所示。

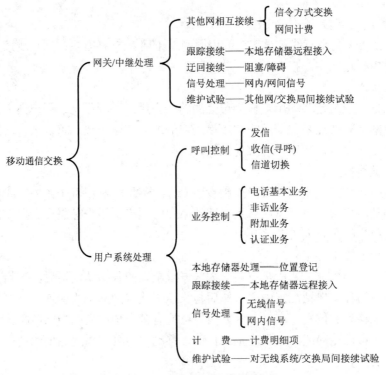

图 5-4　移动通信交换技术分类

5.2　移动交换控制原理

5.2.1　移动呼叫处理

1．移动台初始化

移动通信系统要进行一次正常通话，涉及位置登记、呼叫处理、越区切换等过程。通常，移动通信系统将整个服务区分为许多位置区，并指定不同的识别码，这些位置区识别码分别由各区的广播控制信道广播。当一个移动用户首次进入移动通信系统时，它必须在其经常活动的位置区域进行位置登记，即通过 MSC 把有关的数据（如移动用户识别码、位置信息等）存放在 HLR 中。MS 不断移动导致其位置信息也不断变化，MS 开机后首先就要通过自动扫描，捕获当前所在小区的广播信道，通过接收广播控制信道来获得所在移动网号、基站号、位置区域等信息，并将其存入存储器中。当 MS 发现收到的位置区识别码已经改变时，可以判定移动用户已漫游到新的位置区了，这时它必须用其移动用户识别码证明其身份，并向该地区的 VLR 申请位置登记。从而得到一个临时性的漫游号码，并通知其 HLR 修改该用户的位置信息，以便为其他用户呼叫此用户提供所需的路由。一般 MS 均须经过位置登记才能进行呼叫通信。

2．呼叫接续控制

（1）公用固网至 MS 的呼叫接续控制

如图 5-5 所示，市话用户拨移动用户号码，进入 MSC，经 MSC 识别确认后，变换成移动用户的识别码。MSC 根据该 MS 上次登记的位置信息，在相应区域内向所有 BS 广播呼叫该移动用户的识别码。该 MS 收到与自身相符的寻呼信息后，即检查上行控制信道的空闲状况；若空闲，则 MS 在该信道中向 BS 发申请信道请求，以便发回寻呼响应。MSC 根据收到寻呼响应信号中的相应信息确定该 MS 所在的小区，在该小区内找出一条空闲的语音信道，通知相关 BS，启动发射机发检测音，并通过控制信道给 MS 发转移信道指令和信道号。MS 收到指令后，自动调谐到指定的语音信道并环回检测音给 BS，以证明能否在该信道上建立正常的通话。若能，则 BS 给 MS 送通知振铃信号；MS 应答后语音通路建立，MSC 监测双方通话。

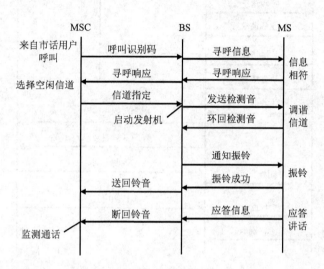

图 5-5　市话用户呼叫移动用户的控制过程

（2）MS 主呼的呼叫接续控制

MS 若要建立一个呼叫，需拨被叫用户的号码，再按"发送"键，移动用户则开始启动程序。移动用户首先通过随机接入信道向 BS 发申请信道信息，若 BS 接收成功便分配给这个移动用户一个专用控制信道，并向它发送立即指配信令。

MS 收到立即指配信令后，通过专用控制信道经 BS 向 MSC 发业务请求信息。MSC 与本地 VLR 的用户信息进行对照，若 VLR 中没有相关信息则向 HLR 查询请求认证参数，以便判定发信请求者是否为法定登记用户，即进行 MS 认证处理。MSC 根据认证结果向 MS 回送呼叫控制信号。

① MS 至固定网的呼叫。MS 向 MSC 发出呼叫建立信息，MSC 接收信息并进行分析，确定被叫用户是固网市话用户，就启动了固网的通信线路，MSC 直接将被叫用户号码送入公用固网，连接被叫用户的交换机；一旦接通被叫用户的链路，MSC 便向主叫 MS 发出呼叫建立证实，并给 MS 分配专用业务信道。MS 等候被叫用户响应证实信号，从而完成移动用户呼叫固网市话用户的交换接续控制过程。图 5-6 所示为 MS 呼叫市话用户的发信接续的简单过程。

② MS 至 MS 的呼叫。若被叫用户是另一移动用户，MSC 根据该 MS 上次登记的位置信息，在相应区域内向所有 BS 广播呼叫该移动用户的识别码。该 MS 收到与自身相符的寻呼信息后，即检查上行控制信道的空闲状况；若空闲，则 MS 在该信道中向 BS 发申请信道请求，以便发回寻呼响应。MSC 根据收到寻呼响应信号中的相应信息确定该 MS 所在的小区，

在该小区内找出一条空闲的语音信道，通知相关 BS，启动发射机发检测音，并通过控制信道给 MS 发转移信道指令和信道号。MS 收到指令后，自动调谐到指定的语音信道并环回检测音给 BS，以证明能否在该信道上建立正常的通话。若能，则 BS 给 MS 送通知振铃信号；MS 应答后语音通路建立，MSC 监测双方通话。

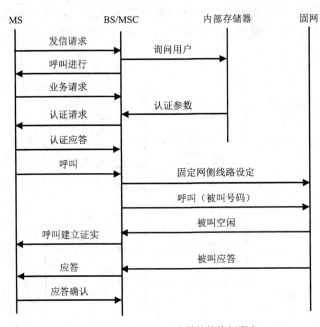

图 5-6 MS 呼叫市话用户的接续控制顺序

5.2.2 移动交换的基本技术

1．漫游技术

移动用户由归属交换局（或归属局）控制区进入被访交换局控制区后，仍能获得移动业务服务的网络功能称为漫游。漫游服务是移动通信特有的交换技术，它可以使不同地区的蜂窝移动网实现互连。MS 不但可以在归属交换局的业务区中使用，也可以在访问交换局的业务区中使用。具有漫游功能的用户，在整个联网区域内任何地点都可以自由地呼出和呼入，其使用方法不因地点的不同而变化。

根据系统对漫游的管理和实现的不同，可将漫游分为 3 类。

① 人工漫游。两地运营部门预先定有协议，为对方预留一定数量的漫游号，用户漫游前必须提出申请。该方式用于 A，B 两地尚未联网的情况。具体地说，漫游用户在未连到被访问移动交换机之前不能发出呼叫。如果该用户试图发出呼叫，系统会自动将其接续到话务员坐席上。话务员可以通过人—机命令，为漫游用户分配用户数据记录，同时将用户号码置入号码分析模块单元。此时，该漫游用户可以像在其归属局一样，发出各种呼叫。要使漫游用户能受理来话呼叫，被访问移动局的话务员也必须将移动用户的最新位置通知归属移动局，当归属局话务员收到该信息后，通过人—机命令改变该漫游用户的相关数据。

② 半自动漫游。漫游用户至访问区发起呼叫时由访问区人工台辅助完成。用户不必事先申请。存在的问题是漫游号回收困难，实际上很少使用。

③ 自动漫游。自动漫游方式要求网络数据库通过 7 号信令网互连，网络可自动检索漫游用户的数据，并自动分配漫游号，对于用户来说没有任何感觉。其过程是：进入新的无线服务区的漫游用户可以自动在该服务区内的移动交换局进行位置登记。被访问移动局检查漫游用户以前是否登记过，如果从未登记，被访问移动局通知归属局，把该用户新的位置通知它们。归属局将用户漫游的服务区数据记录下来。至此，漫游用户可以使用和在归属局相同的方法进行发送呼叫和受理来话呼叫，所有在归属局具有的服务项目也将自动传给漫游用户。

2．切换技术

切换是移动通信系统的一项重要功能，它是 MS 在移动过程中为保持与网络的持续连接而发生的波道切换技术，其含义是指正在通话的 MS 从一个小区移动到另一小区时，MSC 命令该 MS 从本小区的无线信道转接到另一个小区的无线信道上，以保持通话的连续性。根据 MS 跨越两个邻近小区的不同情况，分为越区切换和越局切换，如图 5-7 所示。越区切换是指两个 BS 属于同一个 MSC 管辖；越局切换是指两个 BS 分属于不同的 MSC 管辖，其切换由两个 MSC（如 MSC1 和 MSC2）协调完成，且新的语音通路要占用两个 MSC 之间的局间中继电路。

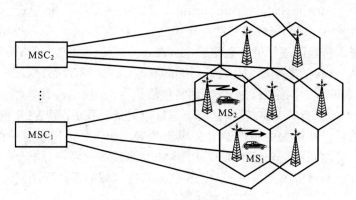

图 5-7　越区切换和越局切换

当正在通话的 MS 从一个小区移动到另一个小区时，MS 根据接收信号载波电平、质量等判断是否需要越区切换。在模拟蜂窝移动通信系统中，MS 在通信时的信号强度是由周围 BS 进行测量的。在移动通信全球系统（Global System for Mobile communication，GSM）中，BS 和 MS 均参与越区切换过程。

在通话过程中，MS 不断地向所在小区的 BS 报告本小区和相邻小区 BS 的无线电环境参数。本小区 BS 依据所接收的该 MS 无线电环境参数来判断是否应该进行越区切换。当满足越区切换条件时，BS 便向 MS 发出越区切换请求（包含移动用户识别码、新 BS 位置等信息）；同时，将越区切换请求信息传送给 MSC。MSC 立刻判断此新 BS 位置码是否属于本 MSC 辖区，若是属于本 MSC 的 BS，MSC 则通知 VLR 为其寻找一条空闲信道。MSC 将查询得到的信道号的频率值及移动用户识别码通过本区的 BS 发送给 MS。MS 将工作频率切换到空闲信道号的频率值上，并进行环路核准。核准信息经 MSC 核准后，MSC 通知 BS 释放原信道。至此，MS 完成了一次越区切换。若环路核准不符，则 MS 重发，直到核准正确为止。

如果 MSC 判断出新基站位置码是属于新 MSC 辖区时，将进行不同 MSC 辖区的小区间的越局切换。首先原 MSC 将越区切换请求转送给新 MSC，由新 MSC 通知其 VLR 寻找一条空闲信道。新 MSC 将查询得到的新 BS 号、信道号的频率值及移动用户识别码经过原 MSC 的 BS 发送给 MS，然后进行环路核准和释放过程，从而 MS 完成了一次越局切换。如果新 MSC 的 VLR 找不到空闲信道，则此次切换失败，稍后再试图切换。

不同系统间切换，新老语音信道不但分属不同的交换业务区，而且这两个业务区属于不同的运营系统。首先，要求这两个系统的信令能够互通；其次，若这两个系统所用频段不完全相同，则 MS 从 MSC_1 移动到 MSC_2 时，MSC_2 在分配新的语音信道时，要考虑 MS 的适应性。

3．网络安全技术

移动通信系统（如 GSM）在网络安全方面提供了较为完备的网络安全功能，主要表现在对用户识别码的加密，接入网络时采用了对用户鉴权，以及对无线路径上传送的用户通信信息加密。

（1）用户识别码的加密

国际移动用户识别码（International Mobile Station Identification，IMSI）是移动用户的特征号码，一旦被人截获，就会让他人知道行踪，甚至被他人冒用账户，造成经济损失。为了防止 IMSI 在无线路径上传输被人截获，移动通信系统为每一个用户提供了一个临时用户识别码（Temporary Mobile Station Identification，TMSI）。这样一来，在无线传输路径中，用临时用户识别码（TMSI）来代替移动用户识别码（IMSI），以达到保护用户安全的目的。其过程是：用户进入访问区进行位置登记后，由 VLR 分配给该用户一个 TMSI，此时的 TMSI 和 IMSI 一起存入 VLR 的数据库中，在访问期间有效，或者说 TMSI 仅在一个 VLR 区域内有效。例如，MS 起呼或向网络发送报告时都将使用该号码，网络向其寻呼时也使用此号码。如果移动用户进入一个新的 VLR 管辖区则要进行位置更新登记，新 VLR 向原 VLR 请求该用户的 IMSI，然后，再根据 IMSI 向 HLR 发出位置更新消息，请求有关的用户数据。与此同时，原 VLR 将收回原先分配 TMSI，由新 VLR 重新给此用户分配一个 TMSI。由此可见，TMSI 与 IMSI 的对应关系是可变动的，随着所在区域的不同而不同，TMSI 更新过程如图 5-8 所示。

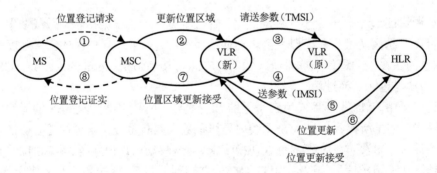

图 5-8　TMSI 更新过程

（2）用户鉴权

用户鉴权也称为用户认证。确认 MS 通过无线传送的 IMSI 是否是签约的 IMSI，即确认用户的合法身份，防止无权用户接入网络。

用户鉴权由鉴权中心（Authority Center，AC）、VLR 和用户配合完成。网内用户在入网登记时，就被分配一个用户电话号码和一个 IMSI，IMSI 在写入用户识别卡（SIM 卡）的同时又产生一个与该 IMSI 对应的唯一的用户鉴权密钥（Ki），它被分别存储于用户的 SIM 卡和 AC 中。AC 中有一个随机数发生器，用来产生不可预测的随机数（RAND），RAND 和 Ki 经鉴权算法（A$_3$）计算，产生一个响应数（SRES）。鉴权的过程就是将 MS 产生的响应数（SRES'）与网络方产生的 SRES 相比较的过程，鉴权过程如图 5-9 所示。

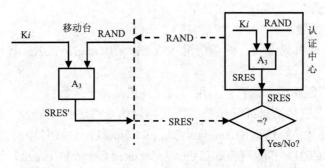

图 5-9 用户鉴权过程

当用户发起呼叫或进行位置更新登记时，网络向该用户发送一个 RAND，用户的 SIM 卡以（RAND，Ki）为输入参数执行鉴权算法 A$_3$，得到计算结果 SRES'返回网络 VLR，网络方在发出 RAND 的同时也启动自己的用户鉴别单元，产生相应的结果与返回的结果进行比较，如果两者相符，则确认为合法用户，就表示鉴权成功。

如果 VLR 发现鉴权计算结果与预期结果不相符合，且用户是以临时用户识别码（TMSI）和网络联系的，则可能是错误的 TMSI，这时 VLR 将通知移动用户发送 IMSI。如果 IMSI－TMSI 对应关系出错，则以 IMSI 为准再次进行鉴权。若鉴权再次失败，VLR 就要核查用户的移动台设备（International Mobile Equipment Identification，IMEI）是否合法。鉴权失败记录将由 VLR 保存。

（3）用户通信信息的加密

信息的加密是指 BS 和 MS 之间交换的用户信息和用户参数不被截获或监听，用户信息是否需要加密可在呼叫建立时由信令指明。GSM 系统加密过程为：网络方送入的 RAND 和 Ki 经 A$_8$（信息加密密钥生成算法）计算得到一个用户特定的蜜钥 Kc，存于 SIM 卡和 AC 中，如图 5-10 所示。鉴权时，RAND 送经用户，鉴权成功后，Kc 送往 BS。

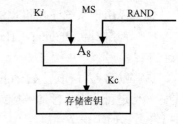

图 5-10 信息的加密

5.3 移动交换接口信令

无论是市内电话通信还是移动通信，要想进行一次正常的通话，除了语音信号以外，必须要有信令的传输。信令是移动交换系统的神经，关系到移动网能否联网的关键技术，要实现全球漫游，各移动交换系统必须遵从统一的信令规范，并采用统一的无线传输技术，因此，移动交换系统的信令要比市内电话信令复杂得多。GSM 定义了较为完备的信令协议，下面仅仅介绍 GSM 的移动交换接口信令技术。

5.3.1　无线接口信令

移动终端与网络之间的接口为无线接口，是一个开放性的接口，它是保证不同厂家的 MS 与不同厂家的系统设备之间互通的主要接口。无线接口自下而上分为 3 层：物理层（第 1 层）、数据链路层（第 2 层）和信令层（第 3 层）。

1. 物理层（第 1 层）

GSM 将无线信道分为两类：业务信道（Traffic CHannel，TCH）和控制信道（Control CHannel，CCH）。

TCH：用于传送经编码和加密后的用户信息，包括语音或数据。

CCH：用于传送信令消息或同步数据，又称为信令信道；可分为广播信道（Broadcast CHannel，BCH）、公共控制信道（Common Control CHannel，CCCH）、专用控制信道（Direct Control CHannel，DCCH）和随路控制信道（Associated Control CHannel，ACCH）。

（1）BCH

BCH 供 BS 发送单向广播信息，使 MS 与网络同步。共有 3 种 BCH。

① 广播控制信道（Broadcast Control CHannel，BCCH）：它用于向 MS 广播发送系统通用信息（小区特定信息）。例如，位置区标识码（Location Area Identification，LAI）、移动网标识码（Mobile Network Code，MNC）、邻接小区基准频率及接入参数等。

② 频率校正信道（Frequency Corrected CHannel，FCCH）：它携带用于校正 MS 频率的消息，使 MS 校正其工作频率。

③ 同步信道（Synchronous CHannel，SCH）：它携带 MS 的帧同步和 BS 收发信台的识别码的信息，使 MS 识别相邻的同频 BS。

（2）CCCH

CCCH 用于系统寻呼和 MS 接入。共有 3 种 CCCH。

① 寻呼信道（Paging CHannel，PCH）：用于寻呼（搜索）MS，是下行信道，即由 BS 发往 MS。

② 随机接入信道（Random Access CHannel，RACH）：由 MS 使用，向系统申请入网信道。此信道可作为寻呼的响应或 MS 主叫登记时的接入，是上行信道，包括传送呼叫时 MS 向 BS 发送的第一个消息。

③ 接入允许信道（Access Given CHannel，AGCH）：用于向 MS 通知所分配的业务信道和独立专用控制信道（Single Direct Control CHannel，SDCCH），是下行信道。

（3）DCCH 和 ACCH

用于在网络和 MS 间传送网络消息以及无线设备间传送低层信令消息。具体包括以下 3 种信道。

① 独立专用控制信道（SDCCH）："独立专用"是指该信道单独占用一个物理信道，即某个波道中的某个时隙，不和任何 TCH（业务信道）共用物理信道，犹如 7 号信令中的公共信令信道一样。SDCCH 用于在分配 TCH 之前的呼叫建立过程中传送系统信息，如登记和鉴权过程，是上、下行信道。

② 慢速随路控制信道（Slowly Associated Control CHannel，SACCH）：用于传送连接信息的连续数据信道，与一个 TCH 或 SDCCH 相关，只要 BS 分配了一个 TCH 或 SDCCH，就

一定同时分配一个对应的 SACCH，它和 TCH、SDCCH 位于同一物理信道中，以时分复用方式插入要传送的信息，是上、下行信道。在下行方向，BS 向 MS 发送一些主要的系统参数，使 MS 随时知道系统的最新变化。在上行方向，MS 向网络报告邻接小区的测量值，供网络进行切换时判决使用，同时还向网络报告它当前使用的发送时间提前量和发送信号功率电平。

③ 快速随路控制信道（Fast Associated Control CHannel，FACCH）：该信道传送的信息和 SDCCH 相同，所不同的是 SDCCH 是独立的信道，而 FACCH 与一个 TCH 相关，寄生于 TCH 中。其用途是在呼叫进行过程中快速发送一些长的信令消息，如果通过 SACCH 传送，速度太慢，就"借用" TCH 信道来传送此消息，被借用的 TCH 就称之为 FACCH。这种信令传送方式称为"中断—突发"方式，它必须暂时中断用户信息的传送。例如，在通话中 MS 越区进入另一小区需要立即和网络交换一些信令消息，则借用 20ms 语音（数据）突发脉冲序列来传送信令，由于语音译码器会重复最后 20ms 的语音，所以这种中断是不会被用户觉察的。

当 MS 进入某一小区时，首先收听广播控制信道信息（BCCH），并在自己的寻呼组搜索是否有寻呼信息。当发现有寻呼信息或 MS 要拨打电话时，由随机接入信道（RACH）向网络申请接入，要求分配一专用信令信道；于是系统在下行的接入允许信道（AGCH）上为 MS 分配 SDCCH；在专用控制信道上，MS 和网络间将进行鉴权和业务信道建立前的信令交换，此后转入业务信道（TCH）。在 SDCCH 和 TCH 传送信息时，与之相对应的 SACCH 主要用于传送测量信息，以便进行控制、定时提前和定时调整。在通话或传送数据过程中，有可能发生切换等活动，此时需要信令信息的快速传送，要占用 FACCH。

2．数据链路层（第 2 层）

无线接口的数据链路层采用一种类似于 D 通道链路接入协议（Link Access Protocol of D-channel，LAPD），为了与 LAPD 相区别加上"m"脚标（表示移动的意思），称为 LAPD$_m$。

图 5-11 所示为 LAPD$_m$ 数据链路层的基本帧结构。LAPD$_m$ 与 LAPD 主要有以下几点不同。

① LAPD$_m$ 没有采用标志位来实现帧定界，帧定界由无线接口物理层来完成。

② LAPD$_m$ 没有帧检查序列，它由物理层的信道编码来实现检错、纠错。

③ 加长了长度指示字段以区分信息字段与填充比特。

④ 相同的地址字段、控制字段，其具体编码也有所不同。

图 5-11 数据链路层的基本帧结构

3．信令层（第 3 层）

无线接口第 3 层是收发和处理信令消息的实体，由无线资源管理来建立、改变和释放无线信道，包括 3 个功能子层：无线资源管理（Radio Resource management，RR）、移动性管理（Mobile Management，MM）和连接管理（Connection Management，CM）。RR 完成专用无线信道连接的建立、操作、释放、性能监视和控制，它是在 MS 与 BS 子系统间进行的，共定义了 8 个信令过程。MM 完成位置更新、定期更新、鉴权、开机接入、关机退出、临时移动用户号码的分配和设备识别等 7 个过程。CM 完成电路交换的呼叫建立、维持和结束，并支持补充业务和短消息业务。

在 RR、MM 子层上支持的业务有正常呼叫和紧急呼叫的呼叫控制业务，包括与通话有关的补充业务、短消息，与通话无关的补充业务。它们涉及的信令格式及程序各不相同。图 5-12 所示为一个 MS 被叫的呼叫建立程序，用来说明第 3 层各子层间的关系和信息流程。

当有拨号 MS 的呼叫时，网络侧在寻呼信道（PCH）上送"寻呼请求"消息。收到消息后，MS 启动立即指配程序，在随机接入信道（RACH）上发"信道请求"；网络侧发"立即指配"，给 MS 分配一个专用信令信道（SDCCH）；其后 MS 就转入该信道和网络联络，MS 在 SDCCH 上发"寻呼响应"。由此网络侧可以知道这是一个 MS 被叫的程序，根据设定值启动用户鉴权（MM 过程）和加密模式设定（RR 过程）。若鉴权成功，则网络侧发送"建立"消息，该消息指明业务类型、被叫号码、承载能力等重要信息，移动台进行兼容性检查及承载能力的认可，回发"呼叫确认"。与此同时，网络分配一个业务信道（TCH）供其后传送用户数据，该 RR 过程包含两个消息："指配命令"和"指配完成"。其中"指配完成"消息已在新指配的 TCH/FACCH 信道上发送，其后的信令消息转入经由快速链路控制信道（FACCH）发送，原先分配的 SDCCH 释放，供其他用户使用。被叫振铃（MS 发"提醒"消息），被叫摘机（MS 发"连接"消息），网络侧回送"连接证实"消息。这时 FACCH 任务完成，回归 TCH，然后才能够真正开始通话，可见无线接口信令是十分复杂的。

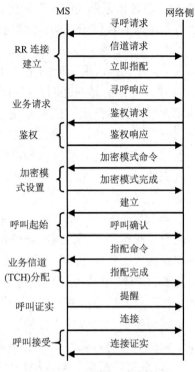

图 5-12 来话呼叫建立信令过程

5.3.2 基站接入信令

在 GSM 中，基站子系统（Base Station Subsystem，BSS）可分为两部分，即基站收发信台（Base Transceiver Station，BTS）和基站控制器（Base Station Controller，BSC），如图 5-13 所示。U_m 接口又称为空中接口，直接和用户相接，所有和信令相关的信令消息都源于此接口，它是理解用户侧信令最重要的一个接口。A-bis 接口为 BTS 与 BSC 之间的接口，一个 BSC 可以控制分布于不同地点的多个 BTS。A 接口为 BS 与 MSC 之间的接口，也称为无线接入接口，传送有关移动呼叫处理、基站管理、移动台管理及信道管理等信息，并与 U_m 接口互通，在 MSC 和 MS 之间互传信息。

1．A-bis 接口信令

A-bis 接口信令分为 3 层结构。第 2 层采用 D 通道链路接入协议（LAPD）。第 3 层有 3 个实体：业务管理过程、网络管理过程和第 2 层（L_2）管理过程，分别对应于业务接入点标识（Service Access Point Identification，SAPI）取值 0，62 和 63。对应的第 2 层逻辑链路分别称为无线信令链路（Radio Signaling Link，RSL）、操作和管理链路（Operations and Management Link，OML）和第 2 层管理链路（L_2ML）。BTS 侧的 A-bis 接口信令结构如图 5-14 所示。

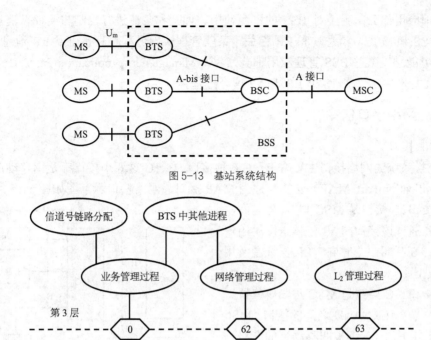

图 5-13　基站系统结构

图 5-14　BTS 侧的 A-bis 接口信令结构

业务管理过程有两大主要任务。

任务一：透明传送绝大部分的无线接口信令消息，以适配无线和有线接口不同的低层（第 1 层和第 2 层）的协议要求。

任务二：对 BTS 的物理层和逻辑设备进行管理，管理是通过 BSC—BTS 之间的命令来证实消息序列完成的，消息的源点和终点就是 BSC 和 BTS，和无线接口消息没有对应关系，它们和需要由 BTS 处理与转接的无线接口消息统称为不透明消息。

GSM 将 BTS 的管理对象定义了下述 4 个管理子过程。

① 无线链路层管理：负责无线通路数据链路层的建立、释放以及透明消息的转发。

② 专用信道管理：负责 TCH、SDCCH 和 SACCH 的激活、释放、性能参数和操作方式控制，以及测量报告等。

③ 控制信道管理：负责不透明消息转发及公共控制信道的负荷控制。

④ 收发信机管理：负责收发信机流量控制和状态报告等。

2．A 接口信令

A 接口信令采用 7 号信令作为消息传送协议。GSM 规范将 A 接口信令归为 3 层结构，即物理层、链路层和应用层。

第 3 层（应用层）包括以下 3 个应用实体。

① 操作维护应用部分：用于和 MSC 及操作管理中心（Operations & Management Center，OMC）交换维护管理信息；与 OMC 间的消息传送可采用 X.25 协议。

② 直接传送应用部分：用于透明传送 MSC 和 MS 间的消息，这些消息主要是 CM 和 MM 协议消息。RR 协议消息终结于 BSS，不再发往 MSC。

③ 管理应用部分：用于对 BSS 的资源使用、调配和负荷进行控制与监视。消息的源点和终点为 BSS 和 MSC，消息均和 RR 相关。某些管理应用过程将直接引发 RR 消息，反之，RR 消息也可能触发某些 BSS 管理应用部分（BSS Management Application Part，BSSMAP）过程。GSM 标准共定义了 18 个 BSSMAP 信令过程。

5.3.3 网络接口信令

1．MAP 接口

移动交换系统的网络接口主要有 B～G 6 种接口。B～G 这 6 个接口都是由移动应用部分（Mobile Application Part, MAP）支持，称为 MAP 接口，网络接口示意图如图 5-15 所示。

① B 接口。B 接口是 MSC 与 VLR 之间的接口。MSC 通过该接口向 VLR 传送漫游用户位置信息，并在呼叫建立时向 VLR 查询漫游用户的有关数据。

② C 接口。C 接口是 MSC 与归属位置寄存器/认证中心（HLR/AUC）之间的接口。MSC 通过该接口向 HLR 查询被叫移动台的选路信息，以便确定呼叫路由，并在呼叫结束时向 HLR 发送计费信息。

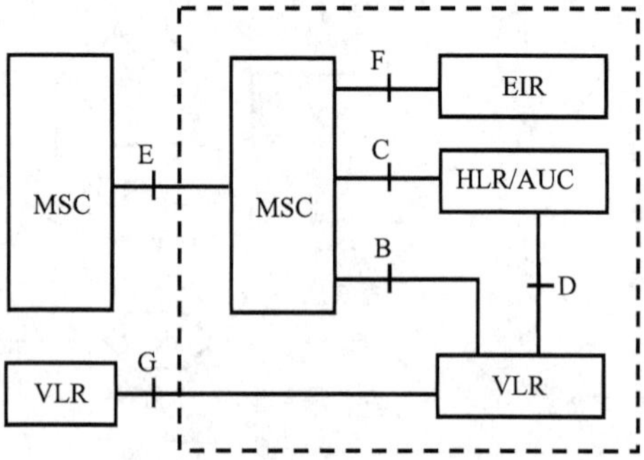

③ D 接口。D 接口是 HLR 与 VLR 之间的

图 5-15　网络接口示意图

接口。该接口主要用于位置登记器之间传送移动台的用户数据、位置信息和选路信息。

④ E 接口。E 接口是 MSC 之间的接口。该接口主要用于越局切换，即当 MS 在通信过程中由某一 MSC 业务区进入另一 MSC 业务区时，两个 MSC 需要通过该接口交换信息，由另一 MSC 接管该移动台的通信控制，使 MS 通信不中断。

⑤ F 接口。F 接口是 MSC 与 EIR 之间的接口。MSC 通过该接口向 EIR 查询参与呼叫移动台设备的合法性。

⑥ G 接口。G 接口是 VLR 之间的接口。用于移动台由某一 VLR 管辖区进入另一 VLR 管辖区，以 TMSI 启动位置更新时，新 VLR 通过该接口能够向老 VLR 索取 TMSI 和鉴权参数等必要信息。

MAP 接口的信令协议就是 MAP 规程，由 7 号信令系统中的信令连接控制部分（SCCP）和事务处理能力部分（TCAP）支持，主要功能是支持移动用户漫游、切换和网络的安全保密，实现全球联网。为此，需要在 MSC 和 HLR、VLR、EIR 等网络数据库之间频繁地交换数据和指令，这些信息都与电路连接无关，最适于采用 7 号信令方式传送。

2．MAP 接口的主要程序

（1）位置登记和删除

位置登记和删除是在 HLR 和 VLR 之间传送的程序，是 MAP 规程中最重要的一部分，这一程序主要用于位置信息的更新。当 MS 漫游到一个新 VLR 所管辖区域后，VLR 将通过位置登记程序通知 MS 归属的 HLR，HLR 将利用这一新 VLR 地址来更新 MS 的位置登记数据；同时 HLR 还将利用位置删除程序通知前一个为 MS 提供服务的 VLR，删除该移动用户的信息。

（2）补充业务处理

补充业务处理包括激活、去激活、登记、取消、使用和询问，这些处理为用户提供了方便。用户通过 MS 对补充业务的操作必须有"补充业务的处理"，该处理由 MAP 规程支持。例如，当用户需要更改前转号码时，可根据补充业务权限的规定，在 MS 上进行操作，VLR 收到来自 MS 的操作程序后，通过 MAP 规程将这一更改码信息传送给用户归属的 HLR，HLR 可及时更新用户的补充业务数据。

（3）呼叫建立期间用户参数的检索

呼叫建立期间对用户参数的检索主要包括下述 3 种情况。

① 直接信息检索：MSC 由 VLR 直接获得所需参数。

② 间接信息检索：VLR 需先向 HLR 获取部分或全部用户参数。例如，始发呼叫的 MSC 通过这一程序向被叫移动台归属的 HLR 询问路由信息，HLR 在该用户的数据库中找到用户的位置（VLR 号码）后，再向用户所在 VLR 索取临时漫游号码，并将得到的这一号码回送给始呼的 MSC，MSC 根据这个临时号码建立语音通路，完成了交换接续。

③ 路由信息检索：PSTN/ISDN 用户呼叫移动台时，网关 MSC（GMSC）向 HLR 请求漫游号。

（4）切换

切换是 MSC 之间的传送程序，主要用于 MS 在两个 MSC 之间进行切换号码等信令过程。该程序定义了请求测量结果、MSC-A 切换至 MSC-B，MSC-B 切回 MSC-A，MSC-B 后续切换至 MSC-B′。

（5）用户管理

用户管理包括用户位置信息管理和用户参数管理。有两个方面的内容，一是 HLR 向 MS 所在的 VLR 输入用户数据，二是 VLR 向 HLR 索取用户的鉴权参数等用户信息。这些操作的执行可保证 VLR 及时、准确地得到所有用户数据，此用户是指在本 VLR 管辖区中的用户。

（6）位置存储器的故障恢复

VLR 故障恢复进行重启动后，将所有的移动台（MS）标上"恢复"标记，表示数据尚待核实。当收到来自 MSC 或 HLR 的消息（如呼叫建立、位置更新或用户鉴权等）时，表示该用户仍在本 VLR 管辖区内，这时可去除恢复标记。也有可能收到位置删除消息，则将此 MS 记录删除。

HLR 故障恢复进行重启动后，将向全部或相关的 VLR 发送"复位"消息，VLR 收到此消息后，将所有属于该 HLR 的 MS 打上标记，待核实后即通知 HLR，予以更新恢复。

（7）用户鉴权

用户鉴权主要包括呼叫建立、位置登记、补充业务等情况下进行的正常鉴权，当 VLR 保存的预先算好的鉴权数据组低于门限值时，由 VLR 向 HLR 请求参数引起的鉴权；在向原 VLR 索取国际移动用户识别码（IMSI）时进行的鉴权；越区切换时进行的鉴权。

（8）国际移动设备识别码（IMEI）的管理

EIR 是存储移动台设备信息的数据库，IMEI 主要用于 MSC 与 EIR 之间 IMEI 数据的索取，即 MSC 向 EIR 查询移动台设备合法性的信令过程。

复习思考题

1. 移动通信系统通常由哪几部分组成？各部分功能如何？
2. 移动通信系统可以采用什么方式与固定通信网相连接？
3. 移动业务交换中心（MSC）的主要功能是什么？
4. 归属位置寄存器和访问位置寄存器有什么区别？
5. 简述移动台至固定网的呼叫接续控制过程。
6. 简述固定网至移动台的呼叫接续控制过程。
7. 简述移动台至移动台的呼叫接续控制过程。
8. 什么是漫游？漫游技术主要有哪几种？
9. 什么是越区切换和越局切换？
10. 简述 GSM 系统中移动用户的越区切换过程。
11. 简述 GSM 系统中移动用户的越局切换过程。
12. GSM 系统在网络安全方面提供了哪些功能？其含义是什么？
13. 当移动用户到达一个新的位置区域时，是如何完成位置更新的？
14. 说明无线接口中各信道的作用。
15. 通过一个移动台至移动台的呼叫接续过程，说明各相关无线信道的使用情况。
16. 仿照图 5-12 所描述的来话呼叫建立程序，描述移动台去话呼叫建立的信令过程。
17. 从呼叫建立信令过程可看出，无线通信完成一次通话的信令过程是较复杂的，它和有线通信建立一次通话的信令过程相比，最主要的不同体现在哪里？
18. 在基站系统结构中，主要包含哪些接口？各接口的作用是什么？
19. 无线接口是一个开放性的接口，它采用什么样的分层结构？
20. 移动交换系统的网络接口主要包含哪几种？各接口的作用是什么？

第 6 章 ATM 交换技术

随着宽带业务的逐步发展及其业务发展的某些不确定性，迫切要求找到一种能兼具电路交换与分组交换优点的新交换方式，因而产生了以 ATM 为代表的宽带交换方式。本章对 ATM 的基本概念及其系统构成、ATM 交换网络实现技术、ATM 交换的分层技术等方面进行详细讨论，以便读者全面理解与掌握 ATM 交换技术。

6.1 概述

6.1.1 ATM 的基本概念

1．ATM 的含义

异步转移模式（Asynchronous Transfer Mode，ATM）是一种采用异步时分复用方式、以固定信元长度为单位、面向连接的信息转移（包括复用、传输与交换）模式。已被国际电联电信标准部（ITU-T）于 1992 年 6 月定义为宽带综合业务数字网（Broadband Integrated Service Digital Network，B-ISDN）的应用模式。ATM 技术具有下列特征。

① 所有信息在 ATM 网中以信元（Cell）形式发送，它采用固定长度数据单元格式，信元由信头（Header）和信息域（Payload）组成。

② ATM 是面向连接的技术，同一虚连接中的信元顺序保持不变。

③ 通信资源可产生所需的信元，每一信元都具有连接识别的标号（位于信头域）。

④ 信元信头主要功能具有本地重要性，即用于路由选择的标识符只在特定物理链路上才是唯一的，它在交换处被翻译。

⑤ 信息域被透明传输，它不执行差错控制。

⑥ 信元流被异步时分多路复用。

2．ATM 的信元结构

ATM 信元是 ATM 的基本信息单元，根据对传输效率、时延（包括打包时延、排队时延、时延抖动和相关的信元组合恢复时延）和实现复杂性三方面因素的综合考虑，采用了 53Byte 的固定信元长度。它由 5Byte 信头和 48Byte 信息域构成，其结构如图 6-1 所示。

一般流量控制（Generic Flow Control，GFC）：由 4bit 组成，仅用于用户—网络接口（User Network Interface，UNI），其功能是控制产生于用户终端方向的 ATM 连接的业务流量，减小用户侧出现的短期过载，支持点到点连接和点到多点连接。

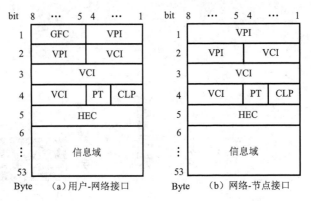

图6-1 ATM信元格式

虚通路识别符（Virtual Path Identifier，VPI）：在用户—网络接口（UNI）中，由8bit组成，用于路由选择；在网络—节点接口（Network Node Interface，NNI）中，由信元信头的前12bit组成，以增强路由选择功能。

虚信道识别符（Virtual Channel Identifier，VCI）：由16bit组成，用于ATM虚信道路由选择，适用于用户—网络接口和网络—节点接口。

信息类型（Payload Type，PT）：由3bit组成，用于区别信元信息域的信息类型（用户信息信元和网络信息信元）。在用户信息信元中，信元信息域包括用户信息和业务适配信息；在网络信息信元中，信元信息域携带网络操作和维护信息。

信元丢失优先级（Cell Loss Priority，CLP）：由1bit组成，用于表示信元丢失的先后顺序（等级），可由用户或业务提供者设置。

信头差错控制（Header Error Control，HEC）：由8bit组成，它从接收比特流识别信元，用于ATM信元信头差错的检测和纠正以及信元定界。

3．ATM信元传送处理的基本原则

（1）信息发送顺序

从字节1起始，8bit的字节以增序方式发送；对于各域而言，首发比特是最高有效位（the Most Significant Bit，MSB）。用户—网络接口（UNI）的ATM信元信头与网络—节点接口（NNI）的不同。在UNI中，信头字节1中的4bit构成一个独立单元（GFC）；而在NNI中，它属于虚通路标识符部分。

（2）误码处理方法

在传送ATM信元的网络（简称ATM网络）中，通过对信头部分的信头差错控制（HEC）字节进行检验，可以纠正信头的一位错码（因光纤传输误码主要是单比特误码）和发现多位错码，对无法纠正的信元予以丢弃。对信息域不采取任何纠错和检错措施，这使得接收方收到的ATM信元的信头都是正确的，但不保证传输信息的正确性；同时，因信头错误的信元被丢弃，使得不是所有的ATM信元都能送到接收方。

（3）信元定界方法

由于信元之间没有使用特别的分割符，信元的定界也借助于HEC字节实现，定界方法如

图 6-2 所示。信元定界定义了 3 种不同的状态：搜索态、预同步态和同步态。在搜索态，系统对接收信号进行逐比特的 HEC 检验。使用 CRC（Cyclic Redundancy Check，循环冗余检验）法检测出 5Byte 数据字，用 CRC-8 除 5Byte 字，就能确定 HEC 域值。当余数为"0"，就可断定 5Byte 数据字是 ATM 信元信头，这也就确定了信元边界。当发现了一个正确的 HEC 检验结果后，系统进入预同步态。在预同步态，

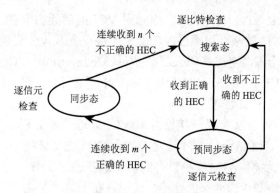

图 6-2　信元定界方法

系统认为已经发现了信元的边界，并按照此边界找到下一个信头进行 HEC 检验；若能够连续发现 m 个信元的 HEC 检验都正确，则系统进入同步态；若发现一个 HEC 检验的错误，则系统回到搜索态。在同步态，系统对信元逐个地进行 HEC 检验，发现连续 n 个不正确的 HEC 检验结果后，系统回到搜索态。在同步状态，HEC 域用于检测和纠正单比特差错，或者在多比特差错信元丢弃条件下，丢弃单比特差错信元。ITU-T 建议 $m=7$ 和 $n=6$ 是信元定界的适当值。ATM 信元的定界方法没有采用分组交换系统"比特填充"和特定的帧头和帧尾码，不会改变信元的实际长度，故效率更高。

（4）空闲信元和信道填充

具有特定信头值（不包括 HEC 域）0000 0000 0000 0000 0000 0000 0000 0001 的信元被定义为空闲信元。这相当于：GFC=0（对于 UNI）；VPI=0；VCI=0；PT=0（相当于第 0 类未经历拥塞的用户数据信元）；CLP=1（相当高丢弃优先级）。空闲信元只用作信道填充，以保持 ATM 信道的恒定传送速率，不能作为其他用途；接收端应把收到的空闲信元丢掉，对其信息域也不作任何处理。信道填充方法使得信道上永远处于信元传送状态。同时，因信元是等长的，故信道上时间被等分为一系列小时间段，在每个小时间段中信道上传送一个信元。

（5）面向连接方式

在 ATM 系统中，用户通信采用面向连接的方式，经一个由系统分配给自己的虚电路进行传送。该虚电路可能是这个用户长期占用的（专用电路），也可能是在进行通信前临时申请的（临时电路）。用户在占用一条虚电路之前可以声明自己所需的业务质量，包括最大通信速率、平均通信速率以及时延要求等；ATM 系统接受用户的申请后，将按照业务质量来提供虚电路，并可对不按业务质量要求使用的用户进行某种制裁。

（6）虚通路和虚信道

ATM 系统中的虚电路有虚通路（Virtual Path，VP）和虚信道（Virtual Channel，VC）两种。虚信道（VC）表示单向传送 ATM 信元的逻辑通道，这些信元可以使用虚信道标识符（VCI）进行标识。虚通路（VP）表示通过一组 VC 传送 ATM 信元的路径，这些信元由相应的虚通路标识符（VPI）进行标识。一个 VP 是由多个 VC 所组成的；1 个用户可以使用一个 VC，也可以使用一个 VP；若用户使用 VP 时，就相当于同时拥有多个 VC，并可以使用这些 VC 同时进行多个不同的通信。在一条通信线路上具有相同 VPI 的信元所占有的子信道叫做一个 VP 链路（VP Link）。多个 VP 链路可以通过 VP 交叉连接设备或 VP 交换设备串联起来。多个串联的 VP 链路构成一个 VP 连接（Virtual Path Connection，VPC）。一

个 VPC 中传送的、由相同 VCI 的信元占有的子信道叫做一个 VC 链路（VC Link）。多个 VC 链路可以通过 VC 交叉连接设备或 VC 交换设备串联起来。多个串联的 VC 链路构成一个 VC 连接（Virtual Channel Connection，VCC）。值得注意的是，在组成一个 VPC 的各个 VP 链路上，ATM 信元的 VPI 不必相同；在组成一个 VCC 的各个 VC 链路上，ATM 信元的 VCI 也不必相同。

VP 交叉连接设备和 VC 交叉连接设备都叫做 ATM 交叉连接设备，其不同在于是处理 ATM 信元的 VPI 还是 VCI。ATM 交叉连接设备和 ATM 交换设备的功能都是进行 VP 链路和 VC 链路的连接，区别只在于前者是由网络管理中心的命令控制，而后者是根据用户要求进行连接。

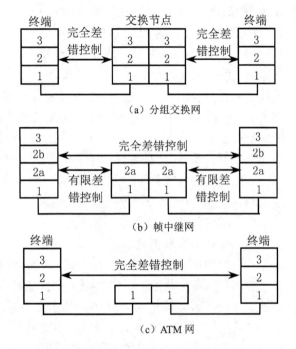

图 6-3　分组交换、帧中继和 ATM 网络的功能比较

4．ATM 技术的特点

① 进一步简化了功能。ATM 实际是电路交换和分组交换发展的产物，图 6-3 和表 6-1 所示的是分组交换、帧中继和 ATM 交换 3 种方式的功能比较。可以看出，分组交换网的交换节点参与了 OSI 第一层到第三层的全部功能。帧中继节点只参与第二层功能的核心部分（2a），就是帧定界、0 比特填充和 CRC 检验功能；第二层的其他功能（2b）（即差错控制和流量控制）以及第三层功能则交给终端去处理。ATM 网络则更为简单，除了第一层的功能之外，交换节点不参与数据链路层功能，取消了逐段差错控制和流量控制，将这些工作都交给了终端去做。

功　能	分 组 交 换	帧　中　继	ATM
帧定界	√	√	√
比特透明性	√	√	√
CRC 检验/生成	√	√	√
差错控制（自动重发请求）	√	√	
流量控制（滑动窗口）	√	√	
逻辑信道复用（第三层功能）	√		

表 6-1　　　　　　三种交换方式的功能比较

② 定长比可变长信元的控制与交换更容易用硬件实现，利于向高速化方向发展。

③ 采用面向连接并预约传输资源的工作方式，保证了网络上信息可以在一定允许的差错率下传输，既兼顾了网络运营效率，又能够满足接入网络的连接进行快速数据传输。

④ ATM 信元头部功能降低。由于 ATM 网络中链路的功能变得非常有限，所以信元头部变得异常简单，依靠信元头部的虚电路标志可以很容易地将不同的虚电路信息复用到一条物

理通道上。

⑤ ATM 网具有支持一切现有通信业务及未来的新业务；有效地利用网络资源；减小了交换的复杂性；减小了中间节点的处理时间，支持高速传输；减小延迟及网络管理的复杂性；能保证现有及未来各种网络应用的性能指标等特点。

6.1.2　ATM 交换系统的基本构成及要求

1. 系统组成

ATM 交换机（或交叉连接节点）的主要任务为进行 VPI/VCI 转换和将来自于特定 VP/VC 的信元根据要求输出到另一特定的 VP/VC 上。ATM 交换系统由入线处理部件、出线处理部件、ATM 交换单元和 ATM 控制单元组成，如图 6-4 所示。其中，ATM 交换单元完成交换的实际操作（将输入信元交换到实际的输出线上去）；ATM 控制单元控制 ATM 交换单元的具体动作（VPI/VCI 转换、路由选择）；入线处理部件对各入线上的 ATM 信元进行处理，使它们成为适合 ATM 交换单元处理的形式；出线处理部件则是对 ATM 交换单元送出的 ATM 信元进行处理，使它们成为适合在线路上传输的形式。

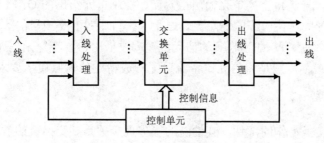

图 6-4　ATM 交换系统的基本组成

（1）入线处理部件

在传输线路上信息传送的形式是比特流，而信息交换必须以信元为单位，将 53Byte（即 53×8=424bit）信息作为一个整体同时交换，而不是逐比特进行。同时，入线速率显然远低于交换机内部速率，如何在规定的时间内将某条入线上的信息送入交换单元的特定位置，也是需要解决的问题；另外，传输线路上的信息格式是以光形式为主，而目前的 ATM 交换机则以电信号为主，这样光/电转换是必不可少的。其中最为基本的操作是比特流和信元流的转换，实际上就是 B-ISDN 协议参考模型中的物理层和 ATM 层之间的信息交换。入线处理部件主要完成以下任务。

① 信元定界：将基于不同形式传输系统的比特流（如 SDH，PDH 等不同的帧结构形式）分解成为 53Byte 为单位的信元格式。信元定界的基本原理是 HEC 和信头中 4Byte 信息的关联。

② 信头有效性检验：将信元中的空闲信元（物理层）、未分配信元（ATM 层）以及传输中信头出错的信元丢弃，然后将有效信息送入系统的交换/控制单元。

③ 信元类型分离：根据 VCI 标志分离 VP 级操作管理与维护（Operation Aministration and Maintenance，OAM）信元；根据信息类型指示符（Payload Type Identifier，PTI）标志分离 VC 级 OAM 信元，递交给控制单元，其他用户信息则由交换单元进行交换。

（2）控制单元

控制单元完成建立和拆除 VP 连接（VPC）和 VC 连接（VCC），并对 ATM 交换单元进行控制，同时处理和发送 OAM 信息。

具体包括 3 点。一是完成 VPC 和 VCC 的建立和拆除操作，如在接收到一个建立虚信道连接的信令信元后，如果经过控制单元分析处理允许建立，那么控制单元就向交换单元发出控制信息，指明交换单元凡是 VCI 等于该值的 ATM 信元均被输出到某特定的出线上去；拆除操作执行相反的处理过程。二是进行信令信元发送，在进行 UNI 和 NNI 应答时，控制单元必须可以发送相应的信令信元，以便用户/网络执行得以顺利进行。三是进行 OAM 信元处理和发送，根据接收的 OAM 信元的信息，进行相应处理，如性能参数统计或者进行故障处理，同时控制单元能够根据本节点接收到的传输性能参数或故障消息发送相应的 OAM 信元。

（3）出线处理部件

出线处理部件完成与入线处理部件相反的处理，如将信元从 ATM 层转换成适合于特定传输媒质的比特流形式。

具体包括 3 点。一是将交换单元输出信元流、控制单元给出的 OAM 信元流以及相应的信令信元流复合，形成送往出线的信息流。二是将来自 ATM 交换机的信元适配成适合线路传输的速率（即速率适配），如当收到的信元流速率过低时，填充空闲信元，当速率过高时，则使用存储区予以缓存。三是将信元比特流适配形成特定传输媒质所要求的格式，如 PDH 和 SDH 帧结构格式。

（4）交换单元

作为实际执行交换动作的部件，其性能的优劣直接关系到交换机的效率和性能，以至于人们在讨论宽带交换系统时仅注重交换单元的设计，而忽略交换机的其他 3 个基本组成单元。一个具有 M 条入线和 N 条出线的 ATM 交换单元称为 $M \times N$ 的 ATM 交换单元（通常 $M=N$）。M 和 N 越大，则 ATM 交换单元连接的入线和出线数就越多，容量也就越大。

2．宽带业务对于交换机的要求

由于宽带网络的业务覆盖范围十分广泛，速率从几 kbit/s 到几百 Mbit/s，传输速率可以是固定的，也可以是可变的，不同的业务对于信元丢失率、误码率、时延抖动等服务参数有着不同的要求。

（1）多速率交换

由于宽带网络支持的业务包括现在和将来的所有应用，因而，网络必须支持从一般工业控制的几十 bit/s 到几 kbit/s 和视频通信的几 Mbit/s 到几十 Mbit/s 的速率交换，作为 ATM 端口和用户端口的基本接入速率 155.520Mbit/s 显然可以满足这一要求。如何快速（针对原来分组交换中共享存储器的交换速率低的缺点）和高效（充分利用网络资源，针对电路交换中的信道利用率低的缺点）实现多速率交换是 ATM 交换首先要解决的问题。

（2）多点交换

在提供原有电路交换中点对点连接方式的基础上，宽带网络还必须能提供点到多点的广播/组播连接功能，这就要求 ATM 交换机中可以实现将一条入线的信元输出到多条出线上的操作，而不是简单地要求用户通过申请多个连接完成多点通信。例如，在会议电视系统中，允许将一处会场的图像（视频）和声音传送到其他会场，在视频点播（Video On Demand，

VOD）中，允许视频服务中心将不同要求的具体影片传送给分散用户。

（3）多媒体业务支持

多媒体业务支持是指网络中允许接入的业务有不同的形式，如语音、数据、静止图像、活动视频或者它们的某种组合。每种媒体有不同的服务质量要求，如带宽（传输速率）、延迟、信号失真度（误码率）等诸多不同的参数要求，具体表现在以下几个方面。

① 信元丢失/信元误插入率。在 ATM 交换机中，可能会出现短暂时间内许多信元争用同一链路的情况（该链路可以是交换机内部的，也可以是外部的），结果导致交换机队列存储区出现信元同时争夺该队列的情况，所以可能会产生信元丢失。为了能够支持多媒体业务，ATM 交换机必须将此概率限制在一个较小的范围中，如 $10^{-8} \sim 10^{-11}$（至少小于信道传输的误码率）。在发生信元丢失的同时可能会出现交换机内部路由选择出错，这些信元将被送到其他的逻辑连接上，因此，信元误插入的概率也必须保持在很小范围内，一般比信元丢失率低 10^{-3} 左右。

② 交换时延。交换机完成 ATM 信元交换的时延，在信息端到端传输时延中占有极大比重（由于光的传播速度，信元在信道中传输时延是有限的，网络内部延时主要发生在交换机内部的交换延时），这就要求交换单元在路由选择、信元缓冲上采取优良的算法和实施技术。

③ 连接阻塞。在 ATM 网络中，通信双方采用面向连接方式，也就是通信开始前需进行连接通道的建立，找到逻辑连接。但是，ATM 网络采用面向连接的方式并不意味着 ATM 交换机内部采用面向连接的方式。在通信建立时，只是找寻一条从发送方经由哪几个交换节点到达接收方的信道，在每个交换节点，只是在其路由表中指出该连接的信元 VPI/VCI 转换，即从哪一条入线送往哪一条出线，在交换机内部并不实际建立路由。一旦在 ATM 交换机的入线和出线之间没有足够的资源保证所有现有和新的连接服务质量时，系统就会发生连接阻塞。阻塞发生通常为两种情况：一种是外部阻塞，例如，当多个信元争夺同样的出口时，会发生出线冲突；另一种是内部阻塞，例如，即使入线和出线都是空闲的，但 ATM 交换单元中的部分交换路由被其他交换过程占用，而无法完成相关入线和出线的连接。目前研究方向是在尽量扩大 ATM 交换机入线和出线规模的同时，设计内部无阻塞的交换设备。

6.2　ATM 交换网络的实现技术

交换的实质是将某条入线的信息输出到特定的出线上。任意时刻入线和出线之间可能出现的关联可以有多种形式，如一对多的连接、一对一的连接、入线和出线空闲状态等，如图 6-5 所示。根据交换机要求的交换性能和规模，ATM 交换网络是通过选择相应数量的基本交换单元连接而成的。ATM 交换单元基本构造方法是空分和时分，目前也有 ATM 交换单元根据局域网网络信息传输的原理，采用令牌环和总线方式来实现的。

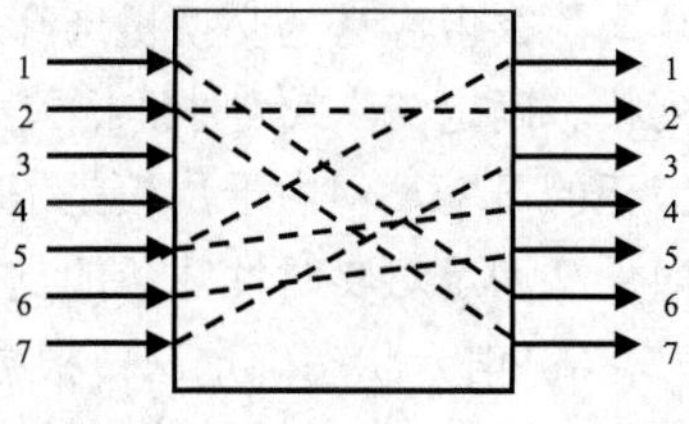

图 6-5　交换基本概念示意图

6.2.1　空分交换结构

ATM 交换的最简单构建方法是将每一条入线和每一条出线相连接，在每条连接线上装上相应的开关，根据信头 VPI/VCI 决定相应的开关是否闭合来实现特定输入和输出线路的接通，也就是将某入线上的信元交换到出线上。这种思想实现的最简单方法是空分交叉开关，称矩阵式交换机，矩阵交换基本原理如图6-6所示。

显然，在这样一个交换矩阵中，如果某条入线和出线处于空闲状态，在它们之间就可以建立一条连接，也就是说不存在内部阻塞。但是，如果多个入线上的信元希望送往同一条出线，这是不允许的，即发生所谓的"出线冲突"。出线冲突归属外部冲突类型。解决出线冲突涉及两方面的问题：如何选择一条入线完成信元的传送，以及对其他被阻塞信元采取什么样方法进行处理。为此可以采用不同的实现策略。

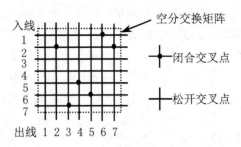

图6-6　空分交换原理示意图

1．出线冲突时的入线选择策略

当来自多条入线的信元同时竞争一条出线时，只有一个信元可以传送，其他信元将被延迟，因此，就必须采用仲裁机制去选择"获胜信元"。在确定不同方法时，必须考虑公平性，即不同入线上但相同服务质量要求的信元是否具有同样被服务的权利，或者对实时性和差错率有严格要求的信元是否可能被优先服务。根据信元丢失率、信元延迟和抖动参数，可以简单归纳出以下几种服务策略。

① 随机法：随机地从多条竞争的入线中选取一条入线，传送该入线上的信元。这种策略实施简单，在轻负载情况下，不会对系统服务质量发生影响；当网络出现大量负载时，可能会有许多入线竞争同一出线，则无法保证实时业务的要求。

② 固定优先级法：每条入线都有固定的优先级，不同优先级的入线发生出线冲突时，优先级高的入线获得发送信元的权利。但是该策略无法保证业务公平性准则，因为各条入线上承载的信元实际对误码和时延具有不同的要求，从统计角度看，实际上各入线信元具有相同的平均优先级，这样各入线的优先级也应该相同。所以，固定优先级法也不能很好地满足不同业务的传输质量的要求，但实现简单。

③ 轮换优先级法：也称周期策略，即每条入线的优先级并不是固定不变的，而是轮流拥有最高优先级。可见这种方法对所有的入线是公平的，但是仍旧没有兼顾每条入线上不同服务质量要求的传输信元，无法支持时延要求高的业务通信，且实现趋于复杂。

④ 缓存区状态确定法：ATM交换机必须设置缓存区以放置无法立即交换的信元，根据缓存区的溢满程度选择传输的信元。由于缓存区有不同的设置策略，如果缓存区设置在输入端，那么可以认为交换机选择信元传输的过程相当于排队过程，所以这种方法又可称为"队列状态确定法"或"时延相关策略"，它可以提高系统的通过量，减少系统因缓存区满而丢失信元的概率。但由于决策是依据系统的状态而非信元本身的状态，与前面几种方法类似，仍旧无法满足对实时性业务的支持，且实施较为复杂。

⑤ 信元状态确定法：根据信元丢失率CLP值的不同确定信元服务的先后顺序，如果信元优先级相同可以采用随机法、固定优先级法或是缓存区状态法以确定具体服务的信元。特别是如果采用缓存区状态法，那么解决出线冲突时实际考虑了连接的服务质量和系统总的服务效率，所以可以在提高系统运行的质量同时满足业务的服务要求。

2．阻塞信元的处理——缓存存储方法

对于交换单元无法立刻服务的信元，可以采用缓存存储方法（也称排队方法）将这部分信元暂时缓存，等待下一次服务。根据缓存区设置位置不同可以分为输入缓存、输出缓存和中央（交叉点）缓存 3 种方法。

（1）输入缓存（输入队列）

输入缓存法采用图 6-7 所示的方法来解决输入端可能的竞争问题。给每条入线配置一个专用的缓存器用来存储输入信元，直到仲裁逻辑对这些信元予以"放行"后，交换传输介质将 ATM 信元从输入缓存传送到出线而不会再有竞争。仲裁逻辑决定哪条入线可先得到服务，其裁决的方法可以很简单（如轮流服务），也可以很复杂（如根据输入缓存的长度来选择优先者）。

输入缓存法的缺点是存在队头阻塞。假定入线 i 的信元被选择传送到出线 p，如果入线 j 上也有一个信元要传送到出线 p，这个信元和其后继信元将被停下来。假设在入线 j 中的第二个信元想输出到出线 q，这时即使其他缓存中没有信元在等待向出线 q 输出，上述信元也不能被服务，因为这个信元的前头已有一个信元阻挡着它的传送。目前，解决队头阻塞问题可以采用窗口、扩展、加速等方法。

具有输入缓存交换单元的交换传输介质在一个信元时间内将从 m 条入线中传送 m（$m \leq N$）个选中的信元到 m 条被选出线。

（2）输出缓存（输出队列）

输出缓存法如图 6-8 所示，采用这种方法对不同入线上要去往同一出线的信元可以在一个信元的时间内全部被传送（交换）。但仅有一个信元能在出线上得到服务，因此，产生了出线竞争。通过在交换单元的每一条出线上设置缓存来解决这种可能的输出竞争。

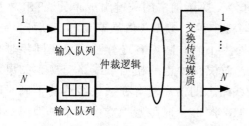

图 6-7　采用输入队列的交换单元

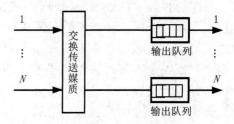

图 6-8　采用输出队列的交换单元

每一条出线都配置一个专用的缓存器来存储可能会在同一信元时间内到达的多个信元。原则上，所有入线上的信元即使都要去往同一出线也可以同时到达。为了保证在到达输出队列前交换传输介质不会产生信元丢失，信元传输必须以 N 倍于入线的速率来操作，也即系统应能在一个信元时间内向队列写入 N 个信元。输出缓存的控制基于简单的先进先出（First In First Out，FIFO）原则，这样能保证信元正确的缓存顺序。在实际应用中，输入缓存和输出缓存两种方法往往是配合使用的，称之为输入输出缓存。

（3）中央缓存（中央队列）

中央缓存法是在基本交换单元的中央设置一缓存器。这个缓存器被所有的入线和出线公用，而不是由某条单一的入线或出线专用，如图 6-9 所示。所有入线上的全部输入信元都直接存入中央缓存器，每条出线将从中央缓冲器中选择以自己为目的地的信元，并按先进先出的原则读取这些信元。

必须在基本交换单元内部采取一定的方法，使所有出线知道哪些信元是分派给它们的。

中央缓存器的读写不再是简单的先进先出的原则，因为去往不同目的地的信元都合并在一个单一的缓存器中。这就是说，中央缓存器应该采用随机寻址的访问方法，但各个逻辑队列必须遵循先进先出的原则。由于信元按随机的存储器地址读写，因而，必须提供一个更加复杂的存储器管理系统。

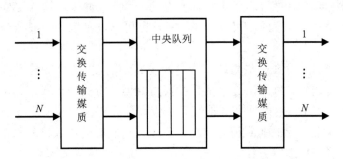

图 6-9　采用中央队列的交换单元

6.2.2　时分交换结构

ATM 本质是异步时分（Asynchronous Time Division，ATD）复用，它将信道分成等长的时隙，时隙中填充等长的分组，借鉴同步时分复用中的时分交换的概念，人们设计了异步时分的交换结构。

时隙交换器（Time Slot Interval，TSI）是时分交换结构中的关键组成单元。TSI 本质上可以看做一个缓冲区，该缓存区从输入线某时隙中读取数据（信息单元），然后向特定的输出时隙写入该信息单元，相当于对一条线路上不同时隙内容进行互换。在同步时分复用中，线路上不同时隙相当于不同的子信道，时隙交换也就相当于线路交换。如果对 $m \times n$ 线路进行交换，在进入 TSI 时，先将 m 条线路上的信息复合在一条线路的不同时隙中，该线路由 m 个时隙组成信息帧，然后经过 TSI 将 m 个时隙置换成由 n 个时隙组成帧的输出信道，再将此信息分路成 n 条线路；这样原先 m 条输入线路上的信息就输出到 n 条线路上，完成了信息交换。TSI 基本原理如图 6-10 所示，包括输入时隙、缓存区和输出时隙。

（1）输入时隙

时隙数和输入线路数相等，每个时隙中装载的信息包括两部分内容：输出线路编号和该输入时隙号对应的入线上的传输信息。图 6-10 所示的输入时隙方框中填写的是信息输出线路编号，如果看到在某些方框中可以填写多个输出线路编号（如 2/7），表明该时隙对应的入线信息将广播到多条出线上，即一对多连接。另外可以看到，在输入时隙方框中没有重复的输出线路编号，这是因为同一出线只可以输出一种信息。输入时隙方框下填写的输入时隙编号，即对应的入线编号。

（2）输出时隙

时隙数和输出线路数相等，每个时隙中装载的是相应入线上的信息，如图 6-10 所示的输出时隙方框中填写的是对应的入线时隙编号，实际只是存放相应的信息。可以看到一个出线时隙中只能填写一个入线编号，但是时隙号可以相同。输出时隙方框下填写的是输出时隙编号，即对应的出线编号。

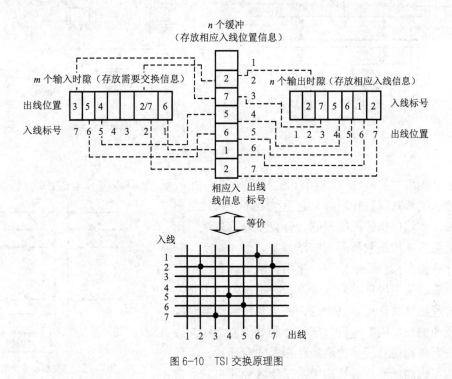

图 6-10　TSI 交换原理图

（3）缓存区

完成将输入时隙中的信息交换到特定的输出时隙中。其中缓存区的容量和输出线路数是相等的。采用的策略是将输入时隙中的信息根据其输出时隙的编号填入相同编号的缓存区中，缓存信息按照顺序方式读到输出时隙中，从而实现信息交换的目的。

实际上，时分交换机还必须在时隙交换器（TSI）的前后加上复用和解复用设备以完成不同线路的信息交换，时分交换结构如图 6-11 所示。

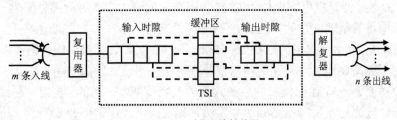

图 6-11　时分交换结构图

6.2.3　总线交换结构

总线是指所有通信部件间的公共连线，通信部件间的信息交换全部通过总线提供的通道来完成。总线技术最早用于计算机系统的设计，后来又拓宽到计算机局域网络。如图 6-12 所示，总线结构的主要特点是多个输入/输出部件之间共享相同的通信通道（即总线），总线为各个部件的通信提供了物理基础。

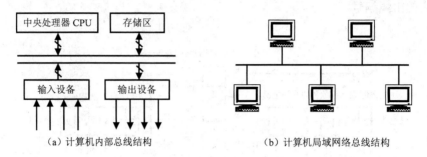

（a）计算机内部总线结构　　　　　　（b）计算机局域网络总线结构

图 6-12　总线技术示意图

基于总线机制的 ATM 交换单元的构造如图 6-13 所示，所有入线和出线都连接到总线上，总线通过总线管理器进行管理。这里涉及不同入线与出线之间如何传输信息的控制问题。计算机内部总线结构和局域网总线结构采取不同的实现方案。

在计算机内部总线结构中，采用仲裁的体制。所有试图使用总线发送信息的输入部件首先提出发送申请，由总线管理器判决是否可以发送。如果总线管理器允许该入线发送信息，则其他所有部件必须处于监听状态，检查总线上传输信息的接收地址是否是本身地址。

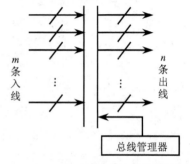

图 6-13　总线机制交换单元

在计算机局域网总线结构中，采用各计算机站点自主监视总线上是否有信息传送的方法。如果没有信息传送，则站点可以发送信息；如果总线上有信息传送则必须等待；如果本端发送信息时恰好其他站点也同时发送信息，此时会发生碰撞。碰撞的信息传输失败，发送站点必须重新进入等待状态。为了提高网络传输的效率，如何等待、如何监测以及发送时间的确定都有一系列的策略。在效率最低的实现方案中，网络传输的效率仅为 18%左右。

在上述两种总线仲裁机制（内部总线结构和局域网总线结构）中，一方面是总线上传送的负载的不均衡性（计算机内部通信中 CPU 占用总线的绝大多数时间并处于管理位置，计算机局域网中数据传输呈现突发的特性）；另一方面是它们一般工作在较低速率下，如计算机内部总线速率为 33Mbit/s，而局域网则在 100Mbit/s，远低于 ATM 交换机的传输速率，所以 ATM 总线交换结构不能简单地采用上述两种总线仲裁机制来解决总线的占用传输。

从统计的角度看，ATM 交换机的各条入线的负载是基本平衡的，同时，总线上的速率和时分交换中存储区速率相仿，是 Gbit/s 数量级，无法采用"申请—仲裁"或"碰撞"的方式进行。ATM 交换设备采取时分方式，将时间分成若干时隙，将这些时隙分给不同的入线，入线在规定的时隙内将信元发送到总线上，出线则连续监听信道上的信元，检查传输信息的 VPI/VCI 值，确定该信息是否由本出线接收。如果端口速率为 155.520Mbit/s，即在 1s 内端口可向总线传输比特数为 155.520 Mbit，入线处不必设置缓存区；但是如果 m 条入线上信元传输速率与目的出线相同，最大出线接口速率和总线通过速率必须是相同的，即 $m×155.520$Mbit/s，这样出线接口速率必须为入线速率的 m 倍，考虑到实际出线速率和入线速率是相同的，所以，在出线处必须设置缓存区，该缓存区具有高速访问的特点。

为了减轻总线的负担，可以采用多总线的方法。在 ATM 交换单元中使用多组总线而不是一组总线，如图 6-14 所示。由于每条入线只使用一组总线，这样总线的速率降低，避免了总线冲突，所以不需要专门的总线管理器。但是与此同时，出线控制电路必须连接多组总线，对每组总线

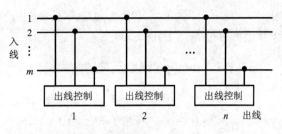

图 6-14 多总线 ATM 结构图

必须做缓存和信头判决工作。输出缓存交换矩阵和多总线 ATM 交换是相近的，但是，前者在交叉点进行信头判决完成信息交换，出线仅完成缓存，而后者在出线处完成所有功能。上述两种总线方案都是由出线进行判断是否接受信元以及进行出线信元缓存工作，而入线负担比较轻。也可以将信头判决的功能交给入线处理完成，而出线冲突仍由出线控制。这样可以得到改进的多总线 ATM 交换结构，如图 6-15 所示。从图 6-15 中可以看出这种总线方案和前面的空分矩阵交换是等价的。

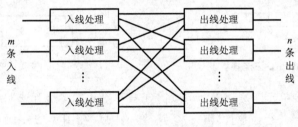

图 6-15 多总线 ATM 结构图

6.2.4 令牌环交换结构

令牌环结构是高速局域网所采用的一种信息交换形式。ATM 交换单元可以采用如图 6-16 所示的结构设计。所有入线、出线和环形网络相连，如果环的传输容量等于所有入线容量之和，可以采用开槽（时隙）方法，为每个入线分配时隙，入线在相应的时隙将其上的信元送上环路，而在任意出线处进行 VPI/VCI 判断，查看信元是否由该出

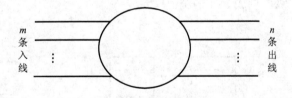

图 6-16 令牌环交换机制

线接收。令牌环与总线方法相比，其优点在于：如果采用某种合适的策略安排出线和入线位置，并且不将时隙固定分配给特定的入线，出线可以强制将接收时隙置空（即释放时隙），那么一个时隙可以在一次回环中使用多次，这样可以使令牌环的实际传输效率超过 100%，当然这时需要许多额外的设计和计算开销。

6.2.5 ATM 多级交换网络

由于工艺、技术、制造等方面的原因，ATM 基本交换单元的容量是有限的，而且直接使用空分、时分、总线和环形结构组建大容量的交换网也是没有必要的。实际上，可以使用较小的交换单元去构筑大容量的交换网络。ATM 交换中使用的多级互连网络大多以最小的交换

单元（即 2×2 交换单元，或称为交叉连接单元）为基本部件构建，所构成的应用最广泛的多级互连网络通常是 Banyan 网络。

6.2.5.1 Banyan 网络及其递归构造

一个基本交叉连接单元有平行连接和交叉连接两种状态，如图 6-17 所示。平行连接时，入端 0 和出端 0 连接，入端 1 和出端 1 连接；交叉连接时，入端 0 和出端 1 连接，入端 1 和出端 0 连接。用于 ATM 交换的交叉连接单元的实现原理如图 6-18 所示。

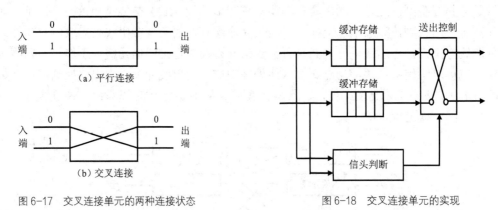

图 6-17 交叉连接单元的两种连接状态　　　　图 6-18 交叉连接单元的实现

4 个基本交叉连接单元连接起来，可以得到一个 4×4 的多级互连网络。它的每一个入端到每一个出端都有一条路径，并且只有一条路径。例如，在图 6-19 中画出了由入线 0 到出线 0 和入线 3 到出线 1 的路径。

同样，如果使用 12 个 2×2 交叉连接单元，可以排成一个 8 端入 8 端出的交换单元。它同样具备上述特点，如图 6-20 所示。从图 6-20 中可以看出，可以把后面的 8 个 2×2 交叉连接单元认为是两个 4×4 的交换单元，它们前面加上一级由 4 个 2×2 交叉连接单元组成的混合级，构成 8×8 的交换单元。

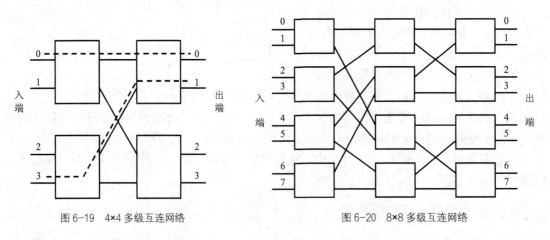

图 6-19 4×4 多级互连网络　　　　　　图 6-20 8×8 多级互连网络

一般地，假如要用两个 N 条入线 N 条出线的交换单元来构成一个 $2N$ 条入线和 $2N$ 条出线的交换单元，则可以再加上 N 个 2×2 交叉连接单元，把第一个 $N×N$ 交换单元的 N 条入线分别与 N 个 2×2 交叉连接单元的某一出线相连，把另一个 $N×N$ 交换单元上的 N 条入线与该

N 个 2×2 交叉连接单元上的另一条出线相连。

用上述方法构成的多级互连网络不仅用于 ATM 交换，也可用于多处理器的计算机系统。它的几种变形分别称为 Banyan 网络、Baseline 网络和洗牌—互换网络，如图 6-21 所示。由于这几种网络的构成都是相同的，区别只在排列位置的不同，所以也常常将其统称为 Banyan 网络。

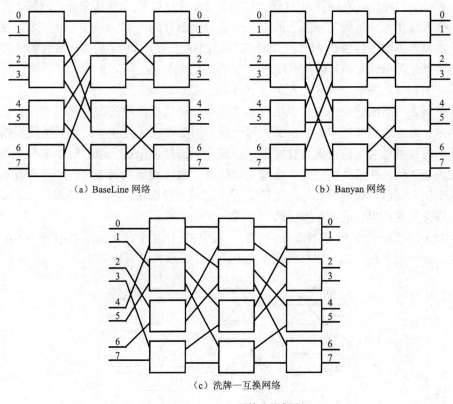

（a）BaseLine 网络　　　　　　　（b）Banyan 网络

（c）洗牌—互换网络

图 6-21　Banyan 网络及其变形

6.2.5.2　Banyan 网络的性质

Banyan 网络非常规则的构造方法，使其具有许多重要性质。

1．唯一路径性质

Banyan 网络中的每条入线和每条出线之间都有一条路径并且只有这一条路径，称之为唯一路径性质。下面简单地证明这个性质。

首先不难直接验证，这个性质对 4×4 的交换单元是成立的。因此，可以一般的假设它对 $N×N$ 的交换单元也是成立的。由于 $2N×2N$ 的交换单元是用上面讲的办法来构成的，显然从 2 个 $N×N$ 交换单元到前面一级 N 个 2×2 交换单元中共有 $2N$ 条路径，并且要到其中某一个入端去必须经过其中唯一的一条路径。可见，这样构成的 $2N×2N$ 交换单元仍然是在每个入线和每个出线间都存在一条路径，并且只有唯一的一条路径。这就证明了上述性质对任何 N 都成立。

2．自选路由性质

由 Banyan 网络的构造方法可知，一个 Banyan 网络的入线数和出线数相等，并且若设其

为 N，则必有 $N=2^M$。把 N 个入线和 N 个出线顺序分别编号为 0，1，2，…，$N-1$，那么，既可以依据 M（$M=\log_2 N$）位二进制数字来区别 N 个入端，也可以依据 M 位二进制数字来区别 N 个出端。从交换单元的任一个入线开始到交换单元的全部 N 个出线的 N 个连接，可采用不同的编号表示。因为 Banyan 网络的唯一路径性质，从一条入线出发的全部路径只有 N 条，且也可以用出端的 N 个不同的编号表示。

一个 $N\times N$ 的 Banyan 网络共有 M 级，每级有 $N/2$ 个 2×2 交叉连接单元。把每个交叉连接单元的两个入线和两个出线都在图上的上下位置分别编号为 0 和 1。一个由入线 i 到出线 j 的连接是由属于不同的各级的 M 个交叉连接单元顺序连接组成的。从第一级开始顺序排列各个交叉连接单元的出线号码，则其组成一个 M 位二进制数字。可以说明，这个数字的 N 种不同取值正好表示了从同一个入端出发的 N 个不同连接或路径。

从多级互连网络的这个性质可以很自然地想到：如果把出线的编号（或者叫做地址）以二进制数字的形式送到交换单元，那么，每一级上的 2×2 交叉连接单元就只需要根据这个地址中的某一位就可以判别应将其送往哪一个出线上。例如，在第一级上的 2×2 交叉连接单元只读地址的第 1 位，在第二级上的 2×2 交叉连接单元只读地址的第 2 位……当所有地址都被读完，这个信元就已经被送到相应的出线上了，这叫做自选路由性质。显然，如果能够利用这一点，则交叉连接单元的控制部分就可以做得十分简单。

图 6-22 所示为一个 8×8 的 Banyan 网络。在图中标出了全部 8 条通往出线 3 上的路径，每条路径上 3 个交叉连接单元出端号码都是 011，它正是二进制数字 3。

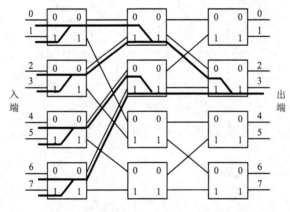

图 6-22　到出端 3 的全部路径

3．内部阻塞性质

在没有出线冲突时，纵横开关阵列是没有内部阻塞的。但上面所讨论的 Banyan 网络则是有内部阻塞的。Banyan 网络不仅有内部阻塞，而且这种内部阻塞是随着阵列级数的增加而增加的。当级数太多时，内部阻塞就会变得不可容忍。所以，由于内部阻塞，Banyan 网络不可能做得很大。

内部阻塞是在 2×2 交叉连接单元的两个入线要向同一个出线上发送信元时产生的。在最坏情况下，这个概率是 1/2。但是，如果入线上并不总是有信元，这个概率就会下降。因此，可以通过适当限制入线上的信息量来减少内部阻塞。此外，也可通过加大缓存存储器容量来减少内部阻塞。

由于多级互连结构中的排列很整齐，使用的电子开关数也较少，但是内部阻塞又是一个必须要解决的问题，因此，近年来进行了许多这方面的研究，并提出了若干方案。下面是其中的两种。

① 增加多级开关阵列的级数。把一个 M（$M=\log_2 N$）级 Banyan 网络对折叠加，使其级数增加到 $2M-1$，得到的网络是无阻塞的，称为 Benes 网络。例如，把 8×8 多级开关阵列的级数由 3 增加到 5，就可以消除内部阻塞，所构成的网络如图 6-23 所示。Benes 网络实际上相当于两个 Banyan 的背对背相连，并将中间相邻两级合并为一级。

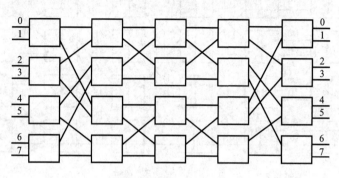

图 6-23　8×8 Benes 网络

② 排序 Banyan 网络，即通过在 Banyan 网络前面添加一个排序网络使其成为一个无阻塞网络。

可以证明，对于各种 Banyan 网络，都存在某些特定的条件。在满足这些条件的情况下，网络可以进行无阻塞的连接。例如，对于洗牌—互换网络，若有两个连接 a→b 和 c→d。其中两个入线编号（a，c）和两个出线编号（b，d）满足：c>a，d>b，d−b≥c−a，则这两个连接的路径是完全不重叠的。

因此可知，若洗牌—互换网络上各入端到各出端的连接是经过排序的，即彼此不交叉，则在洗牌—互换网络上是无阻塞的。图 6-24 所示为一个 8×8 洗牌—互换网络中一一连接的情形，即编号相同的入端和出端连接的情况。可以自行验证，满足上述条件的其他情形，网络也是无阻塞的。

由此可知，如果在 Banyan 网络前面加上一个网络进行排序，使得上述无阻塞条件得到满足，则这样的两个网络构成的交换单

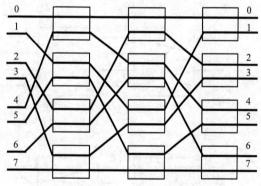

图 6-24　洗牌—互换网络的无阻塞性质

元将是无阻塞的。前面增加的这个网络叫做排序网络。它与后面的 Banyan 网络组成的整体叫做排序 Banyan 网络。

有多种构成排序网络的方法，图 6-25 所示为一个 8×8 排序网络的实现举例。图中的基本部件叫做比较—交换器。有↑符号的一种叫做出线升序的比较—交换器，其功能是比较两个入线要连接到的出线的号码。若上面的一个大于下面的一个，则进行交叉连接；否则进行平行连接。有↓符号的一种叫做出线降序的比较—交换器，其功能是比较两个入线要连接到的出线

的号码。若上面的一个大于下面的一个，则进行平行连接；否则进行交叉连接。有↓符号的一种叫做出线降序的比较—交换器，其功能是比较两个入线要连接到的出线的号码，若上面的一个大于下面的一个，则进行平行连接；否则进行交叉连接。图中同时给出了一个例子，即在把顺序排号的8个入线要分别连接到出线0，7，5，4，1，3，2和6上时，各个比较—交换器的连接方式。图6-25所示的括号中的数字表示了要连接到的出线的号码。

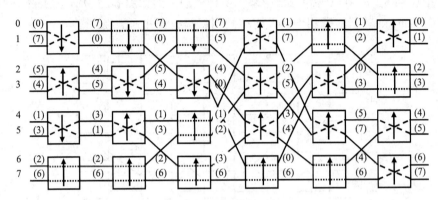

图6-25　8端口排序网络

4．出线冲突

排序Banyan网络不仅可以实现内部无阻塞，同时还可以用来解决出线冲突问题。其方法可以分三步进行，即仲裁、认可和发送。

图6-26所示为排序网络解决出现冲突的过程。在阶段1中，将入线编号和出线编号数据传送给排序网络，排序网络根据输出地址的大小按非递减顺序排队，这时候具有相同出线地址的数据显然会排列在一起，系统采用某种策略去除对出线重复请求的连接（如去除入线

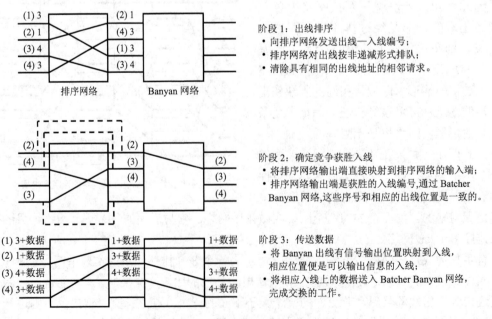

图6-26　排序网络解决出线冲突的三步法

1→出线 3 对）；此时，在排序网络的输出处仅留下相应的允许连接的入线/出线对。直观地说，将允许的入线编号通知排序网络的输入端即可，但实际上应用硬件方法却是无法直接实现的。在阶段 2 中，将排序网络出线处的允许连接编号对的入线编号（2，4，3）简单复制到排序网络的入线处，通过排序网络和 Banyan 网络的传递传送入线编号，此时 Banyan 网络的输出端正好是允许传输信息的入线位置（2，3，4）。在阶段 3 中，再将 Banyan 网的输出（2，3，4）拷贝到排序网络的输入就可以确定允许传送数据的入线位置，此时可以再将相应入线上的数据传送给交换网络，完成信息交换功能。

三步法的最大特点是借助排序 Banyan 网络本身解决出线冲突，运算效率和处理速度比较快，可以满足 ATM 高速交换的要求。该方法大约需要交换机提高 14%工作速度才能满足高速数据传输的要求，如每根入线的速率若为 155Mbit/s，交换机内部对该线的运行必须为 170Mbit/s 左右。

前面讲述的都是点对点连接时路由建立的技术，随着多点业务需求不断增加，多播成为人们研究 ATM 交换机的热点之一。可以通过放宽对点到点交换路由选择中的某些约束，在交换机中实现多播功能。由多级互连网络来完成 ATM 交换，仍然存在问题。这主要是信元通过交换单元的时延较大，阻塞问题的解决也有待更好的方法。关于更多的实现无阻塞多级互连网络的例子，请参考有关文献。

6.3　ATM 交换的分层技术

6.3.1　ATM 交换的协议参考模型

ATM 交换的协议参考模型是基于国际电联标准产生的，如图 6-27 所示。它由 3 个面组成，即控制面（Control）、用户面（User）和管理面（Management）。控制面处理寻址、路由选择与信令相关功能，这对网络动态连接的建立举足轻重。用户面在通信网中传递端到端用户信息。管理面提供操作和管理功能，它也管理用户面和控制面之间的信息交换。管理面又分为两层，即层管理和面管理。层管理涉及包括网络故障和协议差错检测的层特定管理功能；面管理提供网络相关的管理和协调功能。这 3 个面使用物理层和 ATM 层工作。ATM 适配层（ATM Adaptation Layer，AAL）是业务特定的，它的使用取决于应用要求。表 6-2 所示为物理层、ATM 层和 ATM 适配层执行的功能，图 6-28 所示的是 ATM 端系统之间的信息传递原理。

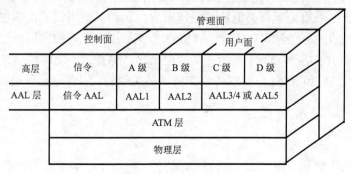

图 6-27　ATM 协议参考模型

表 6-2　　　　ATM 层、AAL 层和物理层功能

层名称		功能	
高层		高层功能	
适配层（AAL）	CS	业务特定（SSCS） 公共部分（CPCS）	层管理
	SAR	分段和重装	
ATM 层		一般流量控制 信元信头产生和提取 VPI/VCI 的翻译 信元多路复用和多路分解 ATM 层管理 ATM 层转接业务	
物理层	TC	信元速率解耦 信元定界 传输帧的产生和恢复 HEC 的产生和验证	
	PMD	比特定时 物理媒质 传输 编码和解码	

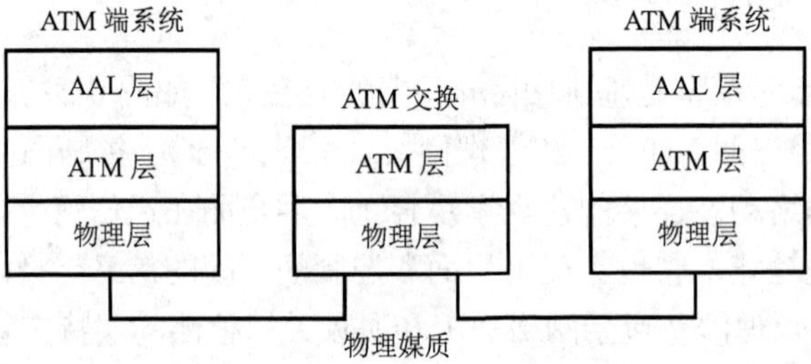

图 6-28　ATM 端系统之间的信息传递

ATM 层主要执行交换、路由选择和多路复用功能。ATM 网络实际是在终端用户间提供端到端 ATM 层连接。所以，ATM 层主要执行网络中业务量的交换和多路复用功能，它不涉及具体应用，这就使网络处理和高速链路保持同步，从而保证网络的高速性。ATM 适配层（AAL）的主要功能是将业务信息适配到 ATM 信息流。用户终端的应用特定业务由 ATM 适配层提供。AAL 在用户层和 ATM 层间提供应用接口，但是它不是网络 ATM 中间交换用户面部分，目前已定义各种 ATM 适配层协议支持不同类型的业务量。物理层在相邻 ATM 层间传递 ATM 信元。

6.3.2　物理层

物理层主要处理相邻 ATM 层间 ATM 信元的传输。ATM 层独立于物理层，它能够在各种类型物理链路上工作。目前，定义于 ATM 的物理层接口如表 6-3 所示。ATM 物理层的功

能较一般物理层功能多。在常规网络中，物理层只是通过物理介质传输比特流；但是在 ATM 网中，物理层向 ATM 层传递的是信元，而不是比特流，这就要求物理层具有确定信元边界功能。

表 6-3　　　　　　　　　　　ATM 的物理层接口特性

接　　　口	传输速率（Mbit/s）	吞吐量（Mbit/s）	系　　　统	传输介质
DS-1（T1）	1.544	1.536	PDH	同轴电缆
E-1	2.048	1.92	PDH	同轴电缆
DS-3（T3）	44.736	40.704	PDH	同轴电缆
E-3	34.368	33.984	PDH	同轴电缆
E-4	139.264	138.24	PDH	同轴电缆
SDH STM-1 SONET STS-3C	155.52	149.76	SDH	单模光纤
SDH STM-4 SONET STS-12C	622.08	599.04	SDH	单模光纤
FDDI-PMD	100	100	信息块编码	多模光纤
光纤信道	155.52	149.76	信息块编码	多模光纤
信元	155.52	155.52	信息块编码	单模光纤
信元	622.08	622.08	信息块编码	单模光纤
信元	25.6	25.6	信息块编码	UTP-3
信元	51.84	49.536	SONET	UTP-3
STS-3C	15.52	149.76	SONET	UTP-3

由前表 6-2 可见，物理层是向 ATM 层提供传输接入。在传输方向，ATM 层把 ATM 信元（信头差错控制 HEC 值除外）传递到物理层；在接收方向，ATM 层从物理层接收 53Byte 信元。物理层执行的功能分为两类，即传输汇聚（Transmission Convergence，TC）和物理介质（Physical Medium，PM）。

1．传输汇聚子层

传输汇聚子层生成物理介质的关联信息，并且为物理层产生协议信息。它的功能包括 HEC 的产生和验证、信元速率解耦、信元定界、传输帧的产生和恢复。

（1）传输帧的产生和恢复

在面向帧的传输系统中，传输汇聚子层在发送端产生传输帧，并在接收端从比特流中恢复它。传输帧产生功能就是把帧相关信息和 ATM 信元，置于预定义的帧结构中。与此类似，传输汇聚子层在接收端恢复传输帧，即从传输帧中恢复信元和帧相关信息。帧相关信息用于物理层操作、维护和线路测试等。

（2）HEC 的产生和验证

物理层从 ATM 层传递 52Byte 信元。这时，除了 HEC 字节，其他字节是完全的。HEC 字节由传输汇聚子层处理，并且在它传到物理介质之前就插入信元信头的信头差错控制域。在接收端，物理层利用接收的 HEC 值，进行信元信头完整性差错检验。信头差错的信元被丢弃，无差错的信元传送到 ATM 层。ATM 的 HEC 既能检测和纠正单比特差错，也能检测双比特及其他组合比特误码。当检测出差错时，它无法确定该差错是单比特差错，还是多比特差错。在纠错处理差错信头时，它对多比特差错无能为力。

（3）信元速率解耦

一般来说，物理介质要求连续传输比特流（拆线信道传输除外）。当收发器要求物理层连续传递信元流时，就产生这样的问题：如果没有足够的信元从 ATM 层传向物理层时，用什么填满传输管道？为了保持连续比特流在链路中传输，发送端传输汇聚子层将空闲信元插入用户信元流。这些空闲信元在接收端传输汇聚子层被接收器丢弃，因此，它们不会被传到 ATM 层。空闲信元由特定信头值即 VPI=0，VCI=0，PT=0 和 CLP=1 唯一地识别。

（4）信元定界

传输链路上传输的不是信元，而是比特流（信号）。物理层接收比特流，并且在它传向 ATM 层之前，将其还原为 ATM 信元。信元定界功能就是从接收比特流中，确定信元的边界（信元的起始和结束）。ITU-T 建议 I.432 定义利用信元信头 HEC 域进行信元定界的处理。处理过程见图 6-2。

2．物理介质关联子层

物理介质关联子层（Physical Medium Dependent sublayer，PMD）类似常规网络的物理层。它在传输方向的基本功能是在链路上透明传输比特流。在接收方向，它检测和恢复传递来的比特流，然后将其再传递到传输汇聚子层，恢复传输帧和 ATM 信元。

图 6-29 所示为物理介质关联子层和传输汇聚子层间的关系。这两个子层要交换数据，它们必须互相同步。物理介质关联子层（PMD）的传输和检测功能，实际就是在导线和光缆上传递和识别电信号与光信号。其定时功能给传输信号产生定时信号，并且为接收信号提取定时信号。PMD 的另一功能就是线路的编码和解码。它可以基于比特操作或者比特组操作，后者称为信息块编码传输，它的基本概念就是成组处理比特。在线路传输前，将比特组转换成另一种比特编码。常用的两种编码技术是 4B/5B 和 8B/10B。使用前一种编码技术，一组 4bit 信息被编码成 5bit 码组传输；而用后一种编码技术，8bit 信息被编码成 10bit 码组传输。无论使用何种编码技术，实际的速率都要求增加 20%。例如，FDDI PMD 的实际速率是 125Mbit/s，但是只有 100Mbit/s 用于数据业务量。其原因如下所述。

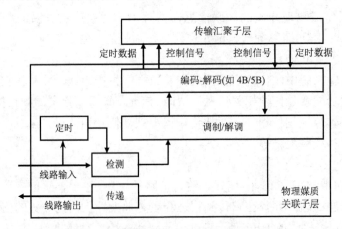

图 6-29 物理媒质关联子层和传输汇聚子层间关系

① 接收信号检测比特边界要求：传递到物理媒质关联子层的码型是二进制代码。如果没有足够的代码转换，则难于检测比特边界。显然代码"0"和"1"间的转换不是用户数据可控制的。十进制数 15 用二进制数表示为 1111，4 位码可编码 16 个取值。如果以 5 位码传输，则可编码 32 个取值。如果从中选取 16 个值，就有充足的代码转换时间，从而使接收电路时钟同步比较容易。

② 额外值要求：增加额外值可用于传输链路两端控制信息的传递。

③ 低速传递需要：码组传输在网中使接收的比特流更易于低速向其他电路传递。例如，使用 4B/5B 编码技术，由于数据以 4 位码组传输，所以 100Mbit/s 速率接收的比特流，可以由 25Mbit/s 速率传递到适配层。然而，信息块编码传输不需要这样的灵活性。表 6-4 所示为用于 100Mbit/s PMD 的 4B/5B 编码。

表 6-4   用于 100Mbit/s PMD 的 4B/5B 编码

符 号 类 型	符 号	编 码	意 义
线路状态符号	I	11111	空闲
	H	00100	暂态
	Q	00000	静态
开始定界符	J	11000	SD 的第一字节
	K	10001	SD 的第二字节
控制指示符	R	00111	逻辑 0（重置）
	S	11001	逻辑 1（设置）
结束定界符	T	01101	终止数据流
数据符号	0	11110	二进制 0000
	1	01001	二进制 0001
	2	10100	二进制 0010
	3	10101	二进制 0011
	4	01010	二进制 0100
	5	01011	二进制 0101
	6	01110	二进制 0110
	7	01111	二进制 0111
	8	10010	二进制 1000
	9	10011	二进制 1001
	A	10110	二进制 1010
	B	10111	二进制 1011
	C	11010	二进制 1100
	D	11011	二进制 1101
	E	11100	二进制 1110
	F	11101	二进制 1111

6.3.3 ATM 层

ATM 层主要执行 ATM 网的交换功能，在同一 ATM 层单元间传递信元。它利用物理层业务在 ATM 层用户间顺序传送信元。在始发端，它从 ATM 层用户接收 48Byte 信元信息，再加 4Byte 信头（HEC 字节除外）组成 ATM 信元，然后将它传送到物理层进行 HEC 处理和传输。在终接端，ATM 层从物理层接收信元，去除信头并且将信元信息送到 ATM 层用户；信头差错的信元在中间节点丢弃。与此类似，传输链路缓冲器满时，抵达的信元也在交换节点丢弃。由于 ATM 网络中没有差错信元和丢失信元重传机制，所以 ATM 层不能提供可靠业务，它依靠终端确保 ATM 信元信息数据完整。ATM 层的技术规范描述了下述内容：一般流量控制、信元信头产生和提取、VPI/VCI 的翻译、信元多路复用和多路分解、ATM 层转接业务和 ATM 层管理。

1．信元信头产生和提取

ATM 层从用户层接收 48Byte 信元信息，再加 4Byte 信头（HEC 字节除外）组成 ATM 信元，然后将它传送到物理层进行 HEC 处理和传输。在终接端，ATM 层从物理层接收信元，去除信头并且将信元信息送到 ATM 层用户。

2．一般流量控制

ATM 层通过一般流量控制（GFC）控制终端到网络的业务流量。由于在用户网络接口定义了两套进程，即控制的和非控制的。因此，也就有两级连接，即受控连接和非控连接。非控连接业务无须一般流量控制进入网络，而受控连接业务需要一般流量控制才能进入网络。由于一般流量控制不控制网络到用户方向的业务量，所以它不用于网络内部或者网络节点接口（NNI）。

同时，信元丢失优先级（CLP）在流量控制中也发挥作用。由于连接的统计多路复用性，ATM 网不可避免要有一些信元丢失。丢失优先级高的信元在拥塞期首先被丢失。信元丢失优先级功能可由网络或网络应用使用。网络使用时，它称为标记。在连接建立期，连接请求终端和网络达成流量协议。根据该协议，只要用户流量在协议规定值之内，网络保证连接的业务质量。为此，网络监测信元流，当某信元被检测出违反协议规定，网络可能在接口丢弃它或者继续传递。但是网络必须确保在协议输入参数范围内，不影响其他用户信元业务质量。为了确保一致性，流量的业务等级，有必要识别网络的非一致信元，该信元是首先丢失的信元。识别方法是网络把非一致信元的 CLP 设置为"1"。

3．VPI/VCI 的翻译

ATM 是面向连接的技术，它要求端到端连接在业务量开始流通前就建立。ATM 连接既可以利用管理功能预建立，也可以使用信令根据需要动态建立。预建立连接称为永久虚连接（PVC），使用信令动态建立连接称为交换虚连接（SVC）。

ATM 信元信头包含 28bit 的路由选择域，它由两个识别符构成，即虚通路标识符（VPI）和虚信道识别符（VCI）。两个识别符及物理链路传来的信元就唯一地识别每个 ATM 交换节点的连接。一般来说，VCI 值只在特定 VPI 中才是唯一的，VPI 值只在特定物理链路上才是唯一的。因此，只有当输入链路识别符 VPI 和 VCI 相同时，连接才能被连接识别符识别。这样，VPI/VCI 只具有本地重要性，它们的标号在信元传输的交换节点被翻译。这个技术称为标号交换（或标记交换）。

4．ATM 层转接业务

（1）向物理层传递的业务

ATM 层需要物理层在两个 ATM 通信单元之间传递信元。已有两种业务指令定义用于 ATM 层和物理层之间的业务接入点（PHY-SAP），它们是：

PHY-UNIT-DATA.request；

PHY-UNIT-DATA.indication。

ATM 单元根据请求（request）业务指令向物理层传递一个信元，根据指示（indicate）业务指令接收一个信元。

（2）向 ATM 层用户提供的业务

用于 ATM 信元信息交换的业务指令及其参数定义如下：

ATM-DATA.request（ATM-SDU，SDU 类型，定义的 CLP）；

ATM-DATA.indication（ATM-SDU，SDU 类型，接收的 CLP，拥塞）。

ATM-DATA.request 指令用于初始化 ATM 信元信息（ATM-SDU）及 SDU 类型的传递，通过当前连接把它们传送到同层单元。ATM-SDU 是 48Byte 数据，它由 ATM 层在对等高层通信单元间传递。丢失优先级和业务数据单元（Service Data Unit，SDU）类型参数分别向对应 ATM 物理层数据（ATM-PDU）的信元丢失优先级（CLP）比特和信息类型指示（PTI）域中赋值。ATM-PDU 是 53Byte 的信元，它包括信元信头和信元信息。

信息类型指示符域 3bit 长。bit 3 是最左位也是最高有效位，它用于规定信元是携带用户数据还是携带操作、管理和维护（OAM）数据。当 bit3 等于 "0" 时，bit 2 用于指示信元是否通过拥塞交换，bit1 用于区分最后用户信元。除了规定两种类型信息流以外，信息类型指示符编码也包括了网络资源管理（Resource Management，RM）信元的定义。信息类型指示符的不同编码值含义如表 6-5 所示。网络资源管理信元格式如图 6-30 所示。

表 6-5　　　　　　　　　　信息类型指示

PTI 编码	意　　义	PTI 编码	意　　义
000	用户数据信元，无拥塞，SDU 类型=0	100	分段 OAM 信息流相关信元
001	用户数据信元，无拥塞，SDU 类型=1	101	端到端 OAM 信息流相关信元
010	用户数据信元，拥塞，SDU 类型=0	110	RM 信元
011	用户数据信元，拥塞，SDU 类型=1	111	预留

PTI=110	RM 协议识别符 （1Byte）	功能特定域 （44Byte）	预留 （6bit）	CRC-10

图 6-30　网络资源管理信元格式

ATM-DATA.indication 指令表示具有拥塞指示和接收 SDU 类型参数的 ATM-SDU 通过当前连接传来。如果 ATM-SDU 通过拥塞节点，拥塞指示就在网络中设置。表 6-6 所示为 ATM-SAP 参数值及意义，其中，FECN 表示前向显示拥塞通知。

表 6-6　　　　　　　　　　　　　　ATM-SAP 参数值及意义

参　数	意　义	值
ATM-SDU	48Byte 格式	任何 48 字节格式
SDU 类型	端到端信元类型指示符	0 或 1
丢失优先等级	CLP	高或低优先等级
拥塞状态	FECN 指示	是或非

5．ATM 层管理

操作管理和维护（OAM）一般包括配置、故障和性能管理及安全保密和计费功能，网络资源特别在 ATM 层被监测，防止设备故障和性能降级。

如果网络出现故障，就要检查故障原因并且进行排除。基于网络和用户的反馈，操作涉及管理进行不断协调或网络资源的维护。执行 OAM 功能的 ATM 层管理协议数据单元全部包含在单一信元信息中，如图 6-31 所示。前两个域识别 OAM 类型和功能类型。管理功能包括故障管理、性能管理、激活和释放。10bit 循环冗余检验码（CRC-10）域用于检验信元信息的比特差错。目前 5 个 OAM 功能定义如下。

OAM 类型 （4bit）	功能类型 （4bit）	功能特定域 （360bit）	预留 （6bit）	CRC-10 （10bit）

图 6-31　ATM 层管理协议数据单元

① 性能监测：管理单元的正常功能，由连续的或者周期性的功能检测进行监测，并提供维护信息。

② 故障和失效检测：通过连续和周期性检查来检测出故障，并产生维护和告警信息。

③ 系统保护：通过闭塞或者切换的方式减小管理单元故障对系统的影响，并把故障单元排除于操作之外。

④ 故障信息：故障信息、告警指示和请求响应都被传递到对应管理单元和管理面。

⑤ 故障定位：由于故障信息不充分，需要内部或者外部测试系统检测故障单元。

6．信元多路复用和分解

信元由 ATM 层向物理层传递时，要进行统计时分多路复用，将信元信息插入时间段中；物理层向 ATM 层传递时，ATM 层要从时间段中取出信元信息。

6.3.4　ATM 适配层

ATM 层只涉及信元信头功能而不处理信息域的信息类型，不涉及具体应用，这种简化处理对于同高速传输链路保持同步是非常必要的。ATM 适配层在业务质量相同的对应上层单元之间，提供透明和顺序的 AAL 业务数据单元（AAL-SDU）传递，其功能是将各种用户业务信息适配到 ATM 信息流。主要涉及业务时钟频率信息、误插信元检测、信元丢失检测和信元延迟变量的确定及处理等。

ITU-T 根据定时关系、比特率和连接方式 3 个参数对 ATM 业务进行了分类。对应各类不同业务，目前已经定义了 4 个 ATM 适配层协议，它们是 AAL1，AAL2，AAL3/4 和 AAL5。

AAL 类型和它的业务等级关系如表 6-7 所示。

表 6-7　　　　　　　　　　　　目前定义的 ATM 适配层

参　数	AAL1	AAL2	AAL3/4	AAL5
定时关系	要求	要求	不要求	不要求
比特率	固定	可变	可变	可变
连接方式	面向连接		面向连接或无连接	

　　每一协议都具有通过 ATM 网把 AAL-SDU 从一个 AAL 业务接入点（Service Access Point，SAP）传递到另一个或者更多 AAL-SAP 的功能。AAL 用户通过业务接入点，接入 ATM 适配层。业务接入点（SAP）与诸如延迟和信元丢失等业务质量参数相关联。AAL 用户选择最适合其要求的 AAL 业务接入。独立于 AAL 类型的 ATM 适配层结构如图 6-32 所示。

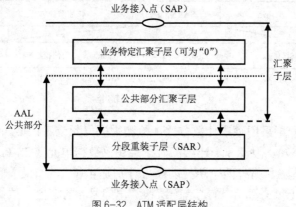

图 6-32　ATM 适配层结构

　　ATM 适配层功能分为两个子层，即分段重装子层（Segmentation And Reassembly，SAR）和汇聚子层（Convergence Sublayer，CS）。分段重装子层涉及数据单元分段和重装，以及将其映射到固定长度信元信息域的功能。汇聚子层完成一系列 ATM 适配层业务特定功能，它又分为业务特定汇聚子层（Service-Specific Convergence Sublayer，SSCS）和公共部分汇聚子层（Common Part Convergence Sublayer，CPCS）。对于不要求业务特定功能的应用，SSCS 可能是 "0"。

6.3.4.1　固定比特率业务的 ATM 适配层

ATM 适配层类型 1（AAL1）适用于要求连接端点间具有定时关系的恒定比特率（Constant Bit Rate，CBR）业务，如 CBR 音频和 CBR 视像。提供给 AAL1 用户的业务如下所述。

① 固定比特率业务数据单元，以相同比特率向终接 AAL1 用户的传递。

② 源点和终点间定时信息的传递。

③ 源点和终点间结构信息的传递。

④ 差错信息或者丢失信息的指示。

1. 分段重装子层

分段重装子层在发送端，接收汇聚子层传来的 47Byte 数据块（AAL1 CS-PDU），并在每个数据块附加 SAR-PDU 信头，构成分段重装子层协议数据单元（SAR-PDU）。除了从汇聚子层接收 CSI 和序号域值之外，分段重装子层还计算 CRC-3 和奇偶校验位，对信头进行保护（其生成多项式为 X^3+X+1）。在终接端，分段重装子层接收 48Byte 的 SAR-PDU，在向汇聚子层传递 47 字节信息之前，对信元的丢失和误插入进行检测。

AAL1 分段重装子层协议数据单元（SAR-PDU）信头如图 6-33 所示。它是 1Byte 的域，包含在携带 AAL1 数据的 ATM 信元信息域。它由 1bit 汇聚子层指示符（Convergence Sublayer Identifier，CSI）、3bit 序号域、3bit 循环冗余校验（CRC-3）和 1bit 奇偶校验位构成。CSI 位包含汇聚子层指示信息，序号域表示序号，它们都由循环冗余校验码（CRC-3）保护；整个信头由奇偶校验位保护。CSI 和序号域值由汇聚子层提供。

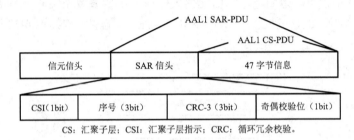

CS：汇聚子层；CSI：汇聚子层指示；CRC：循环冗余校验。

图 6-33　AAL1 SAR-PDU 信头

AAL1 分段重装子层采用顺序计数方式，检测丢失信元或者误插入信元。3bit 序号域提供模 8 的序号（即 0~7）。假设 3 个连续汇聚子层协议数据单元（CS-PDU）是顺序传输，第一个数据单元的序号是 3，另外两个单元的序号分别是 4 和 5。如果它们以正确顺序被接收，并且接收到的序号是 3 和 5，那么 ATM 适配层检测出序号 4 的汇聚子层协议数据单元丢失了；若接收的序号是 2 和 4，ATM 适配层检测出序号 2 的汇聚子层协议数据单元是误插入的。所有误插入信元都要被丢弃。为了保持 AAL1 用户信息比特计数完整性，必须插入假汇聚子层协议数据单元（CS-PDU），以弥补丢失信元，假 CS-PDU 内容取决于所提供的业务类型。只有当 8 个连续信元在网络中丢失时才不能检测丢失信元，但是这几乎不可能发生。

2．汇聚子层

AAL1 汇聚子层包括下列功能。

① 信元延迟变量的处理。

② 顺序计数的处理。

③ 定时信息的传递方式。

④ 源点和终点间结构信息的传递。

⑤ 前向纠错。

对于恒定比特率业务，ATM 适配层业务数据单元以固定速率提交 AAL1 用户。然而，由于 ATM 是分组交换，在接收端可能出现信元延时变化（抖动）。AAL1 汇聚子层（CS）采用缓冲区处理 ATM 适配层的信元延时变化，当缓冲区上溢或下溢时，采用在信息流中分别插入特定比特模式组成的信元或丢弃多余比特策略进行处理。为了降低净荷的组装延时，SAP-PDU 可以只部分地装载用户信息，用填充比特补充。对于丢失和误插入信元的处理，CS 子层在发送数据时采用编号的方式为每个 SAR-SDU 设置一个序号，接收端的 CS 子层根据序号判断信元是否丢失、重复和插入。AAL1 汇聚子层也提供了单向视像业务比特差错和信元丢失的纠正方法。它是前向纠错法和字节交织法的合成，可纠正的差错和丢失有：4 信元丢失；每 2 信元丢失和 1Byte 差错；在没有信元丢失条件下每 2Byte 差错。

此外，为了传递端点和终点间的定时关系，汇聚子层在接收端需要执行恢复功能。现已定义了 3 种方法处理定时关系：自适应时钟法、网络同步时钟法和同步剩余时间标记法。

6.3.4.2　可变比特率业务的 ATM 适配层

AAL1 是唯一定义用于固定比特率业务的适配层，其他都定义用于可变比特率业务。可变长度信息分组称为业务数据单元（Service Data Unit，SDU）。它首先被汇聚子层（CS）接收，附加 CS 信头和 CS 尾标，然后，再传到分段重装子层（SAR），形成信元信息域。分段重装子层在汇聚子层协议数据单元（CS-PDU）上附加其信头和首尾，又形成分段重装子层协议数据单元（SAR-PDU）。ATM 层附加信元信头后将信元传到物理层传输。接收侧的处理与此相反，信元信头在 ATM 层分离；信元信息传递到分段重装子层，经过检验 SAR-PDU 的传输差错，分离 SAR 信头，重组 CS-PDU 处理后，又被传到汇聚子层（CS）；再通过 CS 信头和 CS 尾标分离处理，把协议数据单元中的信息传递到 ATM 适配层用户。ATM 适配层、ATM 层和高层间关系如图 6-34 所示。

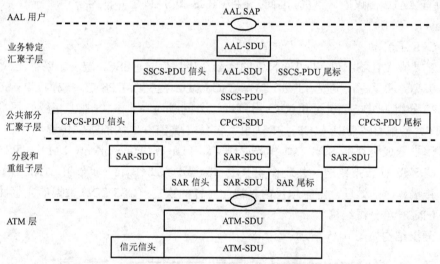

AAL：ATM 适配层；SAP：业务接入点；PDU：协议数据单元；SDU：业务数据单元；
SAR：分段重装子层；SSCS：业务特定汇聚子层；CPCS：公共部分汇聚子层。

图 6-34　可变比特率业务的 AAL 功能

可变比特率业务特定汇聚子层（VBR SSCS）定义了两种方式业务：信息方式和数据流方式。

信息方式传递固定容量数据单元，也传递可变长度数据单元。数据单元作为一个单元，通过 ATM 适配层接口传递。当处理短时固定容量数据单元时，汇聚子层就启动传输 ATM 适配层内部信息组块功能。它将许多固定长度数据单元组成一个汇聚子层协议数据单元（CS-PDU），这减少了每个单元的 CS 信头和 CS 尾标附加位。在接收侧，对应功能是将接收的 CS-PDU，分解为固定长度数据单元。当处理可变长度数据单元时，汇聚子层就启动传输 ATM 适配层信息分段功能。它在公共部分汇聚子层处理前，就把数据单元分为较小的协议数据单元。在接收端，这些协议数据单元又被重组为原来的数据单元。信息组块（信息分解和信息分段）和信息重组功能在业务特定协调功能（SSCF）层执行。如果业务特定协调功能无效，数据单元通过 ATM 适配层业务接入点（AAL-SAP），映射到一个公共部分汇聚子层协议数据单元（CPCS-PDU）。

数据流方式用于可变长度数据单元传输和接收的交织。如果没有此功能，完整数据单元必须被 ATM 适配层用户接收，并在汇聚子层处理。如果有并启动该功能，ATM 适配层用户以若干单元传递数据。这些数据单元的传递在时间上是分离的。数据流方式还具有终止业务功能，可通过它请求丢弃部分的数据单元。与信息方式类似，数据流方式也包括信息分段和重装功能。此外，它也应用了管线传输功能，发送单元可以利用该功能在完整数据单元被接收之前，就启动到接收单元的传递。

目前定义的可变比特率业务的 3 个 ATM 适配层协议如下所述。

1．ATM 适配层类型 2（AAL2）

AAL2 定义用于要求端到端具有定时关系、面向连接的可变比特率业务。使用 AAL2 的业务包括可变比特率音频和可变比特率视像。

AAL2 分为汇聚子层（CS）和分段重装子层（SAR）。CS 子层又分为业务特定汇聚子层（SSCS）和公共部分汇聚子层（CPCS）。其中 SSCS 和特定业务相关，可以为空；CPCS 和 SAR 是所有 AAL2 协议所必需的，因此，又将 CPCS 和 SAR 合并称为公共部分子层（Common Part Sublayer，CPS）。

（1）CPS 子层

AAL2 层从 AAL-SAP 接收可变长度的 AAL2 用户信息，SSCS 层（如果存在）添加相应的信头（头标）和尾标，组成 SSCS-PDU。SSCS-PDU 提交给 CPS 层，成为 CPS-SDU，CPS 层加上 CPS 分组头组成 CPS 分组。CPS 分组经过分割成为字节格式，加上相应的开始码（STart Field，STF）构成 CPS-PDU。CPS-PDU 用于收、发端 CPS 之间的数据传递。

CPS 用户分成两类：SSCS 实体和层管理实体（Layer Management，LM）。CPS 完成的功能包括：CPS-SDU 数据传送，其最长 45Byte（默认）或 64Byte（扩展）；AAL2 信道的复用和分解；传输延时的处理；定时信息的传递；时钟的恢复；CPS-SDU 数据的完整性保证。

（2）CPS 子层分组结构

CPS 分组结构如图 6-35 所示。

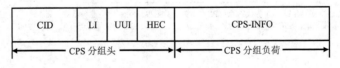

图 6-35　AAL2 的 CPS 分组结构

信道标识符（Channel Indication，CID）为 8 bit 域，用于标识 AAL2 层的通信信道，取值范围 0～255；其中，0 不用，1 表示层管理实体间通信，2～7 保留，8～255 可以被 SSCS 使用。

长度指示（Length Indicator，LI）为 6 bit 域，表示 CPS-INFO（信息域）长度，默认 CPS-INFO（信息域）最大长度为 45Byte。

用户间指示（User-User Indication，UUI）为 5 bit 域，可以在 CPS 层透明传送 CPS 用户

间的控制信息，并可区分不同类型的 CPS 用户（SSCS 和 LM）。取值 0～31，其中 0～27 用于 SSCS 实体间的通信，30、31 用于 LM 实体间通信，28、29 保留。

CPS 分组头差错控制（HEC）为 5 bit CRC 校验序列，生成多项式为 $X^5 + X^2 + 1$，用于保护 CPS 分组头中的 CID，LI 和 UUI。

CPS 分组信息域（CPS-INFO）为 1～45Byte（可扩展到 64Byte），经过分割成为 CPS-PDU 负载区，CPS-PDU 长度为 48Byte。

（3）CPS-PDU 结构

图 6-36 所示为 CPS-PDU 结构，它包括两个部分：CPS-PDU 负载区和 8 bit 开始域（STF）。

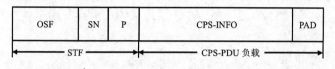

图 6-36 CPS-PDU 结构

偏移量（Offset Field，OSF）为 6bit，存放 STF 结束位置到 CPS 分组头之间的距离，如果不存在 CPS 分组头，则是指 STF 结束位置到 PAD 开始的距离。OSF=47 表示在 CPS-PDU 负载区中没有信息装载。由于 CPS-PDU 负载长度等于 47Byte，所以 OSF 的取值不能大于 47。

序号（Sequence Number，SN）为 1bit，是 CPS-PDU 数据块的编号。

奇校验 P（Parity）为 1bit，用于对 STF 进行奇校验。

CPS-PDU 负载区为 47Byte，可以装载 0、1 或多个 CPS 分组，填充字节 PAD（=0）用于填充未填满的负载空间。一个 CPS 分组可能装在两个 CPS-PDU 负载区中。

2．ATM 适配层类型 3/4（AAL3/4）

AAL3/4 定义用于源和端间不须定时的面向连接和无连接可变比特率业务。它的基本功能支持无连接网络接入和面向连接的帧中继业务。

（1）分段重装子层

AAL3/4 的分段重装子层（SAR）从公共部分汇聚子层接收可变长度数据分组，产生分段重装子层协议数据单元（SAR-PDU）。该单元最多含有 44 字节的分段重装子层业务数据单元（SAR-SDU）数据，以及 4 字节的 SAR 信头和尾标。SAR-PDU 结构如图 6-37 所示。

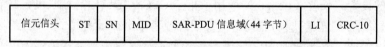

ST：信息段类型；SN：序号；MID：多路复用识别；LI：长度指示符；
SAR：分段和重装子层；PDU：协议数据单元；CRC：循环冗余检验。

图 6-37 AAL3/4 的 SAR-PDU 结构

信息段类型（Segment Type，ST）是 2bit 域，它表示 SAR-PDU 包含信息开始（Beginning Of Message，BOM）、信息连续（Continuation Of Message，COM）、信息结束（End Of Message，EOM）或者单段信息（Single Segment Message，SSM）。4bit 序号（Sequence Number，SN）域基于模 16 对 SAR-PDU 编号。多路复用识别（Multiplexing Identification，MID）域有 10bit，它允许将若干 ATM 适配层连接，多路复用到一个 ATM 连接；特殊 ATM 适配层连接的全部

SAR-PDU，都分配相同 MID 值；利用此域，可以将不同 SAR-SDU 的 SAR-PDU 交织和重组，图 6-38 所示为若干 ATM 适配层连接多路复用到同一 ATM 连接的过程。6bit 长度指示（Length Indicator，LI）域表示 SAR-SDU 的字节数。当 ST=BOM 或者 COM 时，它等于 44。当 ST=EOM 时，它的取值范围从 4～44；当 ST=SSM 时，它的范围从 8～44。值 63 和 ST=EOM 表示请求放弃。10bit 循环冗余检验域中的 CRC-10，用于检测循环冗余检验域本身除外的全部信息域（CS-PDU）的比特差错，其生成多项式为：$G(x) = X^{10}+X^9+X^5+X^4+X+1$。

AAL3/4 分段重装子层功能为差错检测和处理、多路复用和多路分解、数据单元放弃。差错检测和处理是利用 CRC-10/SN 检测和处理比特差错，以及丢失或者误插入 SAR-PDU 的检测和处理；多路复用和多路分解是指允许利用多路复用识别（MID）域将若干公共部分汇聚子层（CPCS）连接，多路复用到一个 ATM 层连接中；放弃是指提供方法放弃部分传递的 SAR-SDU。

（2）公共部分汇聚子层

在业务特定汇聚子层（SSCS）无效时，AAL3/4 公共部分汇聚子层（CPCS）接收固定或者可变长度 AAL 用户信息分组，形成公共部分汇聚子层协议数据单元（CPCS-PDU），将它们传递到分段重装子层进一步处理。AAL3/4 的 CPCS-PDU 格式如图 6-38 所示。

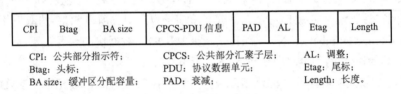

CPI	Btag	BA size	CPCS-PDU 信息	PAD	AL	Etag	Length

CPI：公共部分指示符；　　CPCS：公共部分汇聚子层；　　AL：调整；
Btag：头标；　　　　　　PDU：协议数据单元；　　　　Etag：尾标；
BA size：缓冲区分配容量；　PAD：衰减；　　　　　　　　Length：长度。

图 6-38　AAL3/4 的 CPCS-PDU 格式

公共部分指示符（Common Part Indicator，CPI）是字节域，它用于解释 CPCS-PDU 信头和尾标的功能，特别是说明缓冲区分配容量（BAsize）和长度（Length）值的计算单位；未来还要定义该域对其他值的处理。头标（Btag）和尾标（Etag）域是联合使用的，它们各为 8bit，同一个 CPCS-PDU 取相同值，而顺序发送的 CPCS-PDU 应使用不同的 Btag 和 Etag（但值序不重要，只要接收端匹配即可）以确保 CPCS-PDU 的完整性。缓冲区分配容量（BAsize）是 2Byte 域，它表示接受 CPCS-PDU 的最大缓冲区容量。CPCS-PDU 容量要求必须是 4Byte 的倍数。为此，填充域（Padding，PAD）的长度为 0～3Byte 以满足此要求。1Byte 的调整（AL）域同样为此目的设置。长度（Length）域用于指示 CPCS-PDU 信息域长度，1 个 Byte。

AAL3/4 公共部分汇聚子层功能为：执行信息或者数据流业务模式；CPCS-SDU 的保存，它提供 CPCS-SDU 的分隔和透明性；差错检测和处理，它检测和处理差错 CPCS-PDU，利用头标、尾标和长度域检测长度误差以及头标和尾标的误匹配。

3．ATM 适配层类型 5（AAL5）

与 AAL3/4 相类似，AAL5 用于可变比特率业务，但是它不需要源和端之间的定时。ATM 适配层类型 5 由业务特定汇聚子层（SSCS）、公共部分汇聚子层（CPCS）和分段重装子层（SAR）构成。它已经定义了适用于各种业务的业务特定汇聚子层协议。在业务特定汇聚子层无效条件下，它只提供 ATM 适配层用户到 CPCS 的业务指令映射，反之亦然。

（1）分段重装子层

分段重装子层功能基于 SAR-PDU 执行。分段重装子层接收可变长度的 SAR-SDU

（CPCS-PDU 的信息域）。CPCS-PDU 从公共部分汇聚子层传来，它是 48Byte 的整数倍。分段重装子层将 CPCS-PDU 分成 48Byte 的单元直接装入 SAR-PDU，不增加任何开销，因此，SAR-PDU 没有 SAR 信头和尾标。

AAL5 使用信元信头中信息类型指示符域定义了 SAR-SDU 类型指示和拥塞指示。SDU 类型=0 表示存在连续用户数据信元；SDU 类型=1 表示 SAR-SDU 结束（即最后信元）。拥塞指示为信息类型指示符域的第二个比特。有丢失优先等级的 SAR-SDU 传递由信元信头 CLP 比特控制。

AAL5 分段重装子层功能为：SAR-SDU 的保存，它提供 SAR-SDU 结束指示；拥塞信息处理，它在 SAR 以上各层和双向 ATM 层之间传递拥塞信息；丢失优先等级信息的处理，它在 SAR 以上各层和双向 ATM 层之间传递信元丢失优先级 CLP 信息。

（2）公共部分汇聚子层

AAL5 的 CPCS-PDU 格式如图 6-39 所示。填充（PAD）域的长度为 0～47Byte，以便使 CPCS-PDU 容量是 48Byte 的倍数。CPCS-UU 域是 1Byte 长，用于透明传递公共部分汇聚子层的用户到用户信息。CPCS 指示域（CPI）为 1Byte，主要功能是调整 CPCS-PDU 尾标，使它满足 4Byte 倍数要求，它的其他功能将在未来补充。长度（Length）域为 2Byte 长，用于表示 CPCS-PDU 信息域长度。CRC-32 是 4Byte 域，它用于保护全部信息，其中包括 CPCS-PDU 尾标的前 4 个 Byte。

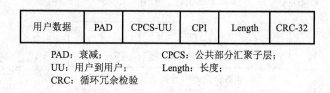

PAD：衰减；　　　　　CPCS：公共部分汇聚子层；
UU：用户到用户；　　　Length：长度；
CRC：循环冗余检验

图 6-39　AAL5 的 CPCS-PDU 格式

AAL5 公共部分汇聚子层功能如下所述。

① CPCS-PDU 的保护：利用 SDU 类型指示，提供 CPCS-SDU 的分隔和透明性。

② CPCS 用户到用户信息的保护：利用 CPCS-PDU 的 CPCS-UU 域，透明传递 CPCS 用户到用户信息。

③ 差错检测和处理功能：利用长度指示符和 CRC-32 域，检测 CPCS-SDU 差错。

④ 放弃：提供方法放弃部分传递的 CPCS-SDU。

⑤ 填充：调整 CPCS-PDU，使它满足 48Byte 倍数的要求。

⑥ 拥塞信息处理：在 CPCS 以上各层和双向 SAR 层之间传递拥塞信息。

⑦ 丢失优先等级信息的处理：在 CPCS 以上各层和双向 SAR 层之间传递信元丢失优先级 CLP 信息。

4．AAL3/4 与 AAL5 的比较

AAL3/4 和 AAL5 都定义于面向连接的可变比特率业务，以及不要求通信单元间端到端定时的无连接应用。既然如此，为什么还要定义两种类型的 ATM 适配层？

AAL3/4 首先被定义。它利用多路复用识别（MID）域将若干 ATM 适配层连接，多路复用到一个 ATM 连接。但是，它的 SAR-PDU 附加位太长（10bit），其附加位的循环冗余检验

（CRC）域也太长。由于信元信息差错由终端协议检测，因此，信元信息域不需要循环冗余检验功能。一般来讲，具有 AAL3/4 功能 ATM 信元的有效负荷最多等于 83%（44/53）。由于协议数据单元 PDU 的最后一个信元常常被部分填充，因此，它的实际效率还低于此值。

AAL5 CPCS-PDU 的全部附加位只有 8Byte，其没有 SAR 层附加位。在协议数据单元（PDU）不是 48 字节倍数的条件下，AAL5 才要求协议数据单元的最后一个信元具有附加位。与 AAL3/4 相比较，AAL5 对 48Byte 的 CS-PDU 具有有效信元占用，即它的附加位较少。随着 CPCS-PDU 容量的增加，有效利用率也增加了，它小于或者等于 90.5%。这是 ATM 网的最大有效率。AAL5 的主要缺点是，当把若干 AAL 连接多路复用到一个 ATM 层连接时，需要特殊的解决方法，它只能由业务特定汇聚子层（SSCS）提供。

6.3.4.3 信令 ATM 适配层

由于 ATM 网络要以灵活的带宽分配和服务质量来保证对各种各样业务的支持，因而，要求 ATM 网络信令系统具有更高的可靠性、更快的信令传送速度、更丰富的信令功能及与现有其他信令系统的互通能力。

图 6-40 所示为信令 ATM 适配层（SAAL）结构。UNI 信令是运行在信令 ATM 适配层（SAAL）顶上的一个第三层协议。SAAL 的汇聚子层包括 AAL5 公共部分和业务特定的汇聚子层部分（SSCS）组成。AAL5 公共部分与用户面的完全相同，SSCS 的主要功能是保证在信令虚信道上使用 ATM 层业务可靠地传送用于呼叫（连接）控制的信令报文。

图 6-40 SAAL 结构

业务特定的汇聚子层（SSCS）由业务特定的协调功能（SSCF）和业务特定面向连接的协议（SSCOP）组成。用户网络接口（UNI）信令通过一个业务访问点（SAAL-SAP）访问所有的 SAAL 功能。业务特定的协调功能（SSCF）把 UNI 信令的特别需求映射成 ATM 层的需求，SSCOP（业务特定面向连接的协议）在对等信令实体之间提供建立、释放和监视信令信息交换的机制。ATM-SAP 提供双向信息流，并允许 AAL 访问 ATM 功能。在 SAAL-SAP 内的连接端点和 ATM-SAP 内的连接端点之间总是存在着一一对应的关系。

1．信息传送的服务原语

UNI 信令层使用 Request（请求）、Indication（指示）、Response（响应）和 Confirm（证实）4 种服务原语请求 SAAL 的服务。

Request：当一个较高层请求相邻较低层的一个服务时使用；

Indication：提供服务的层用以通知相邻较高层一种跟服务相关的特别活动；

Response：被一层用以肯定应答从较低层收到的 Indication 原语；

Confirm：被提供请求服务的层用以确认有关的活动已经完成。

类似地，在 SSCF 和 SSCOP 之间、SAAL 和 ATM 层之间也使用这 4 种服务原语（见表 6-8 和表 6-9），基于这些原语定义了相应原语来交换信息。

表 6-8　　　　　　　　　　　　　　　SSCF 和 SSCOP 之间的原语

原语名称	类　型	描　　述
AA-ESTABLISH	Request	用于在对等用户实体之间建立有保证的点到点的信息传送
	Indication	
	Response	
	Confirm	
AA-RELEASE	Request	用于终止在对等用户实体之间有保证的点到点的信息传送
	Indication	
	Response	
	Confirm	
AA-DATA	Request	用于有保证的点到点的传送
	Indication	
AA-ERROR	Indication	用于指示在有保证的 SDU 传送期间检测到一个错误
MAA-ERROR	Indication	用于向层管理报告错误

表 6-9　　　　　　　　　　　　　　　SAAL-ATM 层之间的原语

原语名称	类　型	描　　述
AAL-ESTABLISH	Request	用于建立在实体之间有保证的信息传送
	Indication	
	Response	
	Confirm	
AAL-RELEASE	Request	用于终止在实体之间有保证的信息传送
	Indication	
	Response	
	Confirm	
AAL-DATA	Request	用于进行有保证的数据传送
	Indication	
AAL-UNIT-DATA	Request	用于进行非保证的数据传送
	Indication	

2．业务特定面向连接的协议

业务特定面向连接的协议（SSCOP）从 UNI 信令层接收可变长的 SDU（业务数据单元），形成 PDU（协议数据单元），并把它们传送给对等的 SSCOP。在接收端，SSCOP 把 SDU 投递给 UNI 信令层。SSCOP 使用 CPCS（公共部分汇聚子层）的服务；CPCS 提供非保证的信息传送和检测 SSCOP-PDU 中数据是否受损的机制。SSCOP 提供的功能如下所述。

① 序列完整性功能，保持由 UNI 信令层递交的 SSCOP-PDU 的顺序。

② 采用重传纠错机制，允许接收方 SSCOP 检测丢失的 PDU 和发送方 SSCOP 通过重传纠正序列错。

③ 流控制，允许接收方 SSCOP 控制对等 SSCOP 传送方实体发送信息的速率。

④ 保持活动功能，保证已连接的两个对等 SSCOP 实体，即使在长时间没有数据传输的情况下也依然保持链路连接建立的状态。

⑤ 本地数据检索，允许本地 SSCOP 用户依次查找还没有被 SSCOP 实体发送的 SDU 或者还没有被远方的对等 SSCOP 实体确认的 SDU。

⑥ 连接控制，允许进行 SSCOP 连接的建立、释放和同步。

⑦ 用户数据传送功能，用来在 SSCOP 用户之间传递用户数据。

⑧ 协议控制信息（Protocol Control Information，PCI）错误检测功能，检测在 PCI 中的错误。

⑨ 状态报告，允许发送方和接收方实体交换状态信息。

为了执行 SSCOP 的有关功能，对等 SSCOP 实体利用下列 PDU 来进行相互通信。

① Begin（开始）：用于发起一条 SSCOP 连接的建立，或者重建一条业已存在的 SSCOP 连接。

② Begin acknowledge（开始应答）：用于肯定应答，接受对等 SSCOP 实体的一个 SSCOP 连接请求。

③ End（结束）：用于释放在两个对等实体之间的一条 SSCOP 连接。

④ End acknowledge（结束应答）：用于确认释放由对等 SSCOP 实体请求的一条 SSCOP 连接。

⑤ Reject（拒绝）：用于拒绝对等实体的连接建立。

⑥ Resynchronize（重新同步）：用于重新同步在一条连接的传送方向上的缓冲区和数据传送状态变量。

⑦ Resynchronize acknowledge（重新同步应答）：用于响应重新同步 PDU，肯定应答对本地接收设备的重新同步。

⑧ Sequenced data（有序数据）：用于有序地传送编了号的包含用户信息的 PDU。

⑨ Status request（状态请求）：用于请求对等 SSCOP 实体的状态信息。

⑩ Sequenced data with poll（带轮询的有序数据）：在传送有序数据过程中，若要传送状态 PDU，则采用此 PDU 进行有序数据和状态 PDU 的功能性串接。

⑪ Solicited status response（被征求的状态响应）：用于响应状态请求 PDU，包含有序数据接收状态的信息、对等发送方的信用量信息和被应答的状态请求的序列号。

⑫ Unsolicited status response（非征求的状态响应）：用来对检测到新的有序数据和对等发送方信用量信息丢失的响应。

3．UNI 信令报文

信令报文用于完成用户与网络之间的呼叫建立、保持、释放操作和它对网络的服务需求，还被网络用于通知用户其连接请求是否被接受（如网络是否有资源支持该连接）。这个过程需要在用户和网络之间交换一系列的信令报文。每个信令报文要么是请求一个特别的功能，要么是对一个特别请求的应答。不管是哪一种情况，一个信令报文都由若干个信息元素（IE）组成，每个 IE 标识报文所请求的功能的一个特别方面，或者标识对所请求功能的一个特别方面的应答。所有信令报文都是通过控制面的信令 ATM 适配层（SAAL）转换为通用的 ATM 信元信息，与 ATM 用户信元信息以相同的方式进行传送。

复习思考题

1．什么是 ATM？它具有哪些特征？

2．ATM 信元结构如何？影响 ATM 信元长度的因素主要有哪些？请说明在 UNI 上和 NNI 上的信元格式有何不同？

3．简述 ATM 信元定界方法。

4．ATM 信元定界方法是基于 HEC 的搜索，为什么在搜索状态时要逐个比特地进行？而在预同步和同步状态时是逐个信元的进行？

5．"面向连接"的具体含义是什么？

6．在 ATM 系统中，什么是虚通路？什么是虚信道？它们之间存在着什么样的关系？请指出 VPI 和 VCI 的作用是什么？

7．ATM 交换系统是由哪些基本部件组成的？各部件的作用如何？

8．解决出线冲突问题主要有什么策略？

9．参照图 6-10，若要在输出线 1，2，3，4，5，6，7 和 8 上分别输出来自输入线 3，5，2，4，3，5，6 和 1 的信元信息，请填写相关内容。

10．参照图 6-10，若要实现输入线 1 对输出线 2，3 和 4 的点对多点连接，和输入线 2，3，4，5 和 6 分别对输出线 8，5，7，1 和 6 的点对点连接，请填写相关内容。

11．令牌环交换结构是如何构成的？有什么特点？

12．何为 Banyan 网络？举例说明递归构造的含义。

13．简述 Banyan 网络的唯一路径性质。

14．简述 Banyan 网络的自选路由性质。

15．简述 Banyan 网络内部阻塞问题的解决方法。

16．采用 Banyan 网络时，出现冲突问题是如何解决的？

17．在 ATM 参考模型中，3 个面的作用是什么？

18．简述 ATM 参考模型中物理层的内容及作用。

19．简述 ATM 层的作用。

20．ATM 适配层的功能分为哪两个子层？它们各自的功能是什么？

21．用户面 ATM 适配层和控制面 ATM 适配层有什么区别？

第 7 章 MPLS 交换技术

多协议标记交换（Multi-Protocol Label Switching，MPLS）是一种新出现的技术，旨在解决当前联网环境中使用的分组转发技术相关的许多问题，是下一代 IP 骨干网络的关键技术之一。MPLS 是一种将第二层交换和第三层路由结合起来的交换技术。这一技术的核心思想就是对分组进行分类，依据不同的类别为分组打上标记，建立标记交换路径，随后在 MPLS 网络中只依据标记将分组在预先建立起来的标记交换路径上传输。MPLS 之所以称为"多协议"，是因为 MPLS 不但可以支持多种网络层面上的协议，如 IPv4，IPv6，IPX、CLNP 等，还可以同时兼容第二层上的多种链路层技术。本章首先从 IP 与 ATM 的融合入手，介绍多协议标记交换技术的发展背景，然后对 MPLS 技术发展动力、MPLS 网络体系结构、MPLS 工作原理、标记分发协议（LDP）和标记交换路径（LSP）等方面进行详细讨论，以便读者全面理解与掌握 MPLS 交换技术。

7.1 IP 与 ATM 的融合

Internet 的基本思想是采用无连接、端到端的 TCP/IP 来互连不同的物理网络，并对所互连的异质/异构计算机网络子系统进行高度抽象，将通信问题和网络应用问题分开，通过提高网络服务和屏蔽低层细节，建立统一的、协作的、通用的、透明的信息网络系统。它具有结构简单，容易实现异型网络互连；具有统一的寻址体系，网络扩展性强；几乎可以运行在任何一种数据链路高层，适用范围极其广泛等优势。但由于面向无连接的特性，使以 IP 为技术基础的 Internet 无法适应一些新业务的质量要求。

ATM 是一种信息复用和交换技术，由于它只涉及 OSI/RM 的下两层，对每个数据包的处理过程大大简化，处理时间大大缩短，并采用定长单元（信元）进行发送，具有带宽宽（622Mbit/s 甚至到 10Gbit/s）、吞吐容量大、伸缩性强等特点，可为不同等级的业务提供相应的服务质量（QoS）。ATM 是面向连接的，能承载任何信息流，包括数据、语音、图像等。但因 ATM 采用的是信令协议，使其与其他网络的互通互连能力差。

综上所述，IP（Internet Protocol）是面向无连接的，有相应的地址和选路功能；ATM 是面向连接的，有自己的地址结构、选路方式和信令。但 IP 与 ATM 并不存在对抗，IP 在技术上需要 ATM，而 ATM 在商业应用方面又需要 IP。能否将 IP 和 ATM 的优势相结合（融合），构筑新一代宽带网络正是人们所关心的问题。

7.1.1 融合的技术模型

从 IP 与 ATM 协议的关系划分,IP 与 ATM 相融合的技术存在两种模型,即重叠模型和集成模型。不管是哪种模型,均需要解决 ATM 中面向连接的特点与 IP 中面向无连接的特点之间的矛盾,也需要解决 IP 和 ATM 在地址和信令方面的各类问题。

1. 重叠模型

重叠模型就是将 IP 当成一个网络与 ATM 网络互连,不更改 ATM 网络的协议模块,而将 IP 的功能层叠加在 ATM 上。因此,重叠模型要求对 ATM 和 IP 分别定义不同的地址结构和相关路由协议,也就是说,在重叠模型中,ATM 的端点用 ATM 地址和 IP 地址两者来标识。用 ATM 路由协议来为 IP 分组包选择路由时,需要 ATM 地址选择协议将 IP 地址映射到 ATM 地址上,使得 IP 重叠在 ATM 上运行的。因此,ATM 系统需要定义两套地址结构和选路协议,以及两套维护管理功能,既要分配 IP 地址,也要分配 ATM 地址。所有在 ATM 网络上工作的协议均需解析协议,将高层地址(IP 地址)与相应的 ATM 地址联系起来。图 7-1 所示为重叠模型中用于 IP 分组的协议层次关系。

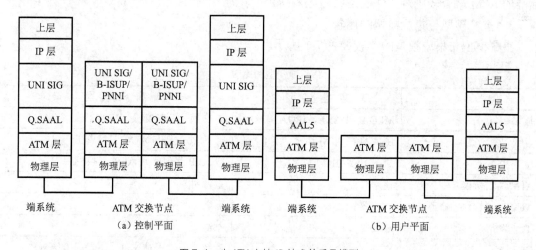

图 7-1 由 ATM 支持 IP 技术的重叠模型

符合重叠模型的主要技术包括 ATM 上的传统 IP(Classical IP over ATM,CIPOA)、局域网仿真(LANE)和 ATM 上的多协议(MPOA)等。重叠模型的优点是使用 ATM Forum/ITU-T 的信令标准,其复杂度较低,成熟程度较高,与 ATM 网络及业务兼容,对将来通信网向 B-ISDN 方向发展比较有利。但从目前的应用看来,存在传送 IP 包的效率较低,地址和路由功能重复等缺点。

2. 集成模型

集成模型是将 IP 路由器的智能和管理性能集成到 ATM 交换中形成的一体化平台。与重叠技术不同,在集成模型实现中,它将 ATM 单元实体与 ATM 网络地址分配策略和路由选择协议分离;ATM 层被看做是 IP 层的对等层,ATM 网络实体采用与 IP 完全相同的协议体系和地址分配策略;ATM 系统仅需要分配 IP 地址,网络中则采用 IP 选路技术,不再需要 ATM 的地址解析规程。图 7-2 所示为集成模型中 ATM 与 IP 的关系。

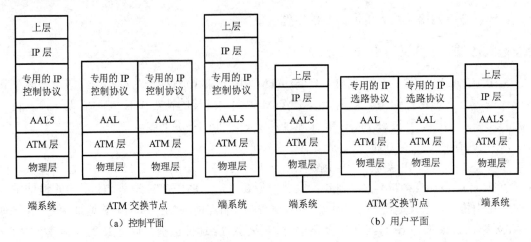

图 7-2　集成模型中控制平面和用户平面的协议层结构

采用集成模型方法的技术主要有 IP 交换、标记交换（Tag Switching）、多协议标记交换（MPLS）等。集成模型的优点是传送 IP 包的效率比较高，不需要地址解析协议等。缺点是与标准的 ATM 融合较困难、QoS 支持较困难等。

3．重叠模型与集成模型的比较

重叠模型与集成模型的比较如表 7-1 所示。

表 7-1　　　　　　　　　　　　两种模型的比较

	重 叠 模 型	集 成 模 型
技术	MPOA，LANE，IPOA	IP 交换、标记交换、MPLS
互通	IP 重叠在 ATM 层上	把 IP 协议层与 ATM 层集成在一起
IP 路由协议	放在 IP 路由器中	放在 IP 路由器或 ATM 交换机中
ATM 路由协议	使用	不使用
ATM 控制软件的修改	不需要	需要
地址解析	需要	不需要
QoS 保证	支持	支持，但较困难（可采用专门措施解决）
计费支持	比较困难	比较容易
广播/多发送	效率较低	效率较高
标准	已标准化	正在发展，已部分标准化

集成模型是 IP 与 ATM 融合的发展方向，所以这里主要讨论集成模型技术。

7.1.2　IP 交换

IP 交换（IP Switch）是 Ipsilon 公司提出的专门用于在 ATM 网上传送 IP 分组的技术，它克服了 ATM 上的传统 IP（CIPOA）的一些缺陷，如在子网之间必须使用传统路由器等，提高了在 ATM 上传送 IP 分组的效率，是目前一种典型的属于集成模型的技术。

在 IP 交换技术中，主要涉及 IP 交换机和 IP 交换网关。其中 IP 交换机由 IP 交换机控制器和 ATM 交换机组成，负责对不同类型的业务流作信息中转。IP 交换网关主要实现 IP 报文和 ATM 信元之间的拆装处理（如 IP 报头的分段、重装和 IP 报文的接收、发送）。

1．IP 交换机的构成

IP 交换机由 ATM 交换机和 IP 交换机控制器等组成，如图 7-3 所示。IP 交换机控制器主要由路由软件和控制软件组成，IP 交换机控制器与 ATM 交换机之间相连接的接口为控制端口，其作用是传送两者之间的控制信号和用户数据，在 IP 交换机控制器与 ATM 交换机之间进行信息交换所使用的协议是通用交换机管理协议（General Switch management Protocol，GSMP），协议文档

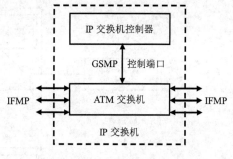

图 7-3　IP 交换机的组成

为 RFC1987。GSMP 定义了 IP 交换控制器可以对 ATM 交换机进行完全控制的功能。在 IP 交换机内，IP 交换机控制器通过 GSMP 向 ATM 交换机发出各种请求，如建立和释放经过 ATM 的虚连接、点到多点连接中增加或删除端点等。IP 交换机之间进行信息交换所使用的协议是 Ipsilon 提出的 IP 流量管理协议（Ipsilon Flow Management Protocol，IFMP），协议文档为 RFC1953。

2．IP 交换的工作原理

IP 交换的基本概念是流的概念，一个流是从 ATM 交换机输入端口输入的一系列有先后关系的 IP 包，它将由 IP 交换机控制器的路由软件来处理。

IP 交换的核心是对流分类传送，如图 7-4 所示，IP 交换将输入的数据流分为两种类型：一是持续期短、业务量小、呈突发分布的用户数据流，包括域名服务器查询、SMTP（简单邮件传输协议）数据、SNMP（简单网络管理协议）查询等数据流；对于具有这种突发性的数据流，与传统 IP 路由器的处理方式一样，按一跳接一跳（hop-by-hop）和存储转发方式发送的，由 IP 交换机控制器中的 IP 路由软件进行处理。二是持续期长、业务量大的用户数据流，包括 FTP（文件传输协议）数据、远程登录（Telnet）数据、多媒体音频视频数据以及超文本传输协议数据等数据流；对于这种类型的数据流，则安排在 ATM 交换机中进行直接交换，也能利用 ATM 交换机硬件的广播和多发送能力。

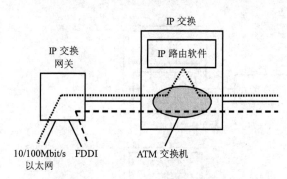

.... 持续时间短、业务量小、呈突发分布的用户数据流

- - - 持续时间长、业务量大的用户数据流

图 7-4　IP 交换机分类传输两类用户数据流

对于需要进行 ATM 交换的数据流必须在 ATM 交换机内建立虚信道（VC），ATM 交换要求所有到达 ATM 交换机的业务流都用一个虚信道标识符（VCI）来进行标记，以确定该业务流属于哪一个 VC。IP 交换机利用流量管理协议（IFMP）来建立 VCI 标签和每条输入链路上传送的业务流之间的关系。

与传统路由器的一跳接一跳（hop-by-hop）相比，IP 交换机还增加了直接路由，IP 交换与传统路由器的数据发送方法的比较如图 7-5 所示。

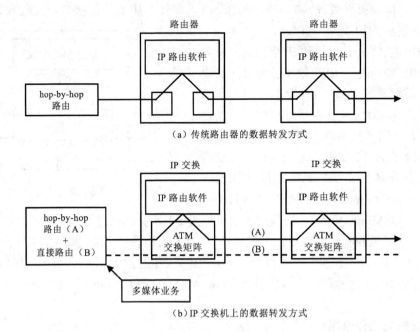

图 7-5　IP 交换机与传统路由器的数据发送方式的比较

IP 交换机是通过直接交换或跳到跳的存储转发方式实现 IP 分组的高速转移，其工作原理如图 7-6 所示，分为 6 步进行。

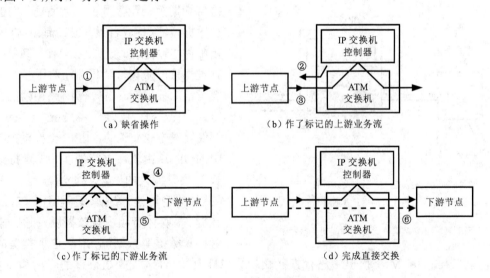

图 7-6　IP 交换工作原理

① IP 交换机 ATM 输入端口接收上游节点输出的用户业务流，IP 交换机控制器路由软件根据用户业务流的传输控制协议（Transmission Control Protocol，TCP）或用户数据报协议（User Datagram Protocol，UDP）分组头的端口号对业务流进行分类，IP 交换机分类传输用户业务流。例如，文件传输协议（FTP）数据、Telnet（远程登录）数据、超文本传输协议数据等属于持续时间长、业务量大的用户业务数据流，而 SNMP（简单网络管理协议）查询、SMTP

（简单邮件传输协议）数据、域名服务器查询、New（网络新闻）等属于持续时间短、业务量小、具有突发性的用户业务数据流。

② 如果输入的用户业务数据流被识别为持续时间长、业务量大而需要建立直接的连接（即该业务流被标识为直接 ATM 交换），则 IP 交换机控制器要求上游节点将该用户业务流放在一条新的虚信道上。

③ 如果上游节点同意建立一条虚信道，则该业务流将在该通路上传送。

④ 与此同时，下游节点也将要求 IP 交换机控制器为该业务流建立一条呼出虚信道。

⑤ 通过第③步和第④步，为该业务流分配特定的呼入虚信道和呼出虚信道。

⑥ 通过旁路路由，IP 交换机控制器指示 ATM 交换机完成直接交换。

3．IP 交换网关

IP 交换网主要包括 IP 交换机、IP 交换网关等设备。在 IP 交换机控制器中使用通用交换机管理协议（GSMP）软件，完成 IP 的直接交换。在 IP 交换网关中，使用流量管理协议（IFMP）软件，完成将现有网络（如以太网、令牌环网、FDDI 等）接入 IP 交换网内。由此可见，IP 交换网关是其他网络与 IP 交换网内相连接的接口设备，如图 7-7 所示。

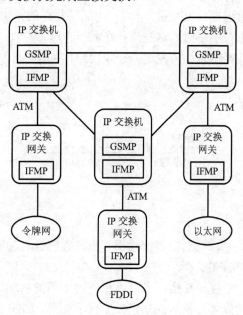

图 7-7 IP 交换网结构

根据上述的 IP 交换过程可以看出，IP 交换的核心是针对用户输入的业务数据流的不同而提供不同的信息交换机制。同理，在 IP 交换网内的信息通路也因上述原因相应地分为两类通道：快速通道和慢速通道。对于持续时间长、业务量大的用户业务数据流，建立 ATM 直接交换的快速通道；对于持续时间短、业务量小、突发性强的用户业务数据流，建立传统路由的跳到跳的慢速通道传送数据包。

在快速通道中，输入 IP 交换网关负责把 IP 分组封装成 ATM 信元、分段 IP 信头、路由选择、在直接虚信道（VC）上发送 IP 帧等功能。输出 IP 交换网关负责重组 IP 分组、重构 IP 信头、路由选择和发送 IP 分组等功能。

在慢速通道中，经过一个 IP 交换机，就相当于跳了一跳。输入 IP 交换网关负责把 IP 分组封装成 ATM 信元、分段 IP 信头、路由选择和发送 IP 帧等功能。输出 IP 交换网关功能与快速通道中的输出 IP 交换网关功能相同。

4．IP 交换的优缺点

IP 交换的最大特点是对用户输入的业务数据流进行了分类，有针对性地提供不同的交换机制。对于持续时间长、业务量大的用户业务数据流，采用直接 ATM 交换，省下了建立 ATM 虚信道的开销，提高了传输效率。

IP 交换的缺点是只支持 IP，同时它的效率依赖于具体用户业务环境，对于持续时间短、业务量小、呈突发分布的用户业务数据流，其效率并没有得到明显提高，一台 IP 交换机只相当于一台中等速度的路由器。

7.1.3 标记交换

标记交换（Tag Switching 是 Label Switching 的别名）是 Cisco 推出的一种基于传统路由器的 ATM 承载 IP 技术。标记交换结合了 ATM 的第二层交换技术和第三层的路由技术，可以更好地利用 ATM 的 QoS 特性，并能支持多种上层协议。

1．标记交换的基本原理

标记交换的基本原理是：在位于交换网系统边缘的路由器中，先将每个输入数据单元（IP帧）的第三层地址（IP 地址）映射为简单的标记（Tag），然后将带有标记的数据单元（IP 帧）转化为打了标记的 ATM 信元。带有标记的 ATM 信元被映射到 ATM 虚电路上，由 ATM 交换机进行标记交换，与 ATM 交换相连的路由处理器用来保存标记信息库（即路由表），以寻找第三层路由。这些信元在另一个（或一些）边缘路由器中，经过一个逆过程，恢复出原始的数据单元，再发送给接收用户，如图 7-8 所示。

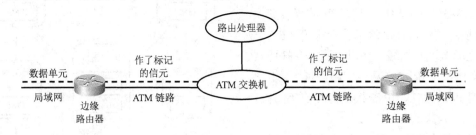

图 7-8　标记交换示意图

标记交换不依赖于路由过程所针对的网络层协议，因此，可以支持不同的路由协议，如IP 或 IPX 等。

标记交换技术可以在各种不同的物理媒体上使用，包括 ATM 链路、LAN 接口等。在不同媒体上使用的标记长度也不相同，如在 ATM 上使用时，标记长度是 16 位，在 PPP 和 LAN应用中，标记长度是 19 位。

2．标记交换网中的部件

标记交换网中的部件主要包括边缘标记路由器、标记交换机（ATM 交换机或路由器）和标记分发协议（Tag Distribution Protocol，TDP）3 个部分。

边缘标记路由器：边缘标记路由器位于标记交换网络核心的边缘，提供网络层服务，负责将标记加到数据包（IP 包）上。边缘标记路由器可以是路由器，也可以是具有多层交换功能的局域网（LAN）交换机。

标记交换机：标记交换机根据携带的标记信息和交换机中保存的标记传递信息（信元标记或信元）进行交换。除了标记交换以外，还可支持第三层路由或第二层交换功能。

标记分发协议（TDP）：TDP 是标记交换机和边缘路由器进行标记信息交换的标准（协议）。TDP 提供了标记交换机与标记边缘路由器进行标记信息交换的方式，边缘标记路由器和标记交换机采用标准的路由协议来建立它们的 TDP 路由数据库。相邻的标记交换机和边缘标记路由器运用 TDP 相互分发标记值。

3．标记交换过程举例

图 7-9 所示为一个标记交换过程实际应用的例子。在实现标记交换前，需建立地址前缀

与标记的映射表，并指出输出端口，如图 7-9 中的两个表所示。例如，目的地址前缀为 128.89.26.4 对应的输出标记为 4，输出接口号为 1。标记映射和交换端口表存储在标记交换机和边缘标记路由器的标记转发信息库（Tag Forwarding Information Base，TFIB）中，TFIB 用于存放标记传递的相关信息，每个入口标记对应一个信息条目，每个条目包括出口标记、输出端口、出口链路层信息等子条目。

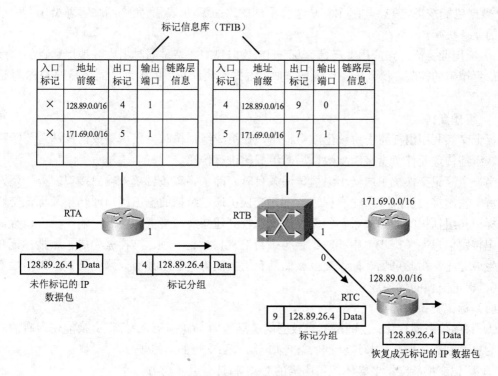

图 7-9　IP 分组的标记交换流程

下面以一个目的地址为 128.89.26.4 的无标记 IP 数据包到达路由器 A（RTA）交换为例来说明标记交换的过程：

① 输入端标记边缘路由器（RTA）从源主机接收未打上标记的 IP 数据包，RTA 查询它的 TFIB，找到目的地址前缀为 128.89.0.0/16（16 为在 ATM 上使用时标记长度是 16 位）的条目，取得下一跳 RTB 的出口标记 4 和输出接口号 1，并从输出接口 1 发送到核心标记交换网中。

② 标记交换机（RTB）收到标记为 4，目的地址前缀为 128.89.0.0/16 的标记分组，用此作为索引查询它的 TFIB，找到它的下一跳 RTC 的出口标记 9 和输出接口号 0，并从输出接口 0 发送输出边缘标记路由器（RTC）。

③ RTC 在收到了 RTB 转发的分组后，去掉标记，恢复成无标记的 IP 数据包传递给目的地址为 128.89.26.4 的主机用户。

4．标记交换中对标记分类的含义

在标记交换中使用的标记类型有 4 种，标记边缘路由器根据这 4 类信息对 IP 数据包加上不同类型的标记。

① 目的地址前缀：在这种类型标记中，按目的地址前缀来标记 IP 数据包，标记以路由

表中的路由为基础，允许来自不同源地址的业务数据流向同一个目的地址发送时共享相同的标记和虚信道（VC）连接，可节省标记和提高传输的效率。

② 边界路由：在这种类型标记中，是指在标记交换网的标记边缘路由器对之间分配标记。其意义是在某些情况下，这种技术使用的标记比目的地址前缀技术会少一些。

③ 业务量调节：在这种类型标记中，是按业务量调整来标记 IP 数据包，使得加上标记的 IP 数据包能按指定的、与路由算法选择不同的路由流动，从而允许网络管理员平衡中继线路上的业务负荷。

④ 应用业务流：按应用业务流来标记 IP 数据包的类型是同时考虑源地址和目的地址，以提供更精确的控制，得到质量保证。例如，根据源地址和目的地址之间所需的 QoS 登记来分配标记。

5．组播支持

标记交换利用组播路由协议生成组播树，在形成组播树时会采用生成树算法避免回路的形成。组播传递元件负责将组播数据沿着组播树进行传递。

当一个标记交换机生成一个组播传递条目时，除了将该条目填入输出接口表外，还为组播的每个输出接口生成一个输出标记。标记交换机通过组播的输出接口通知相邻标记交换机出口标记和组播树的捆绑关系。相邻交换机在收到通知后，将捆绑信息中的相关出口标记填入标记转发信息库（TFIB）中相应组播树条目的入口标记一项。这样就完成了组播标记交换表的生成过程。由此可见，标记交换虽然具有组播能力，但组播需要预先配置，灵活性差。

6．标记交换的优缺点

（1）标记交换的优点

① 路由信息层次化，使网络具有较强的扩展能力。如前所述，标记交换能使现有的网络扩展为更大规模的网络，超过标准的 ATM 能够单独支持的网络规模。

② 标记交换能支持多媒体应用所需的 QoS 和具有组播能力。

③ 标记交换技术能实现对路由器和 ATM 主干构成的网络更为简单的管理，因为它将 ATM 交换机变成了路由器，形成了更加统一的网络模型，因而简化了网络设备的配置和管理。

（2）标记交换的缺点

由于标记交换是 Cisco 公司的专有技术，并非统一的标准，构建标记交换网络时端到端都要使用 Cisco 的设备，才能完成通信。因此，国际标准化组织开展研究制订统一的多协议标记交换（MPLS）标准已成为必然。

7.2 MPLS 总体介绍

多协议标记交换（Multi-Protocol Label Switching，MPLS）也是一种将 ATM 与 IP 相结合的技术，它基于标记交换的机制，在 ATM 层上直接承载 IP 业务。MPLS 的工作过程就是：MPLS 首先根据某种特定的映射规则，在网络入口 LER 处将数据流分组头和固定长度的短标记对应起来，这种映射规则不但考虑到数据流目的地的信息，而且也考虑到了有关 QoS 的信息；然后在数据流的分组头中插入标记信息。在以后的网络转发过程里，LSR 就只是根据数据流所携带的标记进行交换或转发。然而数据流究竟沿何路由传送，这将由 MPLS 设备中采用的第三层路由协议与用户需求及网络状态来共同决定。缺省情况下，各个 MPLS 设备运行路由算法，根据计算得到的路由在逻辑相邻的对等体间进行标记分配，通过标记的拼接建立起从网络入口到出口的标记交换路径（LSP）。其中，标记的分发过程需要遵循专用的控制协议，如 LDP 或 RSVP，或者搭载在路由协议（如 BGP）上进行。

7.2.1 MPLS 技术发展动力

MPLS 是 ITU-T 所推荐的一种用在公网上的 IP over ATM 技术，它支持目前所定义的任何一种网络服务。以 MPLS 设备构成骨干网上的 MPLS 核要优于现有的路由器核和 ATM 核，这是 MPLS 发展的重要技术动力之一。其网络性能在以下各个方面得到了有效改进。

1．MPLS 简化了分组转发机制

MPLS 标记交换分组转发是基于定长短标记的完全匹配，不再需要常规的 IP 基于最长地址匹配路由查找的 hop-by-hop 数据包转发方式，也不再需要对网络中的所有路由器进行第三层路由表的查询。除此之外，MPLS 使用的标记头比典型的数据报协议（如 IP 的分组头）要简单，标记的长度一般为 32 位报头，这意味着 MPLS 允许比数据报更简单的转发规范，也意味着采用 MPLS 能够更容易地制造出高速路由器。由于网络规模及业务量的迅猛扩展，对高速路由器的需求越来越迫切，这就迫使分组在各节点中的处理速度尽可能简化。MPLS 技术把第三层的包交换转换成第二层的交换，并可用硬件实现表项的查找和匹配以及标记的替换，减少了传输路径中后续节点处理的复杂性，大大提高了包的转发性能。

2．MPLS 实现了有效的显式路由功能

显式路由技术是一种很有效的骨干网路由技术，它是指网络中某个 LSR（通常是标记交换路径的入口节点或出口节点）规定好 LSP 中的部分或全部的 LSR，而不是每个 LSR 自己独立决定下一跳的选择。显式路由技术在实现网络负荷调节、保证用户需求的 QoS 要求、提供差分服务等方面起着重要的作用。在纯数据报的无连接选路网中，难以实现完全的显式路由功能。对 MPLS 而言，在标记交换路径建立时所用的信令分组，允许携带显式路由信息，但并不需要每个分组都携带，因而 MPLS 使得显式路由切实可行，也意味着 MPLS 可以利用显式路由带来的许多好处。

3．MPLS 有利于实现流量工程

Internet 的迅速发展以及各种业务对带宽需求的增加，使流量工程显得特别重要。流量工程是指根据用户数据业务量及当前网络状态选择数据传输路径的过程，它主要用来平衡网络中不同链路、路由器和交换机的流量负荷。在有多个并行路径或可选路径的网络中，流量工程所起的作用非常巨大。在 ATM 骨干网上运行 IP 的时候，通常是采用手工配置每条 PVC 的办法来实现的。在数据报路由方式下，流量工程的实现非常困难，通过调整与网络链路相关的度量能实现一定程度的负载平衡；尤其在大型网络中，每两个节点之间都有多条路径，仅仅靠调整一跳接一跳（hop-by-hop）的路由度量是难以实现所有链路间的流量平衡的。MPLS 可识别并测量在特定的入口节点与出口节点之间的业务流量，又可采用显式路由的标记交换路径，这就为实现业务流量工程提供了有利条件。

4．MPLS 支持 QoS 选路

QoS 选路是指对特定的数据流，按其 QoS 要求来为它选择路由的方法。在许多情况下，QoS 选路需要利用显式路由，其原因有下面几点。

① 在有些情况下，要求为指定的每个数据流都保留一定的带宽。这意味着，这些数据流

的总带宽可能超过任何一条链路的可用带宽。因此，即使是有相同入口和出口节点的所有数据流，也不能够走同一路径，这就需要显式路由技术来为每个数据流单独进行路由寻找。

② 考虑为一个指定带宽的数据流寻找路由的情况，路由选择将受所需带宽的限制。最简单的情况下，可以对任何一个指定带宽需求直接选择一条满足要求的路径。让第一个节点利用显式路由来计算传输路径，并指定路由将是较好的方式。

③ 对 QoS 路由计算来说，由于各种原因，有时候路由器用于计算的信息可能有些过时。这意味着为一个 QoS 敏感的数据流选择特定路径有可能会失败。如果有显式路由的话，初始化节点会被告知指定的网络单元不能传送该数据流，需要另外选择一条路径，从而避开了网络拥塞点。

5．从 IP 分组到转发等价类的映射

从 IP 分组到服务等级的映射可能需要知道发送 IP 分组的用户，从而才可能根据源地址、目的地址、输入接口或其他特征实现分组过滤，但某些信息只能在网络入口节点才能获得。MPLS 只需要在其域的入口进行一次从 IP 分组到转发等价类（FEC）的映射，并可在入口处按照所需的 QoS 别级加以标记，在网络核心实现标记交换转发。

6．MPLS 支持多网络功能划分

MPLS 引入了标记粒度的概念，使其能分层地将处理功能划分给不同的网络单元，让靠近用户的网络边缘节点承担更多的工作；与此同时，核心网络则尽可能地简单，如只处理纯标记转发。

MPLS 分层数据流聚合能力将使构建全交换骨干网和业务量交换点成为可能，并将使数据以完全交换的方式通过网络。在到达 MPLS 网络出口时，再将聚合传送的数据流分拆开来，送往各自的最终目的地。

7．MPLS 实现了用户不同服务级别要求的单一转发规范

MPLS 允许在同一个网络中用单一的转发模式支持多种类型的业务。由于有了单一的转发规范，就容易在同一个网络单元上实现不同的服务要求，而不需要过多地考虑控制平面协议。例如，可以在经 MPLS 升级后的 ATM 交换系统上支持原 ATM 业务、帧中继业务和标记 IP 业务。不过，同时支持多种业务可能需要在各业务间对使用的标记空间进行划分，这通常用标记分发管理协议来实现。

MPLS 和传统的 WAN（广域网）技术之间最重要的区别在于分配标记的方式以及运载分组的标记栈的能力。标记栈的概念使得诸如数据流工程、虚拟专网等新应用技术能够避开链路和节点故障进行重新选择路由。MPLS 中的分组路由技术与当前无连接网络环境完全不同；在后者中，逐段对分组进行分析，检查分组的第三层报头，根据从网络层路由算法中获得的信息做出独立的转发决策。

8．MPLS 提高了网络扩展性

在 IP over ATM 网络环境下，进行路由器互连采用的方法主要是：在 n 个 ATM 交换式路由间采用全网格状的虚电路连接；在路由器之间采用部分网格状虚电路连接；路由器间部分网格状连接加上 NHRP（下一跳地址解析协议），来实现全网交换式虚电路直通 SVC（Cut-through SVC）连接。

在 MPLS 网络的路由协议方面，由于所有的 LSR 都运行标准的路由协议，需要通信的对等路由器和 LSR 的数量减少到与之在路由层次上逻辑相邻的对等体数量，去掉路由器之间全

网格状的 n^2 个逻辑链路连接，提高了网络的扩展性。在分组和信元媒体的操作上，MPLS 采用通用的方法来寻找路由和转发数据，并且允许使用已有的方法来实现流量工程、QoS 路由和其他操作，从而使得在帧中继和 ATM 媒体上都能用相同的标记分发方法。在多种传输介质上使用通用的标记分发方法和通用的路由协议，将能够简化 MPLS 网络的管理。另外，MPLS 在 ATM 上不需要使用地址解析，这消除了 IP over ATM 网络的直通 SVC 建立相关的问题（如"巨大网络云"上的路由问题）。

7.2.2　MPLS 网络体系结构

MPLS 网络体系结构描述了实现标记交换的机制，这种技术兼有基于第二层交换的分组转发技术和第三层路由技术的优点。与第二层网络相似，MPLS 给分组分配标记，以便分组能够在基于分组或信元的网络中传输。贯穿整个网络的转化机制是标记交换，在这种技术中，数据单元（分组或信元）携带一个长度固定的短小标记，该标记告诉分组路径上的交换节点如何处理和转化数据。

1．多协议标记交换的网络结构

MPLS 网络与传统 IP 网络的不同主要在于 MPLS 域中使用了标记交换路由器（Label Switch Router，LSR），域内部 LSR 之间使用 MPLS 协议进行通信，而在 MPLS 域的边缘由 MPLS 标记边缘路由器（Label Edge Router，LER）进行与传统 IP 技术的适配。图 7-10 所示为 MPLS 的网络模型结构。

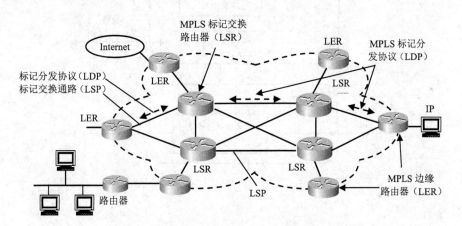

图 7-10　MPLS 网络模型结构

MPLS 网络实际上分为两层：边缘层和核心层。边缘层位于 MPLS 网络的边界，连接着各类用户网络以及其他 MPLS 网络。当 IP 分组进入标记边缘路由器（LER）时，LER 对到达的 IP 分组进行分析，将完成 IP 分组的分类、过滤、安全和转发；同时，将 IP 分组转换为采用标记标识的流连接，MPLS 提供服务质量、流量控制、虚拟专网、组播控制等功能。针对不同的流连接，MPLS 边缘节点采用标记分发协议（Label Distribution Protocol，LDP）进行标记分配/绑定，LDP 必须具有标记指定、分配和撤销功能，它将在 MPLS 网内分布和传递。MPLS 的核心层同样需要 LDP，标记交换路由器（LSR）根据到达 IP 分组的标记沿着由标记确定的标记交换路径（Label Switched Path，LSP）转发 IP 分组，不需要再进行路由选择。

LSR 提供高速的标记交换、面向连接的服务质量、流量工程、组播控制等功能。

2．标记交换路由器的基本组成

标记交换路由器（LSR）由转发组件（也叫数据层面）和控制组件（也叫控制层面）组成。转发组件包含交换结构和标记转发信息库（Label Forwarding Information Base，LFIB）。转发组件通常采用 ATM 交换结构，可由标记转换实现信息在虚连接上的转发；使用标记交换机维护的标记转发信息库，根据分组携带的标记执行数据分组的转发任务。LFIB 中含有出入接口、出入标记的对照，相当于在控制驱动下将路由映射到标记，可通过标记分发协议（LDP）建立。控制组件采用模块化设计，是一群模块的集合，每个模块可支持某个特定的选路协议，新的路由功能可以通过增加新的控制模块来实现。控制组件负责在一组互联的标记交换机之间创建和维护标记转发信息（被称为绑定），并分发标记绑定信息，包括标记的分配、路由的选择、标记信息库（Label Information Base，LIB）的建立、标记交换路径（LSP）的建立与拆除等工作。控制组件与转发组件的分离，使 MPLS 可按需要灵活地支持各种第三层协议和第二层技术。控制组件要生成标记与网络层路由之间的捆合，并将标记捆合信息在标记交换结构之间传送。图 7-11 所示为一个执行 IP 路由的 MPLS 节点的基本体系结构。

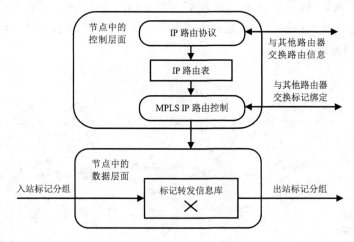

图 7-11　执行 IP 路由的 MPLS 节点的基本体系结构

（1）控制层面

每个 MPLS 节点都必须运行一种或多种 IP 路由协议（或依赖静态路由技术），以便与网络中的其他 MPLS 节点交换 IP 路由信息。从这种意义上说，每个 MPLS 节点都是控制层面上的一个 IP 路由器。

与传统的路由器类似，IP 路由协议建立 IP 路由表。在 MPLS 节点中，IP 路由表用于决定标记绑定交换（相邻 MPLS 节点交换 IP 路由表中的各个子网的标记）。对于基于目标地址的单播 IP 路由技术而言，标记绑定交换是使用 Cisco 专用的标记分发协议（TDP）或 IETF 指定的标记分发协议（LDP）实现的。需要说明的是，标记分发协议（Tag Distribution Protocol，TDP）是 Cisco 公司的专用协议，在 IOS 11.1CT 以及 12.0 和后续版本中包含该协议；标记分发协议（Label Distribution Protocol，LDP）是 IETF 标准标记绑定协议，12.2T 版本包含该协议；从功能上说，TDP 和 LDP 是等价的，它们可以同时用于网络中，甚至可以用在同一个标记交换路由器（LSR）的不同接口中。

MPLS IP 路由控制进程使用与邻接 MPLS 节点交换得到的标记来建立标记转发信息库（Label Forwarding Information Base，LFIB）。

（2）数据层面

① 标记转发。标记转发信息库（LFIB）是转发层面数据库，用于转发通过 MPLS 网络被标记的分组。

当一个携带标记的分组被标记交换机接收到时，该交换机用这个标记作为其标记转发信息库（LFIB）的指针，若该交换机在 LFIB 中找到一个输入标记等于分组携带标记的条目，用条目中的输出标记替换分组中的标记，并将分组转发到输出标记中指示的输出接口。这样做至少有两个好处：第一是用一个定长的、相对短的标记作为转发决策算法中的分配对象，取代原来在网络层中使用的传统的最长分组匹配，可以获得较高的转发性能，使转发过程足够简单，以至于允许直接用硬件实现；第二是转发决策独立于标记转发的粒度，如同样的转发算法，既可以支持单播（点到点的）路由功能，也可以支持多播（点到多点的）路由功能，不同的路由功能只取决于在标记信息库中每个条目的输出标记的组织。因此，增加新的路由或控制功能，无须改动转发机制。

MPLS 是在标记（Label）交换的基础上发展起来的。MPLS 的实质是将路由器移到网络的边缘，将快速、简单的交换机置于网络中心。对一个连接请求实现一次路由选择，多次交换。其主要目的是将标记交换转发数据报的基本技术与网络层路由选择有机地集成。

② 标记交换设备。和任何新出现的技术一样，MPLS 也引入了一些新术语，用于描述组成其体系结构的设备。这些新术语描述了 MPLS 域结构中每种设备的功能和职责。引入的第一种设备是标记交换路由器（Label Switch Router，LSR）。实现标记分发并能够根据标记转发分组的交换机或路由器都属于 LSR。标记分发的基本功能是使得 LSR 能够将其标记绑定分发给 MPLS 网络中的其他 LSR。

存在几种不同的 LSR，根据它们在网络基础设施中提供的功能进行区分，主要包括边缘-LSR、ATM-LSR 和边缘 ATM-LSR。各种 LSR 之间的区别完全是结构性的，即单个机器可以扮演多个角色。

边缘-LSR 是在 MPLS 网络边缘执行标记放置（有时也叫压入操作）或标记处理（有时也叫弹出操作）的路由器。标记放置是在 MPLS 域的入口点（相对于数据流从源到目标而言）预先给分组设置标记或标记栈；标记处理则相反，即当出口点将分组转发到 MPLS 域之外的邻居之前，将分组的最后一个标记删除。图 7-12 所示为边缘-LSR 的体系结构。拥有非 MPLS 邻居的 LSR 都被认为是边缘-LSR。如果该 LSR 用于通过 MPLS 与 ATM-LSR 相连的接口，则它也将同样被认为是一个边缘 ATM-LSR。边缘-LSR 使用传统的 IP 路由表来标记 IP 分组，或在被标记的分组发送给非 MPLS 节点之前删除分组中的标记。

边缘-LSR 在图 7-11 的基础上扩展了 MPLS 节点体系结构，在数据层面上加入了额外的组件（IP 转发表）。标准的 IP 转发表是使用 IP 路由表构建的，并扩展了标记信息。入站 IP 分组可以作为纯粹的 IP 分组被转发给非 MPLS 节点，或者被标记并作为标记分组发送给其他 MPLS 节点。入站标记分组可以作为标记分组发送给其他 MPLS 节点。对于发送给非 MPLS 节点的标记分组，标记将被删除，并执行第三层查找（IP 转发），以便找到非 MPLS 目的地。

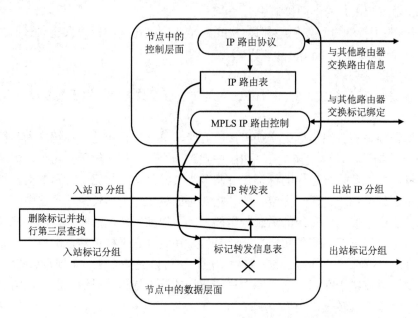

图 7-12　边缘–LSR 的体系结构

ATM-LSR 是可以用作 LSR 的 ATM 交换机。Cisco 公司生产的 LS1010 和 BPX 交换机系列便是这种 LSR。ATM-LSR 在控制层面执行 IP 路由和标记分配，并在数据层面使用传统的 ATM 信元交换机制转发数据分组。换句话说，ATM 交换机的 ATM 交换矩阵被用作 MPLS 节点的标记转发表。因此，可以通过升级控制组件中的软件将传统的 ATM 交换机重新部署为 ATM-LSR。

表 7-2　　　　　　　　　　　　　　各种 LSR 执行的操作

LSR 类型	执行的操作
LSR	转发标记分组
边缘-LSR	可以接收 IP 分组，执行第三层查找，并在分组转发给 LSR 域之前向其加入标记栈 可以接收标记分组，删除标记，执行第三层查找，并将分组转发给下一个中继段
ATM-LSR	在控制层面运行 MPLS 协议来建立 ATM 虚电路，将标记分组作为 ATM 信元进行转发
边缘 ATM-LSR	可以接收标记或非标记分组，将分组分为 ATM 信元，并将信元转发给下一个中继段的 ATM-LSR；可以接收来自邻接 ATM-LSR 的 ATM 信元，将信元重新组装为原来的分组，然后将它们作为标记或非标记分组进行转发

表 7-2 是对各种 LSR 实现功能的总结。值得注意的是，网络中的任何设备都可以实现多项功能（如可以同时作为边缘-LSR 和边缘 ATM -LSR）。

3．网络边缘的标记放置

根据前述内容可知，标记加入指的是在分组进入 MPLS 域时给它预先设置标记的操作。这是一种边缘功能。

要实现这种功能，边缘-LSR 需要了解分组将被发送到哪里，应该给它加上哪种标记或标记栈。在传统的第三层 IP 转发技术中，网络的每个中继段都在 IP 转发表中查找分组第三层报头中的 IP 目标地址，在每一次查找迭代中，都将选择分组的下一个中继段的 IP 地址，并通过一个接口将分组发送到最终目的地。选择 IP 分组的下一个中继段是两项功能的组合：第一项功能是将整个可能的分组集合划分为一组 IP 目标前缀；第二项功能是将每个 IP 目标前缀映射为下一个中继段 IP 地址。这就是说，对于来自一个入口设备并被发送到目标出口设备的数据流而言，网络中的每个目的地都可以通过一条路径到达（如果使用等价路径或不等价路径实现负载均衡时，则可能有多条路径）。

在 MPLS 体系结构中，第一项功能的结果叫做转发等价类（Forwarding Equivalence Class，FEC）。可以将它们看做是一组通过相同的路径、以相同的转发处理方式转发的 IP 分组。值得注意的是，转发等价类可能对应于一个目标 IP 子网，也可能对应于边缘-LSR 认为有意义的任何数据流类。

对于传统的 IP 转发，分组处理操作将在网络的每个中继段执行。然而，引入 MPLS 后，将一个特定数据分组指派到一个特定的 FEC 的过程，只进行一次，即在数据分组进入网络时，在边缘设备上进行指派，然后 FEC 与一个长度固定的短小标识符进行映射，这个标识符就称为“标记”，标记用来标识一个 FEC。当数据分组在转发之前被打上标记，标记随同数据分组一起被发送。当分组被转发给下一个中继段（LSR）时，已经预先为 IP 分组设置了标记，该 LSR 不再分析网络层分组头，只是根据标记来选择下一跳地址和新的标记。数据的转发是通过标记的交换实现的。

4．MPLS 分组转发和标记交换路径

所有的分组都是通过入口 LSR 进入 MPLS 网络，并通过出口 LSR 离开 MPLS 网络。这种机制创建了标记交换路径（Label Switched Path，LSP），它指的是对于特定的转发等价类（FEC），标记分组到达出口 LSR 必须经过的一组路径。LSP 的创建是一种面向连接的方案，在传输数据流之前必须建立路径；而且这种连接是根据拓扑信息，而不是根据传输数据流要求而建立的。也就是说，无论是否有数据流通过该路径传输到特定的 FEC 组，路径都将被建立。这种 LSP 是单向的，即从特定 FEC 返回的数据流使用的 LSP 将会不同。

分组通过 MPLS 网络时，每个 LSR 都将入站标记换成出站标记，这与当前 ATM 使用的机制非常类似。在 ATM 中，当离开 ATM 交换机时，将 VPI/VCI 对换为不同的 VPI/VCI 对。这一过程将一直持续下去，直到到达最后的出口 LSR。

每个 LSR 都保存了两个表：标记信息库和标记转发信息库，用于保存与 MPLS 转发组件相关的信息。标记信息库 TIB/LIB（在 Cisco IOS 中为 Tag Information Base，在标准的 MPLS 术语中为 Label Information Base），它包含了该 LSR 分配的所有标记，以及这些标记与所有相邻 LSR 收到的标记之间的映射表，并使用标记分发协议来分发这些映射表。标记转发信息库 TFIB/LFIB（在 Cisco IOS 中为 Tag Forwarding Information Base，在 MPLS 术语中为 Label Forwarding Information Base），它被用于分组实际转发过程，该表只保存了 MPLS 转发组件当前使用的标记。指明“当前使用”是因为对于同一目的地，多个邻居可能发送同一个 IP 前缀的标记，但可能不是路由表当前实际使用的下一个 IP 中继段一样，也不一定要将 TIB/LIB 中的所有标记用于转发分组。值得注意的是，标记转发信息库是 MPLS 中与 ATM 交换机的交换矩阵等价的东西。使用 Cisco IOS 术语和 Cisco 快速转发术语，可以将图 7-12 中的边缘-LSR 体系结构重新绘制成如图 7-13 所示的形式。

MPLS 可采用下游标记分发或下游按需标记分发的方法来建立标记交换路径（LSP）。

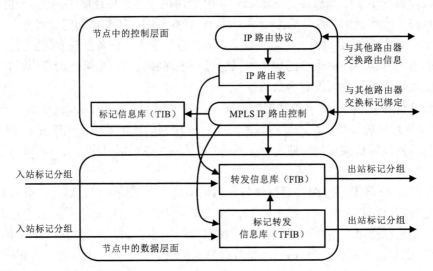

图 7-13　使用 Cisco IOS 术语的边缘-LSR 体系结构

（1）下游标记分发

下游标记分发是指由数据流动方向的下游 MPLS 节点分配标记，也可称为非请求下标记分发（主动式下游标记分发）。图 7-14 所示为路由更新与下游标记分发概念。当标记交换路由器（LSR2）通过选路协议之间的信息交换需要更新路由时，就在其标记转发信息库（LFIB）中修改或建立新的表项，LFIB 即路由表。于是通过标记分配协议（LDP）在 LFIB 中产生表项，所分配的标记作为表项的输入标记，并将捆合信息（FEC/标记）传送到邻接的上游节点，由上游节点将该标记作为输出标记存放在 LFIB 中。

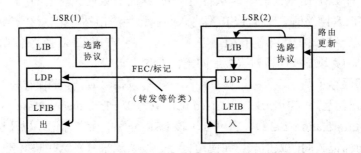

图 7-14　路由更新与下游分配

（2）下游按需标记分发

下游按需标记分发是指在收到上游节点明显的请求时，才由下游节点分配标记。

图 7-15 所示为包含 2 个边缘标记交换路由器（LERA，LERB）和 2 个标记交换路由器（LSRX，LSRY）的下游标记按需分配过程。

上游 LSR 与下游 LSR：当一个分组由一个路由器发往另一个路由器时，对应于该分组，发送方的路由器就称为上游路由器，接收方的路由器称为下游路由器。

MPLS 负责引导 IP 数据包流按一条预先确定的路径通过网络，这条路径被称作标记交换路径（LSP），即业务从启始路由器按一定方向流向终止路由器。LSP 的建立是通过串联一个或多个标记交换跳转点来完成，允许数据包从一个标记交换路由器(LSR)转发到另一个 LSR，从而穿过 MPLS 域。

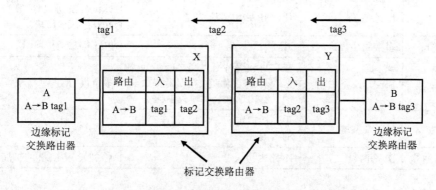

图 7-15　下游标记按需分配过程

5．其他 MPLS 应用

到目前为止，所讨论的 MPLS 体系结构使得在一个统一的 IP 主干（IP＋ATM 体系结构）中可以将传统的路由器和 ATM 交换机平滑地集成起来。然而，MPLS 真正的威力在于其使之成为其他可能的应用：从流量工程到虚拟专用网等的应用。所有的 MPLS 应用都使用类似于 IP 路由控制层面（见图 7-13）的功能来建立标记转发信息库。图 7-16 所示为这些应用与标记交换矩阵之间的交互。

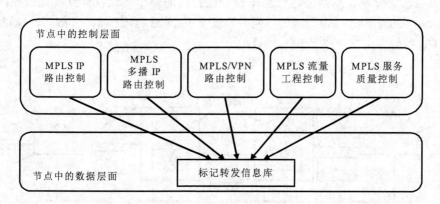

图 7-16　各种 MPLS 应用及其交互

每种 MPLS 应用的组件集都与 IP 路由应用相同，包括以下可选组件：一个为应用定义转发等价类（FEC）表的数据库（在 IP 路由应用中为 IP 路由表）；在 LSR 之间交换 FEC 表内容的控制协议（在 IP 路由应用中，为 IP 路由协议或静态路由）；实现 FEC 标记绑定的控制进程以及在 LSR 之间交换标记绑定的协议（在 IP 路由应用中，为 TDP 或 LDP）；一个 FEC 标记映射表的内部数据库（在 IP 路由应用中为标记信息库）。

每种应用都使用自己的一组协议在节点之间交换 FEC 表或 FEC-标记映射表。表 7-3 所示为对这些协议和数据结构做的总结。

表 7-3 各种 MPLS 应用中使用的控制协议

应 用	FEC 表	用于建立 FEC 表的控制协议	用于交换 FEC-标记映射表的控制协议
IP 路由	IP 路由表	任何 IP 路由协议	标记分发协议（TDP）或标记分发协议（LDP）
多播 IP 路由	多播路由表	PIM	PIM 第二版扩展
VPN 路由	Per-VPN 路由表	在客户和服务提供商之间，为大多数 IP 路由协议；在服务提供商的网络内部，为多协议 BGP	多协议 BGP
数据流工程	MPLS 隧道定义	手工接口定义，对 IS-IS 或 OSPF 的扩展	RSVP 或 CR-LDP
MPLS 服务质量	IP 路由表	IP 路由协议	对 TDP 或 LDP 的扩展

7.2.3 MPLS 工作原理

MPLS 的出现是源于早期的 IP 交换，其目的是将目前的各种 IP 路由和 ATM 交换技术兼容并蓄，以提供一种更具弹性、扩充性以及效率更高的宽带交换路由器。与标记交换（Tag Switching）、ATM 交换等技术类似，MPLS 引入了标记（Label）的概念，在 MPLS 网中数据的传输靠标记引导。图 7-17 所示为 MPLS 网络工作原理示意图，从图中可见，一个 MPLS 网络的核心结构组成为：标记边缘交换路由器（Label Edge Switch Router，LER）、标记交换路由器（Label Switch Router，LSR）。通过标记分发协议 LDP，LER 和 LSR、LSR 和 LSR 之间完成标记信息的分发。网络路由信息来自一些共同的路由协议，如开放式最短路径优先（Open Shortest Path First，OSPF）、边界网关协议（Boundary Gateway Protocol，BGP），根据路由信息决定如何完成交换路径 LSP 的建立。

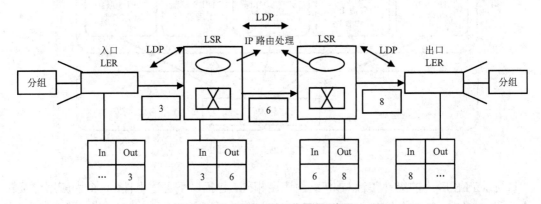

图 7-17 MPLS 网络工作原理示意图

当一个未被标记的分组（IP 包、帧中继或 ATM 信元）到达 MPLS 标记边缘路由器（LER）时，入口 LER 根据输入分组头查找路由表以确定通向目的地的标记交换路径 LSP，把查找到的对应 LSP 的标记插入到分组头中，完成端到端 IP 地址与 MPLS 标记的映射。每个 MPLS 节点的标记都放在一个所谓的标记信息库（LIB）中，这时需要用到最短路径优先（OSPF）、边界网关协议（BGP）等传统路由协议，而且采用 MPLS 的标记分发协议（LDP）将其转发到下一跳的标记交换路由器 LSR。核心 LSR 接收到标记 IP 数据包后，将标记抽出并作为索引查找 LSR 中的标记转发信息库，如标记转发信息库中有相应的项，则将输出标记添加到包头，并将替换了标记的 IP 数据包发送到下一跳的输入接口。这个以新标记取代旧标记的过程在 MPLS 中称为标记互换，各个中间路由器以相同的方法转发 IP 数据包，直到数据包到达离开 MPLS 域的标记边缘路由器（LER）。当 IP 数据包从核心 LSR 到边缘 LER 时，边缘 LER 发现该 IP 数据包的出口是一个非标记接口，MPLS 的出口标记路由器将完成标记与 IP 地址的映射，将 IP 数据包中的标记去掉后继续进行基于第三层的 IP 转发。从中可以看到，MPLS 技术的真正优势在于它提供了控制和转发的完全分离。

图 7-18 所示为标记加入和转发的整个过程。假设 San Jose 和 MAE-Eas 是标记边缘交换路由器（LER），San Francisco、Washington 和 Dallas 是核心路由器（LSR）。当 IP 分组到达 San Jose 的路由器时，San Jose 的路由器根据分组的目的地址执行第三层查找、在转发表中进行最长匹配、选择相应的标志符重新封装 IP 分组、加入标记，然后从指定的端口输出数据分组，将分组转发给旧金山（San Francisco）的核心路由器。旧金山的路由器仅根据分组头中的入口标记，在转发表中以这个标志符为精确索引找到相应的输出标记和端口信息，并将数据分组标记栈中标记弹出，将新的标记压入标记栈，从而完成了分组的标记交换，然后从相应输出端口将分组转发给华盛顿（Washington）的路由器。华盛顿的路由器同样执行分组的标记交换过程后，从相应输出端口将分组转发给 MAE-Eas 的路由器。当数据分组到达出口 MAE-Eas 的路由器时，MAE-Eas 的路由器先将标记从标记栈中弹出，恢复出没有标记的 IP 分组，然后按照普通的路由转发机制对该数据分组进行相应处理。

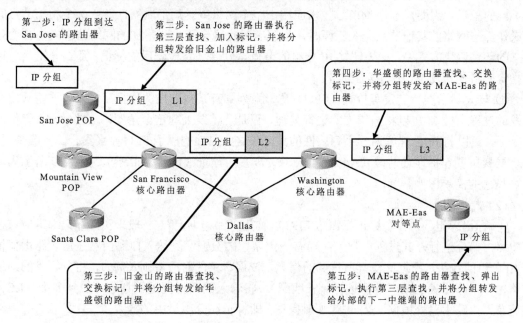

图 7-18　MPLS 标记加入和转发

一个 MPLS 网可由多个支持 MPLS 的 MPLS 域组成，但 MPLS 域的划分与路由域的划分是互不相关的。在一个路由域内可以同时包含 MPLS 节点和非 MPLS 节点，标记信息只在 MPLS 的相邻节点间传递。在 MPLS 的两个节点间若有非 MPLS 的节点（比如 ATM 或帧中继交换机）时，则用 PVC 或 PVP 将两个 MPLS 节点接通。

7.2.4　实现 MPLS 的关键技术

MPLS 技术的成功之处在于它在无连接的 IP 网络中引入了面向连接的机制，利用标记交换机制转发分组。其核心思想就是：边缘的路由、核心的交换。为此，MPLS 在实现过程中引入了许多关键的技术和概念。

1．标记及其相关概念

（1）标记的含义

标记（Tag 或 Label）是简短的、长度固定的、具有本地意义的标识符，用以表征转发等价类（FEC）。它是 MPLS 网络中的一项核心技术，MPLS 的许多优点都直接或者间接地来自于标记的使用。标记的处理可以用高速的 ASIC 芯片来完成，从而使得分组处理和排队时延大大减少。

① 标记长度。从最基本的角度讲，标记可以看做是分组头的缩写或用户数据流标识的缩写，是用来作为路由器转发分组的一个判别索引，在某种程度上与 ATM 中的 VPI/VCI 相似。标记之所以要维持固定长度是在权衡了传输效率和交换性能之后确定的。虽然固定标记长度使传输效率略有下降，但以此换得了交换性能的很大提高。

② 本地性。标记的语义具有严格的本地（或局部）意义，即只在逻辑相邻的节点间有意义，上游路由器的输出标记就是下游路由器的输入标记。准确地讲，标记只是在上游路由器的发送端口和下游路由器的接收端口之间有意义，相同的标记值在不同的路由器之间可能会有不同的意义。因而，不论 MPLS 技术应用于整个网络或是局部网络，任意两个相邻节点间的操作都与网络的其他节点无关。同时，标记有时也隐含了一些附加的网络信息，如在 LSP 建立的环路避免方式中，如果转发 IP 分组的节点得到经环路检测后的标记，那么分组沿着标记指定的路径转发不会产生环路。

③ 转发等价类。转发等价类（FEC）是一系列具有某些共性的数据流集合，这些数据在转发的过程中被 LSR 以相同的方式进行处理，正是从转发处理这个角度讲这些数据"等价"。事实上，可以将 FEC 理解为一系列属性的集合，这些属性构成了 FEC 要素集合。一般来说，FEC 要素主要包括地址前缀（Address Prefix）和主机地址（Host address）。图 7-19 所示为对 FEC 概念的简单图例解释。

（2）相关概念

① 标记绑定。将一个标记指派给 FEC 就称为"标记绑定"。一般来说，标记绑定应该在入口路由器处进行，其过程大致为：当有一定属性的数据流到达入口路由器之后，路由器检查 IP 分组的包头，根据此检查所得到的信息，依据一定的对应原则（例如，将分组目的地址与路由器中路由表的某一条目进行最长匹配），将输入的数据流进行划分，得到多个 FEC；接着在入口路由器处根据 FEC 进行映射操作，即标记在分组头中的插入工作；最后将分组沿标记所标识的出口转发出去。这实际上反映了一种数据流到转发等价类到标记的对应关系。需要指出的是，入口处的标记交换路由器在对网络层分组头进行分析之后，不仅可以得出此分组的下一跳，而且可以确定分组传输的优先级、服务类型、QoS 等方面的操作；虽然分组向 FEC 的映射是依据网络层目的地址或是主机地址来进行的，但标记并不只是包含了目的地址的信息，也包含了优先级、服务类型等方面的信息。

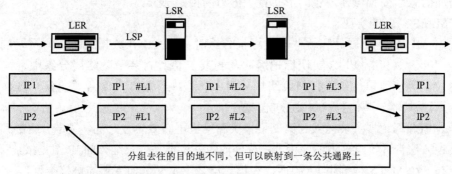

图 7-19　转发等价类（FEC）的示意图

② 标记粒度。在实际应用中，一个 FEC 可以被映射到多个标记上，也就是说，转发等价类与标记的映射关系是一对多的关系。因此，引入"标记粒度"的概念用来反映 FEC 划分的细致程度，同时也可以反映标记聚合的能力。如果 LSR 将几个输入标记与某个 FEC 作绑定，那么用该 FEC 向下转发分组时，最理想的情况就是来自不同输入端口但具有相同 FEC 映射的分组只使用一个输出标记，这种操作称为"标记合并"。标记合并可以大大减少标记需求，提供网络扩展性。

③ 标记堆栈。在 MPLS 中还有一个重要的概念，就是"标记堆栈"，它是指一系列有顺序的标记条目。决定标记转发的标记始终是位于堆栈顶端的标记，一般称为"当前标记"。分组到达 MPLS 域时，标记插入分组头的操作称为"标记入栈"；分组离开 MPLS 域时，原插入到分组头上的标记将被删除，此操作称为"标记弹栈"。标记堆栈反映了通信网的分层结构。位于不同层面的标记将决定分组在当前层面的转发方向。

在 MPLS 中，标记可以被用于表征路由，分组中可以不必保存明确的路由信息。通过标记可以很容易地实现显式路由和资源预留方式的 QoS 保证，与此同时，却几乎没有带来额外的开销。

2．MPLS 封装

（1）MPLS 封装的含义

为了将标记与分组一起转发，要求在转发之前对标记进行适当的编码和封装。所谓封装，是指对标记或标记堆栈及其用于标记交换的附加信息进行编码，使之可以附加在分组上进行传送。被附上标记的分组称为标记分组。标记分组转发可以利用多种信息，不但包括标记或标记栈本身所包含的路由信息，而且还可能用到其他附加信息，如生存时间域（TTL）中的信息。这些信息有时利用 MPLS 的专用信头进行编码，有时利用第二层帧头对其进行编码。由于传输介质及所采用链路层技术的不同，MPLS 信头编码方式也会有所不同，如利用第二层 ATM 信元头对标记进行编码和利用第二层帧中继头进行标记编码所采用的方式就不同。但不管采用什么编码方式，都将其统一称为 MPLS 封装。

MPLS 在各种介质上的标记封装已经作了规定：顶层标记可以使用已存的格式，底层标记使用新的垫片标记格式。但对标记采用何种编码和封装方式取决于转发标记分组的硬件设备，并根据所采用设备的不同，MPLS 可支持多种不同的编码和封装方式。封装进去的标记及其他附加信息都按 MPLS 规定的形式置于分组的指定部分。

（2）MPLS 封装的实现

当采用 MPLS 专用硬件和软件转发标记分组时，MPLS 在数据链路层与网络层头间定义了一层"垫片（Shim）"来实现标记编码与封装。垫片封装于网络层分组中，但独立于网络层协议，因而可以封装于任何网络层分组中。这种封装方式称为"一般 MPLS 封装"。图 7-20 所示为具体封装位置和封装形成过程。

由于 MPLS 标记栈头被插入到第二层报头和第三层有效负载之间，发送分组的路由器必须使用某种方法告诉接收分组的路由器：被传输的分组不是一个纯粹的 IP 数据报，而是一个标记分组（一个 MPLS 数据报）。因而，在第二层之上定义了如下新的协议类型。

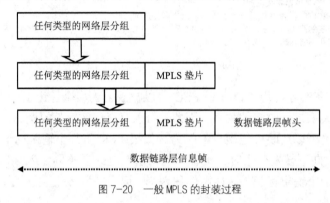

图 7-20 一般 MPLS 的封装过程

① 在 LAN 环境中，携带的单播和多播分组的标记分组使用以太类型值为 8847 和 8848（十六进制）。这些以太类型值可以在以太介质（包括快速以太网和吉比特以太网）上直接使用，还可作为其他 LAN 介质（包括令牌环和 FDDI）上的 SNAP 报头的一部分。

② 在使用 PPP 封装的点到点链路上，引入了一种新的网络控制协议（Network Control Protocol，NCP），称为 MPLS 控制协议（MPLSCP）。通过 PPP 协议字段的值设置为 8281（十六进制）来标识 MPLS 分组。

③ 对于通过帧中继 DLCI 在两个路由器之间传输的 MPLS 分组，使用帧中继 SNAP 网络层协议 ID（Network Layer Protocol IDentifier，NLPID）进行标识，后面跟一个以太类型值为 8847（十六进制）的 SNAP 报头。

④ 通过 ATM 论坛虚电路，在两个路由器之间传输的 MPLS 分组封装了一个 SNAP 报头，该报头使用的以太类型值与 LAN 环境中使用的相同。

这里需要注意的是，MPLS 头并不总是显式地存在，比如在 ATM 和帧中继中就无明显的 MPLS 封装头。图 7-21 所示为所有 MPLS 封装技术的总结。

MPLS 封装主要包括标记、存活时间域（Time to Live，TTL）、服务类型（Class of Service，CoS）、标记堆栈指示、下一个 MPLS 封装类型指示、校验和等内容。对于任何封装来说，人们都希望它越短越好。比如说用 4 个字节封装头，那么用硬件来实现基于封装头的转发就非常方便。但是，封装头过短就无法携带上面所列的各项信息。

MPLS 封装中的存活时间域（TTL）的作用与传统 IP 网络相同。它主要用来防止环路的发生、跟踪路由、限制分组发送的范围。TTL 的操作通常在第三层或更高层实现，因为链路层不提供 TTL 操作，所以要想在第二层实现类似 TTL 的功能需要另想办法。

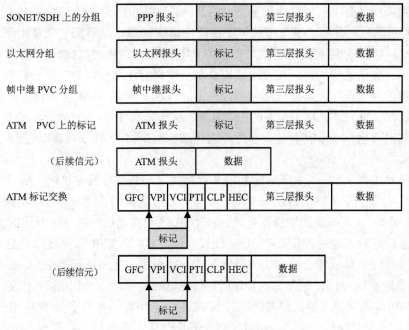

图 7-21　对 MPLS 封装技术的总结

MPLS 封装中的服务类型（CoS）域允许一个标记中有多种服务类型。但是，当有更精确的 QoS 与标记关联时，CoS 可能就失去意义了。此时作为一种选择，CoS 就可以用 QoS 域来取代。但这要求为每种服务类型都要分配一个单独的标记。无论怎样，在 MPLS 中封装 CoS 信息，为在一个标记内隔离不同数据流提供了简单的方法。

当标记分组中含有多个标记时，MPLS 封装必须能加以指明。这通过标记堆栈指示域来实现。同时，MPLS 封装头还要能指明堆栈中的下一个 MPLS 封装属于什么协议类型，这可以与堆栈指示结合起来表示，也可以用标记值隐含说明。

3．标记交换路由器与标记边缘交换路由器

标记交换路由器（LSR）是 MPLS 网络中的基本单元，其结构如图 7-22 所示，包括控制

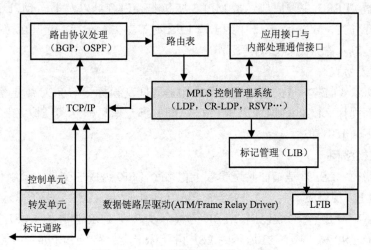

图 7-22　标记交换路由器（LSR）示意图

组件和转发组件两部分。控制组件负责路由的选择，MPLS 控制协议 LDP 的执行，标记交换通路（LSP）的建立，并通过与其他标记交换路由器交换路由信息来建立路由表，实现转发等价类（FEC）与 IP 分组头的映射，建立 FEC 和标记之间的绑定，标记信息库（LIB）的建立和分发标记绑定信息等工作。转发组件则只负责依据标记信息库建立标记转发表和对标记分组进行简单的转发操作。这种分离结构，一方面有利于现有 ATM 交换设备向 MPLS LSR 的演进（只要在现有的 ATM 交换机上安装 MPLS 的控制软件）；另一方面，对于 MPLS 技术本身的演进与升级也是十分有利的。因此，这种结构正是将 IP 技术与 ATM 技术完美地结合在一起的基础。

标记交换路由器（LSR）主要运行 MPLS 控制协议和第三层路由协议，从图 7-22 中可以看到，LSR 中包含了一个路由协议处理单元，该单元可以使用任何一种现有的路由协议（如 OSPF，BGP 等），其工作就是生成路由表。在 LSR 之间将通过一条信令专用的 LSP 来传输各种信令消息，这些消息将使用 TCP/IP 的连接与消息格式，LSR 收到这些消息后送至 LDP 单元进行处理，LDP 单元结合路由协议单元生成的路由表来生成标记信息库（LIB）。而下层的交换单元将依据这一标记信息库（LIB）生成标记转发信息库（LFIB）。标记转发信息库（LFIB）是 MPLS 转发的关键，LFIB 使用标记来进行索引它（相当于 IP 网络中的路由表）。LFIB 可以是每一个交换机一个，也可以是每个界面一个，其中每一行的内容将包括入标记、转发等价类、出标记、出界面和出封装方式。

标记交换路由器（LSR）要完成路由器的路由控制功能和标记管理维护功能。LSR 要像通用的路由器一样完成作为路由器的路由控制，不断更新和维护路由信息库。在 LDP 控制下，LSR 可对标记进行标记划分、标记分发、标记维护等操作。MPLS 网络中的每个节点都必须建立标记信息库（LIB），该信息库包含标记绑定信息。这样就可以利用标记信息库中的信息，根据输入分组所携带的标记，进行标记的转换（Swap），如标记入栈、标记出栈、标记替换等。然后，利用第二层的交换机制实现信息在虚连接上的转发，同时也支持第三层的 IP 分组逐跳式转发。

对于标记边缘交换路由器（LER）来讲，还要在标记交换路由器的基础之上增加用于实现 FEC 划分、标记绑定以及用于 QoS 保证、CoS 分类、流量工程等方面的控制部件。标记边缘交换路由器（LER）主要完成连接 MPLS 域和非 MPLS 域以及不同 MPLS 域的功能，并实现对业务进行分类、分发标记、（作为出口 LER 时）剥去标记等。它甚至可确定业务类型，实现策略管理、接入流量工程控制等工作。

4．标记分发协议

标记分发协议（LDP）是控制标记交换路由器之间交换标记与 FEC 绑定信息，协调 LSR 间工作的一系列规程。LSR 根据标记与 FEC 之间的绑定信息建立和维护 LIB。关于 LDP 的详细内容将在下一节中详述。

5．标记交换路径

标记交换路径（LSP）是指在某逻辑层上由多个 LSR 组成的交换式分组传输通路。LSP 与转发等价类 FEC 相对应。对一个 FEC F，可以有多个入口 LSR。每条以这些 LSR 为起点的 FEC F 所对应的 LSP 将形成以出口 LSR 为根，以入口 LSR 为叶的“LSP 树”，这棵树称为 FEC F 的专有 LSP 树。图 7-23 所示为 LSP 树及标记交换路径 LSP 的一个示例。

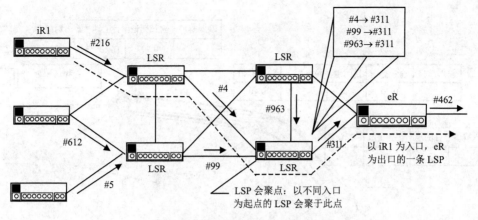

图 7-23 标记交换路径 LSP 及 LSP 树

图 7-24、图 7-25 和图 7-26 分别给出了路由表、标记交换转发信息库（LFIB）及标记交换路径（LSP）的形成过程。

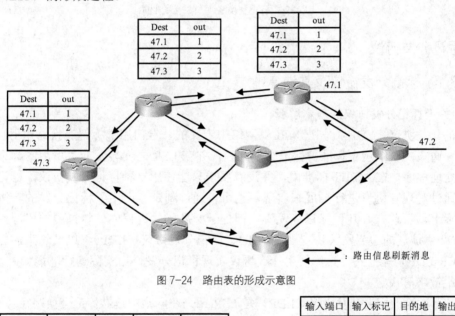

图 7-24 路由表的形成示意图

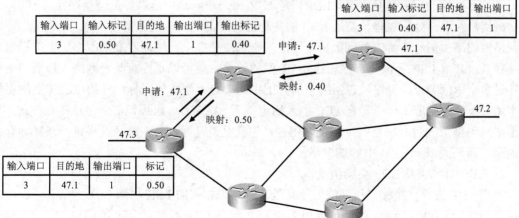

图 7-25 标记转发信息库（LFIB）的形成

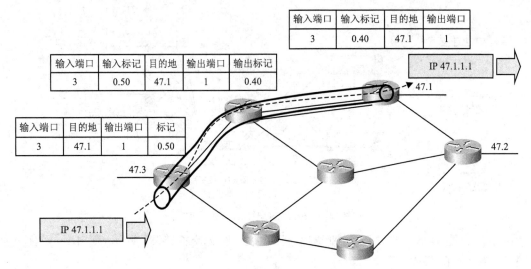

图 7-26　标记交换路径（LSP）的形成

7.3　标记分发协议

7.3.1　标记分发协议及其消息

1. 关于标记分发协议的基本解释

标记分发协议（LDP）是在 MPLS 网络中定义的、专门用于标记交换路由器（LSR）之间相互通知，以便建立和维护标记交换路径，并在 LSR 之间转发业务所用的标记语义的一系列处理程序。在 MPLS 标准中，并没有要求只能使用一种标记分发协议，标记分发协议可以通过对现有协议进行扩展来实现，也可以通过制定专门用于标记分发的新协议来实现。实际上，目前有好几种标记分发协议都处于标准化的进程中，如扩展的资源预留协议（E-RSVP）、扩展的边界网关协议（E-BGP）、标记分发协议（LDP），以及约束的标记分发协议（CR-LDP）等方式。具体使用什么协议实现标记分发，由实际运行环境如硬件平台、管理控制策略等决定。

本节所讨论的标记分发协议（LDP）是 LSR 用来在网络中建立标记交换路径（LSP）的一系列消息及消息处理过程。使用 LDP 的各种进程与消息，标记交换路由器（LSR）将可以把网络层的路由信息直接映射到数据链路层的交换路径之上，进而建立起网络层上的标记交换路径（LSP）。LSP 可以是直接相连 LSR 间的链路，也可以是连接某个网络入口点和出口点穿过多个中间节点的链路，在网络中所有的中间节点上都将使用标记交换。LSR 之间将依据本地转发表中对应于一个特定 FEC 的入标记、下一跳节点、出标记等信息连接在一起，从而形成跨越整个 MPLS 网络的标记交换路径。也就是说，标记交换路径并不是一条实际存在的电路，而是类似于 ATM 中的虚电路。

2. LDP 对等层及 LDP 交换消息

使用 LDP 进行交换标记和流映射信息处理的逻辑相邻的 LSR 称为 LDP 对等体。相应的通信层面称为 LDP 对等层。两个逻辑相邻的 LSR 将在 LDP 对等层上建立 LDP 会话，它们通过 LDP 会话获取对方的标记映射消息，知道各自的标记映射和网络状态。

　　通常，使用 LDP 建立的每一条 LSP 都与特定的转发等价类（FEC）相关联，而转发等价类（FEC）将表明特定的分组应该被映射到哪一条 LSP 之上。每个 LSR 将和某个 FEC 相关的输入标记与对应的输出标记拼接起来，就可以实现 LSP 的扩展。为了建立 LSP，LSR 在 LDP 控制下需要交换的消息可分为以下几类。

　　① 发现（Discovery）消息：用于通告和维护网络中标记交换路由器（LSR）的存在。发现消息可让 LSR 在网络中周期性地公布"HELLO"消息，使用"发向所有路由器"的子网组播地址，并以用户数据报（UDP）的方式在各 LSR 约定的 LDP 端口进行传送。

　　② 会话（Session）消息：用于建立、维护和终止 LDP 对等实体之间的会话连接。当 LSR 决定要与通过"HELLO"消息发现的其他 LSR 建立 LDP 会话时，它就用会话消息与那个 LSR 建立 TCP 连接，并开始使用 LDP 初始化处理过程，从而使这两个 LSR 成为 LDP 对等层进行各种信息的交换。

　　③ 通告（Advertisement）消息：用于创建、改变和删除 FEC-标记绑定。当 LSR 需要某 FEC 的标记映射或需要其对等体使用某一标记时，它就向对应的邻接点发送标记映射请求消息；同时，它也可以接受标记映射请求，并根据自身情况决定是否给予回应，所有这些都是在 LDP 控制下完成。

　　④ 通知（Notification）消息：用于提供建议性的消息和差错通知。通过通知消息，可以将 LDP 运作错误和其他一些操作中产生的重要故障事件传给 LDP 对等层处理。通知消息分为两种类型：错误通知和劝告性通知。错误通知用于指示严重错误，如果一个 LSR 通过与 LDP 对等实体的 LDP 会话得到差错通知消息，LSR 将关闭 TCP 传输连接，通过这条会话连接所得到的标记映射消息都将被丢弃，同时还将结束 LDP 会话。劝告性通知用于通过 LDP 会话来传递特定 LSR 的有关信息或者是以前从 LDP 对等实体收到的消息的某些状态。

　　LDP 会话、通告和通知消息的传送使用可靠的 TCP 连接，而只有发现消息使用用户数据报（UDP）协议来传送，以便简化网络的处理过程。

　　3．LDP 消息结构

　　所有的 LDP 消息都采用类型-长度-值（Type-Length-Value，TLV）的分组结构编码方案，而 TLV 编码对象的值字段又可以包含一个或多个 TLV 或是 TLV 的嵌套结构。这些内容将在 7.3.3 小节的 LDP 协议规范中具体介绍。

7.3.2　LDP 操作

　　1．转发等价类（FEC）

　　分组到标记交换路径（LSP）的映射主要是通过 LSP 与 FEC 之间的绑定来实现的。每个 FEC 包含一个或多个 FEC 要素，每个 FEC 要素指示一组与特定 LSP 对应的 IP 分组。一条被多个 FEC 要素共享的 LSP 在某一节点处不再被各 FEC 要素共享时，对应的 LSP 也就在该节点处终结。

　　根据上节所述，FEC 要素主要包括地址前缀（Address Prefix）和主机地址（Host Address），在 LDP 中还会根据需要来增加新的一些类型。地址前缀使用 IP 地址前缀作为 FEC 要素，其长度可以从 0 到完整的地址长度不等。主机地址使用 IP 主机地址作为 FEC 要素，这要求为主机全地址。

具有完整地址长度的地址前缀 FEC 要素和主机地址 FEC 要素的作用是不同的。对 LSP 来说，只有当其对应 FEC 的地址前缀要素与分组目的地址相匹配时，该分组才能称为与此特定的 LSP 相匹配。映射分组至 LSP 应符合下面的规则，反过来每一个规则都将在分组映射至 LSP 的整个过程中起作用。

① 如果一条 LSP FEC 的主机地址与分组目的地址相同，则分组映射于该 LSP。

② 如果有多条 LSP FEC 的主机地址与分组目的地址相同，则从中任选一条 LSP。

③ 如果一个分组的地址前缀匹配一组 LSP，就将分组映射到前缀匹配长度最长的 LSP 上；如果不存在前缀匹配最长的 LSP，那么分组将映射到这组 LSP 中的一条上，这组 LSP 的匹配地址前缀不比其他任何 LSP 的匹配地址前缀短。

④ 如果已经知道某一特定分组必须从指定的某一特定出口 LSR 输出，而一条 LSP 的 FEC 地址前缀与该 LSR 的地址符合，则分组被指定到该 LSP 上传输。

⑤ 当主机地址与地址前缀两种都匹配时，以主机匹配为主。

由以上规则分组可按以下条件发送。

① 如果一条 LSP 的 FEC 地址前缀要素与分组去往的目的地出口路由器地址相匹配，此外没有其他的 LSP 再与分组目的地址匹配，那么分组将在该 LSP 上传送。

② 如果一个分组与两条 LSP 相匹配，一个是与主机地址 FEC 要素匹配，另一个是与地址前缀 FEC 要素匹配，那么分组总是从主机地址前缀 FEC 要素匹配的 LSP 上发送。

③ 即使是主机地址 FEC 要素与分组出口路由器相同，如果分组与一个特定主机地址 FEC 要素不匹配，分组就不会在该特定主机地址 FEC 要素对应的 LSP 上发送。

2．标记空间、LDP 标识、会话与传输

（1）标记空间

标记空间是指一系列标记的集合。标记空间的概念对于讨论标记赋值与分发十分有用。标记分配和标记分发就是在标记空间中选择尚未使用的标记并向提出标记请求的对等体分发此标记。目前标记空间有两种类型：每接口标记空间（per interface label space）和每平台标记空间（per platform label space）。

每接口标记空间是指将一系列标记划分给特定的接口，这些标记构成了该接口的标记空间。某特定接口上所使用的输入标记，全部由该接口的物理特性所限定，该接口的所有标记资源都将被该接口所规定的业务使用。例如，标记控制 ATM 接口只能将 VCI 用作标记；标记控制帧中继接口只能将 DLCI 用作标记。每接口标记空间的使用只有当 LDP 对等层通过接口采用直接连接时才有意义，而且标记也只能为相应业务使用。

每平台标记空间是指将一系列标记划归整个平台所共有，这些共有的标记构成了平台的标记空间。标记将在整个平台范围内有意义，相同的标记值不能被同时用于多个接口，在整个平台内对标记有唯一的解释。

（2）LDP 标识

一个 LDP 标识有 6 字节长，它用于确定 LSR 标记空间。其前 4 个字节表示 LSR 的 IP 地址，后 2 个字节指定 LSR 中的特定标记空间。对每平台标记空间来说，后 2 个字节为"0"，LDP 标识的格式表示如下：

<IP address>：<label space ID>

一个管理和公告多个标记空间的 LSR 对每个标记空间都使用不同的 LDP 标识。

（3）LDP 会话

LDP 会话（LDP session）用于不同 LSR 间进行标记信息交换。当一个 LSR 用 LDP 广播多个标记空间给另一个 LSR 时，它为每一个标记空间使用分离的 LDP 会话。

（4）LDP 传输

LDP 会话传输采用可靠的 TCP 连接进行。如果两个 LSR 间有多个 LDP 会话时，每个会话都建立有自己的 TCP 连接。

（5）非相邻 LSR 间的 LDP 会话

如果一个标记交换路由器 A（记为 LSRa），根据一些业务工程匹配准则，要通过一条 LSP 给一个不与它直接相连的标记交换路由器 B（记为 LSRb）发送业务，那么在 LSRa 与 LSRb 之间的会话就称为非相邻 LSR 间的 LDP 会话。假设 LSRa 与 LSRb 间有多个 LSR（LSR1，LSR2，…），于是，通过 LSRa 与 LSRb 之间的 LDP 会话，LSRb 将其有关标记公告给 LSRa，此后 LSRb 就能对来自 LSRa 的 LSP 上的业务进行标记交换。实际上，LSRa 使用了两个标记来将业务转发到 LSRb，一个标记是 LSR1 分配给 LSRa 的，该标记使得分组能沿着 LSP 正确抵达 LSRb；另一个标记是 LSRb 分配的，它使得从 LSRa 来的分组能在 LSRb 上完成标记交换业务。

3．LDP 对等层的侦测

LDP 对等层侦测是指 LSR 通过周期性地发送一些消息来发现其可能的 LDP 对等体，而且不再需要静态配置 LSR 标记交换。目前有基本和扩展两种侦测机理。

基本的侦测是用于找出与本 LSR 在链路层上直接相连的 LSR。如果在 LSR 上的某一接口使用的是基本的侦测原理，那么 LSR 将在该接口上周期性地发送 LDP 链接组播问候消息。该消息是用 UDP 格式在规定好的 LDP 端口发送出去，所有连接在同一子网上的路由器均能接收到这个消息。这个问候消息携带有相应 LSR 及其接口的 LDP 标识与标记空间标识，还可以带有一些其他的信息。接收到该问候消息的 LSR 不但知道了与其相邻的 LSR，而且知道了它们之间通信将要使用的接口和标记空间。

扩展的侦测是用来在链路层上锁定非直接相连的 LSR。扩展的 LDP 对等层侦测用在两个非直接相连的 LSR 间。使用扩展侦测的 LSR 周期性地发送 LDP 目标问候消息，该消息也是以 UDP 格式往特定地址约定的 LDP 端口发送。它同样携带有 LSR 要使用标记空间的 LDP 标识及其他一些有用信息。

扩展的侦测与基本的侦测相比，它有两方面的不同。

① 目标问候消息是发往特定的 IP 地址，而不是与某一输出接口相连的所有具有相同组播地址的路由器组。

② 扩展侦测目标问候消息的发送是非对称的。这主要表现在一个 LSR 对目标 LSR 发起扩展侦测时，目标 LSR 可以决定自己是响应还是忽略收到的问候消息，如果是选择响应，那么它就周期性地发送目标问候消息给发起问候的 LSR。

4．LDP 会话的建立与维护

两个 LSR 间通过交换 LDP 侦测问候消息来触发 LDP 会话的建立，这个过程包括传输连接的建立和会话初始化两个步骤。例如，LSR1 和 LSR2 间要建立 LDP 会话，假设它们的问候消息中指定的标记空间为 LSR1：a 和 LSR2：b。

（1）传输连接的建立

在创建问候邻接的消息交换过程中，LSR1 将标记空间 LSR1：a 和 LSR2：b 与相应的链路绑定，其过程如下述。

首先，若 LSR1 还没有建立 LDP 会话来交换标记空间信息 LSR1：a 和 LSR2：b，那么它将试着去打开一个与 LSR2 的 TCP 连接，以便与 LSR2 建立 LDP 会话，并开始交换地址信息。

其次，LSR1 通过对连接建立过程中自己使用端口的地址（A1）和 LSR2 使用地址（A2）的比较，来判决自己在 LDP 会话中是处于主动还是被动角色。如 A1＞A2，则为主动，否则为被动。

第三，如果 LSR1 为主动，那么，它与在地址 A2 上约定的 LDP 端口建立 LDP TCP 连接；否则，它等待 LSR2 来建立连接。

（2）会话初始化

LSR1 和 LSR2 建立传输连接后，它们将通过 LDP 初始化消息交换来协商会话参数。这些协商的参数包括：LDP 协议版本、标记分发方法、时间值、标记控制 ATM 交换中用以表示标记的 VPI/VCI 范围和标记控制帧中继中的 DLCI 范围等。

连接建立后，如 LSR1 是主动者，它就给 LSR2 发送初始化消息来负责启动会话参数的协商。如果是被动的，它就等待 LSR2 启动参数协商。一般说来，如果 LSR1 与 LSR2 之间有多条链路相连接，而且它们也将多个标记空间向对方作了告示的时候，作为被动的 LSR 在收到了对等层传来的初始化消息之前，将不知道在新近建立的连接上使用哪个标记空间告示给对方，这时它只有等待对方的第一个 LDP 协议数据单元（LDP PDU）后，被动的 LSR 才可以用问候消息去匹配所收到的标记空间告示。具体过程分下述两种情况。

① 第一种情况，LSR1 是主动者。

• 如果 LSR1 收到错误通知指出 LSR2 拒绝它的会话提议，那么 LSR1 就中断与 LSR2 的 TCP 连接。

• 如果 LSR1 收到一个初始化消息，它就检查会话参数是否可接受。如果可接受，LSR1 就回应一个 Keep Alive 消息，否则发送会话拒绝消息或错误通知消息来中断本次会话。

• 如果 LSR1 收到 Keep Alive 消息，表示 LSR2 接受了它的会话参数提议。

• 当 LSR1 同时收到可接受的初始化消息和 Keep Alive 消息时，表明本次会话成功。

② 第二种情况，LSR1 是被动者。

• 如是 LSR1 收到一个初始化消息，它就用一个邻接问候消息去匹配携带在 PDU 消息头中的 LDP 标识。

• 如果有了一个匹配的问候，该邻接问候为会话指定本地标记空间，接下来 LSR1 检查列在消息中的会话参数是否可接受。如果可以接受，LSR1 就用一个它自己希望使用的参数初始化消息来回应收到的消息，并同时用 Keep Alive 消息告诉 LSR2 提出的会话参数被接受。

• 如果 LSR1 找不到一个可以匹配的问候邻接或不接受 LSR2 的参数，LSR1 将发送一个拒绝会话消息或错误通知消息来中断与 LSR2 的 TCP 连接。

• 如果 LSR1 在回应初始化消息时收到一个 Keep Alive 消息，那说明本次会话是可操作的。

- 如果 LSR1 收到一个错误通知指出 LSR2 拒绝了它的会话参数提议，则它们之间的 TCP 连接也将中断。

如果配置不相兼容的一对 LSR 间想要进行会话协商，它们之间很可能达不成有关会话参数协定，于是有可能无休止地相互发送错误通知和其他非确认消息，进入循环状态。因此，当一个 LSR 发现它的初始化消息没被确认时，它就应该取消它的会话企图，并通知操作员。通常规定，两次会话重试的时间间隔应不少于 15s，延迟不低于 120s。

5．**标记分发管理**

LSR 的每一接口都需要配置好标记的分发模式，并在会话初始化期间交换分发模式信息。目前 LDP 中规定了两种模式：主动式下游标记分发和下游标记按需分发。两种分发方式在同一网络中可以同时使用。但对于一个给定的 LDP 会话，LSR 必须知道它的对等层所使用的标记分发方法，以避免由于两个交换机分发方式的不同而引起冲突。不管是采用什么分发方式，建立 LDP 会话的两者间必须协调好。标记分发管理有控制和保持两种模式。

（1）标记分发控制模式

LSR 可以同时支持独立的和有序的两种标记分发控制模式，一条标记交换路径（LSP）的初始化设置是由 LSR 工作于独立的还是有序的 LSP 控制模式来决定的。

① 独立的标记分发控制模式。所谓独立的标记分发控制模式是指关于什么时候生成标记并将生成的标记通知给上游对等层，每个 LSR 可以独立做出决定。一旦下一跳被认可后就将标记—转发等价类绑定通知给对等层，将输入标记与输出标记拼接在一起就形成了 LSP。

独立的标记分发控制模式具有如下特点。

- 标记信息的交换延迟时间变得更小。
- 标记的产生与分发不依赖于出口节点是否可用。
- 各节点间对标记粒度的定义一开始可能就不统一。
- 可能需要单独的环路检测/缓解措施。

在独立的 LSP 标记分发控制模式中，每个 LSR 可以在任何时候给它的邻居公布标记映射。例如，当一个 LSR 工作于下游按需分配独立标记分发控制模式时，它可以立即响应标记映射请求而不必等待下一跳给它的标记映射；当工作于独立的主动式下游标记分发模式时，LSR 无论什么时候想要标记交换 FEC，它都可以公布 FEC-标记映射给它的邻居。不过这种方式要求上游标记应在收到下游标记之前被公布。

② 有序的标记分发控制模式。所谓有序的标记分发控制模式是指根据特定 FEC 的出口 LSR 或 LSR 已从它的下游 LSR 处收到标记绑定时，LSR 才将标记-FEC 绑定通知给对等层，LSP 的形成是一个从出口到入口的"流"。

有序的标记分发控制模式具有如下一些特点。

- 分组转发需要等整条 LSP 建立完。
- LSP 的成功建立与否依赖于出口节点是否可用。
- LSP 各节点的操作相互协调一致，并且没有循环。
- 此方案可用于显式路由和组播。

当使用有序的 LSP 标记分发控制模式时，LSR 只对那些已经有了 FEC 下一跳标记映射的 FEC 启动标记映射传输，要不然该 LSR 必须是出口 LSR。对于还没有映射的 FEC，如果相应的 LSR 不是出口 LSR，那么，该 LSR 必须等待接收到下游给它分发的标记，然后，它才能将 FEC 映射到标记上，并将该标记分配给上游 LSR。一个 LSR 可以是某些 FEC 的出口，也可以为中间节点。当满足下面的条件之一时，一个 LSR 就是某特定 FEC 的出口。

- FEC 引用了 LSR 本身（包括一个它直接连接的接口）。
- 对该 FEC 的下一跳路由器已不再属于标记交换网络的范围。
- 组成 FEC 的各单元可以通过交叉的路由域边缘来确定。例如，它的一部分属于运行 OSPF 协议的自治系统，另一部分属于运行边界网关协议（BGP）的网络。

（2）标记保持模式

标记保持模式可分为保守的标记保持模式和自由的（Liberal）标记保持模式。

① 保守的标记保持模式的特点。

- LSR 只维护有效的标记绑定。
- 如果下一跳发生变化，它得重新做标记请求。
- 适应网络拓扑变化的能力变差。
- 可以减少对存储空间需求。

在主动式下游标记分配模式中，对所有路由的标记映射分发可以从所有对等的 LSR 上收到，当使用保守的标记保持模式时，分发的标记映射只在它们用来转发分组期间才加以保留。当 LSR 工作于下游按需标记分发模式时，LSR 将根据路由从下一跳 LSR 申请标记。下游按需标记分发主要是用在保守的标记保持模式中（比如 ATM 交换只有有限的交叉连接空间），这种模式的主要优点是节约资源；其缺点是如果路由发生变化，就必须借助下游节点按需分配向新的下一跳 LSR 申请标记，然后才能转发分组。图 7-27（a）所示为保守标记保持模式的例子。

② 自由的标记保持模式的特点。

- LSR 对收到的每一个标记绑定都进行维护，即便下一跳不是有效的 FEC 下一跳。
- 如果下一跳发生改变，LSR 可以立即使用这些原来是无效的绑定。
- 它使得 LSP 能更快速地适应网络拓扑变化。
- 它将占用更大的存储空间。

在主动式下游标记分配模式中，对所有路由的标记映射分发可以从所有的 LDP 对等层收到。使用自由的标记保持模式时，从对等 LSR 收到的每一个标记都被保存起来，而不管分发标记的 LSR 是不是下一跳 LSR。工作于这种模式的 LSR 可向所有具有相同地址前缀的对等 LSR 申请一个标记映射。这种模式的优点是对路由变化的适应能力强；其缺点是系统要维护很多未使用的标记。图 7-27（b）所示为自由标记保持模式的例子。

6. LDP 标识与下一跳地址

LSR 维护其标记信息库（Label Information Base，LIB）中的标记。当 LSR 工作于主动式下游标记分发模式时，在 LIB 中的对每个地址前缀的表目都由（LDP 标识：标记）对组成。当改变某一前缀的下一跳时，LSR 要能根据 LIB 中新的下一跳标记公布来重新得到用于转发的标记。要达到此目的，LSR 必须能对前缀下一跳地址映射到 LDP 标识上。与此相似，当 LSR 为一个前缀从它的 LDP 对等层得到一个标记时，它必须能判决这个对等体是否就是对该前缀的下一跳，它转发分组是否就用新得到的标记。要做到这些，LSR 必须能映射 LDP 标识到对等体的地址，以检查是否有对应前缀的下一跳。为使 LSR 能映射一个对等的 LDP 标识和对等体地址，LSR 用 LDP 地址消息和地址取消消息公布它们的地址。一个 LSR 发出地址消息用来向对等体公布它的地址，发出地址取消消息用来取消它先前公布给对等体的地址。

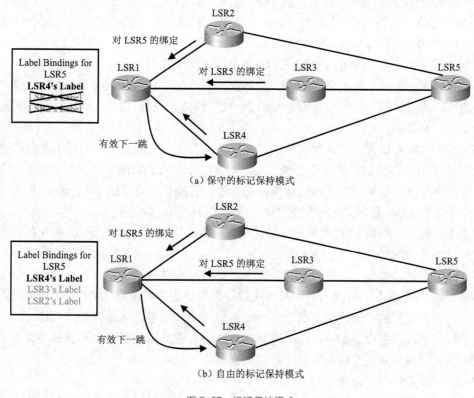

图 7-27 标记保持模式

7. 循环探测与预防

循环（LOOP）探测是标记交换路由器（LSR）的可配置选项，配置了循环探测的 LSR 可以发现有循环的标记交换路径（LSP），并防止标记请求消息在 LSR 之间循环传送。循环（LOOP）探测是利用标记请求和标记映射消息中携带的路径矢量（Path vector）TLV 和跳数计数（Hop count）TLV 来完成的，类型-长度-值（Type-Length-Value，TLV）的特性表述如下。

① 路径矢量 TLV 含有消息所经过的 LSR 列表。每个 LSR 都有其一个独特的标识，当它转发一个分组时，它就将自己的标识加入到路径矢量中，于是当 LSR 收到一个分组后如果发现路径矢量中已经含有它自己，那就说明发生了循环。此外，LDP 支持最大可允许路径矢量长度，如果长度超出，也视为有循环。

② 跳数计数 TLV 含有消息所经过的 LSR 数。当一个 LSR 转发含有跳数计数 TLV 的消息时，它会先检查跳数计数是否达到极限，如果是则说明有循环。习惯上，如跳数计数值设为"0"表示所计数值不确定。

（1）标记请求消息的循环探测

路径矢量 TLV 和跳数计数 TLV 主要使用在不具有合并能力的 LSR 上来防止标记请求消息的循环。LSR 要使用跳数计数来实现标记请求消息的循环检测必须满足下面的规则。

① 标记请求消息必须包含有跳数计数 TLV。

② 如果 LSR 是某一 FEC 的入口标记交换路由器，且正在发送标记请求，其标记请求消息里必须有跳数计数为"1"的跳数计数 TLV 域。

③ 如果 LSR 是转发上游收到的标记请求消息，它将对收到的标记请求的跳数计数 TLV 域作增"1"操作，然后，再转发给下一跳。

对于使用路径矢量 TLV 的 LSR，它作循环检测的规则如下。

① 如果 LSR 是某一 FEC 的入口标记交换路由器，且该 LSR 不具有合并能力，那么，在它发出的标记请求消息里必须得含有长度值为"1"的路径矢量 TLV，该域里含有它自己的 LSR 标识（LSR ID）。

② 如果 LSR 是作为标记请求消息的转发者，并且收到的标记请求消息里含有路径矢量或该 LSR 不具有合并能力，那么该 LSR 必须加上它自己的 LSR ID 到路径矢量域里，然后将结果转发到下一跳；如果收到的标记请求消息里不含有路径矢量 TLV 域，该 LSR 就得给消息加上路径矢量 TLV 域，域长为"1"，域中含有它自己的 LSR ID。

需要注意的是，如果 LSR 收到一个特定 FEC 的标记请求消息，而该 LSR 先前已经为该 FEC 发送过标记请求消息，只是还未收到回应，并且该 LSR 想将新收到的标记请求与原来存在的那个标记合并，那么，新收到的标记就不再被转发出去。

如果 LSR 从它的下一跳收到一个具有跳数计数的标记请求消息，且跳数计数值已超过规定的值，或者说收到的标记请求消息含有路径矢量域，其域里已有该 LSR 的 ID，LSR 就可以判定该标记请求消息出现循环。LSR 发现循环以后，它必须发送一个发现循环通知消息给标记请求消息发起者并丢弃所收到标记请求消息。

（2）标记映射消息的循环侦测

通过使用路径矢量法和跳数计数法在标记映射消息里可以发现并终止有循环的 LSP。当一个 LSR 从它的下一跳收到标记映射消息时，消息将会继续往上游转发，除非发现了循环或者该 LSR 已经是入口 LSR。

一个具有循环侦测能力的 LSR，当采用跳数计数来侦测循环时，它必须符合如下规则。

① LSR 发送的消息里必须含有跳数计数 TLV 域。

② 如果该 LSR 是出口，那么，跳数计数的值为"1"。

③ 中间的节点对收到的标记映射消息（具有跳数计数）做如下处理。

● 如果该 LSR 是一个不具有 TTL（存活时间）减功能的某一 MPLS 域的边缘 LSR，而且它的上游对等层也处于同一域中，它就重新设置跳数计数为"1"，然后再转发消息。

● 其他情况下，该 LSR 对跳数计数增"1"，然后转发到上游节点。

④ 正要转发的标记映射消息中，其跳数计数值已经是加上了本跳的新计数。

标记映射消息的循环侦测也可以采用路径矢量的办法，LSR 遵循的规则如下。

① 如果 LSR 是出口，它所发出的标记映射消息里可以不含路径矢量。

② 如果 LSR 是一个中间节点，那么，它要做如下处理。

● 如果该 LSR 具有合并能力，而且它以前也未曾给上游节点发送标记映射消息，那么它就给消息加上它自己的路径矢量 TLV。

● 如果收到的消息中含有未知跳计数，那么，该 LSR 也给消息附上它的路径矢量 TLV。

● 如果该 LSR 曾经给上游对等体发送过标记映射消息，而且收到的消息报告说 LSP 的跳数增长了，那么，它就必须附上自己的路径矢量 TLV，并将计数从已知改为未知（若原来就是未知的，则不作修改）。

③ 要发送的消息应该是已加上本 LSR 路径矢量 TLV 和本 LSR ID。

有了路径矢量 TLV 和跳数计数 TLV 的定义后，一个 LSR 对收到消息要么检查跳数计数是否超过规定值，要么检查路径矢量 TLV 里是否有自己的标识，两种方法都可正确判断是否发生循环。一旦发现循环，LSR 就停止使用含在标记映射消息中的标记，并发出出错通知给产生标记映射消息的源。

7.3.3 LDP 协议规范

LDP 消息交换是通过在 LDP 会话的 TCP 连接上发送 LDP 协议数据单元（LDP PDU）来实现的。每个 LDP PDU 可以携带一个或多个 LDP 消息，在 LDP PDU 中的消息彼此可以不相关。例如，某一个 PDU 里可以带一个用于公布 FEC 标记绑定的消息，另一个可能是对某几个 FEC 申请标记绑定，还有一个可能会是信令通知消息，等等。

下面先来看一下 LDP 协议数据单元 PDU 的具体编码格式。

每个 LDP PDU 由 LDP 头后跟一个或数个 LDP 消息组成，LDP 头的格式如图 7-28 所示。

版本号：2 字节的无符号数，用于指明所用协议的版本。

PDU 长度：2 字节的整数，用于指定整个 PDU 的长度（不含该两字节长及版本）。目前最大允许 PDU 的长度通过 LDP 初始化协商会话决定，协商之前为 4096 字节。

LDP 标识：它有 6 字节长，前 4 字节为发送消息的 LSR 的 IP 地址，这个地址应为路由器的 ID，也可作为路径矢量中的一部分来侦测循环发生与否。后 2 个字节识别 LSR 内的标记空间，对每平台标记空间来说，该值为 "0"。

1．TLV 编码及处理

（1）TLV 编码格式

在 LDP 消息中，携带的大量信息都采用类型-长度-值（Type-Length-Value，TLV）编码方案，如图 7-29 所示为 TLV 的编码格式。

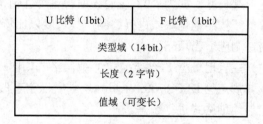

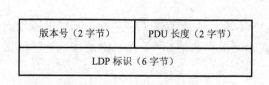

图 7-28 LDP PDU 消息头格式　　　　　图 7-29 LDP TLV 编码格式

U 比特：未知的 TLV 比特，当收到一个未知的 TLV 时，如果 U 比特为 "0"，那就返回一个通知消息给消息发出者，并忽略收到的整个消息；如果该比特为 "1"，那么仅是未知的 TLV 被忽略，其他的消息仍按正常情况处理。

F 比特：转发未知的 TLV 比特，该比特只在 U 比特被设置而且含有未知的 TLV LDP 消息要被转发时才应用它。如果 F 为 "0"，则含有未知 TLV 的消息将不被转发；F 为 "1"，则含有未知 TLV 的消息将被转发。

类型域：指明值域的类型。

长度：以字节的形式指明值域的长度。

值域：字节串形式的消息编码，根据类型域指定的类型来进行解释。

需要指出的是，对于 TLV 的第一字节没有定位要求，TLV 中的值域可以再含有 TLV 编码，也就是说 TLV 可以嵌套。

TLV 编码方案是一种广泛采用的方案，一般说来，每一个出现在 LDP PDU 中的消息均可以用它编码。但也并非必须用它，因为有时它的使用显得没必要和浪费空间，比如有些消息的类型值已经知道，相应的长度值也能知道，这时就没必要再采用 TLV 编码形式。

（2）常用参数的 TLV 编码

有几种常用参数被多种 LDP 消息所使用，这些常用参数的 TLV 编码如下所述。

① FEC TLV 编码。FEC TLV 编码就是指 FEC 各构成要素的编码。标记与转发等价类（FEC）是绑定在一起的，一个 FEC 由多个要素组成，FEC 对其中的每一项进行编码。图 7-30 所示为 FEC TLV 的编码格式。FEC 各要素的编码依赖于要素的类型。一个 FEC 要素的编码由以下两部分组成：1 字节的值域和可变的长度域。由于 FEC 要素值与类型相关，因此，FEC 要素编码也就不再是标准的 LDP TLV 编码，目前主要有通配型（Wildcard）、前缀型和主机地址型 3 种 FEC 要素类型。

0	0	FEC（0x0100）
长度（2 字节）		
FEC 要素 1（4 字节）		
FEC 要素 2		
……		
FEC 要素 *n*		

图 7-30 FEC TLV 编码

通配型 FEC 要素：它只用在标记取消和标记释放消息中。这也暗示着释放/取消消息应用于与标记相关联的 FEC，这里各 FEC 要素将由标记 TLV 构成。

前缀型 FEC 要素：其编码格式如图 7-31 所示。地址簇是地址前缀的编码，有 2 字节长，各值的具体含义规定在 RFC 1700 中；前缀长度为 1 字节的无符号整数，以比特的形式指明地址前缀长度，如为“0”表明该前缀可与任何地址匹配（缺省时为目的地址）；前缀是一个地址前缀按照地址簇域进行编码，其长度以比特计，并由前缀长度域指定，如不满字节的整数倍，则应适当填充。

主机地址型 FEC 要素：其编码格式如图 7-32 所示。地址簇有 2 字节长，其地址簇号的具体规定见 RFC 1700；主机地址长度以字节形式指明主机地址长度；主机地址按地址簇域指定的地址格式进行编码。

类型值=2（1 字节）	地址簇（2 字节）
前缀长度（1 字节）	
前缀（4 字节）	

图 7-31 前缀型 FEC TLV 编码

类型值=3（1 字节）	地址簇（2 字节）
主机地址长度（1 字节）	
主机地址	

图 7-32 主机地址型 FEC 要素编码格式

当 LSR 对 FEC TLV 进行解码时，如果它不能对其中的一些构成分解码，它就停止对 TLV

的解码，并退出相应的消息处理过程，同时发出一个通知给相应的 LDP 对等层，说明有信号错误发生。

② 标记 TLV 编码。标记 TLV 对标记进行解码，标记 TLV 由标记公布、标记请求、标记取消、标记映射等消息携带。

LSR 使用通用标记 TLV 对标识链路的标记进行编码，该标记的值是独立于低层链路层技术（如 PPP 和以太网）的。图 7-33 所示为通用标记 TLV 编码格式。标记是一个 20bit 长的数值，放在 4 个字节的字段中。

③ ATM 标记 TLV。在 ATM 链路上进行信息传输的 LSR，其 ATM 标记 TLV 的编码格式如图 7-34 所示。

0	0	通用标记（0x0200）（14bit）
长度（2 字节）		
标记（4 字节）		

图 7-33　通用标记 TLV 编码格式

0	0	ATM 标记（0x0201）（14bit）
长度（2 字节）		
预留（2bit）		V 比特（2bit）
VPI（12bit）		VCI（16bit）

图 7-34　ATM 标记 TLV 编码

预留：这个域暂时预留没用，其值在传输期间置为"0"，并在接收处被忽略。

V 比特：2bit 的交换指示器。V=00，表示 VPI 和 VCI 都有意义；V=01，只有 VPI 有意义；V=10，只有 VCI 有意义。

VPI：虚通路标识。若 VPI 少于 12bit，则应作校正，前面的修正比特设置为"0"。

VCI：虚信道标识。若 VCI 少于 16bit，则应作校正，前面的修正比特设置为"0"。如果虚通路交换在 V 比特域作了指明，那么，这个域被接收者所忽略，并被发送者设为"0"。

④ FR 标记 TLV。一个要使用帧中继链路的 LSR 将使用帧中继标记 TLV 对标记进行编码，帧中继标记 TLV 编码的格式如图 7-35 所示。

预留：这个域暂时预留没用，其值在传输期间置为"0"，并在接收处被忽略。

DLCI 长度域：这个域规定 DLCI 的比特数，它支持以下几种值的长度："0"表示 10 bit DLCI；"1"表示 17 bit DLCI；"2"表示 23 bit DLCI。

DLCI：数据链路连接标识。

⑤ 地址列表 TLV。地址列表 TLV 出现于地址消息和地址取消消息中，其编码格式如图 7-36 所示。

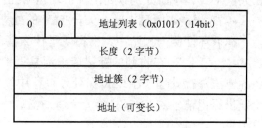

0	0	帧中继标记（0x0202）（14bit）
长度（2 字节）		
预留（7bit）		DLCI 长度（2bit）
DLCI（23bit）		

图 7-35　帧中继标记 TLV 编码

0	0	地址列表（0x0101）（14bit）
长度（2 字节）		
地址簇（2 字节）		
地址（可变长）		

图 7-36　地址列表 TLV 编码格式

地址簇为 2 字节长，其地址簇号的具体规定请参考 RFC 1700。

地址域是一系列地址列表，每个地址的编码依据地址簇规定进行。目前在 LDP 中使用的主要是 IPv4 地址。

⑥ 跳数计数 TLV。跳数计数 TLV 作为可选项出现于 LSP 的建立过程中，用来计算沿着整个 LSP 所经过的 LSR 数。其编码格式如图 7-37 所示。

在建立 LSP 的过程中，有关的 LSR 会收到含有跳数计数 TLV 的标记映射消息或标记请求消息。在此情况下，该 LSR 就得对跳数计数值做好记录。如果该消息是 LSP 的标记映射消息，LSR 就要对收到的消息向上游节点转发；如果是标记请求消息就向下游转发。在转发之前，LSR 还需要对标记作如下处理。

- 如为标记请求消息，LSR 就对收到的跳数值加 "1"，然后，向下游节点转发。
- 如为标记映射消息，当 LSR R 是边缘的、不具有 TTL 减功能、其上游对等层位于同一 LSR 域中时，它就将跳数值设为 "1" 后转发，否则 R 对收到的跳数值增 "1"。
- 如果 LSR 是 LSP 中的第一个 LSR（标记请求的入节点和标记映射的出节点），则跳数值设为 "1"。习惯上如该域为 "0" 表明跳数值未知。

当一个 LSR 收到含有跳数计数 TLV 的消息时，它必须检查跳数计数值以判决该值是否已超过配置好的最大可允许的值。如果超过给定的值，就说明产生循环，然后，按有关循环侦测配置处理。

⑦ 路径矢量 TLV。路径矢量 TLV 用在标记请求消息里时，是记录消息所经路径上的 LSR；用在标记映射消息里时，是记录在建立 LSP 时标记映射消息所经过的 LSR。路径矢量 TLV 的编码格式如图 7-38 所示，每个 LSR 标识是 LDP 标识部分的 IP 地址，这就确保了各 LSR 在网络中标识的唯一性。

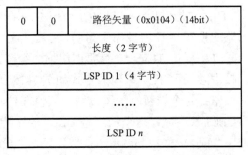

图 7-37 跳数计数 TLV 格式　　　　图 7-38 路径矢量 TLV 编码格式

当 MPLS 网络配置有循环侦测功能时，在标记映射消息和标记请求消息里都需要携带路径矢量 TLV。下面分别叙述两种消息里路径矢量 TLV 的处理。

- 标记请求消息中路径矢量 TLV 的处理

在循环探测与预防中，已指明了什么情况下 LSR 必须在标记请求消息里加入路径矢量 TLV。一个 LSR 在收到的标记请求消息里检查到有路径矢量时，它就按循环探测与预防所述的方法进行处理。若 LSR 在处理过程中发现了循环，它就拒绝接受请求，并做如下处理：给发出标记请求的 LSR 发送一个通知消息，告诉它有循环出现；不再转发有循环的标记请求消息。

- 标记映射消息中路径矢量 TLV 的处理

收到标记映射消息的 LSR 对路径矢量的处理按循环探测与预防中所述的方法进行，当 LSR 发现循环时，它拒绝做标记映射以防止前向循环的发生，并进行如下处理：给发出映射消息的 LSR 发送一个通知消息，告诉它发现了循环；不再给下一节点转发有循环的消息；对一个已存在的 LSP，检查该标记映射消息是否映射到它上，如果是，该 LSR 就拆除与上游节点的标记拼接，以便取消该 LSP。

⑧ 状态 TLV。状态 TLV 一般在通知消息中携带，用于指定发生的事件是什么，其编码格式如图 7-39 所示。

状态代码是 32bit 的无符号整数，其值代表要通知的发生的事件。状态代码的结构如图 7-40 所示。E 比特为 "1" 表明发生致命错，为 "0" 表示一般的建议通知消息。F 比特（转发比特）为 "1"，表示通知消息应该转发给 LSP 上的上一跳或下一跳 LSR，为 "0" 表示不转发通知消息。30bit 状态数据是无符号整数，用于表明状态信息，该值为 "0" 意味着成功。

0	0	状态（0x0300）（14bit）
长度（2 字节）		
状态代码（4 字节）		
消息 ID		
消息类型		

图 7-39 状态 TLV 编码格式

E	F	状态数据（30bit）

图 7-40 状态代码结构

消息 ID 是一个 32bit 的值，如为非 "0"，则用于标识状态 TLV 所涉及的对等层消息 ID，为 "0" 则不代表任何意义。

消息类型如为非 "0"，则表示状态 TLV 所涉及的对等层消息类型，为 "0" 则不表示任何意义。

状态 TLV 不限于用在通知消息中，其他消息也可以以参数的形式携带状态 TLV。当在其他消息中携带状态 TLV 时，如果并不打算处理它的话，状态 TLV 中的 U 比特应设为 "1"，以表明接收者应该丢弃此 TLV。

2. LDP 消息

所有 LDP 消息都采用如图 7-41 所示的格式。

U 比特：未知消息指示，当收到一条未知

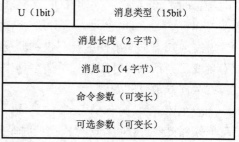

图 7-41 LDP 消息格式

消息时，如果 U 比特为 "0"，就返回一个通知消息给消息源；如为 "1"，就忽略该消息。

消息类型：标识消息类型。

消息长度：以字节规定的消息 ID、命令参数和可选参数的累计长度。

消息 ID：用以识别消息，其长为 32bit；它附在发送消息的 LSR 上，目的是为了让使用该消息的节点容易识别有关通知消息。一个发送通知消息的 LSR 在回应该消息时，应该将此 ID 包含在通知消息中。

命令参数：是一系列可变长的请求消息参数，某些消息没有请求参数。对于有请求消息的参数来说，请求参数必须按有关消息规范的顺序出现。

可选参数：是一系列可变长的可选消息参数，很多消息没有可选参数。对于带有可选参数的消息，可选参数能以任意顺序出现。

目前定义的 LDP 消息及其功能如表 7-4 所示。

表 7-4　　　　　　　　　　　　LDP 消息类型及其功能

消 息 名	消 息 功 能
通知	用于通知 LDP 对等层所发生的事件如致命错和有关消息处理结果的信息
问候（HELLO）	用于发现相邻的 LDP 对等层
初始化	作为 LDP 会话建立的一部分在对等层间交换最基本的信息
会话保持	用以监视 LDP 会话传输连接的完整性
地址	LSR 用于告知其对等层它的接口地址
地址取消	LSR 取消先前公布给其对等层的接口地址
标记映射	LSR 公布给对等层有关的 FEC—标记绑定
标记请求	LSR 用于向对等层申请一个 FEC—标记绑定
标记退出请求	取消前面发出的标记请求
标记取消	解除 FEC—标记绑定
标记释放	释放 LSR 不再需要的前面申请的标记

3．LDP 消息的处理

在表 7-4 中对 LDP 的各种消息及功能作了总结，下面将对各消息的处理进行简单说明。

（1）通知消息的处理

当某一 LSR 在信息处理过程中发现异常情况时，它就将事件的状态代码进行编码处理，然后，发送给它的对等层。如果所发生的事件是严重错误，在发送完通知后，它就立即终止与对等层的 LDP 会话，关闭 TCP 连接和丢弃所有在该连接基础上达成的协议。收到通知消息的 LSR 则终止 LDP 会话，丢弃所有与会话有关的状态，包括标记-FEC 绑定。

触发通知消息的事件主要有收到畸变的 PDU 和消息、包含在 LDP 消息中的 TLV 是未知或有畸变、会话保持时间到、单边会话中断及初始消息参数不能接受等。

（2）问候消息的处理

当一个 LSR 从另一个 LSR 收到问候消息后，它就开始维护一个相应的问候邻接，同时启动问候邻接保持时间计时器，在计时时间范围内收到相应的问候消息就重置计时器为初值，否则计时时间到后就终止连接。通常发送问候消息的时间间隔为保持时间的 1/3。

收到 LDP 问候消息的 LSR 对此消息的处理过程如下。

① 该 LSR 检查这个问候消息是否是可接受的。

② 如果问候消息不可接受，该 LSR 就丢弃它。

③ 如果消息是可接受的，LSR 就检查它是否对该消息的源已维护有一个问候邻接，如有了，它就重启计时器；如果没有就创建一个，并启动计时器。

④ 如果在问候消息里还含有其他 TLV，那么，LSR 还要对它作继续处理。

⑤ 如果 LSR 还没有对问候消息的 LDP 标识的标记空间建立 LDP 会话，那么，接下来

它将试图建立这个会话。

（3）初始化消息的处理

初始化消息主要是设置 LSR 间相互通信的协议版本、最大数据传输单元、标记分发（公布）规则、循环侦测采用的方案以及 ATM 或帧中继中标记空间的划分等。

（4）会话保持时间消息的处理

LSR 每收到一个会话保持时间消息，它就重置在消息中指定的计时器。

（5）地址消息的处理

收到地址消息的 LSR 使用该消息中所含的地址信息去维护一个地址数据库，该数据库保存着 LDP 标识与下一跳地址之间的映射关系。建立一个新的 LDP 会话后，在发送标记映射或发出标记请求消息之前，LSR 应该公布它自己的接口地址消息。不管什么时候 LSR 激活了一个新的地址接口，它应该在地址消息里公布这个新地址。无论什么时候，LSR 不再使用原来公布的地址时，它都应该发出地址取消消息。

（6）标记映射消息的处理

标记映射消息是 LSR 用来将标记与 FEC 间的映射关系分配给 LDP 对等层的。如果 LSR 将一个 FEC 的标记映射分发给多个 LDP 对等层，那么，FEC 是分配一个标记后分发给所有的对等层，还是按照不同对等层使用不同映射来分发给相关对等层，将完全由本地决定。发送和接收 LSR 都要保证标记的一致性。LSR 从下游节点收到有关地址前缀或主机地址 FEC 要素的标记映射消息后，它并不能马上转发分组，而是要先检查它的路由表中是否有表目与 FEC 完全匹配。标记映射模式有独立控制映射、顺序控制映射、下游按需标记分发和主动式下游标记分发等几种。

（7）标记请求消息的处理

标记请求消息是由上游 LSR 向下游显式地申请一个 FEC 标记映射的消息。通常有下列条件之一发生时，LSR 向下游发出标记请求。

① LSR 通过转发表识别出一个新的 FEC，该 FEC 的下一跳也是它的 LDP 对等层，但对这个 FEC，LSR 还没有从下一跳得到一个标记映射。

② 某个 FEC 的下一跳发生了改变，LSR 还未从新的下一跳得到映射。

③ LSR 从它的上游对等层收到对某个 FEC 的标记请求，该 FEC 的下一跳是它的 LDP 对等层，只是它还没得到相应标记映射。

收到标记请求消息的 LSR，要么回应一个标记映射，要么发送一个通知消息说明为什么满足不了请求。不能完成标记映射的情况有以下几种：没有相应的路由存在，没有标记可用，发现了循环。

（8）标记退出请求消息的处理

在下列情况之一发生时，LSR 将发出标记退出请求消息。

① 该 LSR 的下一跳节点对 FEC 的映射发生了改变。

② 该 LSR 是一个不具合并能力的中间节点，并从它的上游节点处收到了标记退出请求消息。

③ 该 LSR 是具有合并能力的中间节点，但发出标记退出请求的 LSR 是它上游的唯一一个 LSR。

当 LSR 收到标记退出请求消息后，如果以前还未回应过相关的标记请求，它就简单地用标记退出请求证实通知消息加以回应，该通知消息必须包含标记请求消息 ID TLV。如果 LSR 是在回应标记请求消息后收到标记退出请求消息，它就忽略这次申请。

如果 LSR 在发出标记退出请求消息后不久就收到了它原先发出的标记请求消息的回应，那它要么将标记映射当做有效处理，要么再发一个标记释放消息。这里需要注意的是，对标记退出请求消息的响应是无序的。也就是说，收到该消息的 LSR 不必理会它下游节点的状态如何就可立即作出回应。

（9）标记取消消息的处理

当发生下列事件之一时，LSR 发出标记取消消息。

① 先前为 FEC 公布的标记识别不出来。

② 该 LSR 单方面决定不再对某一 FEC 作标记交换，则相应的标记要取消。

该消息中的 FEC TLV 规定了对消息中指定的 FEC 或与 FEC 相关的哪些标记要取消，并且消息中不含有标记 TLV 域，那么所有与此 FEC 相关的标记均被取消，否则只是指定的标记被取消。

（10）标记释放消息的处理

当 LSR 不再需要先前它从对等层那里申请到的标记时，它就给对等层发送一个标记释放消息。通常，发生下述情况之一时 LSR 要发送标记释放消息。

① 发出标记映射的 LSR 不再是它所映射 FEC 的下一跳，而且该 LSR 配置为保守工作模式。

② LSR 从一个不是它所要求的下一跳节点收到标记映射，而且该 LSR 配置为保守工作模式。

③ LSR 收到标记取消消息。

在上面第①和第②两种情况中，如果 LSR 配置为自由工作模式，则 LSR 是不会发出标记释放消息的，以便在下游对等层成为某一 FEC 的下一跳时可立即成为有标记。

在释放消息中的 FEC TLV 规定了哪些标记将被释放，如果消息中没有相应的标记 TLV，那么所有与此 FEC 关联的标记都被释放。

7.4 标记交换路径

7.4.1 标记交换路径概述

标记交换路径（Label Switched Path，LSP）是指具有某特定 FEC 的分组，在传输时经过的标记交换路由器集合构成的数据传输通路。MPLS 负责引导 IP 数据包从起始路由器按一条预先确定的 LSP，通过网络流向终止路由器。LSP 的建立是通过串联一个或多个标记交换跳转点来完成，允许数据包从一个标记交换路由器（LSR）转发到另一个 LSR，从而穿过 MPLS 域。

1. LSP 的属性描述

由于 MPLS 支持层次化的网络拓扑结构，因此在对某一分组传输路径进行描述时，还必须指明当前的标记交换路径位于第几层。假设分组 P 沿着一个具有 M 层的标记交换路径（LSP）传输，沿途所经过的标记交换路由器为（R1，…，Rn），如图 7-42 所示，那么这条 LSP 具有以下属性。

图 7-42　由中间网络系统连接的标记交换路径示意图

① R1 是本 LSP 的入口点，分组经过 R1 时，R1 将自己的一个标记压入分组 P 的标记堆栈中，从而在此形成栈深为 M 的标记堆栈。

② 对于该条 LSP 中所有的 Ri（$1<i<n$），它们所接收到的分组 P 的标记堆栈深度始终为 M。

③ 分组 P 从 R1 传输到 Rn−1 的期间，其标记堆栈深度始终为 M，且转发依据为第 M 层的标记。

④ 对于所有的 Ri（$1<i<n$），Ri 使用栈顶标记作为输入标记映射（Incoming Label Map，ILM）索引，它通过索引完成标记交换后将分组 P 发往 Ri+1。

⑤ 在 Ri（$1<i<n$）到 Ri+1 间，可能存在有其他的中间网络系统 S，如帧中继网、ATM 网等，那么这个中间网络系统中分组 P 的转发可能不取决于已有的标记栈，也不取决于网络层头，而是采用自己的一套转发规则或者是基于新压入的标记。

⑥ 在 LSP 的出口 LSR 处，分组的转发决定不再依据第 M 层的标记，而可能是第 M+K 层的标记，或是按照正常的 IP 分组转发方式进行转发。

必须指出的是，如果分组 P 的第 M 层标记是针对一特定的 FEC F，那么第 M 层的 LSP 也是针对该特定分组 P 的 FEC F 的，它们之间的关系如图 7-43 所示。

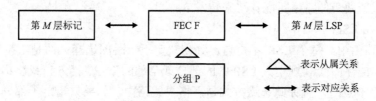

图 7-43　分组 P、标记、LSP 和 FEC F 间的相互关系

2．LSP 的分类

在 MPLS 框架协议中，规定 MPLS 支持点到点、点到多点、多点到点和多点到多点 4 种 LSP。使用何种标记交换路径（LSP）主要取决于两个因素：交换机 LSR 的能力和交换路径所要承载的业务流类型。

① 点到点 LSP 连接入口节点和出口节点，可用于传送单播业务。该服务方式，在每个入口节点到所有出口节点都有一条 LSP 连接，连接个数会存在 O(n^2) 问题，因而影响网络的可扩展性。

② 点到多点 LSP 是将一个入口节点与多个出口节点相连，与用组播路由协议建立的组播发布树相对应，用于发布组播数据。

③ 多点到点 LSP 是将多个入口节点与一个出口节点相连，在具有合并能力的 LSR 中实

现。这使得 MPLS 域中的交换路径缩减为 O（n），因此，它的可扩展性较强。但它要解决单个数据流识别与服务质量保证问题，目前只为尽力而为型业务提供服务。

④ 多点到多点 LSP 可以用来将多个源发出的组播业务流结合到一个组播发布树中，是组播中共享组播发布树的应用。它可以让多个组播源共享一条路径，因此，具有很强的扩展性。

MPLS 除了支持多种拓扑结构的 LSP 外，还能在 RSVP 和 LDP 信令的控制之下，让 LSP 具有 CoS 和 QoS 属性，这称为具有约束的 LSP（CR-LSP）。

7.4.2　LSP 路由选择

在 MPLS 域中，路由选择是指为特定的 FEC 选择一条 LSP，以便用于传输 FEC 对应的分组。IETF 为 MPLS 指定了两种路由选择方式：逐跳式路由 LSP 和显式路由 LSP。

1．逐跳式路由 LSP

逐跳式路由 LSP 方式允许各节点独立地为每个 FEC 选择下一跳，也就是指该条 LSP 的路由是通过逐跳式选路方式所确定的。该路由选择方式与目前 Internet 上使用的 IP 路由方法相似。设某分组 P 逐跳的 LSP 由标记交换路由器（R1，…，Rn）组成，那么各（R1，…，Rn）具有两个特点：一是各 R_i（$1<i<n$）都有共同的地址前缀 X，且 X 是各 R_i 的路由表中最匹配分组 P 转发的目的地址；二是对所有的 R_i（$1<i<n$），它们已经给前缀 X 分配了标记并分发给了 R_{i-1}。当分组转发到某一路由器时，发现了与其目的地址有更长匹配的前缀，那么 LSP 将会在此处得到扩展，原来的 LSP 终结于此，该路由器要重新做最佳匹配算法。例如，设某分组 P 要发往 10.2.153.178，它要经过 R1，R2，R3。如果 R2 公布地址前缀 10.2/16 给R1，R3 又公布地址前缀 10.2.153/23，10.2.154/23 和 10.2/16 给 R2，那么 R2 要重新聚合所得到的路由后再公布给 R1。于是分组 P 从 R1 到 R2 之间采用标记交换方式转发，分组 P 到达R2 后，R2 要重新做最佳路由匹配算法来转发 P。

2．显式路由 LSP

显式 LSP 路由中，每个 LSR 不是自己独立决定下一跳的选择，而是由某个 LSR（通常是 LSP 的入口或出口节点）规定好 LSP 中的部分或全部的 LSR。当入口或出口指定整条 LSP所需经过的每个节点时，就称此选路方式是严格显式路由，如果只指定了部分节点，那就称之为松散显式路由。图 7-44 所示为逐跳显式 LSP 路由的例子。

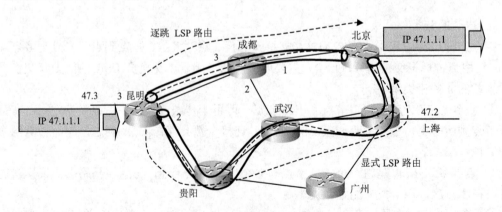

图 7-44　逐跳与显式 LSP 路由

　　在 MPLS 网络中，显式路由的建立是在信令控制下完成的，当整条通路建立好后为其分配一个标识该条 LSP 的标记，分组进入 MPLS 网络中要沿显式路径传送时，只简单地把标记插入到分组头中。分组传输效率几乎不受什么影响。

　　实际上，显式路由 LSP 的各节点也可以通过配置的方式指定，其应用主要在网络流量工程、QoS 路由中。表 7-5 所示为逐跳式路由和显式路由的比较。

表 7-5　　　　　　　　　　　　　逐跳式路由与显式路由的比较

逐跳路由（Hop-by-hop Routing）	显式路由（Explicit Routing）
控制业务下的分布式路由	控制业务下的源路由，从源到目的地建立一条路径
通路的建立是逐段式的和随机的	可由管理员提供，也可以自动创建
故障路径的重新路由性能受路由协议收敛时间的影响大	可以对 LSP 作等级划分，根据不同等级，一些 LSP 可以有备份，因此，LSP 的重建相当迅速
现存的路由协议是基于目的地址前缀的	有多种灵活的路由选择方案：基于策略，基于 QoS
难于实现业务工程和基于 QoS 的路由	能很好地适应业务工程要求

　　MPLS 还支持多路径路由，这就是说，对于某个径流，LSR 可以赋给它多个标记，每个标记代表一条路由。每个标记都可以引导径流的一部分沿着标记指定的路由传输。图 7-45 所示为 MPLS 多路径路由的一个示意图。

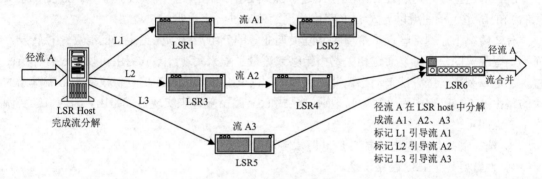

图 7-45　MPLS 多路径路由示意图

　　图 7-45 还暗示着"LSP 树"的应用：设分组 P1 属于流 A1，分组 P2 属于流 A2，分组 P3 属于流 A3，这 3 个分组的目的地都是 LSR6，所经过的 LSP 路径分别为 P1（LSR1，LSR2，LSR6），P2（LSR3，LSR4，LSR6），P3（LSR5，LSR6）；那么 P1，P2，P3 所传输的路径就形成了一个"多点对单点的 LSP 树"，其树根为 LSR6，它可表示为：（{（LSR1，LSR2），（LSR3，LSR4），LSR5}，LSR6）。

7.4.3　LSP 隧道

　　有时路由器 Ru 需要采用显式路由的方式将一些特殊的数据包 P 传给路由器 Rd，但 Ru 和 Rd 可能不是一跳接一跳路径上的相连贯的路由器，Rd 可能也不是 P 的最终接收者。那么这时候就可以在 Rd 和 Ru 之间创建一条隧道，然后，将数据包 P 封装在网络层分组中后通过隧道发往 Rd。所谓隧道，就是指在 IP 网络中通过特定的封装方式将用户原有的 IP 分组重新封装，并使用新的封装形式在 IP 网络中传输，就像用信封识别数据包业务流一样，信封中的内容对网络而言是不可见的。以隧道方式发送的分组就称之为隧道分组。如果隧道分组是沿着一跳接一跳的隧道从 Ru 传到 Rd 的，这条隧道就称为"逐跳式隧道"。如果不是沿着一跳接一跳的方式发送隧道分组，这条隧道就称为"显式隧道"。隧道的发送起点是 Ru，接收终点是 Rd。隧道技术通常在不同类型网络互连时使用。

将隧道技术应用到 MPLS 网络中是可能的，因为我们可以使用标记交换而不是网络层的封装让分组穿过隧道转发。组成隧道的各个节点（R1，⋯，Rn）可以当做是 LSP 的一部分，这里隧道的发送起点是 R1，接收终点是 Rn，这段隧道就称之为 LSP 隧道。图 7-46 所示为一个简单的 LSP 隧道图例。

图 7-46　MPLS 网中的 LSP 隧道

LSP 隧道也分为逐跳式 LSP 路由隧道和显式 LSP 路由隧道。除此之外，MPLS 支持层次化的 LSP 隧道。下面就以显式 LSP 路由隧道为例来进一步说明。

有些情况下，网络管理员希望将某些类型业务的分组沿着预先指定好的有序路径转发，而不是逐跳式的，这可以通过相关路由策略或流量工程来实现。显式路由可以通过操作员配置，也可以利用一些方法来动态调节，比如利用 CR-LDP、RSVP 信令协议等来形成基于约束的路由。在 MPLS 中可以很容易地通过显式 LSP 路由隧道来实现显式路由，因为只需要做如下 3 点即可。

① 选择哪些分组要通过显式 LSP 路由隧道发送。

② 设置好显式 LSP 路由隧道。

③ 要确保在隧道中发送的分组不会产生循环。

通过 LSP 隧道转发的分组组成一个 FEC，隧道中的每个 LSR 必须给这个 FEC 分配一个标记（实际上也就是分配标记给隧道），要将哪些分组指派给 LSP 隧道转发则由发送起点 R1 决定。当隧道发送起点 R1 想将标记分组通过隧道转发时，它首先用隧道对等层 Rn 分配给它的标记去置换分组栈顶标记，然后，再压入隧道的下一跳分发给它的标记，之后将分组从隧道转发出去。

层次化的 LSP 隧道，实际上是指 LSP 的隧道嵌套。例如，有条 LSP 路由隧道的组成为（R1，R2，R3，R4）。假设 R1 收到尚未打上标记的分组 P，该分组 P 要去往 R4，R1 就给分组 P 压入相应标记堆栈以使得分组 P 沿该条 LSP 隧道传送。假使这条 LSP 是逐跳式 LSP，而且 R2 和 R3 并没有在物理上直接连接，而是逻辑上的邻节点，实际的 LSP 组成为（R1，R2，R21，R22，R23，R3，R4）。那么在 R2 和 R3 间又形成了第二层 LSP 路由隧道。在整条的 LSP 路由隧道中，当分组 P 从 R1 发往 R2 时，其标记堆栈深度为"1"；分组 P 到达 R2 后，R2 判断出分组要进入第二层隧道，于是它首先将输入标记用 R3 分配给它的标记代替，然后再压入一个新标记，这个新标记则是 R21 分配给它的。这样，分组 P 在第二层隧道中将利用这个新标记作标记交换转发。新的顶层标记将在第二层隧道的倒数第二跳处即 R23 处被弹出，R3 收到分组 P 时，它所能看到的标记是它分发给 R2 的，R3 将再次弹出这个标记，接着将分组转发给 R4。因此，R4 收到的将是个无标记的分组 P。这种隧道嵌套技术使得 MPLS 可以支持任意庞大的网络。

7.4.4　LSP 的快速重选路由

当发生网络拥塞和部分链路失效时，对 MPLS 网络中的重要业务进行快速重选路由是体现网络强壮的一个重要指标。由于物理链路失效或交换失败时，建立的标记交换通路（LSP）也就跟着失去作用，在这条失效 LSP 上传送的数据，根据其重要性可能需要进行重选路由，以便转换到新的路径上继续传送。新的路径可以在探测出原路径失效后建立，也可以预先就备份好。采取备份的方法可以有效减少路径转换时间，因为要检测出某条 LSP（尤其是远距离处的 LSP）链路失效需要很长时间。这期间，可能会有很多数据分组发往这条失效的通路上去。只要这些分组到达失效的交换节点处，如果不希望分组丢失，就必须重选路由到另一条路径传送。由于预测沿着 LSP 上哪个节点或链路会失效是很困难的，因此，实际上需要对整条的重要的 LSP 路径进行备份。

快速重选路由通过对 MPLS 信令进行扩展后就可以实现。

1．备份路径安排

这个方法的主要思想是在失效的节点处将业务倒转到受保护 LSP 的源头处，然后转向备份 LSP 上传送数据流。图 7-47 所示为 LSP 快速重选路由备份路径的安排示意图，可以看出它是由 7 个交换机节点组成的 MPLS 网络。

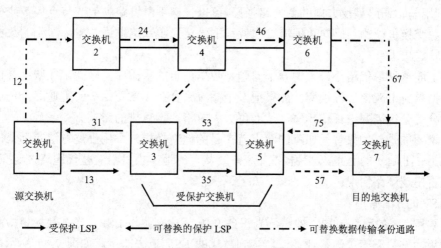

图 7-47　LSP 快速重选路由备份路径的安排示意图

要想理解是如何实现数据倒换的，首先给出以下一些术语。

受保护的通路段：是指部分标记交换路径被一条可选择的通路保护。只有在受保护通路段内的 LSP 失效，才进行针对该保护段的快速重选路由。交换机 1 和交换机 7 之间的主 LSP 用粗箭头线示出，标识这条 LSP 的标记分别为 13，35，57，箭头方向表明数据流的传送方向。

源交换机：是指受保护通路段入口节点的交换机，交换机 1 就是源交换机。

目的交换机：是指受保护通路段出口节点的交换机，交换机 7 就是目的交换机。

受保护交换机：是指在源交换机和目的交换机之间的其他交换机。

最后一跳交换机：是指受保护通路段内、在目的交换机之前的交换机，交换机5就是最后一跳交换机。

下面就来描述提供一条可选择单向标记交换路径的建立方法。

如图7-47所示，在最后一跳交换机和源交换机间可替换的LSP会在整个受保护段内运行着，其方向为数据传输的反方向。在交换机7和1之间的短画线就是这种可替换的保护LSP。作为一种选择，最初的LSP段可以设置成从目的地交换机反方向到源交换机。

可替代路径的第二个和最后一个段将设置在沿着数据发送方向的、但并不与受保护交换机使用相同节点的其他交换机上去，这些新节点将构成从源交换机到目的地交换机的新通路。交换机1经过2，4，6直到7的通路就是所要的可替代数据传输通路。

从最后一跳交换机通过可替代通路反向链接到源交换机，再从新通路链接到目的交换机，就形成了整条可替换的数据传输备份链路。由图7-47所示，构成整条备份LSP的标记分别为：53，31，12，24，46和67。只要在受保护的路径上一发现有错，从失效节点的上一个节点处将对业务进行重选路由工作。

建立这种可替代的标记交换路径有如下好处。

① 极大地减少了路径计算的复杂性。它只需要计算一条受保护段内源交换机到目的交换机的标记交换路径。另外，主通路和替换通路的计算都是由本地交换节点完成的，这就避免了多节点分布计算选路的复杂性。

② 它使建立LSP的控制信令最小化。完成上述功能只需对RSVP和LDP做简单扩展。受保护通路段入口节点处的交换机可同时完成主通路和替换通路的标记分配。

③ 利用与主通路相反方向的替换路径段，可以传送下游链路失效或节点失效或拥塞的消息。只要源交换机检测到反向数据流，它就马上停止往主通路发送数据，新到的数据将从替换路径上发送出去。

采用上面这种替代路径带来的一个问题是数据分组的重排序。因此，在减少替代路径的延时与数据重排上应该进行权衡。如果把多个微流聚合在一条受保护的主通路上传送，那么只有少部分的分组需要进行重排序，从而可大大忽略数据重排的影响。

需要说明的是，如果替代通路的起点就在目的地交换机，采用上述方法实际上形成了一条环回（Loop-back）的LSP。这种情况下，需要从目的地交换机沿着替代通路发送探测分组，以检测是否出现环路情况。

2．LSP的1:1保护

如果要用1:1的路径保护，就需要为每条LSP都建立备份LSP。当某交换机检测到下游链路失效后，它只需简单地将业务流转接到替代的LSP上去即可。如图7-47所示，如果在交换机3和5间的链路失效，交换机3可以迅速将发往交换机5的业务流转换到替代通路上，这只需将主通路上输入的MPLS标记13用标记31替换即可。这样，主通路和替代通路在交换机3处就链接在一起，新的标记交换通路为：13→31→12→24→46→67。

3．LSP的1:N保护

采用1:N保护是指一条备份LSP可为多条主通路使用。在1:N情况下的重选路由差别是：它不是简单地将业务转到替代路径上发送，而是使用标记堆栈的方法。具体为：某交换机检测到它的下游链路失效后，它首先将每个受保护LSP的输入MPLS标记用各自的出口交换机

LSP 输入标记所替换，然后，压入标识备份输出路径的标记，并根据该备份路径的标记将该数据流传输到出口交换机。完成弹栈后，就可用原来的 LSP 标识分别用相应的标记替换后继续传送。以图 7-47 为例，如果交换机 3 与交换机 5 间的链路失效，那么交换机 3 首先将输入标记 13 用交换机 7 处相应 LSP 输入标记 57 交换,然后在压入备份路径的标记 31 后转发分组。

4．带宽预留的考虑

一般说来，没有必要规定要为备份路径分配多少带宽资源。主通路的保持优先权可以作为备份路径的流量触发通路抢占优先权。这里之所以叫流量触发，是因为只有数据流切换到备份路径上传输，备份路径才能使用网络资源。如果资源被其他 LSP 使用，它就根据主通路的优先权作为自己的资源抢占优先权，以判决自己能否得到网络资源。

复习思考题

1．IP 交换机是如何构成的？它是如何完成 IP 分组数据交换的？
2．简述标记交换的基本原理。
3．在标记交换中使用了哪 4 种标记类型？其含义是什么？
4．如何理解 MPLS 简化了分组转发机制？
5．什么是显式路由技术？
6．MPLS 技术的优势体现在哪几个方面？
7．在多协议标记交换（MPLS）网络结构中，LER 和 LSR 的作用是什么？
8．MPLS 网络是采用哪些方法来建立标记交换路径（LSP）的？它们有什么区别？
9．MPLS 的实质是什么？
10．试解释 MPLS 的工作原理。
11．什么是标记？并解释其三层含义。
12．名词解释：标记绑定，转换等价类，标记粒度，标记合并，标记堆栈，当前标记，标记入栈，标记弹栈，标记交换，标记空间。
13．什么是 MPLS 封装？
14．MPLS 封装主要包含哪些内容？
15．标记交换路由器（LSR）由哪两部分组成？各部分的作用是什么？
16．请指出标记信息库和标记转发信息库的作用是什么？
17．LSR 在 LDP 控制下，需要交换的消息可分为哪几类？
18．什么是 LDP 侦测？基本侦测和扩展侦测的作用是什么？
19．LSR 是通过什么来公布它们的地址的？
20．循环探测是利用什么方法来实现的？
21．在主动式下游标记分配模式中，保守和自由两种标记保持模式有什么本质区别？
22．解释 LDP 收到下游分发的标记后如何进行管理？
23．LDP 消息的处理主要包含哪些处理？
24．如何理解 LSP 隧道？
25．试解释 LSP 的快速重选路由。

第 **8** 章 MPLS 技术的工程应用

本章内容分为流量工程、QoS 机制和虚拟网 3 个方面，首先从流量工程的基本概念入手，介绍 MPLS 流量工程的必要性、MPLS 流量工程的技术基础、组成部件和实现方法，然后对 QoS 概念、QoS 的实现方法、MPLS 网络中 QoS 路由管理和资源管理等进行介绍和研究，最后介绍虚拟专用网络（VPN）的概念与结构、MPLS 技术在 VPN 上的实现。

8.1 MPLS 在流量工程中的应用

8.1.1 流量工程概述

网络资源的高昂成本以及 Internet 领域中激烈的竞争，作为 ISP（Internet 服务提供商），不仅需要改善网络基础设施（如采用光纤满足高速数据传输的需要，但是这只能在一定程度上缓解用户数据传输带宽和 QoS 保证的压力），更重要的是必须利用流量工程（Traffic Engineering，TE）这一强有力工具，在网络中不同的链路、路由器和交换机之间实现平衡业务负荷，使所有这些资源既不会过度使用，也能得到充分利用，这样可以减少网络拥塞并最大限度地利用整个网络所提供的带宽资源，实现网络运行效率的最优化。流量工程的主要目标就是在优化网络资源结构和流量性能的同时提供高效可靠的网络运行环境。因此，流量工程已成为目前大型自治系统（Autonomous System，AS）必不可少的功能。

1. 什么是流量工程

由于网络资源不足或者流量分布不均匀都可能造成网络拥塞。在前一种情况下，所有路由器和链路都会过载，唯一的解决办法是升级基础设施，提供更多的网络资源。后一种情况是由于现有的 RIP（路由信息协议）、OSPF（开放式最短路径优先算法）、IS-IS（中间系统—中间系统协议）等总是选择最短路径转发 IP 包，因而会导致不均匀的流量分布，使网络中的部分地方过载而其他地方的负载却较轻，结果在两个节点之间沿着最短路径上的路由器和链路可能发生了拥塞，而沿着较长路径的路由器和链路却是空闲的。OSPF 的等价多路径选项以及 IS-IS 在给多个最短路径分配负载时是有用的，但如果只存在一条最短路径，等价多路径也是无能为力的。对于简单网络，可以让网络管理员手工配置链路，均匀地分发流量。但对于复杂网络，就只能使用自动化的流量工程了。因此，流量工程（TE）就是一种可用来控制网络资源，提高网络性能，解决网络资源的分配和网络吞吐量的网络资源调控技术，它所关心的是对运行中的网络的性能优化，包括对 Internet 业务量的测量、建模、描述，对信息的利用，以及为达到特定的性能指标所使用的各种技术。简单地说，流量工程（TE）就是将业务流合理地映射到网络的物理拓扑上，使业务流有效地通过 IP 网络，以避免由于不均匀地使用网络而导致拥塞的发生。

在实际的网络应用中，流量工程（TE）的重要性体现在两个方面：从 ISP 的角度来说，流量工程（TE）可以保证网络资源得到充分、合理地利用，从而避免了整个网络在某个地方网络资源过度利用，而在另外一些地方网络资源被闲置不用的不良情况；从网络用户的角度来说，流量工程（TE）可以保证用户所申请的服务质量得到满足。

2．流量工程中的性能指标

流量工程（TE）的目标就是在保证网络高效、可靠运行的同时，对网络资源的利用与流量的性能加以优化。当考虑流量工程的性能目标时，通常将流量的性能分成两类：面向应用的性能指标与面向网络的性能指标。

（1）面向应用的性能指标

面向应用的性能指标是与每种特定应用服务流的流量特性相关的指标，它包括了增强业务 QoS 性能的各个方面。对单个的类型、尽力而为（best effort）的 Internet 业务类型中，面向应用的性能指标包括分组丢失的最小化、时延的最小化、吞吐量的最大化以及对服务等级协定（Service Level Agreement，SLA）的增强等。在单一的尽力而为的服务类型下，使分组丢失最小化是最重要的性能指标。而在未来的差分服务（Diff-Serv）的 Internet 中，面向应用的性能统计数据如峰值、时延峰值变化、丢失率和最大分组传输延迟等，将会日趋重要。

（2）面向网络的性能指标

面向网络的性能指标是与网络资源相关的指标，它包括了优化资源利用的各个方面。有效的网络资源管理是实现面向资源优化目标所使用的手段。

通常，人们都希望能够确保在其他可选路径上还有可用资源时，一条路径上的网络资源能够不被过度使用或发生拥塞。在当前的网络中，带宽是一种至关重要的资源，而流量工程的中心任务就是要对带宽资源进行高效的管理。

3．网络拥塞的最小化

拥塞的最小化是面向应用和面向网络流量工程的一项重要的性能指标，流量工程所要解决的主要问题也就是减少拥塞的产生。

① 当网络资源不充足或不能满足负荷的需求时，所发生的拥塞可以通过扩展网络容量、应用分类拥塞控制算法、扩展网络容量与应用分类拥塞控制算法同时使用等途径来解决。典型的拥塞控制技术包括速率限制、窗口控制、路由器队列管理及流量控制等，它们都是通过对业务请求加以控制的方法，来保证业务量能够与可使用的资源相匹配。

② 当业务量到可用资源之间的映射效率不高，导致一部分网络资源被过度使用而另一部分网络资源未被充分利用时，所发生的拥塞需要利用流量工程来解决。一般来说，由于网络负荷不平衡导致的低效拥塞都可以通过负载均衡策略来减轻。这种策略的基本思想就是通过有效的资源分配，减轻拥塞或者是减少资源的使用，使拥塞最小化、资源利用率最大化。当拥塞最小化后，分组丢失会随之减少，传输时延缩短，网络吞吐量增大。这样，终端用户所感受到的网络服务质量也随之提高。很显然，负载均衡策略是流量工程所要解决的重要问题。

对网络的性能优化本质上是一个控制问题。在流量工程处理模型中，流量工程部件在自适应反馈控制系统中起着控制器的作用。这个系统包括一系列相互连接的网络元素、一个网络性能检测系统、一套网络配置与管理工具。流量工程对控制策略作格式化，通过监视系统观测着网络状态，对业务量进行描述，最后通过各种控制措施使网络达到与控制策略相符的理想状态。理想化的控制措施应当包括对各种流量管理参数的校正、对与路由有关参数的校正、对与资源有关的属性和约束条件的校正等。

网络性能检测过程可以针对网络的现有状态实时进行，也可以借助于某种预测工具对网络状态的发展加以预测并提前采取相应的措施，以便提前避免网络不良状况的产生。

8.1.2 MPLS 流量工程

8.1.2.1 MPLS 流量工程技术基础

1. 选用 MPLS 实现流量工程的原因

理想的流量工程解决方案是根据业务需要分配网络资源，具有将通信流量映射到特殊路径和专用资源上以实现负载均衡的方法。ISP（Internet 服务提供商）要求 IP over ATM 方式下的流量工程在纯 IP 结构的网络中也要得到体现。MPLS 正是一种 ATM 和纯 IP 网共存情况下提供流量工程，并且避免两个分立网络的管理技术。MPLS 流量工程提供了一种能达到重叠模型相同效果的流量调节方法，而不需要对网络分开运行，也没有全连接的无扩展能力的路由器限制，是当前性能价格比最好的、最具竞争力的宽带网络技术。更重要的是，MPLS 为流量工程的自动实现提供了可能性，主要表现在以下几方面。

① MPLS 是一种交换和路由的综合体，它集成了链路层的交换技术与网络层的路由技术。分组在 MPLS 的入口根据转发等价类（FEC）被赋予一定长短的标记，然后，在 MPLS 域内按标记交换方式进行分组转发。这种转发方式为解决 Internet 中出现的差分服务提供了强有力的技术基础。

② MPLS 流量工程提供了完整的流量管理方法。业务管理能力可以通过 MPLS 与第三层集成在一起。如果假定选路方式的局限是源自于骨干网容量和拓扑结构的，那么这种业务管理方式将可以优化 IP 业务的选路方式。

③ MPLS 流量工程根据业务流所需的资源和网络中的资源可用情况来引导业务流有效通过网络，并采用"基于约束路由的选路"方法，这条约束路由对要调节的业务来说是满足约束条件的最好路由。在 MPLS 的流量工程中，业务流选路可有带宽要求、介质要求和相对于其他流的优先权等参数。

④ MPLS 流量工程可以平滑地将失效链路或节点上的业务流利用新的约束转移到网络的其他通路上进行传输，从而有效地对发生故障的节点和链路进行恢复。

除此之外，MPLS 对流量工程产生的巨大吸引力还有其他方面的因素：一是，如显式标记交换通路的建立既可以由管理员配置，也可以通过底层协议自动创建，而不必再考虑基于目的地的转发规范；二是，通过 MPLS 可以给流量中继（Traffic Trunks）规定一套属性来调整流量中继的行为特征；三是，通过 MPLS 可以给各种网络资源规定一套属性，以便对其上建立的 LSP 与通过的流量中继加以限制；四是，在 MPLS 中允许业务流的聚合与分解（基于传统路由协议的 IP 转发只支持业务的聚合）；五是，MPLS 技术更容易实现基于约束的路由集成。

2．MPLS 流量工程的主要内容

（1）路径的选择

通过采用 MPLS 实现显式路由的选择方式，可以根据网络资源的合理利用来引导业务的流向，以便使一条拥挤路径上的一部分流量转移到一条负荷较轻或不太拥挤的路径上，从而避免网络拥塞。这种显式路由的选择是通过 MPLS 以源路由的方式为 IP 包选择一条从源到目的地的路径，网络中的中间节点不需要再为 IP 包选择路由，仅需根据建立标记交换路径（LSP）的信令中携带的路由信息就可以将 IP 包转发到下一跳。

（2）路径优先级的选择

通过设置 LSP 建立优先级和保持优先级来实现高优先级的业务流时，即使已为某一业务建立了 LSP，也应空出网络资源给高优先级的业务使用，以便在网络资源匮乏的时候，也能对优先级高的业务提供服务保证。

（3）负载均衡

MPLS 可以使用两条和多条 LSP 来承载同一个用户的 IP 业务流，合理地将用户业务流分摊在这些 LSP 之间。

（4）路由备份

MPLS 可以配置两条 LSP，一条处于激活主用状态，另一条处于备份状态，一旦主 LSP 出现故障，业务立刻倒换到备份的 LSP，直到主 LSP 从故障中恢复，业务再从备份的 LSP 切回到主 LSP。

（5）故障恢复

当一条已经建立的 LSP 在某一点出现故障时，故障点的 MPLS 会向上游发送消息，以通知上游 LER 重新建立一条 LSP 来替代这条出现故障的 LSP，由此上游 LER 就会重新发出消息，建立另外一条 LSP 来保证用户业务的连续性。

3．MPLS 导入模型图和流量工程基本问题表述

MPLS 导入模型图（Induced graphic）是 MPLS 域流量工程的一个重要概念。它的节点由一系列 LSR 的组成，各 LSR 间通过 LSP 实现点到点的逻辑连接。基于标记栈可以建立多层 MPLS 导入模型图。引入导入模型图后，MPLS 带宽管理问题就变成为在 MPLS 中如何有效地将 MPLS 导入模型图映射到实际的物理网络上。MPLS 导入模型图可采用下列公式进行形式化描述：

$$G=(V, E, c) \tag{8-1}$$

$$H=(U, F, d) \tag{8-2}$$

式（8-1）中，G 表示物理网络拓扑，V 是网络中一系列节点的集合，E 是节点间链路的集合；对 V 集合中的两个节点 v 和 w，如果两节点是在 G 内直接相连，那么 E 可表述为 $E=(v,w)$；参数 c 则是 E 和 V 的相关容量和其他一些约束条件限制。

式（8-2）中，H 表示 MPLS 导入模型图，U 是 V 的子集，它至少是一条 LSP 上的节点集合，F 是一系列 LSP；对集合 U 中的节点 x 和 y，如果它们是某条 LSP 的两个端点，那么对应的 F 就可表述为 $F=(x,y)$；参数 d 是与 F 相关的需求和一些约束条件。H 是一个有向图，它依赖于 G 的特性。

图 8-1 所示为 MPLS 导入模型图的一个例子，G 表示整个物理网络，V 表示所有节点的集合{1,2,3,4,5,6,7,8}，E 是各节点间链路的集合{1-2,1-3,1-4,1-6,2-6,2-7,2-8,3-6,3-7,3-8,4-5,4-8,5-7}，c 是 E 和 V 的相关容量和其他一些约束条件限制（如带宽、时延等）。在图 8-1（b）中，

U 是 3 条标记交换路径（LSP1，LSP2，LSP3）上的节点集合 {1,2,3,4,5,7}，显然是 V 的子集；F 表示 3 条标记交换路径 {1-2 ,2-7；1-3, 3-7；1-4, 4-5,5-7}，d 是与 F 相关的需求和一些约束条件，因此，H 就是从节点 1 至节点 7 的导入模型图，是一个有向图。

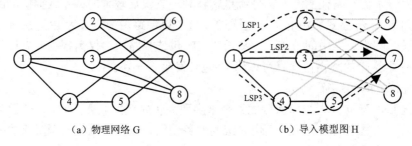

（a）物理网络 G　　　　　　　　　　（b）导入模型图 H

图 8-1　MPLS 导入模型图举例

基于导入模型图 H，MPLS 的流量工程问题就可以表述如下。

① 如何将分组正确映射到转发等价类（FEC）上。

② 如何将转发等价类（FEC）正确映射到流量中继上。

③ 如何通过标记交换路径（LSP）将流量中继正确映射到物理网络拓扑上。

4．流量中继的相关描述

MPLS 之所以能够实现流量工程，是因为它包含了一组与流量中继相关并对流量中继的行为特征进行描述的属性，同时也包含了一组能对所使用各种资源的流量中继进行限制、"约束路由"的与资源有关的属性，使得 MPLS 可以对流量中继所选择的路径进行限制。在通过网管活动或某种自动化技术驱使网络达到理想状态的过程中，与流量中继和资源相关的一系列属性和与路由相关的一系列参数一起，构成了全部控制参数。网络操作者能够对这些参数进行动态改变而无须终止网络的操作。

（1）流量中继及其属性

流量中继指的是具有同一业务等级，由同一标记交换路径（LSP）传送的一组业务流。流量中继本质上是对具有某一特定特征的业务流的抽象表示。可以把流量中继看做是一种选路的对象，也就是说，流量中继所经过的路径是可以改变的。

流量中继具有下列一些基本属性。

① 流量中继是指一"组"具有相同业务级别的业务流的集合。在有些场合，必须放宽这种定义，可以是包含多种业务级别的业务流的集合。

② 在单一业务模型中,流量中继可以将入口节点到出口节点间的部分或所有业务封装在一起进行传输。

③ 流量中继是可以进行路由的对象（类似于 ATM 的 VC）。

④ 流量中继与其所经过的 LSP 不同。从操作的角度来看，可以把一个流量中继从一条通路转移到另一条通路上。

⑤ 流量中继是单向的。实际应用中，一个流量中继可以通过它的入口和出口 LSR 来描述，将 FEC 映射到它上面，并且有一个属性集来决定它的行为特性。

（2）对流量中继的基本操作

为了满足流量工程的要求，应该能够对流量中继执行以下基本操作。

① 建立：创建一个流量中继。

② 激活：使一个流量中继开始传送业务量。从逻辑上来说，流量中继的建立与激活是两个分离的事件，但它们可以在原始操作中被激活或实现。

③ 去激活：使一个流量中继停止传送业务量。

④ 更改属性：使一条流量中继的属性发生改变。

⑤ 重新选路：使一条流量中继的路径发生改变。这一过程可以通过网管实现，也可以通过下层协议自动实现。

⑥ 拆除：从网络中删除一条流量中继，并释放为其分配的所有网络资源（包括标记空间、可用的带宽等）。

⑦ 记账和性能监测：该功能对于网络的计费与业务特征描述来说是非常重要的。通过记账和性能监测可以获取系统性能统计数据，这些数据可以为网络的流量性能描述、网络性能优化和容量规划提供参考。由于从流量中继上获得统计数据的能力的重要性，在 MPLS 的流量工程实现中，此功能应当是一项最基本的要求。

（3）流量中继的基本流量工程属性

流量中继属性是与一条流量中继相关并且影响其行为特征的参数。

在 MPLS 域的入口节点（入口 LSR），当分组进行分类并将它们映射到转发等价类上时，流量中继属性可以通过网管明确地分配或者通过下层协议进行默认的分配。然而，不管这些属性是如何初始分配的，为了达到流量工程的要求，应当能够通过网管对这些属性进行修改。流量工程中的流量中继具有业务量参数属性、通用路径选择和管理属性、优先权属性、抢占权属性、恢复属性及策略属性等重要的基本属性。

① 业务量参数属性。业务量参数可用于获取在流量中继中传输数据流的 FEC 特性，包括峰值速率、平均速率、允许突发率等。从流量工程的角度来看，业务量参数表明了流量中继主干线的资源需求，因此，对于资源的预分配和拥塞的防止都是很有用的。通常可以根据一个流量中继的业务量参数计算出一个带宽需求量，以便进行带宽分配。

② 通用路径选择与管理属性。通用路径选择与管理属性定义了流量中继的选路规则和对已经建立的路径进行管理维护的规则。对路径的选择与计算可以通过下层的协议自动完成或者由网管来完成，如果流量中继干线没有资源需求或约束条件的话，就采用传统的拓扑驱动办法来进行路径选择；否则在路径选择中就要使用约束路由方案。路径管理涉及路径维护的各个方面，在某些情况下，需要 MPLS 技术能够对自身进行动态的重新配置，以便能够适应网络状态的一些变化。动态路径管理中包括了适应性与弹性两个方面。

为了完成路径选择与管理过程，需要有如下所述的一整套属性。

- 通过网管指定的显式路由。

通过网管为流量中继指定的显式路由是指通过网络管理员的手工操作配置的路径。这种方式的通路可以是完全指定或者是部分指定。完全指定是指数据传输的起点与终点之间的所有节点都是由网络管理员规定好的；部分指定是指网络管理员只指明数据需要经过的某些中间节点，对路径中未确定部分的选择将由下层的路由协议来完成。由于网络管理员的某些操作错误，手工指定路径可能不一致或非法，下层协议应能监测出这些错误，并提供合适的反馈。

- 多重路径优先级别。

在有些场合下，网络管理员为流量中继主干线路指定多条候选的显式路由，并为这些候选路径定义一套优先级是很有用的。这样，在路径建立的过程中，优先规则就会应用到路径的选取上，依据优先级从候选路径列表中选择合适的路径；当某路径失效时，也可从路径列表中依据优先级选择一条其他的合适路径。

- 资源类别亲和属性。

资源类别亲和属性可用来指明在相关流量中继上的网络资源类型。这些属性将对某一流量中继的路径做出进一步的限制，包括能够使用和不能使用。对一个给定的业务，资源类别亲和属性可利用下面数组表示：

<资源类型，亲和性>；<资源类型，亲和性>；……

资源类型（resource-class）参数将表明一条流量中继的亲和属性的对象是哪一种资源类型。而亲和性（affinity）参数将表明该流量中继与某一种资源的亲和关系，也就是在该流量中继流经的路径上是否一定要使用或者不使用某一种资源。亲和属性参数是二值变量，该值之一指明是确定的包含，另一个则是确定的排除。资源类别亲和属性是一种非常有用而且是非常强大的工具，使用这些属性将可以实现许多流量工程策略。

- 适应性属性。

随着时间的变化，由于有新的可用资源、原来失效的资源现在可用、原来分配的资源现在不再分配等情况，使得网络的特征与状态也会发生变化，有时还会有更为高效的路径产生。从流量工程的观点看，需要有一个管理控制参数来指明发生上面这些变化时流量中继应如何动态地去适应这种变化。有些情况下，针对网络状态的变化，可能希望对流量中继的路径进行动态的改变，此过程称为重新优化。而在另外一些情况下，也可能不希望进行这种重新优化。

适应性属性是流量中继的路径保持参数的一部分。该参数表明对某一流量中继能否进行重新优化。适应性属性也可以使用一个二进制数来表示，其值为允许重新优化或禁止重新优化。当允许进行重新优化时，将由底层协议完成对网络状态变化的自适应。重新优化固然好，但它涉及了稳定性的问题，MPLS 需要对网络变化敏感性进行适当的限制才能保证网络的稳定性。也就是说，MPLS 的实现方案对网络状态变化既不能过于敏感，又要具有足够的反应速度，以便最有效地利用网络资源。

- 平行的流量中继之间的负载分配。

在两个节点之间多条平行的流量中继主干线上的负载分配是一个很重要的问题。很多实际应用中，流量聚合后的业务量可使得节点间任意单条链路的带宽无法满足要求，然而，将聚合流重新分割成子流后放到不同的通路上进行传输就很容易解决这个问题。所以说，在一个 MPLS 区域内，上述问题可以通过在两个节点之间发起多条流量中继来解决，这样，总的业务量将可以分担到各条流量中继上。要实现这一过程，就必须要设计一种能够对多条平行的流量中继灵活地进行负载分配的技术。

③ 优先权属性。优先权属性定义了流量中继之间的相对重要性。由于优先权属性决定各通路的选用顺序，因此，在 MPLS 的"约束路由"技术中和在允许资源抢占的实现中，优先权属性都是十分重要的。

④ 抢占权属性。抢占权属性决定一条流量中继能否抢占另一条流量中继的路径，或者是该流量中继的路径能否为其他流量中继所抢占的性质。该属性对于面向业务量和面向资源的性能优化目标都很有用。在差分业务环境中，抢占权属性能够保证高优先级的流量中继总是

能够使用较为理想的路径。而在故障处理过程中，可以使用抢占权属性来实现许多具有优先级的恢复策略。

抢占权属性有 4 种模式：允许抢占；不允许抢占；允许被抢占；不允许被抢占。一个流量中继"A"要能够抢占另一个流量中继"B"的资源，必须满足下面的条件：A 的优先权比 B 高、A 与 B 发生了资源使用冲突、网络资源不能同时满足 A 与 B 的一起使用、A 具有允许抢占属性、B 被规定为允许被抢占。因此，一个流量中继 A 只能抢占可以被抢占的、具有更低优先权配置的其他流量中继（如 B）；不管其抢占优先权的高低如何，一个指定为不允许被抢占的流量中继不能被其他流量中继所抢占。

优先权与抢占权可以看做是两个相关的属性，因为它们表示了流量中继之间的一种二元关系。这种二元关系决定了在路径建立与管理维护的过程中，流量中继之间竞争网络资源时的相互关系。抢占在当前尽力而为服务方式的 Internet 中没有被采用，它主要适用于差分服务方式的网络中。

⑤ 恢复属性。恢复属性决定流量中继在发生故障时，网络系统将采取的行为，主要包括故障检测、出错通知、链路复原与业务恢复。一个基本的恢复属性指明在路径受到故障影响的流量中继上所使用的恢复过程。基本的恢复属性是一个二值变量，它用于指明一条流量中继在发生故障时是否重选路由。另外，还应当有一个"扩展的"恢复属性，它用于规定故障情况下网络应采取的详细行为，比如说指定另一条备用路径。

⑥ 策略属性。策略属性是指某一流量中继在不再符合路径建立时约定的情况下，决定底层协议应采取的动作。也就是说，当某一流量中继的特性超过了其流量参数所指定的数值时，网络应采取什么措施。通常情况下，该属性将表明对相应的违约流量中继的处理是采取速率限制、打上标记或是不做任何处理继续转发。如果使用了策略属性的话，则可以直接使用一些已有的算法，如 ATM 论坛的一般信元速率算法（GCRA）等，来完成这一功能。

在很多情况下，必须要有一定的策略机制，而在某些场合则不必。一般情况下，通常在网络的入口处应用策略机制，而在网络的核心则尽可能不使用策略机制，除非容量的约束条件有明确的要求。MPLS 的流量工程技术需要具有能够通过网管对每一条流量中继的流量策略机制进行"使能"或"禁止"操作的能力。

5．资源属性

资源属性是网络拓扑状态参数的一部分，它们的作用是对特定资源上的流量中继选路过程加以限制。资源属性通常由以下几部分组成。

（1）最大分配因子

最大分配因子（Maximum Allocation Multiplier，MAM）的概念类似于帧中继或 ATM 中的预订与注册因子（Subscription and Booking Faction）。某一资源的最大分配因子（MAM）是一个可管理配置的属性，它决定了分配给流量中继主干线资源与可用资源的比例。这里所说的资源通常指带宽资源，但也可以是 LSR 上的缓冲资源。

MAM 的值是可选的。对于 MAM 的选择，可以使得某一资源处于不完全分配或过量分配两种状态。如果所有参与某一资源分配的流量中继的资源需求的总和不超过该资源总容量的话，则称对该资源的分配为不完全分配。反之，如果参与某一资源分配的流量中继的资源需求的总和超过了该资源总容量的话，则称对该资源的分配为过量分配。MAM 对于利用网络流量的统计特性，使网络资源得到充分利用是很有用的，特别是在流量中继主干线的峰值要求与网络所能提供的能力不一致时，这种作用更加明显。

（2）资源等级属性

资源等级属性是由管理员配置的参数，它表明资源的"等级"。资源等级的概念可以看做是一种"颜色"的概念，具有相同"颜色"的资源都属于相同等级。借助于资源等级属性，可以实现许多流量工程策略。通常所关心的关键资源是链路，相应的参数是"链路状态"参数。

资源等级属性是一个很有用的抽象概念。从流量工程的观点来看，可以使用这一属性来实现许多与面向业务量和面向资源的性能优化有关的策略，可以完成下列工作。

① 可为不在同一个拓扑区域中的一组资源应用相同的策略。

② 可为一组建立流量中继路径所需的网络资源制定各资源使用的优先顺序。

③ 对某些类型资源可做显式约束。

④ 可应用归纳式的包含/排除策略。

⑤ 增强本地业务量包容策略，也就是说，如何将本地业务局限在本地加以解决。

此外，资源等级属性还可以用于用户认证。

通常可以为某一资源分配多个网络资源属性。例如，可以为某一网络中所有的 OC-48 链路分配某一种属性；此外，还可以给这些链路中属于某一网络区域的一部分链路再分配一个属性，以便实现某种特定包容策略或者是以某种方式来配置该网络。

6. 约束路由

约束路由是一种命令驱动并具有资源预留能力的路由算法，它能够使按需驱动的路由规范与基于拓扑驱动的逐跳式路由规范在同一网络中共存。

约束路由功能的实现主要依靠三方面的数据：与流量中继有关的各种属性、与资源相关的属性和其他拓扑状态信息。根据这些信息，各个网络节点上的约束路由机制将对该节点上发起的每一条流量中继自动地计算出一条显式的路径。流量中继的各种属性将对需要得出的路径作出各种限制并提出各种需求；同时，网络上可以使用的资源、网络管理策略以及其他的一些拓扑状态信息也将对所选择的路径提出各种限制。约束路由计算得出的结果就是一条能够满足上述各种要求的标记交换路径。

（1）约束路由的基本特征

约束路由技术应当能自动获得为流量中继路径建立的可行方案。对于大多数约束参数来说，一般都认为要约束路由是非常困难的。然而，要找到一条合适的路径，只要该路径存在，就可以使用一种非常简单的算法来完成这一工作。例如，首先剪除所有不能满足流量中继属性要求的资源，然后在剩余部分中运行最短路径优先算法。

为更进一步地优化性能，还需要附加一些规则说明如何解决路由集中问题。但是，如果有多条流量中继要同时进行路由计算的话，上述算法就显得有些困难了，即使有可用的路径存在，也可能得不出结果。

（2）对具体实现的考虑

在 FR 和 ATM 交换机的很多商业应用中，已经实现了一定的约束路由功能。对于这些设备和各种 MPLS 设备来说，增加约束路由应用功能显得相对容易。而对于使用拓扑驱动、逐跳式内部网关协议（Internal Gateway Protocol，IGP）的路由器，它与约束路由的结合有以下两种方式：

① 对现有 IGP 协议（如 OSPF，IS-IS 协议等）进行扩展，使其能够支持约束路由。

② 为每一个路由器中加上一个能够与现有 IGP 协议共存的约束路由进程。这种方式如图 8-2 所示。

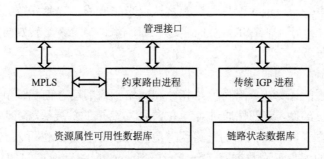

图 8-2　LSR 中的约束路由与 IGP 协议的共存方式示意图

在第三层上实现约束路由的过程中，涉及许多细节问题需要解决。例如，在约束路由进程之间如何交换拓扑状态信息，拓扑状态信息的维护机制，约束路由进程与传统的 IGP 进程之间如何进行互操作，如何满足流量中继适应性要求的问题，以及如何满足流量中继弹性与生存性的问题等。

总而言之，约束路由通过对满足一套约束参数要求的流量中继可能路径的自动搜索，将大大有助于对现有网络的性能优化。约束路由技术的使用将大大减少在流量工程策略实现中的手工配置与人工干预。

8.1.2.2　MPLS 流量工程组成部件

流量工程是 MPLS 的一个重要应用，将 MPLS 应用于一对入口和出口 LSR 之间配置的多条路径，允许入口 LSR 将流量分配到不同的 LSP 上。在理想的情况下，可以使得入口交换机使用全部网络资源，在同一出口的不同路径上公平地装载流量。MPLS 流量工程想要达到的目标是很有价值的。就目前而言，MPLS 是流量工程的最佳解决方案。使用 MPLS 实现流量工程主要包括 4 个功能部件：分组转发、信息分发、路径选择和信令部件，如图 8-3 所示，每个功能部件都是一个独立的模块。

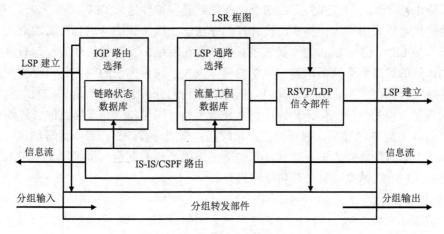

图 8-3　MPLS 实现流量工程的组成部件

1．分组转发部件

MPLS 流量工程结构中的分组转发部件负责引导 IP 业务流按一条预先确定的路径通过网络，这条路径被称作标记交换路径（LSP），即业务从起始路由器按一定方向流向终止路由器。LSP 的建立是通过串联一个或多个标记交换跳转点来完成的，它允许数据包从一个标记交换路由器（LSR）转发到另一个 LSR，从而穿过 MPLS 域。MPLS 将转发与路由分离，同一转发可为多种业务流服务。

2．信息分发部件

MPLS 流量工程的计算需要有关网络拓扑和网络负荷的动态信息细节。新的流量工程模型要求一个信息分发部件，该部件通过对 IGP 作相对简单的扩展后就可以使用。因为在扩展后的链路属性里包含了每个路由器的链路状态信息，IS-IS 扩展后也可以支持这些功能，每个 LSR 通过一个特殊的流量工程数据库（Traffic Engineering Database，TED）对网络链路属性和拓扑信息进行管理。因此，信息分发部件的结构包含在链路状态数据库、流量工程数据库和 IS-IS CSPF 路由之中，信息流通过 IS-IS CSPF 路由流动。TED 专门用于计算显式 LSP 通过物理拓扑时的外在路径，并通过内部网关协议（IGP）所使用的标准扩展算法，可以保证链路属性被发布到 IP 网络路由域中的所有路由器。TED 是一个分离的数据库，以便使并发的流量工程计算与 IGP 和 IGP 链接状态数据库相独立。与此同时，IGP 可以不经任何修正地继续进行操作，基于路由器 IGP 链接状态数据库所包含的信息进行传统的最短路径计算。加到 IGP 链路状态信息中的流量工程扩展部分有：最大链路带宽、最大预约链路带宽、当前预留带宽、当前使用带宽和链路颜色。

3．路径选择部件

MPLS 提供流量工程的核心是为每条 LSP 决定物理路径，在网络链路属性和拓扑信息由 IGP 传播扩散并存储到流量工程数据库（TED）中去之后，每个入口 LSR 使用 TED 计算穿过 IP 路由域的标记交换路径（LSP），每个 LSP 的通路能由严格或松散显式路由代表。对每个 LSP，每个入口 LSR 通过对 TED 中的信息使用约束最短路径优先（Constrained Shortest Path First，CSPF）算法来决定每条 LSP 的物理路径，并在计算时考虑了链路状态拓扑信息和网络资源状态属性等一些特定的约束条件，如总链路带宽、预留链路带宽、可用链路带宽等管理属性。CSPF 计算输出的显式路由包含了一组通过网络的最短路径并满足约束的 LSR 地址，这个显式路由被传递给信令部件，由信令部件控制转发部件建成 LSP。

路径选择可以采用在线计算或离线计算的方法。在线计算能考虑到资源约束，并由此及时计算出一条 LSP。由于 LSP 的计算顺序对确定它在网络中实际的物理路径起着重要的决定作用，先计算的可用资源就多，建立成功的机会也大，这种方法的缺点是它没有确定性。尽管在线通路计算减少了网管的很多麻烦，但离线计划和分析工具仍然是必需的，因为，这样才能做到流量工程的全局优化。离线计划与分析工具可同时检查每条链路的资源约束和每条从入口到出口的 LSP 的要求，它可以花很长时间作全局计算，比较每个计算结果，然后，为全网选择一个最好的解决方案。离线计算的输出结果是一系列全网资源优化使用的 LSP，计算完成之后，LSP 的建立可以按任何顺序进行。

4．信令部件

因为驻存在入口 LSR 的 TED 中特定时间内网络状态信息是会过时的，所以 CSPF 计算得到的通路只是被认为是可以接受的。但是在整条 LSP 被信令完全建立好之前，LSP 是无法工作的；而只有在 LSP 被信令部分真正建立之后，才能知道这条路径是否真正可以工作。信令部件就是负责 LSP 的建立和标记的分发，这个信令可以是扩展的资源预留协议（Extended Resource reSerVation Protocol，E-RSVP）或标记分发协议（LDP/CR-LDP）。E-RSVP 能够在 MPLS 环境中可靠地建立和维护 LSP，并且 E-RSVP 允许将网络资源明确地预定和分配给一条给定的 LSP。

流量工程的本质是将业务流映射到实际的物理通路上去，对于 MPLS 来说，其中心思想也就成为每个 LSP 确定物理通路。通路的确立可以是离线配置，也可以是用约束路由算法动态建立。独立于物理通路的建立，全网各节点中转发状态的安装是由信令完成的。图 8-4 所示为离线与在线 LSP 的计算与配置流程图。

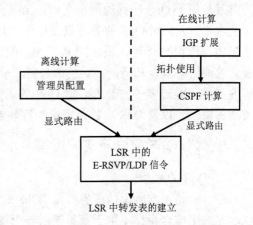

图 8-4 离线与在线 LSP 的计算与配置流程图

8.1.2.3 MPLS 流量工程的实现

1．MPLS 的流量工程实施方法

① 整条 LSP 的通路经离线计算后，分别在每个 LSR 中进行设置，这种方法与传统的 IP over ATM 相似。

② 离线计算静态配置在入口 LSR 中，然后入口 LSR 利用 RSVP 协议动态建立 LSP。

③ 在线动态计算约束路由，网络自动选取通路。

④ 部分静态离线计算、配置与动态建立相结合。

⑤ 完全按普通的路由方法建立，但无论哪种方法都应建立备份的 LSP。

2．成功解决流量工程的操作要求

① 完成大量的 LSP 建立操作规范，如建立 LSP、激活 LSP、静默 LSP、校正 LSP 属性、重选路由 LSP 和拆卸 LSP。

② 严格和松散显式 LSP 的配置。

③ 支持物理通路的选择变化（有一个通路列表）。

④ 允许或禁止 LSP 的重新优化。

⑤ 规定 LSP 能使用的资源类型。

⑥ LSP 应具备优先级差别。

⑦ 能通过一定操作获取 LSP 的布局问题。

⑧ 具有流量统计功能。

8.2 MPLS 的 QoS 实现

QoS 技术的出发点在于充分发挥网络的目标性能，满足用户对服务的需求，并优化对网络资源的利用。对 QoS 的研究可以追溯到 20 世纪 80 年代初期，那时，尽管网络的性能还比较低，能够提供的服务种类也比较少，一些有远见的研究者已经认识到服务质量的重要性。Seita、Wortendyke 等人在研究 ARPANET 中的 X.25 通信时已提出基于用户的性能问题，也许这就是关于 QoS 研究的最早文献。在很长一段时间内，由于计算机网络的性能尚未达到一定的水平，人们对 QoS 的关注只是停留在数据流传输中的正确率、吞吐量、延迟等单一服务质量的评价和控制上。直到 20 世纪 80 年代末期，由于新的计算机系统和网络技术的不断涌现，使网络的性能和所能提供的服务有了质的飞跃，人们才开始从各种不同的角度较深入地研究 QoS。经过多年的努力，对 QoS 的研究逐渐集中到 QoS 管理、QoS 标准、QoS 主客观方法的统一，以及 QoS 中的市场机制等焦点上。

8.2.1　QoS 概念及实现过程

1. QoS 的概念

QoS 就是通常所说的服务质量（Quality of Service，QoS）。原 CCITT 对 QoS 下的定义是：QoS 是一个综合指标，用于衡量使用一个服务的满意程度。

由于用户数量的增加导致了网络资源的不足和服务质量的下降，以及现有网络性能无法完全满足各种新型业务的服务质量要求，因而，造成了现有 IP 网络的服务质量问题。虽然充分加大网络的带宽（包括骨干网和接入网两部分）可以超过用户的需求，是解决 IP 网络服务质量问题最直接、最有效的办法，然而带宽的增加要受到成本、网络建设时间等因素的制约，而且这样做也不能完全满足各种新应用的需求。因此，解决问题的关键是：一方面是如何更有效地利用现有 IP 网络的有限带宽；另一方面就是如何针对各种业务类型的服务质量问题与各种具体的服务质量参数，采取各种技术分别加以解决。

QoS 具有很高的精确性，它是对各种性能参数的具体描述。这些性能参数包括：业务可靠性、延迟抖动、吞吐量、包丢失率、安全性等。为了实现 QoS 的这些要求，需要网络从上到下的各层，以及网络两端之间的各种设备协同工作。图 8-5 所示为一个不同网络层面及相关部件协同工作实现 QoS 的例子。

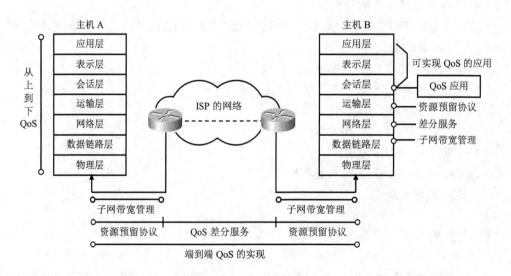

图 8-5　QoS 的实现

2．QoS 的实现过程

QoS 的实现过程分为连接建立、数据传输和连接断开 3 个阶段。

（1）连接建立阶段

图 8-6 所示为 QoS 连接建立阶段的示意图，在连接建立阶段，网络所要做的工作主要有以下几个方面。

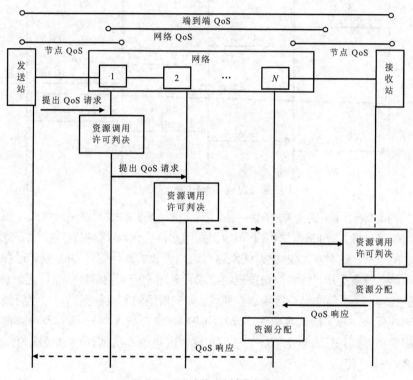

图 8-6　QoS 连接建立阶段示意图

① 具有 QoS 数据发送要求的节点，首先向网络提出申请并对所需的 QoS 性能参数进行描述。

② 进行 QoS 的翻译与映射，也即 QoS 要求在不同层及各节点间进行协商和映射。由于不同应用程序和不同用户对网络的 QoS 要求是不同的，用户提出的要求只是一种网络服务性能指标的抽象表示。这些指标需要进行 QoS 翻译、协商、映射和管理，并转换成系统可以识别和接收的参数，才能通知网络并得到服务保证。

③ 将翻译映射后的 QoS 参数传递给网络 QoS 资源管理实体，由该管理实体调用资源使用许可判决，以判定是否有足够的资源来满足 QoS 要求。

④ 资源管理实体进行资源分配，按要求建立一条数据传输通道，并监测通信过程，保证 QoS 要求的实现。

图 8-7 所示为一个 ATM 网络中的简化 QoS 协商处理过程。首先信源向本地接入交换机发送 SetUp 消息，提出发信所需的 QoS 参数。本地交换机通过本地资源管理检查是否有足够的资源可供使用，如果有足够资源可使用，就通过 B-ISUP 的 IAM 消息向转接交换机转交 QoS 请求；否则返回"资源不够"的 Release 消息来拒绝本次 QoS 连接建立请求。转接交换机也进

行同样的处理，一直到信宿。如通路各节点均满足要求，则可以从信宿开始回送 Connect 消息、ANM 消息，表示接受 QoS 要求的连接呼叫，一直到信源，这样就完成了一个 QoS 连接建立呼叫过程。QoS 的管理位于管理层面上，用以完成 QoS 监测和 QoS 测量两大功能，其主要目的是保证用户真正得到网络承诺的服务，并控制用户在约定范围内发送数据，以避免用户违约。

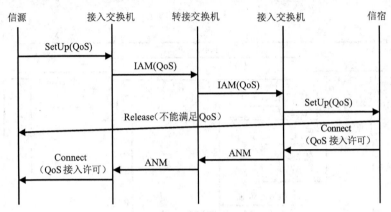

图 8-7 ATM 网中的 QoS 协商处理过程

QoS 参数与具体应用程序有关，网络可能并不理解 QoS 参数的意义。例如，图像业务的清晰度可以用每帧多少像素来描述，网络并不能识别像素是什么，只有将它转换成带宽和延迟等参数后，网络才能理解，这种将 QoS 映射成网络可识别参数的过程就是 QoS 翻译过程。这个过程一般由终端和接入设备完成。终端根据自己的要求计算出相应的网络性能指标要求后，就要通过信令与网络进行协商，看网络能否接受它的要求。收到请求的节点根据当前自己所处状态调用资源使用许可判决程序，如果能满足要求，就给相应的请求分配 CPU、缓存及链路带宽等资源，然后，将分配的资源通知给发送端；如果资源不够，就拒绝本次具有 QoS 要求的通信请求。

（2）数据传输过程

连接建立过程结束后，若成功建立连接，则进入数据传输过程。由于通常有多个应用共享同一连接，所以在数据传输过程中，系统需要进行连接调度来决定服务顺序，并进行传输监控。另外，用户可以根据当前的需求更改连接建立阶段提出的 QoS 值，或根据系统当前状态降低用户的 QoS 要求，这种新的 QoS 需求协商过程称为 QoS 重协商。图 8-8 所示为传输过程中的 QoS 管理。

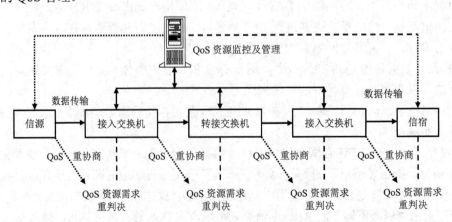

图 8-8 数据传输过程中的 QoS 管理

（3）连接断开阶段

当数据传输结束后，信源发出连接断开消息。接收到该消息的节点将释放网络资源，完成一系列的资源回收，修改网络资源参数，断开网络连接。

8.2.2　MPLS 的 QoS 实现方案

流量工程是一种间接实现 QoS 的技术。它通过对资源的合理分配和对路由过程的有效控制，使得网络资源能够得到最好的利用。显然，当网络资源得到了充分利用时，网络的各项 QoS 指标将会大大改善。

直接实现 QoS 就是根据各项 QoS 指标在网络中的各个节点上对业务流采取相应的措施，以保证这些指标实现的一种方法。目前，解决 IP QoS 有两种基本模型：综合服务模型（Int-Serv）和差分服务模型（Diff-Serv）。

1．综合服务模型

RFC1633 对综合服务模型（Int-Serv）进行了定义，包括对服务质量要求、资源共享要求和业务模型、分组丢弃（dropping）、用途反馈、预留模型及业务控制机制等进行了基本描述。通过 Int-Serv，将可以实现 IP 网中的 QoS 传输以及对于实时业务的支持，使得各种服务能够为其数据报选择服务等级。其原理是利用资源预留协议（Resource reSerVation Protocol，RSVP）建立起一条从源点到目的地点之间的数据传输通道，并在该通道上的各个节点进行资源预留，从而保证了沿着该通道传输的数据流能够满足 QoS 要求。

实现 Int-Serv 有两种模型，一种是路由器，另一种是主机。路由器模型主要由接纳控制、分类控制器、分组调度器以及 RSVP 代理几部分组成。主机实现的参考模型与路由器模型相似，只是多了一个应用部分。图 8-9 所示为路由器模型的方框图。

按 QoS 要求的流量控制功能是通过接纳控制、分类控制器和分组调度器 3 个部件的配合来完成的。其中，接纳控制用于判断用户（路由器或主机）是否有资源预留权以及当前资源能否满足用户资源使用申请的要求，以便决定用户（路由器或主机）是否允许数据流所请求的 QoS。分类控制器是将输入的分组映射成某些类，同一分组可以被沿途不同路由器分成不同类，通过判断分组中的特定域以决定分组的服务等级，以便实现业务控制的目的。分组调

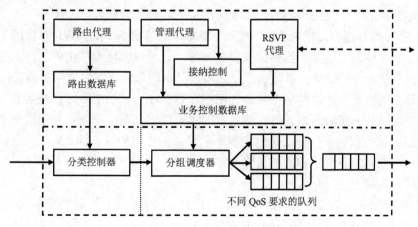

图 8-9　Int-Serv QoS 实现的路由器模型方框图

度器是根据服务等级将分组送往不同 QoS 服务等级要求的队列。资源预留协议（RSVP）的作用是为了在端系统和路由器上沿数据流经的路径，生成并保持流规范的状态（包括根据服务委托预留的资源）。RSVP 可以被主机用来为特殊的应用数据流请求特殊的服务质量，也可以被路由器用来向数据流途经的所有节点发送服务质量请求，建立与维护提供所请求服务的状态，从而使资源在数据传输路径上的各节点都得到预留。

目前 Int-Serv 模型定义了 3 种业务类型。

（1）保证型业务

该类型业务将提供时延、带宽与丢包率等参数的保证，网络使用加权公平排队（Weighted Fair Queuing，WFQ）算法。在这种业务中，用户必须能够得到一个可预计的有效质量，使得应用在终止前以一种可接受的方式进行。对于一般的语音和视频数据，根据其传输特征，可以利用延时和保真这两个维度来描述。为了提供延时绑定，要求模型必须能够描述数据源的流量特性，也必须有相应的接纳控制算法来保证网络资源适合流的需求；同时不论在网络边缘节点或中间节点，要通过分组调度对输出队列进行重新排序（即数据必须被整形），从而确保数据流符合某种流量特性。

（2）控制负载型业务

该类型业务能够提供最小的传输时延，对排队算法没有特别的要求，没有固定的排队时延上限。它与尽力而为型业务的区别是：当网络处于拥塞状态时，其性能只是轻微地下降，它能够使数据流的时延和丢失率保持在一个可控制的范围内。

（3）尽力而为型业务

实际上就是传统的 Internet 所提供的业务，该业务不提供任何服务质量保证。与前两种业务类型相比，尽力而为型业务不遵从接纳控制，对服务模型的最终评价不是在于底层的分类，而是在于它是否有足够的能力满足各种应用的要求。

Int-Serv 的优点主要有：一是它具有很好的服务质量保证，对业务特征提供了充分的细节，使得资源预留协议（RSVP）服务器可以对各种业务类型的细节进行描述。由于在数据流所经过的所有路由器上都运行 RSVP，网络可以保证在任何一点都没有任何一个数据流过量地占用网络资源。二是由于使用 RSVP 的软状态特性，因此，可以支持网络状态的动态改变和组播业务中组员的动态加入与退出，并利用 RSVP 的 PATH 与 RESV 消息进行刷新，还可以判断网络中相邻节点的产生与退出，从而实现网络资源的有效分配。

Int-Serv 存在的问题有：首先是由于使用了软状态的工作方式，RSVP 对资源预留所需的大量状态信息进行刷新与存储，当网络规模扩大时，这一模型将无法实现，也就是说网络的扩展性不好；其次是 Int-Serv 要求发送节点到接收节点间的所有路由器都必须支持 RSVP 信令协议，如果中间有不支持这种信令协议的网络元素存在，虽然信令可以透明通过，但实际上已经无法实现最佳的资源预留，这对路由器的实现要求太高；第三是它的信令系统十分复杂，用户认证、优先权管理、计费等也需要一套复杂的上层协议。因此，Int-Serv 只适用于网络规模较小、业务质量要求较高的边缘网络。

2．差分服务模型

为了解决 Int-Serv 模型所存在的问题，IETF 又制定出了相对功能较强的差分服务（Diff-Serv）模型。Diff-Serv 与 Int-Serv 的本质不同在于：它不是针对每一个业务流进行网络资源的分配和 QoS 参数的配置，而是将具有相似要求的一组业务归为一类，然后对这一类业务采取一致的处理方式。

Diff-Serv 模型的基本思想是：在网络边缘，将数据流按 QoS 要求进行简单分类，不同的类在内部节点的每次转发中实现不同的转发特性。Diff-Serv 模型使 ISP（Internet 服务提供商）能够提供给每个用户不同等级和质量的服务。用户数据流进入网络时，在其网络层分组头部的差分服务（DS）标识域中置入所需服务的对应标记代码（服务等级），并由网络进行流量测量和进行分组流量特性标识。这些数据流分组经各 Diff-Serv 网络中继时，由中继节点根据上述标记进行不同的转发服务处理，以实现所需的服务性能。这使得对 RSVP 网络控制协议的使用仅局限在用户网络一侧，而将骨干网从 RSVP 中解脱出来。骨干网中的路由器只需检查 DS 字段来判断业务的类别，为不同的业务提供不同的 QoS 保证策略。不过，这种模型并不提供源点到目的地点的全程 QoS 保证，而是将 QoS 限制在不同的域内加以实现，所以不同域之间应有一定的约定和标识的翻译机制。

在每个支持 Diff-Serv 的网络节点中，分组 DS 字段的值将被映射到每跳转发行为（PerHop Behavior，PHB）中去，PHB 可以看成是一个合理的缓存和带宽资源分配粒度许可证，因而，可以根据 PHB 将分组在转发中区别对待。用户与 ISP（Internet 服务提供商）间达成的服务等级协定（SLA），此协定规定了该用户在每个服务等级上所能发送的最大数据速率（流量特征），超出速率的分组将被做上标记或丢弃。服务等级协定（SLA）又可分为静态 SLA 和动态 SLA 两种。静态 SLA 按一定的周期（每月或每年）协商，动态 SLA 是用户通过特定的信令协议（如 RSVP）向 ISP 动态请求来协商。当用户与 ISP 商定好 SLA 后，边缘路由器就可根据不同的服务需求，给分组中的 DS 设定不同的标识，以提供不同的 QoS。

（1）Diff-Serv 模型的功能模型

图 8-10 所示为 Diff-Serv 模型的功能模型示意图。边缘路由器的作用有两个：一是对来自于用户或其他网络的非 Diff-Serv 业务流进行分类，为每一个 IP 分组填入新的差分服务代码（Different Service Code Point，DSCP）字段，同时，在网络的边缘路由器中建立起与每一业务相对应的服务等级协定（SLA）以及 PHB，并开始应用；二是对来自用户或其他网络的 Diff-Serv 业务流，依据分组中的 DSCP 字段，为相应的业务选择特定的 PHB。分组用 DS 字段指明分组的行为集合，目前取前 6bit 作为 Diff-Serv 代码（DSCP），另外 2bit 暂时未使用（CU）。

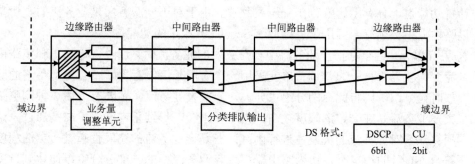

图 8-10　Diff-Serv 的功能模型示意图

中间路由器的作用是根据 DS 字段为业务流选择特定的 PHB，根据 PHB 所指定的排队策略，将属于不同业务类别的业务量导入不同的队列加以处理，并按照事先设定的带宽缓冲处理输出队列，最后按照 PHB 所指定的丢弃策略对分组实施必要的丢弃。

相比较而言，边缘路由器的功能较为复杂，它包含了能够实现整个 Diff-Serv 模型中所有功能的各种功能单元，下面将逐一研究这些功能单元。

① 业务量调整单元。根据 RFC2475 文件，业务量调整单元的结构图如图 8-11 所示，主要包括分类、标记、测量及调整/丢弃等基本单元。分组业务流输入被分类单元选择后，进入测量单元和标记单元进行流量调节。测量单元用来判定业务流是否符合规定的流量要求，其结果将影响标记、调整或丢弃的动作。当分组离开分类单元时，必须被设置一个合适的差分服务代码值。各基本模块单元的功能如下所述。

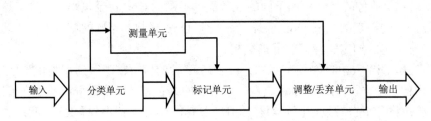

图 8-11　业务量调整单元的结构图

分类单元：包括行为聚集（Behavior Aggregate，BA）和多字段（Multi-Field，MF）两种分类单元。BA 只根据 DS 字段对分组所属业务流进行识别与分类；MF 可以根据分组的源 IP 地址、目的 IP 地址、DS 字段以及 TCP 或 UDP 的源/目的端口号等多种信息对分组进行识别与分类。在边缘路由器上，分类单元将经过分类的业务流送至测量单元以便进行业务认证。同时，还将把业务流送至标记单元，以便对分组的标记进行必要的处理。

标记单元：在分类单元对业务流进行分类的基础上，标记单元将对没有填写 DS 字段的 IP 分组进行 DS 字段的填写，也即在分组 DS 字段中设置一个特定的代码值。另外，如果来自测量单元的信息表明某一业务流超过了服务等级协定（SLA），则标记单元对业务流中 IP 分组的 DS 域将进行必要的改写，以便对相应的业务流进行服务质量的降级处理。

测量单元：对某一流量调节协定（TCA）指定的业务流进行分类之后，还必须对业务流分组的特性或参数进行测量，这些参数包括速率、突发长度等，以便确定该业务流在某一持续时间内的资源消耗是否超出 SLA 的规定。除了业务认证功能之外，测量单元对于业务量的统计与计费功能也十分有用。在 Diff-Serv 网络中，由于对不同服务质量业务流的收费是不同的，所以路由器中必须有专门用于进行 Diff-Serv 业务测量的功能。

调整/丢弃单元：调整是指当业务流中存在突发的业务流时，通过一定的机制使路由器输出的业务流变得较为平稳。通常调整单元采用一个有限长度缓存器，一旦没有足够的缓存空间用于存放时延分组，则将此后的分组丢弃。对于突发业务流，主要有下述 3 种调整策略：一是如果突发业务流是在一定的限度之内，则不予理会，继续正常转发；二是通过一定的机制（如漏桶算法）对业务流的突发性进行削减；三是当业务流的突发性超过一定的程度或者业务流不符合 SLA 的约定时，边缘路由器将丢弃业务流中的一部分分组以便达到调整的目的，具体的实施有许多不同的丢弃算法。值得注意是，在一种特殊的情况下，需要将调整单元缓存长度设置为"0"或很小，以便更好地控制业务流量。

② 分类排队单元。在每一个路由器中，对应于每一个服务质量等级，都有一个队列单元。

路由器将把属于不同服务质量等级的分组送入不同的队列单元中进行排队。

队列单元是实现每跳转发行为（PHB）的关键部分，是保证端到端服务质量的重要机构。它的功能主要包括：排队（Scheduling）处理和丢弃（Dropping）处理。所谓的 PHB 实际上就是指对不同的分组应如何使用不同的队列（带宽不同，优先级不同）来进行处理，以及在拥塞发生时，如何采取不同的丢弃策略（丢弃机率不同）的问题，这也是决定分组获得服务质量好坏的关键。排队和丢弃的功能将由一系列的排队算法与丢弃算法来实现。

（2）Diff-Serv 模型中的一些基本概念

① DS 域。它是一系列相连的差分服务（DS）节点构成的集合，这些节点遵循统一的服务提供策略并实现一致的 PHB 组。

② PHB。它是对路由器服务质量处理的总体描述，它并不对实现 PHB 的具体技术加以规定。目前定义了四种 PHB：尽力而为 PHB、加速转发 PHB、可靠转发 PHB 和类别选择 PHB。

- 尽力而为 PHB（Best Effort PHB，BE-PHB）。

BE-PHB 是默认的 PHB，就是说任何一个 DS 节点都应支持 BE（Best Effort）。即使 Diff-Serv 获得了广泛的应用，尽力而为型业务仍将是 Internet 的主要业务。因此，在 Diff-Serv 模型中也必须能够支持这种传统的业务。RFC2474 规定，当 DSCP 为全"0"（编码点为"000000"）时，对应的 PHB 就是尽力而为 PHB。网络的节点上应当为默认 PHB 保留一定的网络资源，以防止网络资源被其他业务所完全占用，导致传统 IP 业务的拥塞。当路由器收到 DSCP 为全"0"或者是无法识别的 DSCP 值时，都将使用 BE-PHB 对分组进行转发。但在后一种情况下，应当保持分组中的 DSCP 值不变。通常情况下，除非定义了更低优先级的 PHB，BE-PHB 具有最低优先级。

- 类别选择 PHB（Class Selector PHB，CS-PHB）。

为了与现在正在使用的 IP 优先级字段保持一定的后向兼容，在 Diff-Serv 中定义了类别选择 PHB。现有的 IP 优先级机制使用了 IPv4 服务类型字段的前 3bit，从而可以提供 8 个 IP 优先级。这种方式与 DSCP 的用法是十分相似的，不同在于 Diff-Serv 使用了服务类型字段中的前 6bit，另外，现有的路由器都能够理解服务类型域的意义。所以，只要将 Diff-Serv 的一部分编码分配给传统 IP 优先级业务，就可以很容易地实现上述的后向兼容。同时，Diff-Serv 的服务等级可以与传统的 IP 优先级共存于同一网络之中。类别选择编码点的分配为"XXX000"，即 000000～111000。

类别选择编码点的值越大，所代表的业务优先级越高。优先级较高的业务流所获得的服务质量（时延、丢包率、抖动等参数）将高于优先级较低的业务流。各个编码点所对应的 PHB 应当至少具有两个转发优先级，不同的编码点选择的 PHB 可以分别进行转发，而不必保持 IP 分组之间的顺序。网络节点还应当为每一个 PHB 可以使用的网络资源设置一定的限制。编码点"000000"实际上就是默认编码点，它表示分组要求的是传统的尽力而为型业务。

- 加速转发 PHB（Expedited Forwarding PHB，EF-PHB）。

加速转发 PHB 所描述的是一组用于实现低丢包率、低延迟、低抖动，且具有带宽保证的以及在 DS 域中具有端到端服务质量的业务服务策略。使用这种 PHB 的业务流具有最高的优先级，将获得 Diff-Serv 网络中最高的服务质量，对应的 DSCP 编码为"101110"。这类业务在转发过程中所使用的队列将是节点上最短的队列。当网络发生拥塞时，这类业务将获得最先处理。这样，便可以使得这类业务的时延最小，同时，也改善了该类业务的其他服务质量参数。在终端用户看来，这种业务将类似于一种租用线路业务。

由于使用 EF-PHB 的业务具有最高的服务优先级，为了防止这类业务过度占用网络资源，网络节点还应当能够通过网管为相应的业务设定一个速率上限（如令牌桶速率限制）。如果必要的话，还可以规定某一业务流的最大突发长度，超过限制的业务流将发生分组的丢弃。

- 可靠转发 PHB（Assured Forwarding PHB，AF-PHB）。

可靠转发 PHB 主要是对相同业务中不同分组的丢弃优先级进行一定的分级。在业务开始转发之前，发送方与网络节点之间将对业务流的速率作出一定的约定，这种约定称为业务流的轮廓（profile）。在 AF-PHB 中，网络节点将允许业务流的速率大于这一轮廓，但是，网络节点将对超出轮廓的业务流分组采用较大的丢弃优先级。

根据这一思想 RFC2597 对可靠转发 PHB 定义了四个级别。网络中的节点将根据这些级别，为相应的业务流分配网络资源并进行相应的转发处理；同时对每种级别的 AF，还分别规定了 3 种不同的丢包优先级，优先级越高，分组丢弃的概率就越大。因此，AF 目前一共有 12 种不同的编码点，如表 8-1 所示。

表 8-1　　　　　　　　　　　　　　　AF-PHB 的编码点

	级别 1	级别 2	级别 3	级别 4
低丢包优先级	001010（AF11）	010010（AF21）	011010（AF31）	100010（AF41）
中丢包优先级	001100（AF12）	010100（AF22）	011100（AF32）	100100（AF42）
高丢包优先级	001110（AF13）	010110（AF23）	011110（AF33）	100110（AF43）

这样，一个分组所享受的转发质量将由下列 3 方面因素决定：一是分组所在业务流所享有的网络资源；二是分组所在业务流目前的传送带宽以及所在节点的网络拥塞情况；三是分组所属的丢包优先级。也就是说，当某一业务流的传输速率超过了约定速率，而网络节点又发生了拥塞时，超出部分的分组将被赋予较高的丢弃优先级，它们将具有较高的丢弃概率。

当对业务流进行聚集（Behavior Aggregate，BA）时，把差分服务的机制使用到 MPLS 中，可以解决网络行为的公平性问题，即对同一种服务类型的各个流采用同样的转发处理。这就需要在标记栈中携带每跳行为（PHB）的语义，当网络发生拥塞时，中继节点根据 PHB 的语义，按照某些策略优先丢弃相应分组，从而保护了具有较高服务级别的分组。可以通过两个步骤来完成：第一步是在流量聚集处，根据一定的策略对不同的流进行标记，通过修改 IP 分组的服务类别域来生成 PHB；第二步是在标记交换路径的入口 LSR 处，把服务类别域的内容映射到标记栈中。

（3）Diff-Serv 的典型服务

Diff-Serv 模型支持的服务种类大致分为两类：奖赏服务（PS）与确保服务（AS）。

① 奖赏服务（Praised Service，PS）。PS 是目前所定义的服务级别最高的差分服务，它为用户提供低延迟、低抖动、低丢失率、有带宽保证的端到端传输服务。PS 的服务保证要求在任何时刻，在 PS 流传送通路上的任何节点都要确保 PS 分组的输入速率小于输出速率。要做到这一点，主要是通过控制每个节点的输出速率来完成，为此需要有以下两点保证：一是在传送节点处要保证 PS 流的最小输出速率不依赖节点状态的动态变化，也即不依赖于此节点处其他流的强度；二是对 PS 流进行整形调节，以保证它在任何节点处的最小输出速率。

② 确保服务（Assured Service，AS）。AS 是指在网络拥塞的情况下仍能保证用户拥有一

定量的预约带宽，主要涉及带宽与丢失率，不涉及延迟与抖动。AS 的服务原则是：无论是否拥塞，都保证用户占有预约的最低限量的带宽；当网络有多余资源时，用户也可以占用更多的带宽。因此，与 PS 相比，AS 的保证是一种统计性保证。实现 AS 的基本思想是：分组进入网络时，在边缘节点给分组做标记，预约带宽以内的流量标记为 InP（In Profile），超出预约带宽的流量标记为 OutP（Out Profile）；拥塞时，根据分组头标记来决定分组的丢弃与否，标记为 OutP 的丢弃概率大于标记为 InP 的丢弃概率，中间节点调度转发时要保证不会发生不同源的分组交织。

（4）Diff-Serv 网络体系中的资源分配

一个 DS 域中各节点所支持的 PHB 实现、配置、操作和管理，应该根据域的业务有效地提供策略，给业务流分配合适的节点链路资源。流量调节器可以强制实行流量调节协定（TCA），也可通过域中节点和流量调节器的操作反馈去控制资源的使用。流量调节器和内部节点之间的配置和相互作用应该由域的管理控制来管理。

目前，对 Diff-Serv 研究的重点是如何根据服务等级协定（SLA），在不同的 PHB 组之间、以及在同一个 PHB 组内的不同 PHB 之间进行分配资源。

（5）域间关系

在实际网络环境中，一个 Diff-Serv 域可能与其他各种网络域以及各种主机相连。所以，必须考虑 Diff-Serv 的网际互连问题，这种情况如图 8-12 所示。当 Diff-Serv 域 A 收到来自于非 Diff-Serv 域 C 或者非 Diff-Serv 主机 2 的分组时，Diff-Serv 域 A 将对这些分组进行分类、标记与策略控制，随后将其送入 Diff-Serv 域进行处理；当收到来自于 Diff-Serv 域 B 或者 Diff-Serv 主机 1 的分组时，Diff-Serv 域 A 将依据入口路由器和相应的 Diff-Serv 域或者主机之间约定的业务量框架对收到的业务流进行检查。如果收到的业务流不符合约定的话，则由入口路由器对相应业务流的分组实施一定的流量调整或者是进行 DS 域的改写。如果有可能的话，这一工作应当尽可能地由业务流的发出域或者是主机来完成，因为收发双方对于业务约定更为了解，由它们来对业务流进行控制将会更有效。

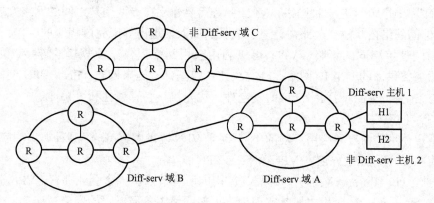

图 8-12　多个网络区域之间的关系

8.3　MPLS 在虚拟专用网络上的应用

随着 Internet 的普及和发展，如何利用 Internet 的资源组建企业的虚拟专用网络（Virtual

Private Network，VPN）已成为 IT 业界的一个新热点。各种新的网络技术必须支持虚拟专用网才能生存。通常，虚拟专用网络（VPN）的基本原理是利用隧道技术，把数据封装在隧道协议中，利用已有的公用网络建立专用数据传输通道，从而实现点到点的连接。随着 MPLS 技术的发展和应用，基于 MPLS 的虚拟专用网（MPLS VPN）技术引起了人们的广泛关注，它将成为网络安全研究和 Internet 应用的一个重要方向，IETF MPLS 工作组和 MPLS 论坛都把 MPLS VPN 的实现作为专项的重点研究课题。MPLS VPN 能够利用公用网络的广泛而强大的传输能力，以降低企业内部网络（Intranet）的建设成本，极大地提高用户网络运营和管理的灵活性；同时，它能够满足用户对信息传输安全性、实时性、宽频带、方便性的需要，所以，很受一些大型跨地域集团用户的欢迎。研究表明，MPLS VPN 代替租用专线能使远程站点的连接费用降低 20%～47%；在远程投入的情况下，能降低 60%～80%的成本。

8.3.1　虚拟专用网的概念和结构

1．虚拟专用网的概念

（1）什么是虚拟专用网

虚拟专用网（VPN）指的是依靠 ISP 和其他 NSP（网络服务提供商）在公用网络中建立专用的数据网络。实际上，从虚拟专用网的"VPN"3 个字母，就可以看出它的实质。

① "V"表明 VPN 有别于传统的电信网络，它并不实际存在；或者说，在任意两个节点之间的连接并没有传统专网所说的端到端的物理连接，而是利用现有网络通过资源配置以及虚电路的建立来构成动态的虚拟网络。

② "P"表明 VPN 将为特定的企业或用户群体所专用。VPN 是建立在公用网络或者其他运营商的网络之上的，为了达到专用网的要求，就必须采取一定的技术手段来保证 VPN 与公用网络或其他承载网络的资源独立性和 VPN 的安全性。也就是说，在一般情况下，一个 VPN 的资源不允许被承载网络中的其他 VPN 或者不是该 VPN 用户的网络成员所使用，VPN 用户的信息不应流出 VPN 的范围，而外部用户在一般情况下也不能访问 VPN 的内部信息。

③ "N"表明 VPN 是一种网络，VPN 业务需要建立在专网用户之间的网络互连上，通过 VPN 内部的网络拓扑建立、路由计算、成员的加入、退出等来完成相应的工作。

与专用网使用相同的策略，VPN 可以利用公用网络提供企业规模的连接。可以利用 Internet、服务提供商的专用 IP 网络、FR 及 ATM 等基础设施来构建 VPN。VPN 使商业用户可以享受与它们自己的专用网络一样的安全性、优先权、易管理性和可靠性。

（2）VPN 的应用方式

根据用户使用的情况和应用环境的不同，目前 VPN 技术大致可分为 3 种典型的应用方式，即企业内连网 VPN、企业外连网 VPN 和接入 VPN。

① 内部 VPN（Intranet VPN）：如果 VPN 内的所有节点由一个企业拥有，VPN 就是公司的 Intranet。Intranet VPN 应用主要是实现用户内部网络中各局域网的安全互连。

② 外部 VPN（Extranet VPN）：如果有一些节点由不同的企业拥有，则 VPN 就是 Extranet，一个节点可以属于多个 VPN。Extranet VPN 应用主要是将 Intranet 在范围上向外扩展，将若干个企业的 Intranet VPN 结合起来构成一个大的虚拟企业内部网络，从而为企业与它的业务伙伴提供灵活、安全的连接。例如，企业间发生的收购、兼并或企业的战略联盟，使不同企业通过 CNCnet 构建虚拟专用网。

③ 接入 VPN（Access VPN）：Access VPN 可以通过多种接入技术为企业的远程雇员提供与企业的连接，主要用于企业或企业的小分支机构通过远程拨号的方式构建的虚拟专用网。

2．VPN 结构

VPN 的服务目的就是在共享的基础网络上向用户提供网络连接，不仅如此，VPN 连接应使得用户获得等同于专用网络的通信效果。合理和实用的 VPN 解决方案应能够抗拒非法入侵，防范网络阻塞，而且应能安全、及时地交付用户的重要数据。在实现这些功能的同时，VPN 还应具有良好的可管理性。

（1）VPN 的拓扑结构

VPN 可以构建在很广泛的结构上，根据 Access VPN、Intranet VPN 及 Extranet VPN 的不同应用，VPN 拓扑结构可以分为 3 种主要类型。

① 对于 Intranet VPN，可以采用星型辐射结构、部分或全互连结构、混合结构。星型辐射结构是指中央站点路由器以辐射形式通过服务提供网络与多个（或大量的）远程办公室相连，远程办公室之间交换的数据流非常小，此结构通常应用于具有严格层次结构的企业。部分或全互连结构是指 VPN 内各站点之间根据业务需求情况，使用 VC 将它们连接起来，如果每一个站点都与其他站点直接相连称为全互连拓扑网，不是所有的站点都与其他站点直接相连称为部分互连拓扑网。星型辐射与部分互连相结合的结构称为混合结构，如一个大型跨国企业可能在每个国家使用星型辐射拓扑实现一个接入网络，而国际核心网络则使用部分互连拓扑实现。

② 对于 Extranet VPN，可以采用两两相连的企业外部网和集中服务式外部网络结构。在两两相连的企业外部网结构中，将整个网络分成核心网络、分发网络和接入网络，并尽可能将核心网络和接入网络相隔离。服务提供商采用共享方式或专用方式提供边缘路由器，与各企业的用户路由器直接相连并交换路由信息；通过分发层将它们连接起来，并由核心网络交换用户路由，每个企业只需指定其每个站点将要接收和发送的流量，从而使得远程办公室的本地环路所出现的故障不会传播到核心网络。在集中服务式外部网络结构中，中央站点规定只有中央站点和参与企业之间才允许有子网；参与企业与中央站点之间的所有 VC 都是已知的，VC 的大小对应于参与企业与中央站点之间的流量要求；中央站点对其他参与企业接收的数据流进行过滤，以确保路由问题或恶意服务窃取攻击不会影响 VPN 的稳定性。

③ 对于 Access VPN，通常采用拨号 VPN（即 VPDN）和专线 VPN。拨号 VPN 接入是指用户通过电话拨号接入到 ISP 边缘路由器的 VPN 实现方案，可以采用 56K 调制解调器、ISDN 和 xDSL。专线 VPN 接入是指为已经通过专线接入 ISP 边缘路由器的用户提供的 VPN 实现方案。

VPN 的实现途径有：电话网上实现 VPN、分组交换网上实现 VPN 和数据传输网上实现 VPN 等几种，具体包括电话网上的拨号 VPN 和专线 VPN、基于第二层交换式技术（帧中继、ATM 等）来实现的 VPN、基于第三层 IP over IP 隧道技术（GRE 和 IPsec）通过专用 IP 中继主干或公用互联网来实现的 VPN、基于路由器方式实现的 VPN 和基于 MPLS 交换技术实现的 VPN 等。

（2）FR 和 ATM VC 构成的 VPN 结构

虚电路（VC）是 FR 和 ATM 所具有的特征，基于虚电路（VC）的 VPN 可以通过公共的 FR 或 ATM 网来传送 IP 业务。服务提供商可以给企业用户提供一组仿真租用线路（被称为 VC），VC 可以是终端可用的永久虚电路（PVC）或根据需要建立的交换虚电路（SVC）；企业用户通过服务提供商提供的 VC 在用户前端设备之间建立路由器到路由器的通信，路由协议数据总是在用户设备之间交换，而服务提供商对用户网络的内部结构一无所知。在永久虚电路（PVC）或交换虚电路（SVC）上通过选择链路层的加密技术来保证其高度的机密性。选定的加密技术可以根据需要应用在整个连接上，或者根据与加密技术相关的应用需求来执行。服务提供商提供的传统 VPN 服务包括基于 VC 的 VPN 端到端的管理路由服务（Management Route Service，MRS）。在网络内，他们使用很少的投资甚至可以不使用投资来平衡现有的、基于帧的或基于信元的基础设施。服务提供商可以在 FR 或 ATM 网之上利用永久虚电路（PVC）或交换虚电路（SVC）提供点到点连接，并且可以使用路由器来管理第三层信息。图 8-13 所示为 PVC 的"辐射"或"全连接"结构示意图。

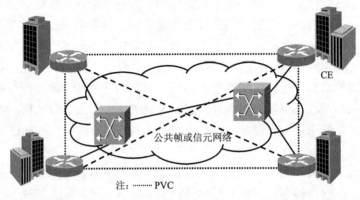

图 8-13 MRS 业务示意图

服务提供商为远端用户提供的 PVC 和路由表由用户边缘设备（CE/CPE）来维护，这种实施方案的优点如下。

① 对已经具有 FR 或 ATM 基础设施的服务提供商来说，MRS（管理路由服务）业务可以为其提供既便宜又快捷的实现 VPN 业务的方法。

② 在提供直接的带宽分配机制方面具有优势，如 FR 承诺的信息速率（Committed Information Rate，CIR）、ATM 确保信元速率（Sustained Cell Rate，SCR）或 ATM 最小信元速率（Minimum Cell Rate，MCR）的带宽分配方法，可以保证端到端的带宽。

③ 具有了 VC 拓扑结构提供的灵活性。

④ PVC 提供了逻辑 VPN 的分离，因此，加密不是必需的。

这种方案也存在如下一些缺点。

① 网络规模限制了任意点到任意点的业务连接方式的灵活性，当端点增多时，就需要更多的 VC 连接，这会带来 N 平方的问题。

② VPN 中的每个 CE 设备必须了解 VPN 的拓扑结构。

③ VPN 成员的添加、删除和改变需要完全地重新设置每一个端点。

④ 把 IP 业务流映射到 VC 并不能保证 QoS。QoS 保证通常被表示为特定 VC 上的带宽保证（承诺的信息速率）以及特定 VC 上的最大带宽（最高信息速率），由于承诺的带宽保证是通过第二层服务的统计特性提供的，它依赖于服务提供商的超额预定（overbooking）策略，这就意味着实际上是没有保证的，而且只是保证用户网络中两点之间的带宽。

（3）基于隧道技术的 VPN 结构

① IP 隧道。IP VPN 将通过某种 IP 隧道来实现，VPN 用户的数据也将通过各种 IP VPN 隧道来传输，如图 8-14 所示为基于 IP 隧道的 VPN 结构示意图。该结构需要应用安全措施，如使用防火墙或使用支持 IPSec 隧道的路由器。通常情况下，基于 IP 隧道的传统 VPN 结构都需要使用加密技术对数据进行加密和解密。

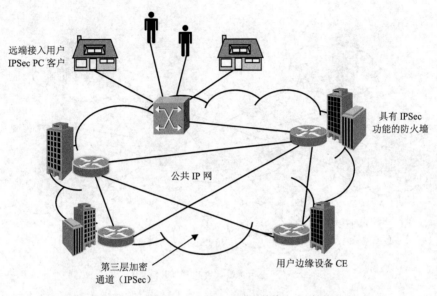

图 8-14　路由核心网上基于 IP 隧道的传统 VPN 结构图

利用 IPSec 隧道实现 VPN 的优点如下。

- 适应市场快捷的变化速度，可以在现有的任何 IP 网络上部署。
- 通过网络层上的一整套灵活的加密和隧道机制提供数据的私密性。
- 可以通过开发基于硬件加密能力的安全设备来支持 VPN 连接的高吞吐量。
- 服务提供商可以提供多种 QoS 的选择。
- 不需要改变服务提供商的基础设施，只需要利用远端 PC 上的 IPSec 用户软件，拨号连接就很容易地加入。

IPSec 隧道实现 VPN 的缺点如下。

- 网络意识不到 VPN 的存在。
- 由于有些数据包头的信息被 IPSec 加密变得模糊，网络不能在应用层区分业务流并分配不同的业务，因此，QoS 的选择受限。
- 当网络规模变大时，重叠型全连接的结构存在灵活性方面的问题。
- 管理和维护费用比较昂贵。

② GRE 隧道。通用路由封装（GRE）协议是由 Cisco 和 NetSmiths 公司 1994 年提交给 IETF 的，标号为 RFC1701 和 RFC1702。GRE 规定了如何用一种网络协议去封装另一种网络协议的方法。对于希望通过 IP 网提供 IP VPN 业务的供应商来说，GRE 是标准的解决方案。GRE 与 IPSec 的区别有两点：一是 GRE 支持 IP 或非 IP 协议，而 IPSec 仅支持 IP 协议；二是 GRE 可以提供比 IPSec 更好的 QoS。

在 GRE 隧道中，IP 包头被放在 GRE 的头中，然后封装到另一 IP 包的数据段内。由于是在用户设备（CE）上终结隧道，用户的地址空间与路由信息和其他用户（或服务提供商）的地址空间与路由信息是完全独立的，这就使网络供应商为用户和服务提供商都提供了最大的灵活性。当 GRE 在路由器中配置时，它是作为一个点到点的连接出现。因此，VPN 的拓扑是使用点到点连接的叠加型全连接结构，图 8-15 所示为这种结构的示意图。

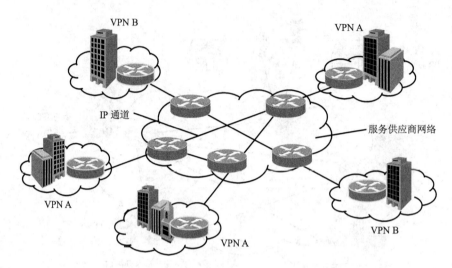

图 8-15　应用 GRE 实现的 IP VPN 示意图

利用 GRE 实现 VPN 的优点如下。

- 能够提供更好的 QoS 服务。
- 用户可以使用按需的应用层加密技术来获得更高的性能。
- 可以在路由器和第三层交换机上实现。
- 网络供应商可以为用户和服务商提供最大的灵活性。
- 可以很容易地封装非 IP 协议。

GRE 实现 VPN 的缺点如下。

- 业务流被局限于单一的提供商的网络。
- 叠加型全连接的结构不适合大规模的 VPN 服务。
- 管理和维护费用较昂贵。

（4）基于传统路由器的 VPN 实现方案

在基于传统路由器实现 VPN 的方案中，服务提供商的边缘设备是一台路由器（Periphery Equipment，PE），它直接与用户前端设备路由器（Customer Equipment，CE）连接并交换路由信息，主要有共享路由器方式和专用路由器方式。在共享路由器方式中，多个用户可以与同一台边缘路由器相连，但必须在边缘路由器上的每一个 PE-CE 接口上配置访问列表，以确保 VPN 用户之间的隔离性。在专用路由器方式中，每个 VPN 用户都必须有自己专用的边缘路由器，且只能访问该边缘路由器路由表中包含的路由。

传统路由器实现 VPN 方案的主要优点是路由工作简单，能为用户站点之间提供最优的路由，带宽供应工作和加入新站点更为简单等。但是也存在着一些致命的缺点，如所有的用户共享相同的 IP 地址空间，使得用户无法按照 RFC1918 采用其专用的 IP 地址；用户无法将缺省路由插入 VPN 中，使得 VPN 无法实现某些路由优化功能，也无法将用户通过另一个服务提供商接入 Internet。因此，传统路由器上实现 VPN 方式难以得到广泛的应用。

8.3.2 利用 MPLS 技术实现 VPN

基于 MPLS 的 IP VPN 具有安全性好、扩展性强、控制策略灵活、管理功能强，能够实现 IP 网中的 QoS 与流量工程，具有业务融合能力和服务级别协议，为用户节省费用等特点。MPLS 和很多现有网络结构兼容，它允许用最灵活的方式和现存的骨干网进行互操作。

1．MPLS VPN 结构

同传统的 VPN 不同，MPLS VPN 不是依靠封装和加密技术，而是依靠转发表和数据包的标记来创建一个安全的 VPN，MPLS VPN 的所有技术产生于 Internet Connect 网络。

图 8-16 所示为一个实现 MPLS VPN 的网络结构图，MPLS VPN 的组件包括用户边缘路由器（CE）、服务供应商边缘路由器（PE）、服务供应商（SP）及骨干路由器（P）等。

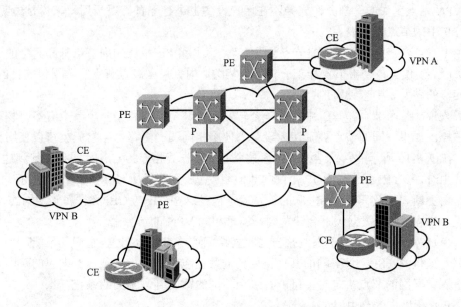

图 8-16　MPLS VPN 的网络结构图

2．CE 和 PE

CE 是用于将一个用户站点接入服务提供者网络的用户边缘路由器，它可以使用 MPLS 也可以不使用 MPLS。同 CE 相连的路由器称为服务提供者边缘路由器 PE。PE 实际上就是 MPLS 中的标记边缘交换路由器（LER），因此，它需要支持 BGP 协议，能够执行 IP 包检查、协议转换等功能。一个 PE 可以和任意多个不同虚节点内的 CE 相连，而不管这些 CE 在同一个 VPN 中还是不同的 VPN 中。虚节点就是从骨干网的角度来看，如果一组 IP 系统具有相互的连接，并且它们之间的通信不需要骨干网，那么它们就是整个公用网络的一个虚节点。一个 CE 设备一般被看做属于一个单独的虚节点，但是它可能属于多个 VPN。

一个 VPN 包括一组 CE 路由器以及同其相连的 Internet 中的 PE 路由器。只有 PE 路由器理解 VPN，CE 路由器并不理解潜在的网络。每个 VPN 对应一个 VPN 路由/转发表（VPN Route/Forwarding，VRF），一个 VRF 定义了与 PE 路由器相连的用户站点的 VPN 成员资格。

一个 VRF 数据包括 IP 路由表、一个派生的用户设备转发（Customer Equipment Forwarding，CEF）表、一套使用派生的转发表接口、一套控制路由表中信息的规则和路由协议参数。一个站点可以且仅能同一个 VRF 相联系。用户站点的 VRF 中的数据包含了其所在 VPN 中所有可能连到该站点的路由。对于每个 VRF，数据包转发信息存储在 IP 路由表和 CEF 表中。每个 VRF 维护单独的路由表和 CEF 表。这些表可以防止转发信息被传输到 VPN 之外，同时也能阻止 VPN 之外的数据包转发到 VPN 内部的路由器中，这个机制使 VPN 具有了安全性。在每个 VPN 内部，可以建立任何连接，每个站点可以直接发送 IP 数据包到 VPN 中另外一个站点，无须穿越中心站点。一个路由识别器（Route Discriminator，RD）可以识别每一个单独的 VPN。一个 MPLS 网络可以支持成千上万个 VPN。服务提供商边缘路由器 PE 可以使 MPLS VPN 网络发挥 VPN 的作用。用户站点可以通过不同的方式连接到 PE 路由器，如 FR，ATM，DSL、T1 等方式。

在 MPLS VPN 中，用户站点运行的是通常的 IP 协议。路由识别器在 PE 路由器中被设置，是设置 VPN 站点工作的一部分，它并不在用户设备上进行配置，对于用户来说是透明的。

3．PE 中的节点转发表

每个 PE 维护一个或多个"虚节点转发表"。每个和 PE 相连的虚节点都和其中的一个转发表相关联。仅仅当每个虚节点和某一转发表相关联时，来自该虚节点的数据包的目的 IP 地址才在相应的转发表中查询。

一般来说，每个节点在 PE 中只有一个转发表，甚至当它和某一个节点有多个物理连接时也是这样。如果不同的节点被确切地设置为使用相同的一组路由，它们就可以使用相同的转发表。在图 8-16 所示的网络结构中，当某个 PEi 从与其相连的 CEi 了解到如何到达该 CEi 节点的路由时，该 PEi 就使用 BGP 协议向其他相关 PE 分发其从 CEi 了解到的路由，相关 PE 利用该路由更新它们及其 CE 相关联的转发表。但是这些 CE 与 CEi 必须属于相同的 VPN，也就是说，来自 CE 的数据包不会转发到不属于相同 VPN 的节点上。

PE 内的节点转发表仅用于那些来自与其直接相连节点的数据包。它们并不能用来转发来自属于服务提供商（SP）骨干网的其他路由器的数据包。因此，当某一数据包的路由是由该数据包进入骨干网的节点决定时，可能有多个不同的路由到达相同的系统。

4．SP 骨干网中的路由器

服务提供商（SP）骨干网由 PE 路由器和其他的不与 CE 直接相连的 P 路由器组成。如果 SP 骨干网内的每一个路由器都必须维护该 SP 支持的所有 VPN 的路由信息，那么，将带来严重的扩展问题，所支持的节点数量就会受到路由器所能处理路由信息数量的限制。因此，某一 VPN 的路由信息仅需要在与此 VPN 相连的 PE 中得到维护。这里需特别注意的是，P 路由器根本不需要有任何 VPN 的路由信息。

5．路由信息的分发

在 MPLS VPN 体系结构中，关于 VPN 路由信息的传播需要解决两方面的问题：PE 路由器之间如何交换有关部门 VPN 用户和 VPN 路由的信息；PE 路由器如何转发来自用户 VPN 的分组。PE 路由器通常有两种处理方法：一是对于每一个 VPN，PE 路由器可以运行不同的路由算法，但当包含大量 VPN 时将面临严重的伸缩性问题；二是 PE 路由器运行单个路由协议来交换所有的 VPN 路由，此时若支持 VPN 用户的地址空间有重叠的情况，必须在 VPN 用户使用的地址空间加入额外的信息来保证其唯一性。当构建大型 MPLS VPN 拓扑时，用户边缘路由器（CE）可以使用 MPLS 或非 MPLS 设备，服务提供商（SP）的 LSR 也可以配置多个 VPN ID，但不同的设备路由信息的分发是不同的。

（1）CE 使用 MPLS 设备

当 CE 使用 MPLS 设备时，BGP 用来在 CE 和服务提供商（SP）网络之间分发 IP 可达信息和标记绑定信息。这种方法使服务提供商（SP）的 LSR 和用户 LSR 可以互相通告相应的 VPN 路由以及所分配的标记。

当 SP LSR 从用户 LSR 收到路由通告时，它判别用户 LSR 属于哪一个 VPN，并且把 VPN ID 和可达信息在 SP 网络中通告，而且只是向属于该 VPN 的节点通告。若用户属于多个 VPN，就需要动态地与 SP 网络交换信息以确定哪一个路由属于哪一个 VPN。用户节点需维护与 SP 之间的多个路由对等体，或者在路由信息里既包含 VPN ID 又包含可达信息，这两种方法都可以完成信息的交换。VPN ID 加上可达信息就可以使 SP LSR 正确地确定怎样分发数据包。如果用户和 SP 网络不想使用路由协议交换可达信息，它们仍然可以使用扩展 LDP 互相通知哪一个地址前缀属于哪一个 VPN，并在通知消息里携带 VPN ID 和地址前缀的综合信息。因此，LDP 不仅是分发标记绑定的协议，也分发可达信息。

（2）CE 不使用 MPLS 设备

当用户不使用 MPLS 设备时，用户 LSR 和 SP LSR 之间的可达信息交换可以通过静态配置路由或边界网关协议（BGP）分发。使用静态路由时，根据配置信息，与用户路由器相连的 SP LSR 把从用户节点得到的可达信息与该节点相应的 VPN ID 结合起来。当使用 BGP 在用户路由器与 CE 之间交换路由信息时，其工作的过程与前面讲到的相似，但 BGP 不携带标记绑定信息。此外，这种情况和前面情况最大的不同是当用户路由器不运行 MPLS 时，SP LSR 必须将来自直接相连的用户路由器的数据包分类到相应的 VPN。如果站点属于多个 VPN，需要这些 VPN 的地址空间不重叠。

（3）VPN ID 和可达信息的分发

当 SP LSR 从用户节点知道 VPN ID 和可达信息时，SP LSR 需要找到其对等 LSR，还需要找到在一个 VPN 中哪些 LSR 是为该 VPN 服务的，SP LSR 将与其所属的 VPN 区域中的其他成员建立直接会话，并将所获得的信息通知属于该 VPN 的其他成员。这部分包含使用 OSPF（开放式最短路径优先）和 LDP 或使用 BGP 在 SP 网内分发可达信息和标记绑定信息。

① 如果 SP 网使用 OSPF 分发可达信息，SP LSR 从用户节点收到可达信息，把该信息和相应的 VPN ID 结合插入到 OSPF 的处理中，VPN ID 使 OSPF 处理多个 VPN 的重叠地址时消除歧义。

② 如果使用 LDP 分发可达信息，则 VPN ID 应被包含在 LDP 消息内，接收 LSR 使用 VPN ID 消除不明确路由的歧义。

③ 如果 SP 网使用 BGP 分发可达信息，那么像用户路由器与 SP LSR 之间关系一样，相应的标记被附加到 BGP 的通告信息中。

为了支持 VPN，该通告信息必须包括 VPN ID。如果路由器不运行 MPLS，那么，负责广播到达某一用户节点的 SP LSR 也终结相应的 LSP。当终结 LSP 时，LSR 使用数据包携带的标记把内部的数据包（IP 或 MPLS）映射到相应的用户节点。

6．BGP 的使用

在构建大型 MPLS VPN 时，通常采用边界网关协议（Border Gateway Protocol，BGP）

作为路由协议来传输 VPN 路由，其主要原因有以下几点。

① 网络中 VPN 路由数目可能非常大，BGP 是唯一一种支持大量路由的路由协议。

② 只有 BGP，EIGRP 和 IS-IS 是专门用于多协议的路由协议（它们都可以为大量不同地址簇运载路由协议），而 IS-IS 和 EIGRP 不能扩展到 BGP 所支持的那么多的路由数量，并且 BGP 也是为在不直接相连的路由器之间交换信息而设计的，它使得 SP 的核心路由器中无须包含 VPN 路由信息。

③ BGP 可以运载附加在路由器后面的任何信息，将其作为一个可选的 BGP 属性。而且，用户可以定义其他的属性，任何不了解这些属性的 BGP 路由器都将透明地转发给它们，从而使得 PE 路由器之间传播路由目标非常简单。

因此，使用 BGP 多协议扩展属性，VPN ID 可以作为网络层可达信息（Network Layer Reachability Information，NLRI）的一部分被 BGP 携带。相应的标记绑定也可以作为该属性的一部分被携带。另外，如果需要，VPN ID 可以在公众属性（Community Attribute，BGP CA）中被携带。

复习思考题

1. 什么是流量工程？它主要包含哪些性能指标？
2. 为什么要引入 MPLS 流量工程？
3. MPLS 流量工程的主要内容有哪些？
4. 试解释 MPLS 导入模型图的概念，并指出它与 MPLS 流量工程有何关联？
5. 什么是流量中继？其流量工程的基本属性有哪些？
6. 什么是"颜色"的概念？
7. 使用 MPLS 实现流量工程主要包括哪些功能部件？
8. 什么是 QoS？它主要包含哪些性能参数？
9. QoS 的实现过程可分为哪几个阶段？QoS 翻译的含义是指什么？
10. 解决 IP QoS 有哪两种基本模型？各有什么优缺点？
11. 试解释 Diff-Serv 体系中奖赏服务和确保服务。
12. 什么是 VPN？主要有哪些实现途径？
13. 在 MPLS VPN 方案中，主要包含哪些组件？
14. MPLS VPN 方案中的 CE 和 PE 有什么区别？

第 **9** 章 软交换技术

传统的基于 TDM 的 PSTN 语音网，虽然可以提供 64kbit/s 的业务，但业务和控制都是由交换机来完成的。这种技术虽然保证语音有优良的品质，但对新业务的提供需要较长的周期，面对日益竞争的市场显得力不从心。与此同时，计算机技术的发展和计算机互连需求的增加，使得基于 IP 或 ATM 的分组交换数据网日益发展壮大，这种分组交换网适合各种类型信息的传输，而且网络资源利用率高。如何对待已经进行了巨额投资的传统 PSTN，是否需要做大的改造以适应日益增加的数据业务量；如何实现 PSTN 低成本地向基于分组的网络结构演进，或者如何实现 PSTN 与新建数据网的体系融合；等等。其关键就是呼叫服务器（CallServer，或称为软交换 Softswitch）。CallServer 是下一代语音网络交换的核心，如果说传统电信网络是基于程控交换机的网络，而下一代分组语音网络则是基于 CallServer（Softswitch）的网络。国内各运营商对软交换非常关注，中国电信正着手制订相关的企业标准，部分省市电信公司开始和各制造商就软交换的技术和应用进行交流和实验，软交换技术在我国的发展前景非常广阔。

本章就从软交换的基本概念与功能入手，介绍了软交换的网络结构、软交换的相关协议和软交换的应用等内容，以便帮助读者了解软交换技术的相关知识。

9.1 软交换概述

9.1.1 软交换的基本概念

软交换（Soft switching）的概念最早起源于美国。当时在企业网络环境下，用户采用基于以太网的电话，通过一套基于 PC 服务器的呼叫控制软件（Call Manager、Call Server），实现用户级交换机（IP Private Branch eXchange，IPPBX）功能。1997 年贝尔实验室将软交换定义为："软交换是一种支持开放标准的软件，能够基于开放的计算平台完成分布式的通信控制功能，并且具有传统 TDM 电路交换机的业务功能"。国际软交换协会（International SoftSwitch Consortium，ISC）的定义为："软交换是基于分组网提供呼叫控制功能的软件实体。"而狭义定义专指软交换设备，也称媒体网关控制器（MGC），定位于控制层面。

软交换是一种功能实体，为下一代网络（Next Generation Network，NGN）提供具有实时性要求的业务的呼叫控制和连接控制功能，是下一代网络呼叫与控制的核心。简单地看，软交换是实现传统程控交换机的"呼叫控制"功能的实体，但传统的"呼叫控制"功能是和业务结合在一起的，不同的业务所需要的呼叫控制功能不同；而软交换则是与业务无关的，这要求软交换提供的呼叫控制功能是各种业务的基本呼叫控制。因此，软交换与下一代网络之间的关系可以从以下几个方面描述。

① 软交换技术作为业务/控制与传送/接入分离思想的体现，是 NGN 体系结构中的关键技术之一。

② 软交换核心思想是硬件软件化，通过软件的方式来实现原来交换机的控制、接续和业务处理等功能，各实体之间通过标准的协议进行连接和通信，便于在 NGN 中更快地实现各类复杂的协议及更方便地提供业务。

③ 软交换设备是多种逻辑功能实体的集合，提供综合业务的呼叫控制、连接以及部分业务功能，是下一代电信网中语音/数据/视频业务呼叫、控制、业务提供的核心设备，也是电路交换网向分组网演进的主要设备之一。

那么什么是软交换呢？软交换的基本含义就是把呼叫控制功能从媒体网关（传输层）中分离出来，通过服务器或网元上的软件实现基本呼叫控制功能，包含呼叫选路、管理控制、连接控制（建立会话、拆除会话）、信令互通（如从 SS7 到 IP）。其结果就是把呼叫传输与呼叫控制分离开，为控制、交换和软件可编程功能建立分离的平面，使业务提供者可以自由地将传输业务与控制协议结合起来，实现业务转移。软交换之所以区别于传统电话网和 ATM 网络的硬交换，是由于 IP 网络是基于包交换的非连接网络，并支持端到端的透明访问，不再需要任何电路交换单元建立端到端的连接，也不需要分段的信令系统和独立的信令网控制呼叫、接续和智能业务。软交换的所有协议是基于 IP 的，它们具有一切基于 IP 的协议的开放性和灵活性。其中更重要的是，软交换采用了开放式应用程序接口（Application Program Interface，API），简化了信令的结构和控制的复杂性，具有对网络业务、接入技术和智能业务的开放性，允许在交换机制中灵活引入新业务，原来老式的 4 类、5 类交换机仍可通过 SS7 链路保留，从而实现传统 PSTN 到 IP 网的平滑过渡。

9.1.2　软交换基本功能

软交换可以提供 Internet 业务卸载的功能，就是把拨号业务在进入 5 类交换机之前直接交换到 ISP 网络或 Internet 上，而语音业务不受影响，继续向下传送。软交换可以代替 4 类交换机，只要信令网关能够提供合适的 SS7 接口（主要应用是长途 VoIP 业务）；也可以代替 5 类交换机，它既可以接收 ATM 或 IP 上传送的业务，又可以把业务转移到 PSTN 上，还能继续把业务作为数据业务传到骨干网上。

Softswitch（CallServer）的主要功能如下。

① 提供支持多种信令协议，实现 PSTN 和 IP/ATM 网间的信令互通和不同网关的互操作。

② 处理实时业务，虽然数据业务量增长很快，但目前语音业务的收益仍是数据业务的好几倍，因此，从经济角度来看，Softswitch（CallServer）首先应能支持语音业务；在网络融合的过程中势必会出现新的应用，提供各种增值业务和补充业务的能力（如处理视频和多媒体业务）。

③ 提供可编程的、逻辑化控制的开放的 API 协议，实现与外部应用平台的互通；通过不同的逻辑与媒体层的网关交互，对网关设备或 IP/ATM 网的核心设备进行控制，完成融合网络中的呼叫控制，会话的建立，修改和拆除过程以及媒体流的连接控制。

④ 提供网守功能，即接入认证与授权、地址解析和带宽管理功能。

⑤ 操作维护功能，主要包括业务统计和告警等。

⑥ 计费功能，具有采集详细话单的功能。

9.1.3 软交换的好处

① 与电路交换机相比，软交换成本低。软交换采用开放式平台，易于接收革新应用，同时因软交换利用普通计算机器件，其性能价格比每年提高 60%~80%，而电路交换机的性能价格比每年提高大约 20%；软交换在软交换平台上很容易开发，而且能迅速加入任何网络的新业务。

② 可以灵活选择软交换的配置模式，功能块可以分布在整个网络中，也可集中起来，以适合不同的网络需求。

③ 软交换采用开放式标准接口，易于和不同网关、交换机、网络节点通信，具有很好的兼容性、互操作性和互通性。

④ 利用软交换进行建网，不仅成本低，而且能够很方便地用软交换转移，处理那些对 5 类交换机来说非常复杂的业务；还可以很方便地进行大规模网络升级，运营者可以把新型业务下载到数据网络上，只把语音业务在传统交换机上传输。

9.2 软交换的网络结构

以软交换为核心的网络具有以下 3 大特征。

① 采用开放的网络构架体系，将传统交换机的功能模块分离成为独立的网络部件，各个部件可以按相应的功能划分各自独立发展；部件间的协议接口基于相应的标准；部件化使得原有的电信网络逐步走向开放，用户可以根据业务的需要自由组合各部分的功能产品来组建网络；部件间协议接口的标准化可以实现各种异构网的互通。

② 基于业务驱动的网络，其功能特点是：业务与呼叫控制分离，呼叫与承载分离；分离的目标是使业务真正独立于网络，灵活有效地实现业务的提供；用户可以自行配置和定义自己的业务特征，不必关心承载业务的网络形式以及终端类型，使得业务和应用的提供有较大的灵活性。

③ 基于统一协议的和基于分组的网络，因为现有的信息网络，无论是电信网、计算机网和有线电视网不可能以其中某一网络为基础平台来发展信息基础设施，但近几年随着 IP 的发展，才使人们真正认识到电信网络、计算机网络及有线电视网络将最终汇集到统一的 IP 网络，即人们通常所说的"三网"融合大趋势。

9.2.1 基本功能架构

图 9-1 所示为基于软交换的网络系统结构，主要包括业务应用层、控制信令层、传输层和媒体接入层，其中软交换位于控制信令层。

业务应用层为 VoIP 网提供各种应用和业务的执行逻辑，可以包括应用服务器、功能服务器等设备，也可以包含类似于媒体服务器这样的特殊部件。控制信令层主要是为传输层提供控制功能，其设备或功能是根据从接入层接收的信令信息来执行呼叫控制，通过控制传输层部件来建立或拆除经过 VoIP 网的媒体连接。传输层为外部网络或终端到 VoIP 网提供信令和媒体接口。媒体接入层主要利用各类媒体网关设备、综合接入设备（IAD）及各种终端设备等实现不同用户的接入。

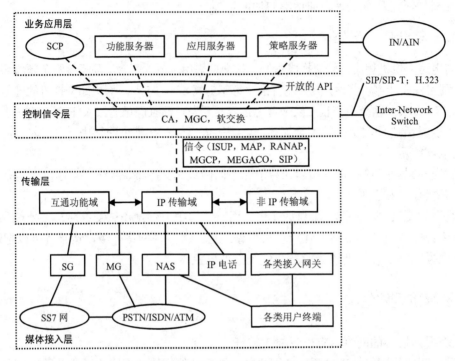

图 9-1　基于软交换的网络系统结构示意图

9.2.2　各功能层描述

1．业务应用层

业务应用层也称应用层，其主要功能是在纯呼叫建立之上为用户提供附加增值业务，同时提供业务和网络的管理功能，为 VoIP 网提供各种应用和业务的执行逻辑，存放业务逻辑和业务数据，包括软交换网络各类业务所需要的业务逻辑、数据资源及媒体资源等。该层采用开放、综合的业务应用平台，可以通过应用服务器提供 API 接口，灵活地为用户提供各种增值业务和相应业务的生成、维护环境。

业务应用层主要由各类业务应用平台构成，包括应用服务器、数据库、策略服务器、SCP、AAA 服务器等。

① 应用服务器（Application Server，AS）：负责各种增值业务和智能业务的逻辑产生和管理，并提供各种开放的 API，为第三方业务的开发提供创作平台。应用服务器是一个独立的组件，完成业务的实现，与控制层的软交换无关，从而实现了业务与呼叫控制的分离，有利于新业务的引入。

② 特征服务器（Feature Server）：用于提供与呼叫过程密切相关的一些能力，如呼叫等待、快速拨号、在线拨号等，其提供的特性通常与某一类特征有关。

③ 策略服务器（Policy Server）：完成策略管理功能，定义各种资源接入和使用的标准，对网络设备的工作进行动态干预，包括可支持的排队策略、丢包策略、路由规则以及资源分

配和预留策略等。

④ AAA 服务器（Authority Authentication and Accounting Server）：负责提供用户的认证、管理、授权和计费功能。

⑤ 目录服务器（Directory Server）：为用户提供各种目录查询功能，通过数据库查询多种信息，如地址、电话号码、邮政编码、火车时刻、购物指南等。

⑥ 数据库服务器：存储网络配置和用户数据。

⑦ 业务控制点（Service Control Point，SCP）：SCP 是 No.7 信令网与智能网的概念，用来存储用户数据和业务逻辑，主要功能是接收查询信息并查询数据库，进行各种译码，启动不同的业务逻辑，实现各种智能呼叫。

⑧ 网管服务器：是使用、配置、管理和监视软交换设备的工具集合，提供网络管理功能。

2．控制信令层

控制信令层主要是网络系统控制的核心，为传输层提供控制功能，其设备或功能是根据从接入层接收的信令信息来完成对边缘接入层中的所有媒体网关的各种业务呼叫控制，并负责各媒体网关之间通信的控制，通过控制传输层部件完成呼叫控制、选路、认证、资源管理等功能，及完成呼叫建立和释放。控制信令层主要由软交换设备（媒体网关控制器）构成，主要负责对通过边缘接入层 MG 的业务接入、MG 之间通信的控制，软交换技术将电话交换机的交换模块独立成为一个物理实体（应用服务器）。

媒体网关控制器（Media Gateway Controller，MGC）是 VoIP 网络中的一种关键物理设备，具有多种不同的功能实现形式，包括软交换（Softswitch）、呼叫代理（Call Agent，CA）、呼叫控制器（Call Controller）等。正如目前存在的多种实现方案那样，媒体网关控制器（MGC）的有关功能可以集中也可以分开，因此，不同的研究者对媒体网关控制器（MGC）的功能实现有不同方案。媒体网关控制器（MGC）是信令消息的源点和终点，它通过一种或多种 MGC 协议控制中继网关（Trunking Gateway，TG）、媒体网关（Media Gateway，MG）和媒体服务器，包括选路和呼叫通知功能（Routing and call Announcing Function，R-F/A-F），这些功能提供了路由信息、认证和记账信息。MGC 可以通过不同的服务控制协议（如 SIP，Parlay 等）与应用服务器进行通信。

3．传输层

传输层是软交换网的承载网络，提供了从外部网络或终端到 VoIP 网的信令和媒体接口，为业务媒体流和控制信息流提供统一的、具有 QoS 保证的高速分组传送平台，其作用和功能就是将边缘接入层中的各种媒体网关、控制层中的软交换设备、业务应用层中的各种服务器平台等各个软交换网网元连接起来。鉴于 IP 网能够同时承载语音、数据、视频等多种媒体信息，同时具有协议简单、终端设备对协议的支持性好且价格低廉的优势，因此软交换网选择了 IP 网作为承载网络（目前主要包括 IP 网和 ATM 网）。软交换网中各网元之间均是将各种控制信息和业务数据信息封装在 IP 数据包中，通过传输层的 IP 网进行传递。

传输层可以进一步分为 3 个域：IP 传输域、非 IP 传输域和互通功能域。IP 传输域为分组通过 VoIP 网络提供传输通道、选路/交换结构，包括路由器、交换机等设备和提供服务质量与传输保证的设备。非 IP 传输域提供接入网关或预留网关，以便支持非 IP 终端/电话/ISDN网络、DSL 网络的综合接入设备（Integrated Access Device，IAD）、HFC 网络的 CableModem

或多媒体终端、GSM/3G 移动无线接入网的接入功能。互通功能域对从外部网络接收或向外部网络发送的信令提供转换功能，它主要包括信令网关、媒体网关或互通网关。信令网关支持不同传输层之间的信令转换；媒体网关提供不同传输网络或者不同媒体之间的媒体转换；互通网关支持在相同传输层使用不同协议的信令互通。

4．媒体接入层

媒体接入层主要包括各类媒体网关设备、综合接入设备（IAD）及各种终端设备。软交换技术将电话交换机的业务接入模块独立成为一个物理实体，称为媒体网关（MG），MG 功能是采用各种手段将各种用户及业务接入到软交换网络中，完成数据格式和协议的转换，将接入的所有媒体信息流均转换为采用 IP 协议的数据包在软交换网络中传送。

媒体接入层的作用是利用各种接入设备实现不同用户的接入，并实现不同信息格式之间的转换，功能类似于传统程控交换机的用户模块或中继模块。接入设备主要有以下各种形式。

（1）媒体网关（Media Gateway，MG）

MG 是将一种网络上传输的信息的媒体格式转换为适在另一种网络上传输的媒体格式的设备。把各种用户或网络接入到核心网络，是各种网关的统称。根据在网络中的位置不同，媒体网关又可分为如下几种网关。

① 中继网关（Trunking Gateway，TG）：是传统电路交换网和分组交换网之间的网关，主要针对传统的 PSTN/ISDN 的中继接入，将其媒体流接入到 ATM 或 IP 网络中。

② 接入网关（Access Gateway，AG）：也称驻地网关，主要负责各种用户或接入网的综合接入，包括 PSTN/ISDN 用户接入、ADSL 用户接入、以太网接入、V5 接入等接入方式。

③ 无线接入网关（Wireless Gateway，WG）：实现无线用户的接入。

④ 信令网关（Signaling Gateway，SG）：通过电路与 7 号信令网相连，将窄带的 7 号信令转换为可以在分组网上传送的信令。

（2）综合接入设备（Integrated Access Device，IAD）

IAD 是一种小型的接入层设备，它向用户同时提供模拟端口和数据端口，实现用户的综合接入。

（3）智能终端

目前主要指 H.323 和 SIP 终端，如 IPPBX、IPPhone、PC 等。

（4）媒体资源服务器（Media Resource Server，MRS）

MRS 是一种特殊的网关设备，类似于传统智能网中的智能外设，它的功能主要分为两大块：一是向软交换网络中的用户提供各种录音通知等语音资源，二是为多方呼叫、语音或视频会议等业务提供会议桥资源。

9.2.3　网络结构实例

图 9-2 所示为 Bridgewater 提供的 IP 与 PSTN 融合的结构图，其中的智能业务节点、各种数据库以及信令网关所完成的功能就是软交换。信令网关完成 7 号信令和 IP 信令之间的转换。智能业务点与各种资源数据库相连，负责业务连接的控制，还有开放式应用接口。网络接入设备就是在智能业务点指导下完成业务的传输。现在生产的设备中，智能业务点往往就是软交换机，网络接入设备就是媒体网关。

软交换功能是基于服务器还是基于交换机来实现可以视具体情况而定。以交换为中心的模式可以提高资源密集型应用（如选路表查询，状态控制）的性能；基于服务器的方式具有编程的功能，能灵活适应策略、用户喜好、特性控制等变化。

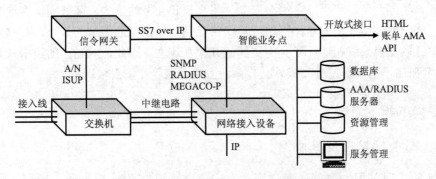

图 9-2 Bridgewater 提供的 IP 与 PSTN 融合的结构图

图 9-3 所示为事务型分布式软交换系统体系结构 TD-SNSP，它是典型的三段式客户机服务器体系，由建立在 IP 平台之上的接入媒体网关、互联媒体网关、媒体网关控制器、信令网关、呼叫处理器、事务处理服务器、应用服务器和媒体服务器所组成。事务型分布式软交换的基本思想是：用连接在 IP 网络上的媒体网关、媒体网关控制器、信令网关、呼叫处理服务器和电信业务服务器完成相当于传统电话网、信令网、智能网、管理网和业务提供网的功能，并与传统的接入网络和传统的电话业务网络互连。从功能上看，软交换是 IP 网络层之上的会话层、电信业务层、智能业务层功能的集合。

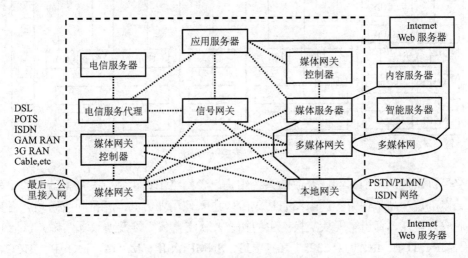

图 9-3 事务型分布式软交换体系结构图

事务型分布式软交换体系结构的优点是：将 IP 网络层功能、会话层功能、呼叫处理层功能和应用层功能分离，将接入功能、传输交换功能、业务提供功能和归属业务功能分离。使得交换功能进入 IP 网络层，其他功能均由 IP 层以上的客户机服务器机制实现；支持多种不同的接入技术，从固定的模拟 POTS、数字 TDME1、DSL、Ethernet 到无线接入技术以至未来的接入技术；支持与各种传统电信业务网络（如 PSTN 和 PLMN）以信令网节点方式互连，支持与IP业务网络（如VoIP）和多媒体通信网络（如Internet）互连；与接入网络的信令和传统业务网络的信令（SS7）无缝互连；支持语音、远程会议、多媒体通信等基于会话的通信业务；整合固定的和移动的电信业务，支持由移动业务衍生的定位、短消息等业务；开放的电信业务、智能业务、应用业务平台；简化了交换和业务的结构，降低通信网络的复杂性和成本；可伸缩性使得用户容量，网络规模仅仅受到编址空间的限制。另外，分布式软交换系统与集中式软交换系统相比，还具有更好的开放互连性，因此，对当前的集中式软交换长途IP电话网孤岛，可以通过分布式软交换系统互连，实现平滑过渡。

9.3 软交换的相关协议

9.3.1 软交换接口及其协议

软交换的实现过程主要就是通过网关发出信令，控制语音/数据业务通路。网关提供IP/ATM网络与传统PSTN网络之间的连接，软交换确保呼叫或连接的信令信息（自动号码识别、记费信息等）在网关之间的沟通和交流。所以，软交换要能够实现信令转换，至少能够支持SS7、ISUP、SIP、H.323、MGCP等协议，如图9-4所示。

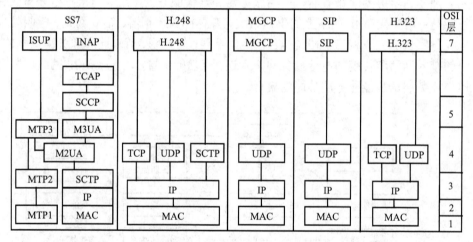

图9-4 软交换协议系统

软交换协议提供一个标准、开放的系统结构，各网络部件可独立发展，规范整个软交换的研发工作，使产品从使用各厂家私有协议阶段进入使用业界共同标准协议阶段，各家之间产品互通成为可能，真正实现软交换产生的初衷。软交换体系涉及协议非常多，包括H.248、SCTP、ISUP、TUP、INAP、H.323、RADIUS、SNMP、SIP、M3UA、MGCP、BICC、PRI、BRI等。国际上，IETF、ITU－T、SoftSwitchOrg等组织对软交换及协议的研究工作一直起着积极的主导作用，许多关键协议都已制定完成，或趋于完成。在我国软交换的研究方面处于世界同步水平。

原信息产业部"网络与交换标准研究组"在1999年下半年就启动了软交换项目的研究，目前已完成了《软交换设备总体技术要求》。软交换作为一个开放的实体，与外部的接口必须采用开放的协议。图9-5所示为软交换与外部接口的实例（实际的接口可能与此有所不同），各接口功能都由定义的相关协议来支持。

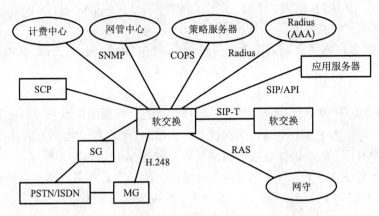

图 9-5　软交换的对外接口

（1）软交换机与应用/业务层之间的协议

为了实现软交换网业务与软交换设备厂商的分离，即软交换网业务的开放不依赖于软交换设备供应商，允许第三方基于应用服务器独立开发软交换网业务应用软件，因此，定义了软交换机与应用/业务层之间的开放接口，为访问各种数据库、三方应用平台、各种功能服务器等提供接口，实现对各种增值业务、管理业务和三方应用的支持。

① 软交换与应用服务器间的接口，此接口可使用 SIP 协议或 API（如 Parlay），提供对三方应用和各种增值业务的支持功能。

② 软交换与策略服务器间的接口，此接口可使用公共开放策略服务协议（Common Open Policy Service Protocol，COPS 协议），实现对网络设备的工作进行动态干预。

③ 软交换与网关中心间的接口，此接口可使用 SNMP，实现网络管理。

④ 软交换与智能网的业务控制点（SCP）之间的接口，此接口可使用 INAP，实现对现有智能网业务的支持。

（2）软交换机之间的协议

当需要由不同的软交换机控制的媒体网关进行通信时，相关的软交换机之间需要通信，软交换机与软交换机之间的协议有 SIP-T 协议和 BICC 协议两种。

SIP-T 是 IETF 推荐的标准协议，它主要是对原 SIP 协议进行扩展，属于一种应用层协议，采用 Client/Server 结构，对多媒体数据业务的支持较好，便于增加新业务。BICC 协议是 ITU-T 推荐的标准协议，它主要是将原七号信令中的 ISUP 协议进行封装，对多媒体数据业务的支持存在一定不足。目前 SIP 和 BICC 协议在国际上均有较多的应用。

（3）信令网关（SG）与软交换机之间的协议

信令网关（SG）与软交换机之间采用信令传送协议（SIGTRAN）。SIGTRAN 的低层采用信令控制传输协议（Signaling Control Transmission Protocol，SCTP）。SIGTRAN/SCTP 协议的根本功能在于将 PSTN 中基于 TDM 的 7 号信令的高层信令信息（TUP/ISUP/SCCP），通过 SG 以 IP 网作为承载透明传至软交换机，由软交换机完成对 7 号信令的处理。

（4）媒体网关与软交换机之间的协议

除 SG 外，各媒体网关与软交换机之间的协议有 MGCP 或 H.248/Megaco 两种媒体网关控制协议，用于软交换对媒体网关的承载控制、资源控制及管理。H.248/Megaco 实际上是同一个协议的名字，由 IETF 和 ITU-T 联合开发，IETF 称为 Megaco，ITU-T 称为 H.248。

（5）媒体网关之间的协议

除 SG 外，各媒体网关之间采用数据传送协议 RTP（Real-time Transport Protocol）。

9.3.2　H.323 协议

H.323 协议是基于 IP 网络进行音频、视频和数据通信应用的标准协议。它是最初于 1996 年由 ITU 通过的，作为 H.320 的修改版（H.320 是 ISDN 和电路交换网上的会议电视协议），用于局域网（LAN）上的多媒体会议，后来扩展至覆盖 VoIP。该标准既包括了点对点通信，也包括了多点会议。H.323 是 IP 网关/终端在分组网上传送语音和多媒体业务所使用的核心协议，图 9-6 所示为 H.323 系统结构，H.323 定义了终端、网关、关守及多点控制单元（MCU）4 种逻辑组成部分。

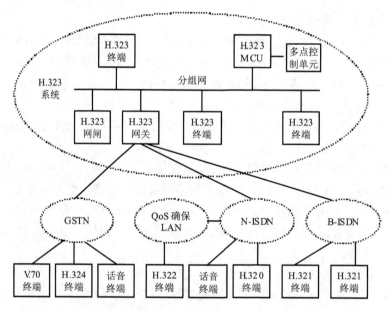

图 9-6　H.323 系统结构

H.323 终端是指在分组网上遵从 H.323 建议标准进行实时通信的端点设备（如以太网电话机或可视电话机）。网关是提供 H.323 终端和广域网上其他 ITU 终端之间实施双方通信的端点设备，从概念上讲，其作用就是完成媒体信息编码的转换和信令的转换，对 H.323 系统与已有网络实现互通具有重要意义。多点控制单元（MCU）、多点处理机（MP）都是多点通信功能部件，用于实现会议通信的控制。终端、网关和 MCU 均被视为终端点。网闸（也称关守或网守）为 H.323 端点提供地址翻译和分组网接入控制服务，以及带宽管理和网关定位等服务，具体包括地址翻译、呼叫接纳控制和管理、带宽控制和管理、区域管理、呼叫控制信令、呼叫权限、网络管理、带宽预留、目录服务等。

1．H.323 协议结构

H.323 协议结构为集中式对等结构，比较成熟，为设备的稳定性提供了保证，有助于实现不同厂商设备间的互操作。

图 9-7 所示为 H.323 协议栈结构，其下三层为分组网（PBN）的底层协议，如在 LAN 中，可为物理媒体 MAC-IPX；在 IP 网络中，其网络层就是 IP，其下面是相应的主机—网络接入协议层。传输层有两类协议：①不可靠传送协议，如 UDP，用于传送实时声像信号和终端至网守的登记协议；②可靠传送协议，如 TCP，用于传送数据信号及呼叫信令和媒体控制协议。

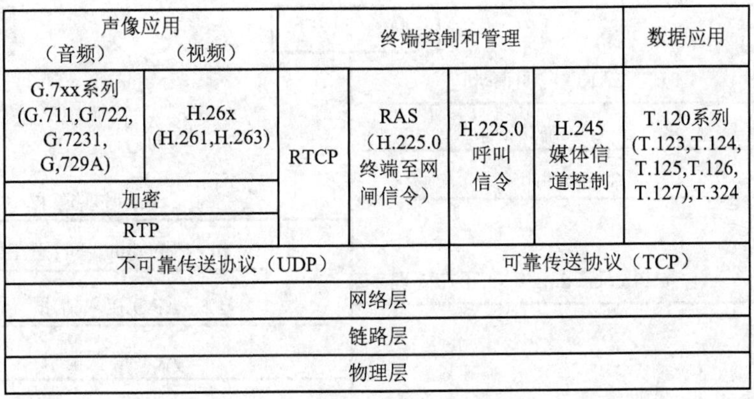

声像应用		终端控制和管理				数据应用
（音频）	（视频）					
G.7xx系列 (G.711,G.722, G.7231, G,729A)	H.26x (H.261,H.263)	RTCP	RAS （H.225.0 终端至网 闸信令）	H.225.0 呼叫 信令	H.245 媒体信 道控制	T.120系列 (T.123,T.124, T.125,T.126, T.127),T.324
加密						
RTP						
不可靠传送协议（UDP）			可靠传送协议（TCP）			
网络层						
链路层						
物理层						

图 9-7　H.323 协议栈结构

协议栈组成说明如下。

① 语音编码采用相应的 G 系列建议，其中 G.711（PCM）为必备的编码方式，其余为任选方式，目前 IP 电话最常用的是 G.729A 和 G.7231。

② 视频编码采用 H.26x 系列建议，如 H.261、H.263 等。

③ 实时音频和视频编码信号均封装在实时传输协议（Real_time Transport Protocol，RTP）分组中，以提供定时信息和数据报序号，供接收端重组信号。实时传输控制协议（Real-time Transport Control Protocol，RTCP）是 RTP 协议的一部分，提供 QoS 监视功能。

④ 数据通信采用 T.120 系列建议，是用于多媒体会议的数据协议栈。

⑤ H.225.0 是 H.323 系统的核心协议，主要用于呼叫控制。在任何呼叫开始之前，首先必须在端点之间建立呼叫联系，同时建立 H.245 控制信道，这就是 H.225 呼叫信令协议的主要功能。H.225.0 建议还包含两个功能，一是规定了如何利用 RTP 对音视频信号进行封装，二是定义了 RAS 协议。

⑥ RAS（Registration,Admission and Status）协议是 H.225.0 协议的一种，是端点（终端或网关）和网闸（网守）之间使用的协议，其主要作用是为网闸提供确定的端点地址和状态、执行呼叫接纳控制等功能。

⑦ H.225.0 呼叫信令协议是以 ISDN 的 Q.931/Q.932 为基础指定的，其中最重要的是 Q.931。Q.931 协议是 ITU-T 制定的一种关于呼叫控制的标准，是 ISDN 用户网络接口第三层关于基本呼叫控制的描述。

⑧ H.245 是一种通用的多媒体通信控制协议，主要针对会议通信设计。H.323 系统采用 H.245 协议作为控制协议，用于控制通信信道的建立、维护和释放。

⑨ 在 SoftX3000 应用中，使用了 H.323 协议族中的 RAS、H.225.0 呼叫信令协议和 H.245 协议，其网络层协议是 IP，传送层协议为 UDP 和 TCP，其中 RAS 承载在 UDP 上，H.225.0 呼叫信令协议和 H.245 承载在 TCP 上。

2．H.323 呼叫信令过程

一个完整的 H.323 呼叫信令过程分为 5 个阶段：呼叫建立过程、能力交换和主从确定过程、媒体信道建立过程、通信过程以及呼叫中止过程。一次典型的 H.323 呼叫信令过程如图 9-8 所示。

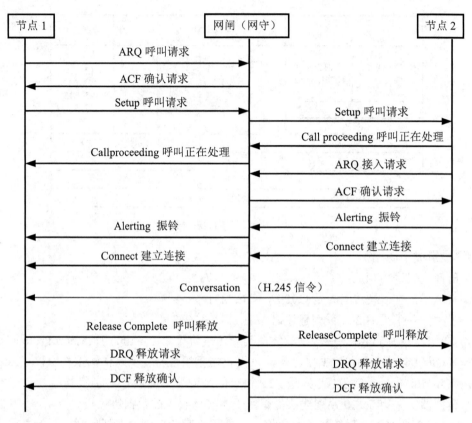

图 9-8　H.323 呼叫信令过程

呼叫信令过程描述如下。

① 节点 1 向网守发送请求用户接入认证 ARQ 消息。

② 网守回送给端点 1 接入认可消息或接入拒绝消息 ACF/ARJ。

③ 获得网守的接入认可后，节点 1 向节点 2 发送 Setup 呼叫控制消息。

④ 节点 2 回送 CallProceeding 消息给节点 1，表示呼叫正在被处理。

⑤ 节点 2 向网守发送请求用户接入认证 ARQ 消息。

⑥ 网守回送给节点 2 接入认可消息或接入拒绝消息 ACF/ARJ。

⑦ 获得网守的接入认可后，节点 2 向节点 1 发送 Connect 消息，呼叫建立成功。

⑧ 用 H.245 信令进行能力交换、主从决定，并打开逻辑通道用于节点 1 和节点 2 之间视频、音频数据交换，用户通话。

⑨ 节点 1 结束通话，发送 ReleaseComplete 消息给节点 2，用来清除呼叫、释放资源。

⑩ 节点 2 也发送 ReleaseComplete 消息给节点 1；节点 1 向网守发送呼叫脱离请求消息 DRQ，网守回复呼叫脱离认可消息 DCF。

⑪ 节点 2 向网守发送呼叫脱离请求消息 DRQ，网守回复呼叫脱离认可消息 DCF。

H.323 协议的主要不足表现如下：标准过于复杂，产品太昂贵；不能与 SS7 集成，扩展性较弱，不适用于组建大规模网；协议中关于长途呼叫建立时间等问题还有待解决；没有关于 NNI 接口的定义，这在专用网内实现计算机—计算机的呼叫没有问题，但要提供全国性业务及 PSTN-to-PSTN 连接则必须依赖 NNI 接口；没有拥塞控制机制，服务质量得不到保证；H.323 是集中式对等结构，多个平台运行多个软件，硬软件升级不容易。

9.3.3　SIP 协议

会话发起协议（Session Initiation Protocol，SIP）是由 IETF（Internet 工程任务组）提出的在 IP 网上进行多媒体通信的应用层控制协议（IP 电话信令协议）。以 Internet 协议（HTTP）为基础，遵循 Internet 的设计原则，基于对等工作模式。利用 SIP 可实现会话的连接、建立和释放，并支持单播、组播和可移动性。此外，SIP 如果与 SDP 配合使用，可以动态地调整和修改会话属性，如通话带宽、所传输的媒体类型及编解码格式。其具体内容可参见 IETFRFC2543bis。

1. SIP 的功能

SIP 是互联网工程任务组（IETF）多媒体数据和控制体系结构的一个组成部分。SIP 的开发目的是为了解决 IP 网中的信令控制，以及同软交换的通信，以便帮助提供跨越 IP 网的高级电话业务。SIP 是一个基于文本的应用层控制协议，完成语音和数据相结合的业务，以及多媒体业务之间的呼叫建立与释放。SIP 消息是基于文本的，易于读取和调试，因而，新服务的编程更加简单，对于设计人员而言更加直观。SIP 独立于底层传输协议 TCP/UDP，用于建立、修改和终止 IP 网上的双方或多方多媒体会话。SIP 支持代理、重定向及登记定位用户等功能，支持用户移动。通过与 RTP/RTCP、SDP、RTSP 等协议及 DNS 配合，SIP 支持语音、视频、数据、E-mail、状态、IM、聊天、游戏等。除了普通的会话功能，SIP 还有呼叫转移、会话保持功能。

在软交换系统中，SIP 协议主要应用于软交换与 SIP 终端之间，也有的厂家将 SIP 协议应用于软交换与应用服务器之间，对电信、银行、金融等行业提供更好的增值业务，其结构如图 9-9 所示。其中软交换模块主要实现连接、路由和呼叫控制，关守和带宽的管理，以及话务记录的生成；媒体网关提供电路交换网（即传统的 PSTN）与包交换网（即 IP、ATM）中信息转换（包括语音压缩、数据检测等）。信令网关提供 PSTN 同 IP 网间的协议转换；应用服务器是运行和管理增值业务的平台，通过 SIP 与软交换模块进行通信；媒体服务器提供媒体和语音资源的平台，同时与媒体服务器进行 RTP 流的传输。使用 SIP 作为软交换和应用服务器之间的接口，可以实现呼叫控制的所有功能。同时，SIP 已被软交换接受为通用的接口标准，从而可以实现软交换之间的互连。

SIP 用于发起会话，它能控制多个参与者参加的多媒体会话的建立和终结，并能动态调整和修改会话属性，如会话带宽要求、传输的媒体类型（语音、视频和数据等）、媒体的编解码格式、对组播和单播的支持等。SIP 在设计上充分考虑了对其他协议的扩展适应性。它支持许多种地址描述和寻址，包括用户名@主机地址、被叫号码@PSTN 网关地址和如 010-62281234（Tel）这样普通电话号码的描述等。这样，SIP 主叫按照被叫地址，就可以识别出被叫是否在传统电话网上，然后通过一个与传统电话网相连的网关向被叫发起并建立呼叫。SIP 的最强大之处就是用户定位功能，SIP 本身含有向注册服务器注册的功能，也可以利用其他定位服务器（如 DNS，LDAP 等）提供的定位服务来增强其定位功能。

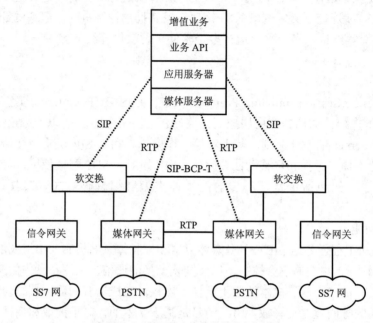

图 9-9　基于软交换的增值业务架构

2．SIP 和 H.323 协议的比较

SIP 和 H.323 设计之初都是作为多媒体通信的应用层控制（信令）协议，它们所支持的呼叫控制（信令）功能和业务基本相同，目前一般用于 IP 电话，并且都是利用 RTP（实时传输协议）作为媒体传输的协议，但两者的设计风格截然不同。H.323 是由国际电联提出来的，它企图把 IP 电话当做是众所周知的传统电话，只是传输方式由电路交换变成了分组交换，就如同模拟传输变成数字传输、同轴电缆传输变成了光纤传输。而 SIP 侧重于将 IP 电话作为 Internet 上的一个应用，较其他应用（如 FTP，E-mail 等）增加了信令和 QoS 的要求。H.323 推出较早，协议发展得比较成熟，具有较完备的呼叫和资源管理功能、较强的媒体能力协商功能；采用传统的电话信令的模式，具有严格的向后兼容性能，便于与现有的电话网互通，但相对复杂得多。SIP 借鉴了其他 Internet 标准和协议的设计思想，协议简单，具有更好的功能扩展性和网络可扩展性，具体表现在以下几个方面。

① SIP 是基于文本的协议，而 H.323 采用基于 ASN.1 和压缩编码规则的二进制方法表示其消息。因此，SIP 对以文本形式表示消息的词法和语法分析就比较简单。

② SIP 会话请求过程和媒体协商过程等是一起进行的，因此呼叫建立时间短，而在 H.323 中呼叫建立过程和进行媒体参数等协商的信令控制过程是分开进行的。

③ H.323 为实现补充业务定义了专门的协议，如 H.450.1，H.450.2 和 H.450.3 等，而 SIP 只要充分利用已定义的头域，必要时对头域进行简单扩展就能很方便地支持补充业务或智能业务。

④ H.323 进行集中、层次式控制。尽管集中控制便于管理（如便于计费和带宽管理等），但是当用于控制大型会议电话时，H.323 中执行会议控制功能的多点控制单元很可能成为瓶颈。而 SIP 类似于其他的 Internet 协议，设计上就是为分布式的呼叫模型服务的，具有分布式组播功能。

⑤ 像 H.323 一样，SIP 也没有 NNI 接口。

⑥ SIP 最大的优点就是它很简单。不像 H.323 那样有一整套自己的协议栈，SIP 主要依赖于类似于 HTTP 等协议。SIP 在建立和挂断呼叫方面比 H.323 更高效，需要的消息更少。但 SIP 自身不提供服务质量（QoS），它与若干个其他协议进行协作提供 QoS。

正是由于 SIP 协议具有简单、易于扩展、便于实现等诸多优点，越来越得到通信业界的青睐，成为 NGN 的核心协议之一。

3．SIP 的基本网络实体

SIP 定义了客户机和网络服务器两个基本网络实体。

（1）客户机

客户也称用户代理客户，是发送 SIP 请求的一方。客户可能存在于用户设备上，如 PC；也可能位于与服务器相同的平台上，如 SIP 代理服务器同时具备客户机和服务器的功能。SIP 系统的终端系统称为用户代理（User Agent，UA）。UA 的实现由两部分组成：用户代理客户（UAC）和用户代理服务器（UAS）。

① UAC 模块的主要功能是初始化一个呼叫，根据 SIP 和 SDP 的协议规范构造请求数据包，将呼叫者的状态和呼叫优先级、对代理和路由的要求等附加的请求信息作为参数通过消息报头提交给代理服务器，发起请求。

② UAS 模块的功能是等待呼叫的请求数据包，并根据 SIP 和 SDP 的协议规范构造响应数据包，响应可以是接受、转发或者是拒绝呼叫请求，响应的类型以及被呼叫者的信息也是作为参数提交给代理服务器，回答呼叫。

（2）网络服务器

网络服务器是用于向客户机发出的请求提供服务并回送应答消息的应用程序，SIP 中存在 3 种不同类型的服务器：代理服务器（Proxy Server）、重定向服务器（Redirect Server）和注册服务器（Register Server）。

① 代理服务器：代理服务器接收 UA 的 SIP 请求，经过适当修改，代表 UA 转发或响应请求。代理服务器的典型功能是可以进入数据库或位置服务器，帮助其处理请求。

② 重定向服务器：用来从 UAC 接收请求，并将该请求中的 SIPURL 映射到零个或者多个下一级服务器的地址，然后将此地址以响应消息的方式告诉 UAC，UAC 根据收到的新地址，重新向下一服务器发送请求信息。

③ 注册服务器：用户注册时向注册服务器发送 Register 请求，告诉网络自己被给定的地址是有效的。

SIP 中还经常提到定位服务器，它不属于 SIP 实体，但它是 SIP 体系结构的重要组成部分。定位服务器存储并返回用户的可能位置信息。定位服务器可以利用注册服务器和其他数据库的信息，并通过大部分注册服务器的位置信息上传，实现信息更新。

实际系统在实现时，也经常利用 UAC 和 UAS 完成注册服务器功能，再加上代理服务器或重定向服务器，所以在实际网络中有时只需要 UAS。

4．SIP 的协议消息

SIP 是一个信令协议，有自己的特定语法。而会话描述协议（SDP）为会话通知、会话邀请和其他形式的多媒体会话初始化等目的提供了多媒体会话描述。SIP 和 SDP 一起使用来表示完整的会话协商信息。

（1）消息组成

每条 SIP 消息由起始行、SIP 头和消息体 3 部分组成。

① 起始行（StartLine）：每个 SIP 消息由起始行开始。起始行传达消息类型（在请求中是方法类型，在响应中是响应代码）与协议版本。起始行可以是一请求行（请求）或状态行（响应）。

② SIP 头：用来传递消息属性和修改消息意义。

③ 消息体：用于描述被初始的会话。消息体能够显示在请求与响应中。SIP 消息体类型就包括本文将要描述的 SDP 会话描述协议。

（2）消息说明

SIP 有请求和响应两种类型的消息。请求消息是从客户机发到服务器的消息，响应消息是从服务器发到客户机的消息。图 9-10 所示为 SIP 基本呼叫建立过程中的相关消息。

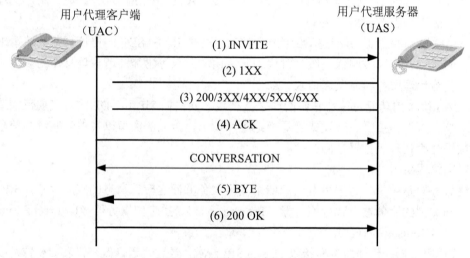

图 9-10　SIP 基本呼叫建立过程

① 请求消息定义了 6 种不同的方法。

* INVITE 初始化一个会话，包含会话双方要交换的媒体的类型信息。
* ACK 对 INVITE 消息的最终回应，表明及接收到请求。
* BYE 终止一个会话。
* CANCE 终止一个等待处理或正在处理的请求。
* OPTIONS 询问另一方服务器的性能，确定能接受何种媒体服务。
* REGISTER 申请注册客户的地址。

② 响应消息的起始行是状态行，包括一个状态码。在 RFC2543 中，状态码功能定义如表 9-1 所示。

状 态 码	描 述
1XX	通知
2XX	成功
3XX	重定向
4XX	请求失败
5XX	服务器错误
6XX	全局性错误

表 9-1　　　　　　　　　　　　　状态码功能定义

③ SIP 消息头定义了许多字段来表示请求或回应的详细信息。主要的字段如下。

- Via：描述了请求在 SIP 网络中的路由路径。
- To：描述请求消息的接收者。
- From：描述请求消息的发送者。
- Call-ID：描述唯一标识某一特定会话。
- contact：描述请求接收方的 URL。
- Content-Type：描述消息体的类型。
- Cseq：描述同源 SIP 的会话先后顺序，依次加 1。

还有一些字段不是每个会话必需的，具体可参见 RFC2543 中的详细定义。

5．SIP 的应用

SIP 通常被认为是一个端到端的多媒体会话控制协议。概括来说，SIP 可应用于 IP 网中的基本语音和多种通信增值业务；作为通信核心网的信令协议，包括基于软交换的 NGN、3GPP 的 IMS 网络和未来固定移动融合的 FMC 网络；应用于业务平台中，实现业务逻辑控制；应用于智能终端和未来数字家庭网关设备中；应用于统一通信中。

图 9-11 所示为 SIP 在 NGN 中的典型应用举例。A 局与 B 局设备 Softs3000 接入 IP 骨干网，利用 SIP 实现软交换系统互通，同时还可以与其他 SIP 域设备（如 SIPPhone，SIPSoftphone 等）互通。

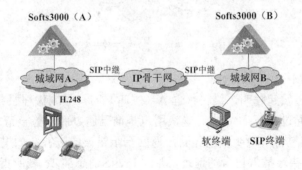

图 9-11　SIP 在 NGN 中的典型应用

在具体应用过程中，SIP 根据会话间实体的不同，存在各种不同的通信流程，主要分为用户注册、直接呼叫和代理服务器呼叫。

（1）用户注册

其流程示意图如图 9-12 所示。

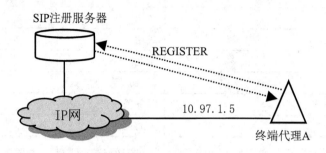

图 9-12　用户注册流程示意图

具体过程描述如下。

① 终端代理 A 向注册服务器发送 REGISTER 注册请求。

② 注册服务器通过后端认证/计费中心获知用户住处不在数据库中，便向终端代理 A 回送 401Unauthorized 质询信息，其中包含安全认证所需的令牌。

③ 终端代理 A 根据安全认证令牌将其标识和密码加密后，再次用 REGISTER 消息报告给注册服务器。

④ 注册服务器将 REGISTER 消息中的用户信息解密，通过认证/计费中心验证基合法后，将该用户信息登记数据库中，并向终端代理 A 返回成功响应消息 200OK。

（2）用户直接呼叫

其流程示意图如图 9-13 所示。

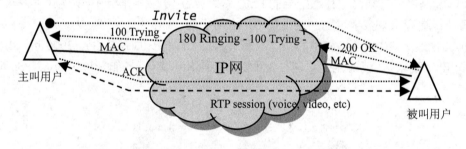

图 9-13　用户直接呼叫流程示意图

具体过程描述如下。

① 用户摘机拨号发起呼叫，终端代理 A（主叫）向该区域代理服务器发起 Invite 请求。

② 代理服务器通过认证/计费中心确认用户是谁已通过后，检查请求消息中的 Via 头域是否包含其地址。若包含，说明发生环回，返回指示错误的应答；如果没有问题，代理服务器在请求消息的 Via 头域插入自身的地址，并向 Invite 消息的 To 域所指示的被叫终端代理 B 转发 Invite 请求。

③ 代理服务器向终端代理 A 送呼叫处理中的应答消息 100Trying。

④ 终端代理 B 向代理服务器送呼叫处理中的应答消息 100Trying。

⑤ 终端代理 B 指被叫用户振铃，用户振铃后，向代理服务器发送 180Ringing 振铃信息。

⑥ 代理服务器向终端代理 A 转发被叫用户振铃信息。

⑦ 被叫用户摘机，终端代理 B 向代理服务器返回表示连接成功的应答（200OK）。

⑧ 代理服务器向终端代理 A 转发该成功指示（200OK）。

⑨ 终端代理 A 收到消息后，向代理服务器发 ACK 消息进行确认。

⑩ 代理服务器将 ACK 确认消息转发给终端代理 B。

此后，主被叫用户之间建立通信连接，开始通话。

（3）代理服务器呼叫

其流程示意图如图 9-14 所示。

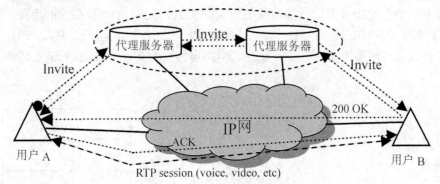

图 9-14　代理服务器呼叫流程示意图

具体过程描述如下。

① SIP 用户代理 A 向 SIP 代理服务器 a 发送呼叫建立请求（Invite）。

② SIP 代理服务器 a 向重定向服务器发送呼叫建立请求，重定向服务器返回重定向消息。

③ SIP 代理服务器 a 向重定向服务器指定的 SIP 代理服务器 c 发送呼叫建立请求。

④ 被请求的 SIP 代理服务器 c 使用非 SIP 协议（例如域名查询或者 LDAP 等）到定位服务器查询被叫位置，定位服务器返回被叫位置（被叫 SIP 代理服务器 b）。

⑤ 被请求的 SIP 代理服务器 c 向被叫 SIP 代理服务器 b 发送呼叫建立请求。

⑥ SIP 用户代理 B（被叫）发呼叫建立请求（被叫振铃或显示）。

⑦ 被叫用户代理 B 向被叫 SIP 用户代理服务器 b 发同意（或拒绝）。

⑧ 被叫用户代理服务器 b 向主叫代理服务器 a 所请求的代理服务器 c 发同意（或拒绝）。

⑨ 所请求的代理服务器 c 向主叫代理服务器 a 发同意（或拒绝）。

⑩ 主叫代理服务器 a 向主叫 SIP 用户代理 A 指示被叫是否同意呼叫请求。

9.3.4　MGCP 协议

1. MGCP 简介

媒体网关控制协议（MGCP）是由 Telecordia 公司（原 Bellcore 公司）根据分离网关结构要求提出的，是在综合简单网关控制协议（SimpleGatewayControlProtocol，SGCP）和 IP 设备控制（Internet Protocol Device Control，IPDC）协议的基础上形成的，图 9-15 所示为分离网关结构模型。人们希望把以软件为中心的呼叫处理功能和以硬件为中心的媒体流处理功能分离开，放置在软交换与媒体网关之间。H.323 和 SIP 协议都不能处理两个分离实体之间的通信，而由 MGCP 来处理。IETF 网关控制工作组（Megaco）成立后，进行了对 MGCP 的标准化工作；ITU-TSG16 也在此基础上制定相应的建议 H.248，它既适应面向连接的媒体（如 TDM，ATM），又面向无连接媒体（如 IP），是一个全套的多种媒体网关控制标准。MGCP 侧重的是简单性和可靠性，MGCP 本身只限于处理媒体流控制，呼叫处理等智能工作卸载到软交换上，使媒体网关成为一个很简单的设备，简化了本地接入设备的设计，只负担必要的接入硬件和 MGCP 用户侧功能的成本，网管和互操作成本转移到网络上。

在软交换系统中，MGCP 与 H.248/Megaco 协议一样，应用在媒体网关和 MGCP 终端与软交换设备之间，主要用于软交换与媒体网关或软交换与 MGCP 终端之间控制过程。它既是一种命令定义，又是一种信令定义。通过 MGCP 命令，MGC 可以控制 MG，MG 送回响应信号给 MGC，通过此协议来控制媒体网关和 MGCP 终端上的媒体/控制流的连接、建立和释放。MGCP 的命令和响应定义为 IP 包，这样 MGCP 可独立于底层承载系统。MGCP 消息在 UDP/IP 上传递，传输层协议为完整的 UDP，网络层协议为 IP，图 9-16 所示为完整的 MGCP 协议栈结构。

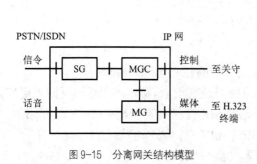

图 9-15 分离网关结构模型

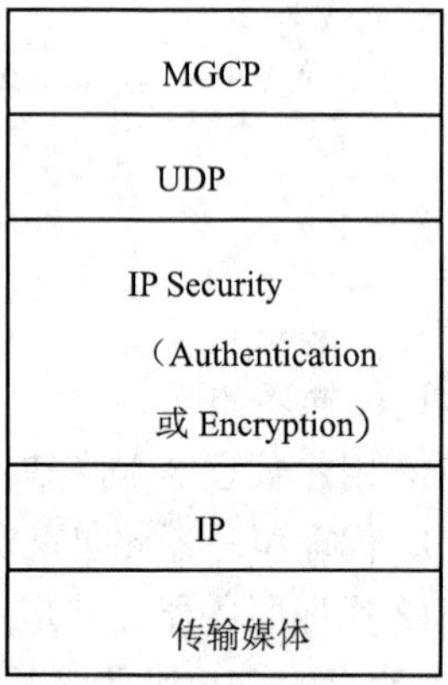

图 9-16 完整的 MGCP 协议栈

MGCP 由 MGC 完成所有呼叫处理，由媒体网关实现媒体流处理和转换。MGCP 要依赖 SDP 来协商与呼叫有关的参数，以利于网关的互连，构建大规模网络，和 SS7 信令网关配合工作，与 SS7 网良好地集成，具备很好的协议扩展性。

MGCP 通过软交换实现对多业务分组网边缘上的数据通信设备（如 VoIP 网关、Voice-over-ATM 网关、Cablemodem、机顶盒、软 PBX 和电路交叉连接）的外部控制和管理。软交换可以分布在多个计算机平台上，从外部控制、管理多媒体网络边缘上的媒体网关，指导网关在端点之间建立连接，探测摘机之类的事件，产生振铃等信号，以及规范端点之间如何及何时建立连接。MGCP 是软交换、媒体网关、信令网关的关键协议，它使 IP 电话网可以接入 PSTN，实现端到端电话业务。

2．MGCP 命令

MGCP 命令由一命令行与一组参数行组成，命令行和各个参数行用换行符区分开来。命令行包括命令名、事务号、执行该命令的端点（或实体）和协议版本号 4 个域，它们之间用空格分隔。参数行由参数名、冒号、空格及参数值构成，参数名通常被缩写为一个字母。

命令名：用 4 个字母的字符串代码表示，如表 9-2 所示。

表 9-2   MGCP 协议命令编码表

序号	命 令 名	代码	序号	命 令 名	代码
1	CreateConnection	CRCX	5	Notify	NTFY
2	ModifyConnection	MDCX	6	AuditEndpoint	AUEP
3	DeleteConnection	DLCX	7	AuditConnection	AUCX
4	NotificationRequest	RQNT	8	RestariInProgress	RSIP

事务号：为最长 9 位的数字串，它由命令的发起者选取并置入命令行中，接收方应答时，应把该值放入应答行中。

执行命令的端点（或实体）：为端点或实体的编码，它表现为一个 E-mail 地址。

MGCP 协议版本号：当前的版本号为 MGCP1.0。

3．MGCP 呼叫信令过程

图 9-17 所示为两个电话用户位于同一个 MGC 控制下的不同 MG，它们基于 MGCP 完成一次成功呼叫的信令过程。

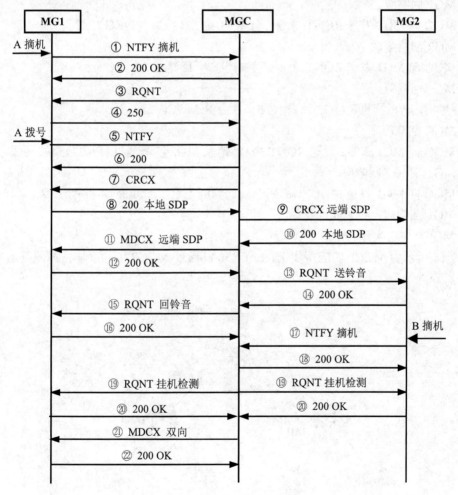

图 9-17 MGCP 呼叫信令过程

呼叫信令过程描述如下。

① MG1 上用户 A 摘机，MG1 发送 NTFY（L/HD）命令，通知 MGC。

② MGC 回送响应。

③ MGC 向 MG1 发送 RQNT 命令，送拨号音，下发拨号表并要求检测用户拨号、挂机（L/HU）、拍叉簧（L/HF）及放音结束事件（L/OC）。

④ MG1 回响应。

⑤ MG1 发送 NTFY 命令，将用户拨号送给 MGC。

⑥ MGC 回响应。

⑦ MGC 向 MG1 发送 CRCX 命令，为主叫创建一个连接，连接模式为 recvonly。

⑧ MG1 回响应，并将连接的 SDP 信息返回给 MGC。

⑨ MGC 向 MG2 发送 CRCX 命令，连接模式为 sendrecv，并且将主叫连接的 SDP 信息带给 MG2。

⑩ MG2 回响应，并将连接的 SDP 信息返回给 MGC。

⑪ MGC 向 MG1 发送 MDCX 命令，把被叫的 SDP 信息带给 MG1。

⑫ MG1 回响应。

⑬ MGC 向 MG2 发送 RQNT 命令，让被叫用户 B 振铃（L/RG）。

⑭ MG2 回响应。

⑮ MGC 向 MG1 发送 RQNT 命令，主叫用户听回铃音。

⑯ MG1 回响应。

⑰ 被叫用户 B 摘机，MG2 发送 NTFY 命令给 MGC。

⑱ MGC 回响应。

⑲ MGC 向 MG1、MG2 发送 RQNT 命令，请求 MG2 监测挂机（L/HU）及拍叉簧（L/HF）。

⑳ MG1、MG2 回响应。

㉑ MGC 向 MG1 发送 MDCX 命令，修改连接模式为 sendrecv，并停回铃音。

㉒ MG1 回响应；主被叫通话。

4．MGCP 应用实例

图 9-18 所示为 MGCP 的应用实例，SoftX3000 通过 MGCP 控制媒体资源服务器（Media

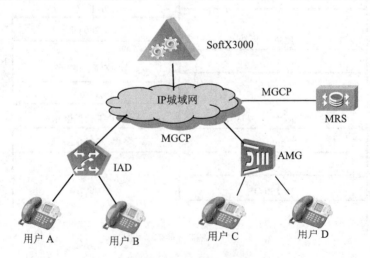

图 9-18　MGCP 的应用实例

Resource Server，MRS），提供在 IP 网络上实现各种业务所需的媒体资源功能，包括业务音提供、会议、交互式应答（IVR）、通知、统一消息、高级语音业务等；控制 AG/AMG 和 IAD 的接入，可接入模拟电话用户，支持 PSTN 业务、传真透传、T.38 等。

MGCP 支持软交换通过向网关提供"会话密钥"来对媒体流进行加密，以防窃听。此外，为防止非法实体发起的恶意攻击，MGCP 还支持对发起方的身份认证，方法之一是，进行地址认证，仅接收来自已知来源发出的分组，另一方法是在建立呼叫过程中传送密钥，用此密钥来对分组进行加密和认证。

9.3.5　H.248/Megaco 协议

1．H.248/Megaco 协议简介

H.248 和 Megaco 协议均称为媒体网关控制协议，应用在媒体网关与软交换设备之间。两个协议的内容基本相同，只是 H.248 是由 ITU 提出来的，而 Megaco 是由 IEFT 提出来的，且是双方共同推荐的协议。它们引入了 Termination（终端）和 Context（关联）两个抽象概念。在 Termination（终端）中，封装了媒体流的参数、MODEM 和承载能力参数，而 Context（关联）则表明了在一些 Termination（终端）之间的相互连接关系。H.248/Megaco 通过 Add、Modify、Subtract、Move 等 8 个命令完成对 Termination（终端）和 Context（关联）之间的操作，从而完成了呼叫的建立和释放。

H.248 协议使语音、传真和多媒体信号在 PSTN 与 IP 网之间进行交换成为可能。H.248 协议连接模型主要用于描述媒体网关中的逻辑实体，这些逻辑实体由 MGC 控制。连接模型中的主要抽象概念是终结点（Termination）和关联（Context）。终结点是 MG 上的逻辑实体，它发送或接收一个或多个数据流。关联表明了某些终结点之间的连接关系。

H.248 协议定义了 32 种类型的包（Package）。

H.248 中共有以下 8 个命令。

①仅由 MGC 端发起的命令：Add 为 MGC 指示 MG 向指定的关联域中加入终端；Subtract 为 MGC 指示 MG 从关联域中去除终端；Move 为 MGC 指示 MG 把终端从一个关联域移到另一个关联域；Modify 为 MGC 指示 MG 修改终端的属性、事件或信号等；AuditValue 为 MGC 请求 MG 返回终端的属性、事件、信号和统计特性的当前值；AuditCapabilities 为 MGC 请求 MG 返回反映网关处理能力的终端的属性、事件、信号和统计特性的所有可能值。②仅由 MG 端发起的命令有：Notify 为 MG 向 MGC 报告其检测或发生的事件。③MGC 端和 MG 端都可发起的命令有：ServiceChange 为 MG 向 MGC 通知终端将要退出服务或恢复正常的服务，MGC 也可用此命令向 MG 指示相关终端退出服务或恢复正常的服务。

H.248 协议中有 12 类描述符，最主要的描述符有：

① Media 描述符：此描述符中的参数与媒体流有关，具体分为 TerminationState 描述符和 Stream 描述符两大类，其中 TerminationState 描述符中的参数与媒体流类型无关，Stream 描述符中的参数则与媒体流类型有关；

② Event 描述符：软交换要求媒体网关报告的事件；

③ ObservedEvent 描述符：媒体网关报告检测到的事件；

④ Signal 描述符：软交换要求媒体网关在终结点上应用的信号；

⑤ Audit 描述符：审计媒体网关当前的能力。

H.248/Megaco 定义的各种协议消息既可以在 TCP 上传输，也可以在 UDP 上传输，TCP 和 UDP 之间的主要区别是可靠性和复杂度。

2．H.248/Megaco 呼叫信令过程

H.248/Megaco 协议的一次呼叫信令流程如图 9-19 所示。

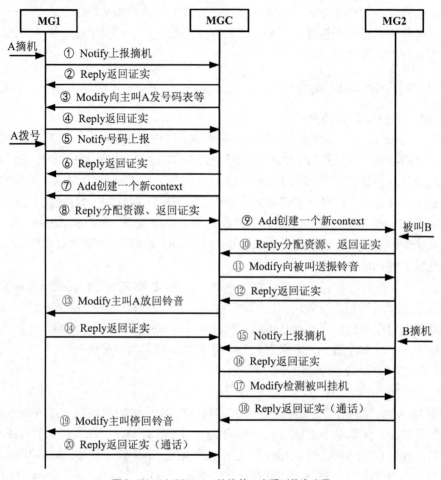

图 9-19　H.248/Megaco 协议的一次呼叫信令流程

呼叫流程详细描述如下。

① MG1 检测到主叫用户 A 的摘机，将此摘机事件通过 Notify 命令上报给 MGC。

② MGC 向 MG1 返回 Reply。

③ MGC 向 MG1 发送 Modify 消息，向主叫用户 A 发送号码表（Digitmap）；请求 A 放拨号音（cg/dt）；并检测收号完成（dd/ce）、挂机（al/on）。

④ MG1 向 MGC 返回 Reply。

⑤ 用户 A 拨号，MG1 根据 MGC 所下发的号码表进行收号，并将所拨号码及匹配结果用 Notify 消息上报 MGC。

⑥ MGC 向 MG1 返回 Reply。

⑦ MGC 向 MG1 发送 Add 消息，在 MG1 中创建一个新 context，并在 context 中加入用户 A 的 termination 和 RTP termination，其中 RTP 的 Mode 设置为 ReceiveOnly，并设置语音

压缩算法。

⑧ MG1 为所需 Add 的 RTP 分配资源 RTP/0，并向 MGC 应答 Reply 消息，其中包括该 RTP/0 的 IP 地址，采用的语音压缩算法和 RTP 端口号等。

⑨ MGC 向 MG2 发送 Add 消息，在 MG2 创建一个新 context，在 context 中加入被叫用户 B 的 termination 和 RTP termination，其中 Mode 设置为 SendReceive，并设置远端 RTP 地址及端口号、语音压缩算法等。

⑩ MG2 为所需 Add 的 RTP 分配资源 RTP/0，并向 MGC 应答 Reply 消息，其中包括该 RTP/0 的 IP 地址，采用的语音压缩算法和 RTP 端口号等。

⑪ MGC 向 MG2 发送 Modify 消息，MG2 向被叫送振铃音（al/ri）。

⑫ MG2 向 MGC 返回证实 Reply。

⑬ MGC 向 MG1 发送 Modify 消息，让 A 放回铃音，并设置 RTP/0 的远端 RTP 地址及端口号、语音压缩算法等。

⑭ MG1 向 MGC 返回 Reply。

⑮ MG2 检测到用户 B 的摘机，将此摘机事件通过 Notify 命令上报给 MGC。

⑯ MGC 向 MG1 返回 Reply。

⑰ MGC 向 MG2 发送 Modify 消息，让 MG2 监视检测 B 的挂机（al/on）。

⑱ MG2 向 MGC 返回 Reply。

⑲ MGC 向 MG1 发送 Modify 消息，让 A 停回铃音 signal{}，并设置 RTP/0 的 Mode 为 SendReceive。

⑳ MG1 向 MGC 返回 Reply；A 与 B 正常通话。

3．H.248 应用实例

H.248 在 NGN 中的典型应用如图 9-20 所示，通过 H.248 协议利用 TMG8010 中继媒体网关或者 UMG8900 通用媒体网关提供业务承载转换、互通和业务流格式处理功能实现 PSTN 原有业务接入软交换系统（Softswitch）；软交换设备利用 H.248 协议与接入媒体网关（AMG/IAD）实现模拟电话用户接入，支持 PSTN、传真透传、T.38 等业务。

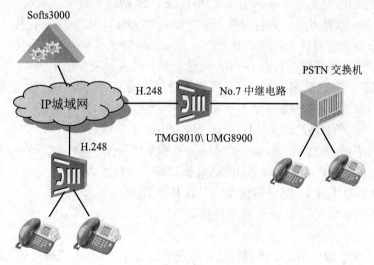

图 9-20　H.248 协议的应用

9.4 软交换的应用

软交换的核心竞争力主要在软件方面，它既可以作为独立的 NGN 网络部件，分布在网络的各处，为所有媒体提供基本业务和补充业务，也可以与其他的增强业务节点结合，形成新的产品形态。正是软交换的灵活性，使得它可以应用在各个领域。

在电路领域，软交换和媒体网关及信令网关相结合，完成控制转换和媒体接入转换，可作为汇接局和长途局的接入，提供现有的 PSTN 中的基本业务和补充业务。例如，其加上一个中继网关便是一个长途/汇接交换机（C4 交换机）的替代，加上一个中继网关和一个本地性能服务器便是一个本地交换机（C5 交换机）的替代，在骨干网中具有 VoIP 或 VTOA 功能；加上一个接入网关便是一个语音虚拟专用网（VPN）/专用小交换机（PBX）中继线的替代，在骨干网中具有 VoIP 功能；加上一个 RAS，便可利用公用承载中继来提供受管的 MODEM 业务。

在电路—分组领域，软交换可与分组终端进行互通，实现分组网与电路网的互通。如在 H.323 呼叫中，软交换可视为 H.323 终端，在 SIP 呼叫中，可视为用户代理。

在智能网领域，软交换与媒体网关相结合，完成业务交换点（Service Switching Point，SSP）功能，与现有智能网的业务控制点（Service Control Point，SCP）相结合，提供各种智能业务。此时，软交换需实现智能网的基本呼叫状态模型（Base Call Status Module，BCSM）和 H.323 或 SIP 协议状态机的转换。软交换可支持多种协议，如 INAP，并可与应用服务器配合，提供各种新的增值业务和补充业务。

目前，国内、外许多电信设备制造商，如西门子、阿尔卡特、爱立信、北电、中兴等都在积极发展新的交换机过渡平台，提出了软交换在下一代网络中的解决方案。下面主要介绍软交换在语音 IP 化承载和综合业务接入方面的应用。

9.4.1 语音 IP 化承载

随着 IP 网络的广泛普及，基于 TCP/IP 协议栈的 IP 网络平台可以承载数据、视频信息。虽然 IP 网络的未来数据应用业务将占整个应用业务的 95%以上，但语音业务仍然是不可忽视的重要部分。很多新的通信业务随之诞生，如 E-mail、Web 浏览、即时通信、Web 协作等，同时，传统通信业务也都纷纷转向 IP 化，电话语音、传真等业务也不例外。

从市场需求来看，越来越多的企业青睐带宽费用低廉的 IP 网络来承载语音，而且由于 IP 语音技术开放性好，越来越多的软件开发商也选择 IP 语音技术来开发新业务。传统语音产业链加快了向 IP 语音产业链的切换，IP 语音产业价值链正在形成。

从技术发展来看，语音 IP 化承载的关键技术涉及信令技术（H.323&SIP&MGCP）、媒体编码技术（语音压缩编码 G.729MPEG-II）、媒体实时传输技术（实时传输协议 RTP）、业务质量保障技术（RSVPRTCP）、网络传输技术（TCP 和 UDP）等。

从用户角度来看，对语音 IP 化承载的性能要求主要涉及如下几个方面。

（1）时延

ITU-TG.114 建议规定了电话语音传输往返最大时延是 300ms，这就是说 150ms 单向时延是可以接受的。对于 VoIP 应用，150ms 的单向时延可以看成是一条黄色警戒线，而 250ms

的单向时延则是一条红色的报警线。一般来说，语音信息从发送端由专用分组交换机（PBX）发送，通过源端的网关、局域网、路由器，再进入基于 IP 的网络，流出 IP 网络后到达目的端的 PBX，最后到达接收方的电话机。在这个过程中，有几个地方会造成语音数据的时延。通常，网络的总时延最低为 80.5ms，而最高能达到 314ms。80.5ms 的时延是可以接受的，而超过 150ms 的时延对语音信号的分辨十分不利，特别是单向时延达到 314ms 的最高上限时，VoIP 的语音延时已经完全无法让人接受了。

语音业务 IP 化承载的特点是对数据包的时延、丢失和抖动比较敏感。因此，首先要解决实时语音业务的 QoS。可以从如下几个方面加以改进：适当地选择语音编码器可以显著地减少单向时延；减少源端的进程时延可绕过繁忙的 LAN，给路由器添加语音模块，将 PBX 的线直接连接到路由器；收发端采用高速的接入线路就可以减少大约 15ms 的时延；用处理器更快的路由器来取代老的路由器或者在访问表的顶端添加指令，允许将数字化语音数据报传送到网关，在访问表顶端加入相应指令能够减少部分目的端的时延，而不会对安全性产生影响；闪存的典型设置值是 10ms 和 20ms，在保证重建语音的质量的前提下尽量设置较低值；Internet 上实现一个 VoIP 应用程序之前都要考虑先运行 Ping 和 Traceroute 程序，建议 ISP 用新的路由器来替换老路由器或者增加网络带宽以降低网络传输时延。

（2）抖动

抖动会引起端到端的时延增加，会引起语音质量的降低。影响抖动的因素一般和网络的拥塞程度相关。网络节点流量超忙，数据包在各节点缓存时间过长，使得到达速率变化较大。由于语音同数据在同一条物理线路上传输，语音包通常会由于数据包的突发性而导致阻塞。

根据实际测量发现，抖动大于 500ms 是不可接受的，而抖动达到 300ms 时，是可以接受的，此时为了消除抖动会引起较大的时延，综合时延对语音质量的影响来考虑，要求承载网的抖动小于 80ms。

（3）丢包率

丢包率的形成原因主要有两点：一是传统 IP 传输过程中的误码，这种情况在目前的网络条件下发生的概率极低；另一个是不能保障业务带宽造成的，当网络流量越拥塞，影响就越强烈，丢包发生率也就越大。

丢包对 VoIP 语音质量的影响较大。在局域网环境中，采用 G.711 编码时，IP 承载网的丢包率大于 10% 时，已不能接受；而在丢包率为 5% 时，基本可以接受。因此，要求 IP 承载网的丢包率小于 5%。

（4）可靠性

语音 IP 化面临的潜在危险包括分布式拒绝服务攻击、语音垃圾呼叫和一种类似于网页仿冒的欺诈，即攻击者在主叫方 ID 显示中假冒合法呼叫者的电话号码。所以，在向数据网络添加 VoIP 部件时，用户还应当增加新的安全和可靠性要求。可以从以下几个方面提高可靠性：首先，将语音子网和数据子网分开。对语音和数据分别使用不同的虚拟局域网（VLAN）——从逻辑上将语音业务和数据业务分开，以逻辑方式将语音设备（电话、网关等）与数据设备（工作站、服务器等）分开，就能消除二者之间的相互影响。其次，确保 QoS 的一致应用。不要盲目依赖高带宽链路，而忽视 QoS 的必要性。必须制定 QoS 策略，并在整个网络中，而不仅仅是在一两条广域网链路上一致地实施这一策略，应采取全盘的、面向整个系统的方法，端到端地应用 QoS。最后，让拨号方案尽可能保持简单。重新编制电话机的号码时应遵循与 IP 地址相同的原则，并且电话号码越简单越好。

图 9-21 所示为一个 POTS 话机通过 IP 网络连接到 PSTN 的组成框图。POTS 话机首先连接到接入网关（Access Gateway，AG），由 AG 向话机提供用户环路信令，同时以 MGCP 或 Megaco 协议将信令送到媒体网关控制器（MGC），再经过信令网关（Signaling Gateway，SG）转换而还原成用户环路信令与 PSTN 相连接。模拟语音通路与信令通路相分离，语音信息首先通过接入网关（AG）的数字化并形成 RTP 分组，然后通过 IP 网络的传输，再将 RTP 分组经过中继网关（TG）将数字化语音传送到 PSTN。

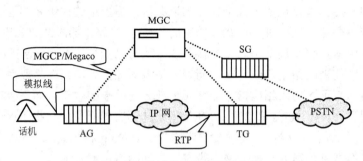

图 9-21　通过 IP 承载的 POTS 业务

9.4.2　综合业务接入

软交换的最大吸引力并不是它能继承 TDM 的各项业务，而是它能提供丰富的业务。例如，IP 与 PSTN 互通的各种业务（ICW、Click2dial 等）、统一消息业务、虚拟号码业务、即时消息业务、电子商务、互动游戏等，人们的想象力是有限的，但软交换由于其特有的业务特性，它能够提供的业务可以说是无限的。由于软交换在发展过程中借鉴了计算机网络发展的经验，采用开放 API 标准接口将电信基础资源对外开放，第三方可以方便地利用电信网络资源提供业务。因此，除了网络运营商提供的普通业务之外，会有越来越多专业的业务提供商利用自身优势为特定用户群提供量身定做的个性化业务，这也是对网络运营商在业务运营上的补充，可构成一个良性循环的价值链。

国内目前商用的业务主要有：多业务接入、长途呼叫、IP 广域 Centrex、智能卡业务、VPN 等。新兴运营商软交换网络在发展初期将主要开展 IP 长途、本地业务、智能卡业务、IP 广域 Cemtrex 业务、IPConfrence、Web800、点对点可视电话业务、VoiceMail 和 Web 业务定制。随着网络不断发展壮大和用户需求的逐步成熟，在网络发展中后期可开展个人通信中心、企业门户、点击拨号、唯一号码、多媒体视频等业务，同时根据不同企业特点可以建设企业特色综合通信平台。

下面是基于软交换的综合业务接入的一些具体应用模型。

1．通过 IP 承载的接入网

图 9-22 所示为一个 V5 的接入网结构，接入网关（AG）采用接入网络的 V5 信令连接终端，并以 MGCP/Megaco 协议将 V5 信令传递给媒体网关控制器（MGC），再经过信令网关（SG）与 PSTN 相连接。接入网关（AG）将来自接入网的语音信息流进行分组和相关转换后，以 RTP 分组形式将语音分组发送到中继网关（TG），TG 将分组语音转换还原为电路语音并以物理电路中继线路送到 PSTN。

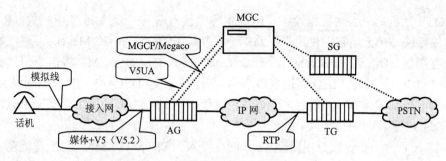

图 9-22　通过 IP 承载的接入网（V5）

2．通过 IP 承载的 Cable 接入

图 9-23 所示为采用电缆调制解调器（CableModem）接入方式实现 VoIP 网络的方案。用户端通过 CableModem（也称为 MTA 或预留网关）连接到 POTS 话机或以太网数据设备。CableModem 与 POTS 话机之间采用用户环路信令，并以 IP 方式（NCS 或 SIP 协议）通过 CMTS（CableModem 前端设备）将信令传递给 MGC。另外，CableModem 将来自 POTS 话机的语音进行数字化和分组后，以 RTP 分组形式通过 CMTS 传送到中继网关（TG），MGC 通过 MGCP 控制 TG。然后将语音和经过信令网关（SG）的信令传递到 PSTN。

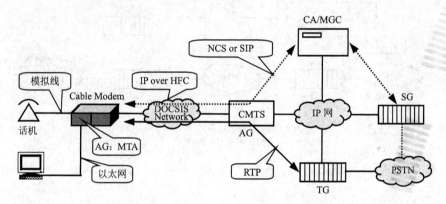

图 9-23　通过 IP 承载的 Cable 接入

3．通过 IP 承载的 DSL 和 IAD 接入

图 9-24 所示为一种利用 DSL 接入实现 VoIP 网络的方案。用户端通过综合接入设备（IAD）

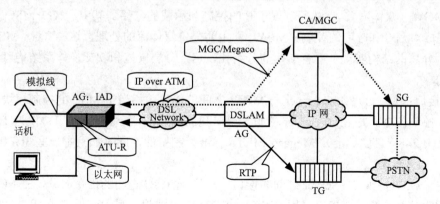

图 9-24　通过 IP 承载的 DSL 和 IAD 接入

连接到 POTS 话机或以太网数据设备。IAD 也称为接入网关（AG）或预留网关（RG）或符号型用户线路终端单元，它提供用户环路信令，并以 IP 方式（MGC/Megaco）通过数字用户环路接入复用器（Digital Subscriber Loop Access Multiplexer，DSLAM）将信令传递到媒体网关控制器（MGC）。同时，IAD 将语音数字化并分组后，经 DSLAM、IP 分组网以 RTP 分组形式传送到中继网关（TG）。然后将语音和经过信令网关（SG）的信令传递到 PSTN。

4．通过 IP 承载的无线接入

图 9-25 所示为一个无线分组网经 VoIP 网络接入到 PSTN（PLMN）的示意框图。来自无线接入网（RAN）的信令（GPRS 中 BSSAP 或 3G 中的 RANAP）由 SGSN/GGSN 以 IP 方式传递到多媒体服务器（MMCS/MMAS），MMCS/MMAS 完成 MSC 服务器的功能，并由媒体网关控制器（MGC）经信令网关（SG）将信令传送到 PSTN（或 PLMN）。来自无线接入网（RAN）的媒体作为 RTP 分组通过 SGSN/GGSN、IP 网络到媒体网关（MG）。

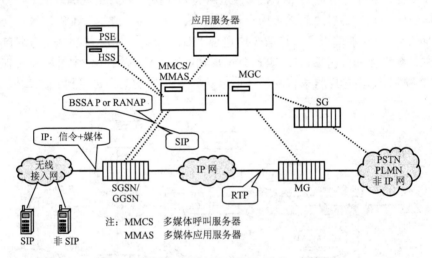

图 9-25　无线接入实例（3GPPR2000-ALLIP 一般情况）

5．软交换在 3G 中的应用

（1）软交换在 3GR4 中的应用

WCDMA 的 R4 已经在电路交换域（CS）中采用网关分离模式，如图 9-26 所示。R4 模型是将 CS 中的（G）MSC 分解成两个功能实体，即（G）MSC Server（MSC 服务器）与其控制的 MGW（媒体网关），从而实现了呼叫控制与承载的分离。其中，（G）MSC Server 主要用来完成对信令和呼叫的控制，MGW 则主要提供媒体流的处理，这种（G）MSC Server 与 MGW 分离的结构实现了语音交换的分组化，这一分层模型和软交换体系结构可以说是完全相同的。

Mc 接口：是（G）MSC Server 与 MGW 之间的接口，相当于 MSC 的控制模块对中继模块的内部控制信令，是 MSC Server 控制 MGW 建立呼叫的信令。Mc 接口协议为 TS29.232，它是基于 H.248（ITU 标准）/Megaco（IETF 标准）制定的，同时加上了一些 3GPP 的扩充，如 BICC 包、UMTS 包等。

Nc 接口：（G）MSC Server 之间的接口，相当于 MSC 之间的信令部分，是 MSC Server 之间的呼叫控制信令，该接口采用 BICC 协议或 SIP-T 协议，目前一般要求 BICC 协议必选。

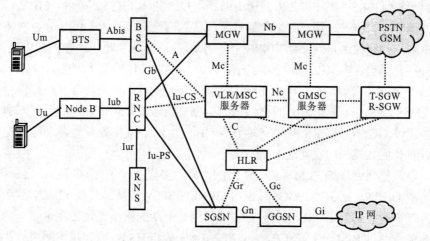

图 9-26 WCDMAR4 网络模型

Nb 接口：MGW 之间的接口，相当于 MSC 之间的中继电路部分，是 MGW 之间语音媒体流的传输接口，该接口的协议是 TS29.414 和 TS29.415。TS29.414 定义承载控制平面，有 IP 和 ATM 承载两种方式，TS29.415 定义用户平面。

SGW（信令网关）：（G）MSC Server 通过 SGW（信令网关）实现与 PSTN（T-SGW）和 PLMN（R-SGW）的互通。

（2）软交换在 3GR5 中的应用

3GR5 在核心网最大的变化是其朝着全 IP 核心网的目标又迈进了一步：引入了 IP 多媒体子系统（IMS）。3G 的全 IP 核心网体系结构基于分组技术和 IP 电话，用于同时支持实时和非实时的业务。此核心网体系结构可以灵活的支持全球漫游和与其他网络的互操作，诸如 PLMN、2G 网络、PDN 和其他多媒体 VoIP 网络，主要包括 3 部分：GPRS 网络、呼叫控制和网关，如图 9-27 所示。

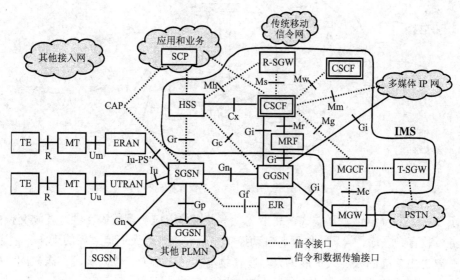

图 9-27 全 IP 核心网

GPRS 网络：GPRS 网络中 HLR 功能由归属用户服务器（HSS）提供。CS 域将逐步淡出（或者是逐渐演化为 IMS），用户终端将通过无线接入网络直接进入 GPRS 分组网络中。

呼叫控制：呼叫控制是网络结构中最重要的功能。CSCF（呼叫状态控制功能）、MGCF（媒体网关控制功能）、R-SGW（漫游信令网关）、T-SGW（传输信令网关）、MGW（媒体网关）和 MRF（多媒体资源功能）组成了呼叫控制和信令功能。用户特征文件被保存在归属用户服务器（HSS）中，与多媒体 IP 网络通信的信令只能通过 CSCF（呼叫状态控制功能），而业务则直接通过 GGSN（GPRS 网关支持节点）即可。MRF（多媒体资源功能）提供媒体混合、复用以及其他处理与产生功能。

网关：与其他网络（如 PLMN、其他 PDN、其他多媒体 VoIP 网络和 2G 继承网络 GSM 等）的互连由 GGSN、MGCF、MGW、R-SGW 和 T-SGW 支持。其他 PLMN 网络与本网的信令和业务接口是它们的 GPRS 实体。CSCF 作为一个新的实体通过信令也参与此过程。到传统网络的信令通过 R-SGW，CSCF，MGCF，T-SGW 和 HSS，而和传统网络的业务承载接口通过 MGW。

基于软交换系统的综合业务接入如图 9-28 所示。

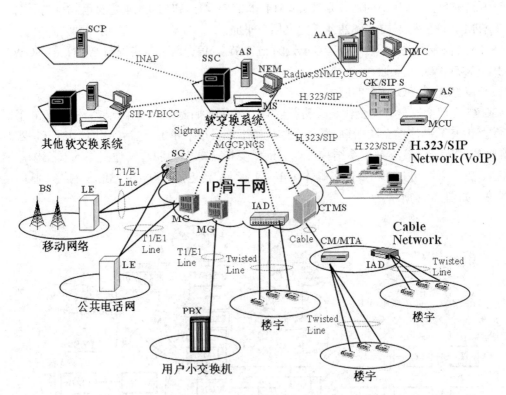

图 9-28　基于软交换系统的综合业务接入

由于 NGN 的分组化、开放式、高带宽、多种媒体流统一承载等特性，使软交换能够和电子商务、教育、医疗、娱乐、休闲、自动控制结合起来，为人们提供新的工作、生活方式。通信的对象也由单纯的人与人扩展为人与物、物与人、人与人、物与物等。未来网络的业务的含义比今天的通信业务的含义将有较大的扩展，有些业务有可能已经超出单纯通信的范畴。

复习思考题

1．什么是软交换？它与传统电话交换的本质区别在何处？

2．软交换的主要功能有哪些？

3．基于软交换的网络具有什么特征？

4．简要说明基于软交换的网络系统结构。

5．简要说明业务应用层的主要组成和功能。

6．简要说明控制信令层的主要组成和功能。

7．简要说明传输层的主要组成和功能。

8．简要说明媒体接入层的主要组成和功能。

9．软交换具有哪些对外接口？主要作用是什么？

10．软交换主要采用什么协议？

11．指出软交换与外部接口之间所定义的相关支持协议。

12．简要说明基于 SIP 的基本呼叫建立过程。

13．简要说明 SIP 的用户注册流程。

14．简要说明 SIP 的用户直接呼叫流程。

15．简要说明 SIP 的代理服务器呼叫流程。

16．SIP 定义了哪些网络实体？

17．SIP 中主要存在哪些不同类型的服务器？各有什么作用？

18．若两个电话用户位于同一个 MGC 控制下的不同 MG 中，简述他们基于 MGCP 完成一次成功呼叫的信令过程。

19．若两个电话用户位于同一个 MGC 控制下的不同 MG 中，简述他们基于 H.248/Megaco 协议完成一次成功呼叫的信令过程。

20．软交换在 3G 中的应用，主要定义了哪些接口？各接口的作用是什么？

21．简要说明如何通过 IP 承载的接入网实现语音用户与 PSTN 相连接。

第 **10** 章 **交换新技术**

随着人们对信息需求的日益扩大和宽带信息网络的建设与发展，以 IMS、光交换等为代表的交换新技术得到了快速发展。本章简述了 IMS 技术和光交换技术，IMS 技术主要介绍 IMS 的概念与背景、IMS 的标准化进程、IMS 的网络架构和 IMS 的相关接口协议等内容；光交换技术主要介绍光交换的概念、光交换元件、光交换网络和新的光交换技术等内容，供读者参考，以便对相关技术及其发展有个基本的了解。

10.1 IMS 技术

IP 多媒体子系统（IP Multimedia Subsystem，IMS）实现了业务、控制和承载的完全分离，解决了目前软交换无法解决的问题，如用户移动性支持、标准开放的业务接口、灵活的 IP 多媒体业务提供等。由于其接入无关性，使得 IMS 可以将蜂窝移动通信网络技术、传统固定网络技术以及互联网技术有机地结合起来。IMS 不仅可以解决网络融合以及降低网络之间互通和一协调的复杂度，而且能够满足客户终端更新颖、更多样化多媒体业务的需求。

10.1.1 IMS 的概念与背景

1．IMS 的概念

IMS 是 IP 多媒体子系统，是由朗讯公司提出的下一代网络融合方案的网络架构，最初是国际第三代移动通信组织（3GPP）为移动网络定义的，在 3GPP 的文件 R5 中，IMS 是通用移动通信系统（UMTS）核心网络中提供端到端多媒体业务和集群多媒体业务的中心；在 3GPP 的 R6 中，IMS 已经被定义为支持所有 IP 接入网的多媒体业务核心网（包括任何一种移动的、固定的、有线的或无线的）。而在 NGN 的框架下，IMS 应同时支持固定接入和移动接入，它的核心特点是采用 SIP 协议和与接入的无关性。

2．IMS 的发展背景

由通信网的发展历史，可以看出人们对网络和终端的要求越来越高，只有通过通信网的网络架构的不断演进和业务的不断更新，才能够满足人们对数据以及多媒体业务的需求。基于 IP 分组交换的通信网，能够提高承载网的带宽和传输速率，是实现多媒体业务的基础，也是下一代网络（NGN）的核心。IP 多媒体子系统（IMS）就是在这种背景下产生的。

众所周知，任何一项新技术在现实中的应用都有其内在的驱动力，IMS 发展的最根本驱动力就在于所有电信业务的底层网络载体发展需要（网络驱动）和运营商直接利润来源的业务需求（业务驱动）。

（1）网络驱动

引入 IMS 有利于移动和固定网融合（FMC）、ICT 融合，乃至信息、通信和传感技术的融合。从长远看，以 IMS 为核心的融合网络架构的建设，将促进电信运营商从管道运营商向全业务综合信息服务提供商的全面转型，最终有可能全面替代现有 TDM 网络和软交换网络。

网络演进关系到运营商能否实现公司的可持续发展。网络各个层面的发展演进都面临着诸多问题，向 IMS 的全面演进是目前能看到的唯一出路。即使现阶段不进行网络演进相关的举措，也需要在网络规划中充分考虑向 IMS 演进过程中的问题。网络演进总体上包括移动核心网的演进和固定电话网的演进。

① 移动核心网的演进。从通用移动通信系统（UMTS）的标准演进来看，基于现有架构的移动软交换与 GPRS 分组网络不再有新的发展，3GPP 标准在核心网方面的工作已经全面转向分组网络（EPC）的研究。当无线接入网络从 WCDMA/HSPA 发展到 LTE 阶段，核心网也演进到 EPC，也就是说所有的移动业务都将承载在 EPC 网络上，传统的电路域语音将不再存在，所有业务提供将都由 IMS 来完成。因此从远期发展来看，IMS+EPC 是移动核心网演进的目标架构。

现有的电路域网络最终将面临着全部退网，如何保护现有投资，如何能使现有业务向 IMS 业务平滑迁移，是我们必须思考和研究的问题。目前有以下 3 种演进方式或思路。

第一种是现有的移动软交换（端局或关口局）直接升级为 MGCF 和 IM-MGW，实现电路域与 IMS 网络互通，这是演进初期的升级方式。无论是固定用户接入还是移动用户接入，都存在着 IMS 业务与现有业务互通的需求。MGCF 作为 IMS 网络与现有交换网络互通的唯一节点，在硬件平台和软件架构上都和现有的交换机有很强的相似性，其主要实现的功能是 SIP 与 BICC、ISUP 和 SIP-I 的互通。通过实际测试验证，MGCF 完全可以与现有网络中的 MSC/GMSC 合设。

第二种是将电路域作为 IMS 业务承载接入 IMS 网络，即电路域作为媒体承载，业务控制由 IMS 实现（即 3GPPR8 中定义的 ICS）。通过 ICS（IMS Centralized Services），用户所有的服务不论是从分组域（PS）接入的，还是从电路域（CS）接入的都可以由 IMS 提供，这是演进中期的升级方式，电路域业务逐步向分组域迁移的阶段。这种方式的问题在于需要全网 MSC 升级支持 ICS，网络改造量大，设备功能复杂，需要通过严格的测试试验来验证其可行性。

第三种是移动软交换作为 IMS 中提供基本补充业务的 MMtel AS 进行升级。这种方式只是重用了软交换中的业务逻辑部分功能，适用于电路域（CS）逐步萎缩过程中移动软交换面临退网时的应用。对于分组域核心网，伴随着分组域逐步向 EPC 演进，以及电路域业务的逐渐萎缩，IMS 从最初的叠加方式引入提供非语音类移动多媒体业务，逐渐发展成为 IMS+EPC 方式，为移动网络统一提供包括基本语音/视频及多媒体增值业务在内的各种电信业务。图 10-1 所示为移动分组域核心网演进方式。

② 固定语音网的演进。固定语音网的演进不像移动核心网那样清晰。固网语音业务所呈现出的萎缩下滑的趋势使得固定语音网的演进存在很多争议。有观点认为，语音业务在萎缩，

维持 PSTN 现状即可，没有必要再投资 IMS 来进行替换升级，也有观点认为固网软交换才完成大规模部署，IMS 又不能带来多少新业务，为什么要急于引入 IMS。

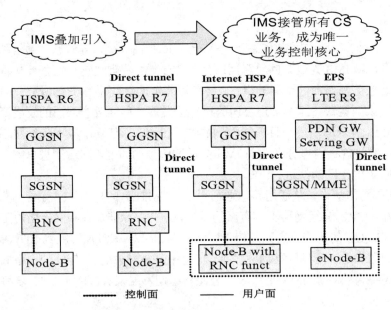

图 10-1 移动分组域核心网演进方式

各大运营商基本上对于固定语音网今后向 IMS 发展的策略是认可的，问题在于如何引入与何时引入。总体说来，固定语音网的网络结构和业务开展情况因不同运营商、不同区域和不同设备存在很大的差异，具体演进方式需要因地制宜，综合考虑多种因素。例如，节能降耗、投资保护、固定移动融合等。

固定语音网的演进，需要慎重考虑。现有软交换二级汇接的架构，已经能够满足长期窄带语音业务的提供，无论是 PSTN 端局替换，还是软交换升级支持 AGCF，都需要根据网络结构、设备型号等详细论证，现阶段未必需要全网向 IMS 演进。而随着光进铜退的加快，PON 的加速发展，用户接入速率不断提升，对于这部分有宽带多媒体业务需求的用户，利用现有软交换已经不能很好地实现多媒体业务，只有利用 IMS 才能更好地实现个人/家庭/企业的多媒体信息通信服务。

从电信运营商网络现状来看，移动核心网电路域生命力还很强，将长期存在，固定语音网短期内仍以窄带业务为主，核心网向 IMS 演进的长期目标毋庸置疑，但这是一个战略性的长期性的演进过程，不能急于求成。从网络演进的角度来看，现阶段核心网应关注以下问题：现网设备应具备平滑升级能力；运营支撑系统应尽快满足未来 IMS 部署需求；IMS 网络部署方案应有利于现网演进；IMS 业务定位及与现网业务的关系等。

（2）业务驱动

引入 IMS 便于创新商业模式，探索和开发基于应用环境、消耗资源、相应价格三要素的灵活多样的新商业模式，从而简化网络和扩展业务，减少网络的初始投资和运营成本，为各种新业务和融合业务提供发展机遇。电信运营商对于 IMS 的业务驱动力表现在全业务融合的需要、互联网的竞争压力、新业务拓展的需求 3 个方面。

① 全业务融合。全业务运营商对于业务融合的思路一般表现为：一是基础资源整合，整合固定网和移动网共用的基础网络资源实现资源共享，提升网络资源运营效率；二是业务资费捆绑和简单整合，一定程度上改善用户体验，增加用户黏度；三是业务网络的融合，随着 IMS 进一步成熟，利用 IMS 实现真正的业务融合，统一账单、统一体验、统一服务。

全业务运营商从初期的基础网络资源整合到业务整合和捆绑销售，由于各种网络和业务架构的本质差异性，更深层面的融合遇到障碍，如利用综合智能网实现的融合类业务只能对传统语音业务进行整合，涉及现网改造升级、多媒体能力有限、扩展性差等。只有利用 IMS 才能真正发挥全业务运营优势，提供面向个人/家庭/集团客户的多媒体信息通信服务，使用户体验得到本质提升，是运营商实现差异化运营的有效手段。

② 互联网竞争。面对互联网虚拟运营对传统电信业务的急剧渗透，电信运营商目前尚没有能有效与之抗衡的业务提供。在传统电信领域相互竞争的电信运营商，面对互联网虚拟运营有着共同的利益和目标，如短消息与互联网 IM（即时消息）的竞争一样，只有共同联手，将信息增值服务上升为互联互通的基础通信服务，才有可能充分发挥电信运营商的自身优势。

目前全球 GSM 产业共同关注的 RCS，正是这样一种将 IMS 业务提升为基础通信服务的理念，得到了业内几乎所有电信运营商、设备制造商、终端厂商及业务开发商的认可和推动。可以预见 RCS 将成为电信运营商抵御互联网竞争的最有力的武器。

③ 业务拓展与开放。移动互联网的飞速发展，使得电信运营商通过与 SP/CP 的合作，获得了一定的收益。然而这种收益在价值链中所占的比重甚微，原因就在于电信运营商向第三方的 SP/CP 直接开放了网络接入能力，而对于用户业务没有任何掌控。如果将所有增值业务和 SP/CP 的业务进行归类和细分，不难发现，所有业务都是通过各种不同的业务能力的组合来实现的。IMS 的业务分层架构采用了 OMA 对于业务引擎的定义，使得电信运营商可以集中部署业务引擎，一方面避免现有烟囱式的增值业务架构，另一方面通过对核心业务能力的掌控，向第三方开放 API 来改变现有 SP/CP 分成模式，从而获取更大的收益。

IMS 全分布式网络架构的一个显著优势就是灵活快速的业务部署。但是与 IMS 网络和业务的成熟度相比，IMS 业务能力开放还显得相对滞后，一方面由于 IMS 实际部署范围有限，另一方面 Parlay X 接口的复杂性也将众多第三方开发者拒之门外。电信运营商需要在 IMS 的业务开放性方面取得积极的进展，以使得更多优秀的第三方开发者参与业务创新。

10.1.2　IMS 的标准化进程

1．IMS 标准化的历史

目前，IP 多媒体子系统（IMS）作为下一代 FMC 解决方案的标准得到了广泛的认可，国际权威标准组织普遍将 IMS 作为 NGN 融合以及业务和技术创新的核心标准。IMS 技术具有开放的体系结构，同时支持移动和固定方式的接入，为了保证 IMS 能够尽快实现大规模的商用化部署，促进整个产业链的发展，IMS 技术的标准化至关重要。IMS 自 3GPP 在 2002 年提出 R5 版本以来，得到了各方的关注，3GPP2、IETF、ITU-T、TISPAN、OMA、ATIS 等重要国际标准组织都积极参与到 IMS 的标准化工作中。

2．IMS 标准化的进展

从 IMS 全球标准化体系工作来看，国际上 IMS 相关标准组织（3GPP、3GPP2、TISPAN 和 ITU-T）分别从不同的出发点对 IMS 进行了系统的研究，IMS 的相关技术标准都采用了分阶段分版本的发布方式。3GPP 是 IMS 标准的发起者和主要贡献者，到目前为止，3GPP 已发布了 R5/R6/R7 共 3 个标准版本，R8 版本的制定工作已启动。3GPP2 主要是基于 3GPP 的 IMScore 定义了 MMD，主要考虑 CDMA 网络的接入，已经公布了 Rev0 和 RevA 版本，目前正在制定 RevB 版本。TISPAN 从固网接入为出发点，定义了支持固网的 IMS 体系架构，已发布了 R1 版本，目前已展开 R2 版本的工作。ITU-T 的 IMS 架构和 ETSITISPAN 的基本相同，从支持固定接入方式的角度对 IMS 提出各种需求，目前正在开展 IMS 和 IPTV 融合架构的标准化研究工作。

另外，还有一些国际标准化化组织 IETF、WiMAX、CableLab、MSF 等从不同的角度对 IMS 提供支持和贡献。IETF 主要负责 SIP、Diameter 等协议的规范和扩展；WiMax、CableLab、MSF、ATIS 正在考虑 IMS 对各种不同接入方式的支持。

（1）3GPP 的标准化进程

3GPP 在 R5 版本中首次提出 IMS，并在 R6 和 R7 版本中进一步完善。IMS R5 版本在 2002 年 9 月冻结，侧重于对 IMS 基本网络架构、相关功能实体、相关功能实体之间的交互流程等进行研究；R5 提出了全 IP 的网络架构，采用 SIP 协议进行控制，实现移动性管理、多媒体会话信令和媒体流传输。

3GPP R6 版本在 2005 年 3 月冻结，R6 版本更加侧重于 IMS 和外部网络之间的互通，其接口和功能定义可操作性更强，基于流的计费架构，拓展支持 WLAN 接入方式，增补了更多的功能和应用标准，包括 POC、Presence、多方会议、MBMS 等，并明确业务由 IMS 用户的归属地提供和控制，使 IMS 真正成为一个可运营的网络技术。

3GPP R7 版本在 2007 年 6 月冻结，R7 版本增加的功能包括 IMS 支持 xDSL 接入，新增与接入方式无关的策略控制和计费架构（PCC），并主要考虑支持通过分组域（PS）提供紧急服务、提供基于 WLAN 的 IMS 语音、CS 域与 IMS 域多媒体业务互通、VCC（IMS 域和 CS 域进行语音呼叫切换）等。

3GPP R8 版本工作开始于 2007 年，3GPP R8 标准完成了对 TISPAN 和 3GPP 现有 IMScore 研究成果的合并，重点的研究课题包括 Common IMS、PBX 接入 IMS、IMS 集中控制（ICS）、Cable 接入、MMSC、ISB-IMS Service Broker 等。

（2）TISPAN 的标准化进程

TISPAN 在 2005 年初开始启动 NGN 项目，主要从固定接入的特定要求对 IMS 相关标准化工作进行研究，至今共开发了两个版本。2006 年 3 月发布了 R1 版本相关标准规范。

TISPAN R1 版本确定 IMS 基于 3GPP R7 网络架构，并重点针对固定接入的特殊需求，对相关功能实体的功能又进行了增强。TISPAN R1 版本主要研究内容有：①针对固定接入（xDSL 接入），提出了网络连接子系统（NASS）和资源控制子系统（RACS）；②对 3GPP 已经定义的相关接口协议，针对固定的特殊需求进行了相关的修订；③研究了用于替换 PSTN 的基于 IMS 的 PSTN/ISDN 仿真子系统（PES）的实现方案；④研究了传统电信网络的补充业务在 IMS 架构中的实现。

TISPAN 在 2006 年初开始启动 NGN R2 项目，原计划 2007 年年底结束，目前完成了部分规范的发布，但仍有部分项目需要推迟发布，TISPAN R2 版本研究的主要内容包括 IPTV、FMC、RACS R2、PES 完善（如组注册）、家庭网络等相关课题研究。

（3）3GPP2 的标准化进程

2004 年 3GPP2 开始进行 IMS 标准化的研究工作，对 IMS 的研究主要以 3GPP R5 作为基础，重点解决底层分组和无线技术的差异，它与 3GPP 的 IMS 相对应的是 MMD 规范，3GPP2 MMD 已经完成并公布了 Rev0、RevA、RevB 3 个版本，分别对应于 3GPP 的 R5、R6 和 R7 版本，大部分 MMD 规范均引自 3GPP 的 IMS 标准规范，由于主要基于 CDMA 接入特性，研究内容与 3GPP 有所不同。

RevB 包括 VCC、SMSIP 等功能。由于传统 CDMA 电话域呼叫以及 SMS 和 GSM 相应的流程不同，所以以上两个功能也同 3GPP R7 的规范有一定的差别。由于 CDMA 使用 PDSN 作为 PS 域和 IMS 域的接入点，与 GPRS 的 PS 域有很大的不同，所以与 QoS 和流计费相关的功能（SBBC）和 3GPP 的 PCC 的差别也较大。

（4）ITU-TFGNGN 的标准化进程

ITU-TFGNGN 对 IMS 的研究主要涉及 IMS 的业务和网络框架两个方面。其中，对 NGN 业务需求的研究主要以 3GPP R6 中定义的业务作为基础，但更加强调灵活的业务生成能力。对于网络框架的研究则强调网络的接入无关性，尽可能多地支持包括有线和无线在内的各种接入技术。以上各标准化组织 IMS 标准化进展历程如图 10-2 所示。

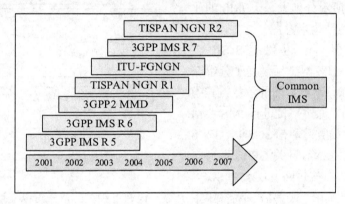

图 10-2　IMS 标准化进展历程

3. IMS 标准化的融合

如上所述，在 IMS 标准化进程中，各国际标准化组织各有分工，沿着各自不同的路线对 IMS 标准进行研究和推动。各个标准组织制定的 IMS 标准不能实现统一，阻碍了 IMS 的发展和演进。其中，3GPP 和 3GPP2 主要从移动的角度对 IMS 进行研究，而 TISPAN 则以满足固定接入特性为主要的研究方向，不同 IMS 标准制定的协调性影响了整个 IMS 标准化的进程，从而很大程度上影响着 IMS 设备的成熟以及整个产业链的发展，将 IMS 标准化制定工作进行统一和联合的需求也愈加迫切。2006 年 9 月，3GPP、3GPP2、TISPAN 等组织共同讨论了各个标准组织对 IMS 的需求和现状，取得了需要一个统一的 IMS（Common IMS）的共识。2007 年，3GPP OPAdHoc 会议确定将 TISPAN Release2 的内容分阶段迁移到 3GPP R8 中，并确定了 Common IMS 范围和研究项目。

Common IMS 将 3GPP2/TISPAN 的 IMS 研究成果集中到 3GPP 的标准中，基于统一的 IMS Core（3GPP 定义，包括了主要的功能和实体），同时包容固定接入、移动接入、Cable 接入、无线宽带接入等所有相关的接入方式。Common IMS 主要工作将分为 3 个阶段。阶段 1 定义 Common IMS 的功能和业务需求；阶段 2 是相关的安全和其他一些要求；阶段 3 是协议和信令具体的实现等。这样 Common IMS 统一和协调了各标准组织的工作，分工明确。

IMS core 的标准研究就都集中到了 3GPP，其他的标准组织（如 3GPP2、TISPAN）负责将具体的与接入网相关的对 IMS core 的需求提交给 3GPP，不再进行 IMS core 的具体实现方案的研究。TISPAN 继续聚焦于 IMS based IPTV、Homenetwork、RACS/NASS 等的研究，3GPP2 的后续版本继续进行 VCC、SMSoverIP、MMDroaming 等的研究，ITU-T 将重点进行 IMS 和 IPTV 融合架构的研究。

10.1.3　IMS 的网络架构

1．IMS 的体系结构

IMS 体系结构和 CSCF 的设计利用了软交换技术，实现了业务与控制相分离、呼叫控制与媒体传输相分离。IMS 虽然是 3GPP 为了移动用户接入多媒体服务而开发的系统，但由于它全面融合了 IP 域的技术，并在开发阶段就和其他组织进行密切合作，使得 IMS 实际已经不仅仅局限于只为移动用户进行服务。图 10-3 和图 10-4 所示分别为基于 IMS 的业务架构和 IMS 体系结构示意图。

最底层为承载层，用于提供 IMS SIP 会话的接入和传输，承载网必须是基于分组交换的。图 10-4 中以移动分组网的承载方式为例，描述了 IMS 用户通过手机进行 IMS 会话的方式，主要的承载层设备有 SGSN（GPRS 业务支撑节点）、GGSN（网关 GPRS 业务支撑节点），以及 MGW（媒体网关）。其中 SGSN

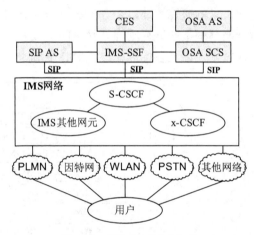

图 10-3　基于 IMS 的业务架构

和 GGSN 可以完全重用现网设备，不需要硬件升级，仅通过相关配置就可以支持 IMS 了。MGW 是负责媒体流在 IMS 域和 CS（电路交换）域互通的功能实体，主要解决语音互通问题。无论采用哪一种接入方式，只要基于 IP 技术，所有 IMS 用户信令就可以很好地传送到控制层。

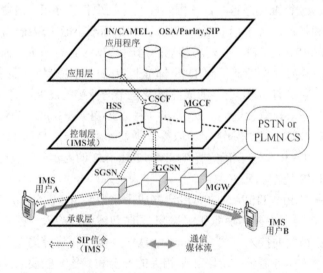

图 10-4　IMS 体系结构示意图

中间层为信令控制层，由网络控制服务器组成，负责管理呼叫或会话设置、修改和释放，所有 IP 多媒体业务的信令控制都在这一层完成。主要的功能实体有 CSCF、HSS（Home Subscriber Server，归属用户服务器）、MGCF 等，这些网元执行不同的角色，如信令控制服务器、数据库、媒体网关服务器等，协同完成信令层面的处理功能，如 SIP 会话的建立、释放。这一层仅对 IMS 信令负责，最终的 IMS 业务流是不经过这一层的，而是完全通过底层承载层路由实现端到端通信。

最上面一层是应用层，由应用和内容服务器组成，负责为用户提供 IMS 增值业务，主要网元是一系列通过 Camel、OSA/Parlay 和 SIP 技术提供多媒体业务的应用平台。运营商可以在自行开发一些基于 SIP 的应用，通过标准 SIP 接口与 IMS 系统连接；如果运营商需要连接第三方 SP 的应用，IMS 可以和标准的 API，如 OSA API 连接，通过 OSA/ParlayGW 对第三方非信任的 SP 业务进行鉴权和管理等。

2. IMS 的功能实体

IMS 功能实体可以被粗略地分为 6 大类：会话控制和路由实体族（CSCFs）、数据库实体（HSS、SLF）、互联实体（BGCF、MGCF、IM-MGW、SGW）、服务相关实体（应用服务器、MRFC、MRFP）、支持性实体（THIG、SEG、PDF）、计费相关实体。需要理解一个非常重要的事实，IMS 标准没有详细描述网络实体的内部功能。例如，HSS 内部有 3 个功能部分：IMS 功能、CS 域所需的必要功能和 PS 域所需的必要功能。3GPP 标准没有描述 IMS 功能中 PS 功能部分如何交互。相反的，它描述实体间的接口和接口支持的功能（如 CSCF 如何从 HSS 获取用户数据）。

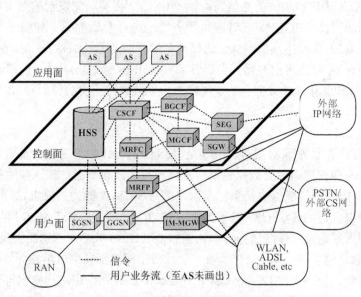

图 10-5　IMS 的功能实体示意图

（1）会话控制和路由实体

① 代理 CSCF。代理呼叫会话控制功能实体（P-CSCF）是用户接入 IMS 过程中的第一个连接点。所有来自用户终端（UE）和发往 UE 的 SIP 信令消息流都会通过 P-CSCF。P-CSCF 像[RFC3261]中定义的一样，它会检查请求消息，并把请求转发给选定的目的地，同时处理

和转发应答消息。P-CSCF 也可以像[RFC3261]中定义的用户代理（UA）一样工作，这时 UA 的角色用在当发生异常时发起释放会话（例如，依照基于服务的本地策略检测到用户承载通道丢失了），也用在处理注册的过程中建立独立的 SIP 事务（Transaction）。一个运营商的网络中可以有一个或者多个 P-CSCF。P-CSCF 提供的功能在[3GPP TS23.228、TS24.229]中描述。

② 策略决定功能实体（PDF）。PDF 的责任是基于从 P-CSCF 那儿获取的会话信息和媒体相关信息，来做策略方面的决定。它像 SBLP 协议中定义的策略决定点一样工作。

③ 询问点 CSCF（I-CSCF）。I-CSCF 是一个网络的入口点，所有通向这个网络中用户的连接都会经过这个网络的 I-CSCF。一个运营网络中可能有多个 I-CSCF。I-CSCF 提供的功能有：联系 HSS，并获取为一个用户提供服务 CSCF（S-CSCF）的名字；根据从 HSS 那儿获取到的需要支持的能力，分配一个满足要求的 S-CSCF（只有当前用户没有分配 S-CSCF 的情况下，才分配一个 S-CSCF）；转发 SIP 请求或者应答消息给 S-CSCF；给 CCF 发送计费相关信息；提供隐藏功能。I-CSCF 可以包含一个叫做网络拓扑隐藏互联网关（THIG）的功能实体。THIG 可以被用来对运营网络之外的部分隐藏网络的配置、能力和拓扑。

④ 服务 CSCF（S-CSCF）。S-CSCF 位于所属地网络，是 IMS 的大脑。它为用户终端（UE）提供注册服务和会话控制。当 UE 加入一个会话的时候，S-CSCF 维护会话的状态，并同服务平台和计费功能实体打交道，以支持运营商所需的服务。在一个运营网络中，可能存在多个 S-CSCF，各个 S-CSCF 也可能支持不同的能力和功能。S-CSCF 主要完成以下功能：像[RFC3261]中定义的注册中心一样处理注册请求；使用 IMS 认证和密钥协定（AKA）计划来对用户进行认证；当用户注册或者处理发往一个未注册用户的请求时，从 HSS 下载用户信息和这个用户的服务相关信息；将通往移动侧的通信路由给 P-CSCF，将移动侧发起的通信路由给 I-CSCF、出局网关控制功能实体（BGCF）或者应用服务器；进行会话控制；和服务平台交互；使用[Draft-ietf-enum-rfc2916bis]描述的格式，通过域名解析服务器（DNS）将 E.164 形式的电话号码翻译成 SIPURI；监管注册定时器；当运营商支持 IMS 紧急呼叫时，能够进行选择紧急处理中心；执行媒体控制策略；维护会话定时器；为支持离线计费功能而向 CCF 发送计费相关信息。

（2）数据库实体

① 所属地订阅者服务器（HSS）。HSS 是 IMS 中所有订阅者信息以及服务相关信息的主要存储设备。HSS 中存储的主要数据包括用户标识符、注册信息、接入参数和服务触发信息[3GPPTS23.002]。HSS 同样能提供某个特定用户的对 S-CSCF 能力的要求。这个信息被 I-CSCF 用来为用户选择最合适的 S-CSCF。除了支持 IMS 相关的功能，HSS 包含 PS 域和 CS 域所需的功能实体，即所属地位置注册服务器和认证中心（HLR/AUC）的功能子集。

② 订阅信息定位功能实体（SLF）。当一个网络中部署了多个可单独寻址的 HSS 时，SLF 作为一种解决机制，使得 I-CSCF、S-CSCF 和 AS 能够找到给定用户标识符对应的用户订阅信息。

（3）服务相关实体

① 多媒体资源控制器（MRFC）。MRFC 用来支持承载通道相关的服务，如会议、用户通告或者承载通道的转码。MRFC 解释从 S-CSCF 收来的 SIP 信令，并使用媒体网关控制协议（MEGACO）指令来控制多媒体资源处理器（MRFP）。MRFC 能够给 CCF 和 OCS 发送计费信息。

② 多媒体资源处理器（MRFP）。MRFP 提供 MRFC 要求和指示的用户层资源。MRFP 提供如下功能：接收到的媒体数据的混合操作（如多方会议中的混音处理和画面处理）；产生媒体（如发出用户提示音）；媒体处理（如语音转码和媒体分析）[3GPPTS23.228、TS23.002]。

③ 应用服务器（AS）。要记住层次化的设计中，AS 不是一个纯粹的 IMS 实体。相反，它是属于 IMS 之上的功能部分。然而，AS 还是在这里作为 IMS 的功能实体进行介绍。这是因为 AS 实体为 IMS 网络中提供多媒体增值服务。AS 位于所属地网络中或者位于第三方，这里的第三方指一个网络或者单独的一个 AS。AS 的主要功能是：处理和影响从 S-CSCF 接收到的 SIP 会话；发起 SIP 请求；给 CCF 和 OCS 发送计费信息。AS 提供的服务不只是局限于基于 SIP 的服务。这是因为运营商为订阅者提供了访问基于 CAMEL 服务环境（CSE）和 OSA 的服务的能力[3GPPTS23.228]。因此，"AS"是一个用来一般指代 SIPAS、OSA 服务器（OSC）和 CAMELIP 多媒体服务交换功能实体（IM-SSF）的术语。

（4）互联实体

① 出局网关控制器（BGCF）。BGCF 负责选择在什么地方出局并进入 CS 域。选择的结果可能是在 BGCF 所在的网络中或者其他网络中出局。如果出局发生在 BGCF 所在的网络中，BGCF 选择一个 MGCF 来后续处理这个会话。如果出局发生在其他网络，则 BGCF 将会话传递到被选中网络的一个 BGCF[3GPPTS23.228]。实际选择的规则没有定义。另外，BGCF 能够收集统计信息和向 CCF 报告计费信息。

② 媒体网关控制器（MGCF）。MGCF 是用来实现 IMS 用户和 CS 用户间通信的功能实体。从 CS 过来的所有呼叫信令被发往 MGCF。MGCF 进行 ISUP、BICC 和 SIP 间的协议转换，并把会话转发到 IMS 中。类似的，所用 IMS 侧发起的通往 CS 用户的会话都经过 MGCF。MGCF 还控制关联的用户层实体（即 IMS-MGW）的媒体通道。另外，MGCF 还能向 CCF 报告计费信息。

③ IMS 媒体网关（IMS-MGW）。IMS-MGW 提供 CS 网络（PSTN、GSM）和 IMS 间的用户层的链路。它终结从 CS 网络过来的承载通道和从骨干网络过来的媒体流（IP 网络的 RTP 流、ATM 骨干网的 AAL2/ATM 连接），在两种网络之间进行转化，提供转码操作，如果需要的话还提供用户层的信号处理。另外，IMS-MGW 能够为 CS 用户提供信号音和提示音。IMS-MGW 由 MGCF 来控制。

④ 信令网关（SGW）。SGW 被用来连接不同的信令网络，如基于 SCTP/IP 的信令网络和 SS7 信令网络。SGW 进行在 SS7 上传输的信令和在 IP 上传输的（如在 SIGTRANSCTP/IP 和 SS7MTP 间）信令间的转换。SGW 不解释消息的应用层部分（如 BICC、ISUP）。

（5）支持性实体

① 安全网关（SEG）。为了保护安全域间控制层消息流的安全，消息流需要在进入或者离开安全域的时候通过一个 SEG。安全域指代由单个行政管理（administrative authority）所管理的网络，这和运营商网络边界相一致。SEG 被放置在安全域的边界上，它被用来增强这个安全域通往其他安全域中 SEG 的安全策略。网络中可能会有多个 SEG，以避免单一点的出错或者为了提高性能。一个 SEG 可以被设定来和所有可达的其他安全域或者其中一个子集交互。

IMS 系统安全的主要应对措施是 IP 安全协议（IPSec），通过 IPSec 提供了接入安全保护，使用 IPSec 来完成网络域内部的实体和网络域之间的安全保护。IMS 实质上是叠加在原有核心网分组域上的网络，对 PS 域没有太大的依赖性，在 PS 域中，业务的提供需要移动设备和移动网络之间建立一个安全联盟（SA）后才能完成。对于 IMS 系统，多媒体用户也需要与 IMS 网络之间先建立一个独立的 SA 之后才能接入多媒体业务。IMS 的安全体系如图 10-6 所示，图中显示了 5 个不同的安全联盟用以满足 IMS 系统中不同的需求，分别用 S1、S2、S3、S4、S5 来加以标识。S1 提供终端用户和 IMS 网络之间的相互认证。S2 在 UE 和 P-CSCF 之间提供一个安全链接（Link）和一个安全联盟（SA），用以保护 Gm 接口，同时提供数据源认证。S3 在网络域内为 Cx 接口提供安全。S4 为不同网络之间的 SIP 节点提供安全，并且这个安全联盟只适用于代理呼叫会话控制功能（P-CSCF）位于访问网络（VN）时。S5 为同一网络内部的 SIP 节点提供安全，并且这个安全联盟同样适用于 P-CSCF 位于归属网络（HN）时。

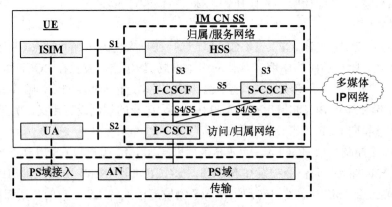

图 10-6　IMS 安全体系结构

② GPRS 实体。GPRS 实体分为服务 GPRS 支持节点（SGSN）和网关 GPRS 支持节点（GGSN）。

SGSN 把 RAN 连接到包交换核心网。它同时负责 PS 域中控制功能和通信流处理功能。控制功能包括两个主要方面：移动管理和会话管理。移动管理处理 UE 的位置和状态，并认证订阅者和 UE。会话管理处理连接许可控制和现有数据连接的变更。控制功能还监管 3G 服务和资源。通信流处理也是属于已会话管理的一个部分。SGSN 像一个网关一样工作，为用户数据提供隧道传输。换句话说，它在 UE 和 GGSN 之间传递用户通信量。作为这个功能的一部分，SGSN 还确保连接有合适的 QoS 保障。另外，SGSN 还产生计费信息。

GGSN 提供和外部包交换网络的互连互通。GGSN 的主要功能就是把 UE 连接到外部包交换网络，在那些网络里面会有基于 IP 的应用和服务。例如，外部数据网可以是 IMS 或者是 Internet。换句话说，GGSN 把包含 SIP 消息的 IP 包从 UE 路由到 P-CSCF，反之亦然。另外，GGSN 还帮助把包含媒体的 IP 包路由到目的地网络（例如，路由到被叫端的 GGSN）。提供的互联服务通常在订阅者想接入网络的接入点上实现。大部分情况下，IMS 都有自己的接入点。当用户激活一个通往接入点（IMS）的承载通道（PDPcontext）的时候，GGSN 会为 UE 分配一个动态 IP 地址。分配的 IP 将被 UE 用来作为 IMS 注册以及发起呼叫时所用的联系地址。另外，GGSN 会维护和监管用于 IMS 媒体流的 PDPcontext 的使用，并产生计费信息。

（6）计费相关实体

为推动 IMS 网络及业务的部署及建设，计费是重要关键环节之一。IMS 计费最初由 3GPP R5 版本提出，后续的 R6 版本对 R5 的计费做了一些改进，包括增加对 IPv4 的支持、支持更灵活的业务模式等。3GPP 制定的 IMS 计费相关国际标准主要包括 TS 32.240、TS 32.260、TS 32.275、TS 32.298、TS 32.299 等，其中，3GPP TS 32.240 提出了离线计费和在线计费两种计费模式。离线计费通过收集计费话单进行计费，在线计费通过事件触发进行计费，运营商可以实时控制业务流程。从结构层次上来看，该计费体系还采用了分层计费的结构，分别定义了：应用/业务层计费、IMS 层计费和承载层计费。为了支持更灵活的 IP 业务模式，3GPP R6 版本中引入 FBC（基于流的计费技术），来支持在承载层上对不同业务数据流的分开计费，从而提高系统的计费能力和计费灵活性。两种模式采用不同的计费点，分散在不同的网元实体上，不同网元提供的计费信息有部分信息是重复的，还有部分信息为自身独有内容，这些网元既各自提供计费信息，又互为补充。因此，在网络实际部署中，一是需要解决对部署中出现的一些关键问题和难点问题，如 ASN.1 话单格式提取、通话类型判断、漫游规则、计费关联、分组流量剔除等；二是需要选取关键的计费点来采集计费信息，以满足 IMS 业务的计费要求。IMS 标准计费架构如图 10-7 所示。

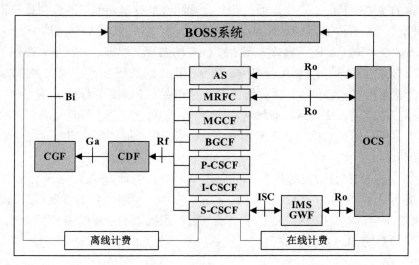

图 10-7　IMS 标准计费架构

随着 3G 技术的成熟和商业应用的发展，IMS 计费仍然面临以下一些问题。

① IMS 计费体系采用分层设计，使得计费采集点和控制点非常多，需要做大量的计费信息关联、合并，提高计费成本。

② 基于流的计费（FBC）和 IMS 中基于业务的策略控制（PDF）属于两套不同的系统，有各自的功能实体及接口；而从具体过程看，PDF 和 FBC 有很多相似的功能，其接口协议也有很大相似性，所以作为分立的系统而存在，会带来使网络配置、实体功能复杂化，控制的实时性差、效率低等许多问题。

③ 该计费体系实现字节级精确计费难度较高。

④ 内容计费成为 IMS 计费中一个重要方面，基于内容价值的计费，业界还在探讨之中。

⑤ 与现行网络的融合难度较大。

随着 IMS 体系的发展，R6 版本中的策略控制功能（PDF）和基于流的计费功能（FBC）将合并成为一个新的功能实体 PCC（Policy and Charging Control），并将这两个功能实体的相关接口融合。基于 IMS 的计费将向网络化倾斜，传统的 BSS 将向 BOMS 演进，更加突出运营支撑系统的业务管理能力。

3. IMS 的 QoS

IMS 提供的端到端 QoS 机制是通过协商如下参数实现的：媒体类型、业务流方向和媒体类型的比特率、分组大小、分组传输频率、各媒体类型 RTP 净荷的用法和带宽的自适应等。终端采用适当的协议（如 RTP）将各个媒体类型进行编码和分组，通过 IP 上的某种传输层协议将这些媒体分组传递到接入网和核心网。IMS 只是一个控制的网络，IMS 中的接入网和骨干网与 IMS 一起提供端到端 QoS，其提供给终端用户的业务质量取决于承载网络的服务质量和承载网络能力。

在 IMS 的框架下，核心网络的信令和数据都基于 IP 网承载，而 IP 网的无连接和不保证 QoS 的特性使得 QoS 难以达到电信级水平。IP 网络 QoS 保证不是某一单项技术所能解决的，它需要业务平面、数据平面、控制平面和管理平面的配合，涉及多平面多层次的综合技术，主要表现为：首先，需要解决控制颗粒度和可扩展性之间的矛盾，要确保电信业务的 QoS，基于可用资源的接纳控制必不可少，但对每一个呼叫都执行复杂的接纳控制算法相当于回归传统交换的做法，违背了 IP 网的设计原则；其次，需要解决 NGN 分层结构中 QoS 层间垂直控制问题，QoS 在本质上从属于具体应用，故 QoS 的实现必然涉及业务层、控制层和传送层之间的交互，必须定义层间 QoS 映射和控制信令标准，而目前 QoS 研究大多局限于传送层，没有很好地考虑上层机制；再次，需要解决多域 QoS 控制的问题，QoS 是端到端的性能，因此必然涉及用户驻地网、接入网、城域网和核心网，还可能跨越不同的运营商网络，每一类网络域都具有其不同的技术机制和服务环境，因此应采用不同的解决方案，这些也是 IMS 急待解决的问题。

IMS 网络中的 IMS 会话控制并不直接控制承载网络的资源分配，这需要在 IMS 会话层和传输承载层之间建立一套交互机制。图 10-8 所示为 IMS 网络中 QoS 控制接口的结构模型，IMS 网络中的 QoS 机制完成 IMS 媒体业务流将要使用的承载业务的授权和控制，它基于在 IMS 会话中所协商的 SDP 参数，这种交互被称为基于业务的本地策略。

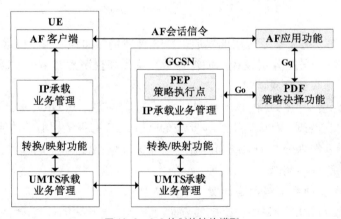

图 10-8　QoS 控制的结构模型

4．IMS 与软交换的区别

传统 PSTN 交换机的业务、控制、承载是紧耦合的关系。软交换与 IMS 是向未来全 IP 化网络演进的两个阶段：软交换是第一阶段，IMS 是在软交换基础上的进一步发展和演进。交换机的演进过程如图 10-9 所示。

图 10-9　交换机的演进过程

IMS 和软交换最大的区别在于以下几个方面。

① 软交换将控制和承载相分离，便于分布式组网，并可独立演进，这是网络简化和降低成本的关键和革命性的一步，但软交换网络中，业务和控制没有实现完全分离；而 IMS 是在软交换控制与承载分离的基础上，进一步实现了呼叫控制层和业务控制层的分离。

② IMS 起源于移动通信网络的应用，因此充分考虑了对移动性的支持，并增加了外置数据库——归属用户服务器（HSS），用于用户鉴权和保护用户业务触发规则。

③ IMS 全部采用标准化的会话初始协议（SIP）作为呼叫控制和业务控制的信令，黏合了移动和固定，业务之间可实现组合和相互调用；而在软交换中，SIP 只是可用于呼叫控制的多种协议的一种，更多的使用媒体网关协议（MGCP）和 H.248 协议。

总体说来，软交换网络体系基于主从控制的特点，使得其与具体的接入手段关系密切，而 IMS 体系由于终端与核心侧采用基于 IP 承载的 SIP，IP 技术与承载媒体无关的特性使得 IMS 体系可以支持各类接入方式，从而使得 IMS 的应用范围从最初始的移动网逐步扩大到固定领域。此外，由于 IMS 体系架构可以支持移动性管理并且具有一定的 QoS 保障机制，因此，IMS 技术相比于软交换的优势还体现在宽带用户的漫游管理和 QoS 保障方面。

10.1.4　IMS 的相关接口协议

在所有的电话系统中，协议对通话的控制都起着重要的作用。电路交换网使用的公共会话控制协议主要是 TUP、ISUP 以及 BICC 协议。当 IMS 与电路域（CS）进行互通的时候，仍然需要和这些协议打交道，而专门用于 IMS 的会话控制协议都是基于 IP 的，主要包括会话初始协议（SIP）、会话描述协议（SDP，RFC2327）、MEGACO/H.248 协议、Diameter、BICC/ISUP、COPs 协议等。

1．SIP

SIP 是一种能够在 IP 网络中进行建立、修改和终止多媒体会话的应用层协议，它是由因特网工程小组（IETF）制定的多媒体通信系统框架协议体系的一部分。SIP 是一个基于文本的应用层控制（信令）协议，独立于底层协议，SIP 标准有一系列的 RFC 组成，其中最重要的是 RFC3261。SIP 主要支持以下 5 个方面的功能。

① 用户定位：确定通信所用的终端系统的位置。

② 用户能力交换：确定所用的媒体类型和媒体参数。

③ 用户可用性判断：确定被叫方是否空闲和是否愿意加入通信。

④ 呼叫建立：邀请和提示被叫，在主被叫之间传递呼叫参数。

⑤ 呼叫处理：包括呼叫终结和呼叫转接等。

SIP 是一种基于 C/S 模式的一协议，客户是启动会话过程的一方，响应会话请求的一方称为服务器。在 SIP 协议栈中，规定客户为用户代理客户（User Agent Client，UAC），服务器为用户代理服务器（User Agent Server，UAS）。在会话建立的过程中，代理服务器需要对用户代理客户发送来的请求做出响应，对下一跳的代理服务器而言，代理服务器本身也可以看成是一个用户代理客户，因此，代理服务器同时具有 UAC 和 UAS 的功能。

从网络分层的结构来看，SIP 处于网络传输层之上，可以作为应用层的一部分，也可以单独作为应用层与传输层之间的一层。SIP 本身是由若干层组成，它们分别是事务用户层、事务层、传输层及语法和编码层。

在 SIP 系统中，组件与组件之间的通信是通过 SIP 消息来实现的。SIP 消息分成 SIP 请求消息和 SIP 响应消息。当两个用户代理交换 SIP 消息时，发送请求的用户代理被认为是 UAC，而返回响应的用户代理则被认为是 UAS。SIP 请求消息一共有 6 种，即 INVITE、ACK、BYE、CANCEL、REGISTER 和 OPTIONS。SIP 响应消息由 3 位数字构成，分别是 1xx、2xx、3xx、4xx、5xx 和 6xx，其中"xx"表明响应确切种类的两位数字，如一个"180"的临时响应消息是表明对端的振铃，而一个"181"临时响应消息则是表明呼叫正在被中转。

此外，根据实际需要允许对 SIP 进行相应的扩展，包括 SIP 请求消息的扩展、SIP 消息头的扩展以及 SIP 消息体的扩展。常见的扩展 SIP 请求消息有：SUBSCRIBE、INFO、NOTIFY、PUBLISH、MESSAGE、UPDATE 和 REFER。SIP 消息头的扩展和 SIP 消息体的扩展则是根据实际需要进行的扩展，如在 REFER 消息中增加 refer-to 和 refer-by 消息头。

2．SDP

SDP 是一种会话描述协议，被用于构成 SIP 请求消息和 200 OK 响应消息的消息体，主要是供主叫和被叫交换呼叫媒体的信息（如媒体流的配置和保持等）。

会话描述协议是在 RFC2327 中进行定义的。SDP 是为了会话通告、会话邀请以及其他形式的多媒体会话启动而描述多媒体会话的过程。所谓多媒体会议就是多媒体发送者、接收者以及从发送者到接收者的数据流的集合。视频电话会议呼叫就是一种典型的多媒体会话。SDP 语法简单易懂，已经作为基于文本的正信令协议中呼叫参数协商的编码方法。它对会话描述的格式进行了统一的定义，但是对多播地址的分配方案没有定义，而且不支持媒体编码方案的协商，这些功能是由下层传送协议完成。

会话描述协议是完全基于文本的协议，采用的是 UTF-8 编码的 ISO10646 字符集。之所以采用文本的形式而不采用诸如 ASN.1 的二进制编码的方式，是为了提高描述的可携带性，使其可以用各种传送协议进行传送，并且可以用各种文本工具软件对会话描述进行生成和处理。为了减少会话描述所用的开销，以便于差错检测，SDP 采用了紧凑型的编码，并且严格规定了各字段的顺序和格式。

3．其他相关协议

（1）MEGACO/H.248 协议

媒体网关控制协议（MEGACO/H.248：Media Gateway Control protoeol）是用于物理上分

开的多媒体网关单元控制的协议，能够把呼叫控制从媒体转换中分离出来，主要用于 IMS 网络中的 MRFC 和 MRFP 之间的通信。MEGACO 是 IETF 和 ITU-T 研究组共同努力的结果，因此 IETF 定义的 MEGACO 与 ITU-T 推荐的 H.248 是相同的，只是在协议消息的传输语法上有所区别，H.248 采用 ASN.1 语法格式，而 MEGACO 采用 ABNF 语法格式。

MEGACO/H.248 说明了媒体网关（MG）和媒体网关控制器（MGC）之间的联系。媒体网关用于转换电路交换语音到分组交换语音的 IP 数据包通信流量，而媒体网关控制器是用于规定这种流量的服务逻辑。MEGACO/H.248 用于通知 MG 将来自数据包或单元数据网络之外的数据流连接到数据包或者单元数据流上，如实时传输协议（RTP）。

（2）Diameter 协议

Diameter 协议是由 IETF 开发的用于认证、授权和计费（AAA）的协议，主要是为众多的接入技术提供 AAA 服务。Diameter 协议是基于远程接入用户服务（RADIUS）。Diameter 协议包括两个部分：Diameter 基础协议部分和 Diameter 应用部分。基础协议被用于传送 Diameter 数据单元、协商和处理错误，并提供可扩展的能力。Diameter 应用部分定义了特定应用的功能和数据单元。

（3）BICC/ISUP

ISUP 即 ISDN 用户部分（ISDN User Part），是 SS7 信令系统中的一种主要的协议。ISUP 是用于建立、管理和释放中继电路，中继电路用于公共交换电话网络（PSTN）传输语音和数据呼叫。BICC（与承载无关的呼叫控制协议）是 ISUP 协议的一种演进版本，与 ISUP 不同的是，BICC 将信令平面和媒体平面相分离。此外，BICC 支持一些分组交换的网络中，如 IP 网络或者 ATM 网络等。

（4）COPS 协议

COPS 即公共开放策略服务（Common Open Policy Service）协议，是一种简单的查询和响应协议，主要用于在策略服务器（策略决策点 PDP）和其客户机（策略执行点 PEP）之间交换策略信息。在 IMS 网络中，COPS 协议主要运行在 GGSN 与 PDF 之间的 Go 接口。COPS 协议具有设计简单且易于扩展的特点，其主要特征如下。

① COPS 采用的是客户机/服务器模式，即 PEP 向远程 PDP 发送请求，对相关信息进行更新和删除，而 PDP 需要对 PEP 进行响应和确认。

② COPS 使用的是传输层控制协议（TCP），通过 TCP 为客户机和服务器提供可靠信息交换。

③ COPS 具有可扩展性和自我识别能力，可以在不修改 COPS 本身的情况下支持不同特定的客户机信息。COPS 是为策略的通用管理、配置以及执行而创建的。

④ COPS 为认证、中继保护以及信息完整性提供了信息级别的安全性。COPS 也可以使用已有安全协议，如 IPSec 和安全传输层协议（TLS），以确保 PEP 和 PDP 之间通信的安全性。

10.2　光交换技术

随着人类社会对信息的需求日益增强，发展迅速的各种新型业务对通信网的带宽和容量提出了更高的要求，通信网的两大主要组成部分（传输和交换）都在不断地发展和革新。

光纤有着巨大的频带资源和优异的传输性能，是实现高速率、大容量传输的最理想的物理媒质。随着波分复用（Wavelength Division Multiplexing，WDM）技术的成熟，一根光纤中能够传输几百吉比特/秒（Gbit/s）到太比特/秒（Tbit/s）的数字信息，这就要求通信网中交换系统的规模越来越大，运行速率也越来越高。未来的大型交换系统将需要太比特/秒的速度来处理总量高达几百、上千吉比特/秒的信息。但是，目前的电子交换和信息处理网络的发展已接近电子速率的极限，其中所固有的 RC 参数、钟歪、漂移、串话、响应速度慢等缺点限制了交换速率的提高。为了解决电子瓶颈限制问题，研究人员开始在交换系统中引入光子技术，实现光交换。

10.2.1　光交换的概念

光交换和 ATM 交换一样，是宽带交换的重要组成。在长途信息传输方面，光纤已经占了绝对的优势。用户环路光纤化也得到很大发展，尤其是宽带综合业务数字网（B-ISDN）中的用户线路必须要用光纤。这样，处在 B-ISDN 中的宽带交换系统上的输入/输出信号，实际上就都是光信号，而不是电信号了。

如图 10-10 所示，当交换设备采用电交换机时，光信号要先变成电信号才能送入电交换机，从电交换机送出的电信号又要先变成光信号才能送上传输线路，那么，如果采用光交换机，这些光电变换过程都可以省去了。

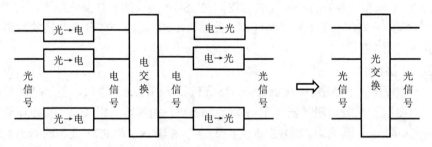

图 10-10　光变电、电变光的过程都可以省去了

除了减少光电变换的损伤外，采用光交换可以提高信号交换的速度，因为电交换的速度受电子速度的限制。因此，光交换技术是未来发展的方向。

应用光波技术的光交换机也由传输和控制两部分组成。把光波技术引入交换系统的主要课题是如何实现传输和控制的光化。从目前已进行的研制和开发的情况来看，光交换的传输路径采用空分、时分和波分交换方式。

10.2.2　光交换元件

1. 半导体光开关

通常，半导体光放大器用来对输入的光信号进行光放大，并且通过控制放大器的偏置信号来控制其放大倍数。当偏置信号为"0"时，输入的光信号将被器件完全吸收，使得器件的输出端没有任何光信号输出，器件的这个作用相当于一个开关把光信号给"关断"了。当偏置信号不为"0"且具有某个定值时，输入的光信号便会被适量放大而出现在输出端上，这相当于开关闭合让光信号"导通"。因此，这种半导体光放大器也可以用作光交换中的空分交换开关，通过控制电流来控制光信号的输出选向。图 10-11 所示为半导体光放大器及等效开关示意结构。

图 10-11　半导体光放大器及等效开关示意结构

2．耦合波导开关

半导体光放大器只有一个输入端和一个输出端，而耦合波导开关除有一个控制电极以外，还有两个输入端和两个输出端。光耦合波导开关示意结构及逻辑表示如图 10-12 所示。

耦合波导开关是利用铌酸锂（LiNbO$_3$）材料制作的。铌酸锂是一种很好的电光材料，它具有折射率随外界电场变化而改变的光学特性。在铌酸锂基片上进行钛扩散，以形成折射率逐渐增加的光波导（即光通道）；再焊上电极，它便可以作为光交换元件了。当两个很接近的波导进行适当的耦合时，通过这两个波导的光束将发生能量

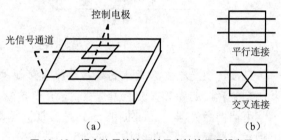

图 10-12　耦合波导等效开关示意结构及逻辑表示

交换，并且其能量交换的强度随着耦合系数、平行波导的长度和两波导之间的相位差而变化。只要所选的参数得当，那么光束将会在两个波导上完全交错。另外，若在电极上施加一定的电压，将会改变波导的折射率和相位差。由此可见，通过控制电极上的电压，将会获得如图 10-12（b）中所示的平行和交叉两种连接状态。典型的波导长度为数毫米，激励电压约为 5V。交换速度主要依赖于电极间的电容，最大速率可达吉比特/秒数量级。

3．硅衬底平面光波导开关

图 10-13 所示为一个 2×2 硅衬底平面光波导开关示意结构及逻辑表示。这种器件具有马赫-曾德尔干涉仪结构形式，它包含两个 3dB 定向耦合器和两个长度相等的波导臂，波导芯和包层的折射差较小，只有 0.3%。波导芯尺寸为 8μm×8μm，包层厚 50μm。每个臂上带有铬薄膜加热器，其尺寸为 50μm 宽、5mm 长，该器件的尺寸为 30mm×3mm。这种器件的交换原理是基于硅介质波导内的热—电效应，平时偏压为"0"时，器件处于交叉连接状态。当加热波导臂时（一般需要 0.4W），它可以切换到平行连接状态。它的优点是插入损耗小（0.5dB）、稳定性好、可靠性高、成本低，适合于大规模集成；缺点是响应速度较慢，为 1～2ms。

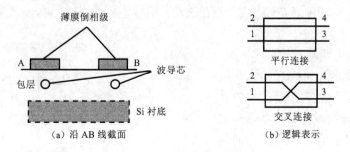

图 10-13　硅衬底平面光波导开关示意结构及逻辑表示

4．波长转换器

另一种用于光交换的器件是波长转换器，如图 10-14 所示，包括直接波长转换和外调制器波长转换两种。直接波长转换是将波长为 λ_i 的输入光信号先由光电探测器转变为电信号，然后，再去驱动一个波长为 λ_j 的激光器，使得输出波长成为 λ_j 的出射光信号。外调制器的方法是一种间接的波长转换，即在外调制器的控制端上施加适当的直流偏置电压，使得波长为 λ_i 的入射光被调制成波长为 λ_j 的出射光。

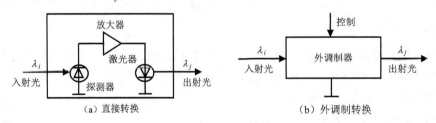

（a）直接转换　　　　　　　　　　　　（b）外调制转换

图 10-14　光波长转换器结构

直接转换是利用激光器的注入电流直接随承载信息的信号而变化。少量电流的变化就可以调制激光器的光频（波长），大约是 1nm/mA。

可调谐激光器（tunable laser）是实现波分复用（WDM）最重要的器件，近年来制成的单频激光器都用量子阱结构、分布反馈式或分布布喇格反射式结构，有些能在 10nm 或 1THz 范围内调谐，调谐速度有较大提高。通过电流调谐，一个激光器可以调谐出 24 个不同的频率，频率间隔为 40GHz（甚至可以小到 10GHz），使不同光载波频率数可以多达 500 个。但目前这种器件还不能提供实际使用，也无商品出售。

激光外调制器通常是采用具有电光效应的某些材料制成，这些材料有半导体、绝缘晶体和有机聚合物。最常用的是使用钛扩散的 $LiNbO_3$ 波导构成的马赫-曾德尔（M-Z）干涉型外调制器。在半导体中，相位滞后的变化受到随注入电流而变化的折射率的影响。在晶体和各向异性的聚合物中，利用电光效应，即电光材料的折射率随施加的外电压而变化，从而实现对激光的调制。

5．光存储器

在全光系统中，为了实现光信息的处理，光信号的存储显得极其重要。在光存储方面，首先试制成功的是光纤延迟线存储器，而后又研制出了双稳态激光二极管存储器。

用双稳态激光二极管构成光存储器是由一个带有串列电极 InGaAsP/InP 双非均匀波导（Double-heterostructure Waveguide）组成的，串列电极是一个沟道隔开的两个电流注入区，由于沟道没有电流输入，它起着饱和吸收区的作用。此吸收区抑制双稳态触发器自激振荡，使器件有一个输入—输出滞后特性。实验结果表明，纳秒（ns）数量级的高速交换具有大于 20dB 的高信号增益。

6．自由空间光调制器

空间无干涉地控制光路径的光交换叫做自由空间光调制器。这种调制器的典型器件是由二维光极化控制阵列或开关门器件组成，其示意结构如图 10-15 所示。图中给出的是一个二维的液晶空间光调制器结构，它的特点是在

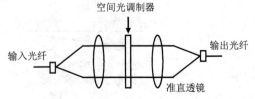

图 10-15　二维阵列空间光调制器

1mm 范围内具有高达 10μm 数量级的分辨率。利用这种空间光调制器构成光交换网络，可以满足全息光交换所需的特性。

10.2.3　光交换网络

光交换元件是构成光交换网络的基础，随着技术的不断进步，光交换元件也在不断地完善。在全光网络的发展中，光交换网络的组织结构也随着交换元件的发展而不断变化。下面介绍空分、时分、波分、复合和混合 5 种典型的光交换网络结构。

10.2.3.1　空分光交换网络

空间光开关（Space Optical Switch）是光交换中最基本的功能开关。它可以直接构成空分光交换单元，也可以与其他功能开关一起构成时分光交换单元和波分光交换单元。空间光开关可以分为光纤型光开关和自由空间型光开关。

1．光纤型空分光交换

其最基本单元是 2×2 的光交换模块，在输入端具有两根光纤，在输出端也具有两根光纤，可以完成平行连接和交叉连接两种状态。这样的光开关有 3 种实现方案，如图 10-16 所示。图 10-16（a）所示为 1 个 2×2 光开关，如基于铌酸锂（LiNbO₃）晶体的定向耦合器；图 10-16（b）所示为 4 个 1×2 光交换开关（Y 分叉器）用光纤互连起来组成的 2×2 光交换模块，该 1×2 光交换器件可以由铌酸锂（LiNbO₃）光耦合波导开关担当；图 10-16（c）所示为由 4 个 1×2 光耦合器和 4 个 1×1 光开关器件构成。

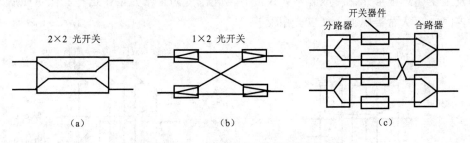

图 10-16　2×2 空间光开关的实现方案

图 10-16（a）、（b）中的 2×2 和 1×2 光开关属于波导型光开关，都是由外部控制波导的折射率，选择输出波导；折射率控制由外加电压形成电场（电光型光开关）或通过加热（热光型光开关）来进行；这类光开关在交换信号时，除了本身的插损外，将把所有的信号功率交换到输出光纤上去。

图 10-16（c）中的 1×1 开关器件可以是半导体激光放大器，也可以是 SEED 器件、光门电路等；无源光分路/合路器可以是 T 型无源光耦合器件，它的作用是把一个或多个光输入分配给多个或一个输出。无源 T 型耦合器对光信号的影响是附加插入损耗，但耦合可以与光信号的波长无关；T 型耦合器不具有选向功能，选向功能由 1×1 开关器件实现。因此，图 10-16（c）所示的光开关将把一半的光能浪费掉，从而引入附加损耗，且交换的路数越多，损耗越大。用光放大器作门型光开关可以解决这个问题，但是空间光开关多级互连成大型交换单元时，光放大器引入的放大的自发辐射、通带变窄等问题难以解决。另外，图 10-16（c）所示

的光开关具有广播发送能力，这在提供点到多点和广播业务时是非常有用的。利用 2×2 基本光开关以及相应的 1×2 光开关可以构成大型的空分光交换单元。

除上述的光开关类型外，机械光开关也是一种常用的光开关。机械光开关具有插入损耗小、隔离度高、工作稳定可靠等优点，但它的开关速度较慢。

2. 自由空间型光交换

上述光纤型空分交换网络的光通道是由光波导组成的，光波导材料的光通道带宽受到材料特性的限制，远远没有发挥光的并行性、高密度性的特点，并且由平面波导开关构成的光交换网络一般没有逻辑处理功能，不能做到自寻路由。而空间光调制器可以通过简单的移动棱镜或透镜便能控制光束的交换功能。

自由空间光交换与波导交换相比，其具有高密度装配的能力。制作在衬底上的波导开关由于受到波导弯曲的最小弯曲率限制，从而难以做得很小。另外，当用许多小规模交换器件组合成更大规模交换系统时，必须用光纤把它们互连起来，这样体积将会变得很大。与此相比，自由空间交换是利用光束互连，因而可以构成大规模的交换，并且适合作三维高密度组合，即使光束相互交叉，也不会相互影响。

自由空间交换网络可以由多个 2×2 光交叉连接元件组成，这种交叉连接元件通常具有两种状态：交叉连接状态和平行连接状态。除耦合光波导元件具有这种特性外，极化控制的两块双折射片也具有这种特性，结构如图 10-17 所示。前一块双折射片对两束正交极化的输入光束进行复用，后一块对其解复用。为了实现 2×2 交换，输入光束偏振方向由极化控制器控制，可以旋转 0° 或 90°。旋转 0° 时，输入光束的极化态不会改变。旋转 90° 时，输入光束的极化态发生变化，正常光束变成异常光束，异常光束变为正常光束；这种变化是在后一块双折射片内完成，从而实现了 2×2 的光束交换。

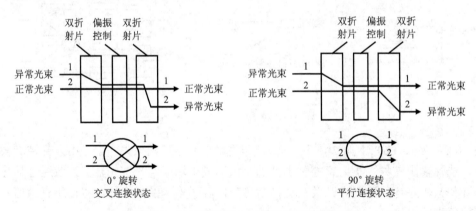

图 10-17　由两块双折射片构成的空间交叉连接单元

自由空间光交换网络也可以由光逻辑开关器件组成，比较有前途的一种器件是自电光效应器件（S-SEED），它可构成数字交换网络。这种器件已从对称态自电光效应器件、智能灵巧形元阵列器件，发展到 CMOS-SEED 器件。自电光效应器件在对它供电的情况下，其出射光强并不完全与入射光强成正比，当入射光强（偏置光强＋信号光强）大到一定程度时，该器件变成一个光能吸收器，使出射光信号减小。利用其这一性质，可以制成多种逻辑器件（比如逻辑门）。当偏置光强和信号光强都足够大时，其总能量足以超过器件的非线性阈值电平，该器件的状态将发生改变，输出电平从高电平"1"下降到低电平"0"。借助减小或增加偏置光束能量和信号光束能量，即可构成一个光逻辑门。

如果把 4 个交叉连接单元连接起来，就可以组成一个 4×4 的交换单元，如图 10-18 所示。这种交换单元有一个特点，就是每一个输入端到输出端都有一条路径、且只有一条路径。例如，在控制信号的作用下，A 和 B 交叉连接单元工作在平行状态，而 C 单元工作在交叉连接状态时，输入线 0 的光信号只能输出到输出线 0 上，而输入线 3 的光信号也只能输出到输出线 1 上。当需要更大规模的交换网络时，可以按照空分 Banyan 结构的构成过程把多个 2×2 交叉连接单元互连来实现。

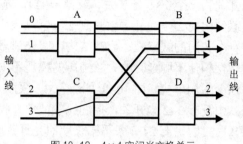

图 10-18　4×4 空间光交换单元

10.2.3.2　时分光交换网络

在电时分交换方式中，普遍采用存储器作为交换的核心设施，把时分复用信号按一种顺序写入存储器，然后再按另一种顺序读取出来，这样便完成了时隙交换。光时分复用和电时分复用类似，也是把一条复用信道划分成若干个时隙，每个基带数据光脉冲流分配占用一个时隙，N 个基带信道复用成高速光数据流进行传输。

光时分交换是基于光时分复用中的时隙互换原理实现的，是指把 N 路时分复用信号中各个时隙的信号互换位置，如图 10-19 所示。每一个不同时隙的互换操作对应于 N 路输入信号与 N 条输出线的一种不同连接，因此，也必须有光缓存器才能实现光交换。双稳态激光器可用作光缓存器，但是它只能按位缓存，并需要解决高速化和扩大容量等问题。光存储器以及光计算机都还没有达到实用阶段，故一般采用光延迟元件实现光存储。光纤延迟线是一种比较适用于时分光交换的光缓存器，其工作原理是：首先，把时分复用信号经过分路器，使每条出线上同时都只有某一个时隙的信号；然后，让这些信号分别经过不同的光延迟器件，使其获得不同的时间延迟；最后，再把这些信号经过一个复用器重新复合起来，时隙互换就完成了。所以，目前的时隙交换器都是由空间光开关和一组光纤延时线构成的，空间光开关在每个时隙改变一次状态，把时分复用的时隙在空间上分割开，对每一个时隙分别进行延时后，再复用到一起输出。

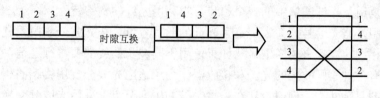

图 10-19　基于时隙互换原理的时分交换示意图

图 10-20 所示为 4 种时隙交换器，图中的空间光开关在一个时隙内保持一种状态，并在时隙间的保护带中完成状态转换。其中，图 10-20（a）用一个 1×T 空间光开关把 T 个时隙分解复用，每个时隙输入到一个 2×2 光开关。若需要延时，则将光开关置成交叉状态，使信号

进入光纤环中，光纤环的长度为"1"，然后，将光开关置成平行状态，使信号在环中循环。需要延时几个时隙就让光信号在环中循环几圈，再将光开关置成交叉状态使信号输出。T 个时隙分别经过适当的延时后重新复用成一帧输出。这种方案需要一个 $1 \times T$ 光开关、T 个 2×2 光开关和一个 $T \times 1$ 光开关（或耦合器），光开关数与 T 成正比增加。图 10-20（b）采用多级串联结构使 2×2 光开关数降到 $2\log_2 N - 1$，大大降低了时隙交换器的成本。图 10-20（a）、（b）有一个共同的缺点是：反馈结构，即光信号从光开关的一端经延时又反馈到它的一个入端。反馈结构使不同延时的时隙经历的损耗不同，延时越长，损耗越大，而且信号多次经过光开关还会增加串扰。图 10-20（c）、（d）采用了前馈结构，使所有时隙的延时都相同。图 10-20（c）中没有 2×2 光开关，控制比较简单，损耗和串扰都比较小。但是在满足保持帧的完整性要求时，它需要 $2T-1$ 条不同长度的光纤延时线，而图 10-20（a）只需要 T 条长度为"1"的光纤延时线。图 10-20（d）采用多级串联结构，减少了所需的延时线数量。

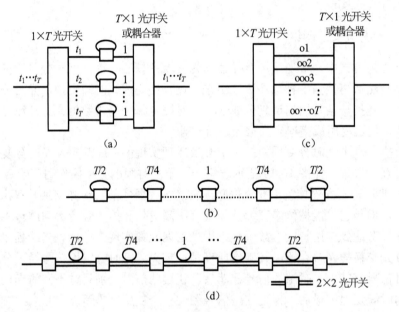

图 10-20　四种时隙交换器

10.2.3.3　波分光交换网络

密集波分复用是光纤通信中的一个趋势。它利用光纤的宽带特性，在 1550 nm 波段的低损耗窗口中复用多路光信号，大大提高了光纤的通信容量。在光波分复用系统中，其源端和目的端都采用相同的波长来传递信号。如果使用不同波长的终端要进行通信，那么必须在每个终端上都具有各种不同波长的光源和接收器。为了适应光波分复用终端的相互通信而又不增加终端设备的复杂性，人们便设法在传输系统的中间节点上采用光波分交换，就是将波分复用信号中任一波长 λ_i 变换成另一波长 λ_j。

光波分交换网络的结构如图 10-21 所示，其工作原理为：首先由光分束器把输入的多波长光信号功率均匀地分配到 N 个输出端上，它可以采用熔拉锥型—多耦合器件，或者采用硅平面波导技术制成的耦合器；然后，N 个具有不同波长选择功能的法布里—玻罗（F-P）滤波器或者相干检测器从输入的光信号中检出所需的波长输出，虚线框中的模块组合相当于波长解复用器的功能；再由波长转换器把输入波长光信号转换成想要交换输出的波长的光信号；最后通过光波复用器把完成波长交换的光信号复用在一起，经由一条光纤输出。

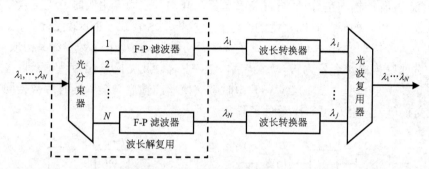

图 10-21 波长互换光交换网络结构

目前实现波长转换有 3 种主要方案。第一种是利用 O/E/O 波长变换器，即光信号首先被转换为电信号，再用电信号来调制可调谐激光器，调节可调谐激光器的输出波长，即可完成波长转换功能。这种方案技术最为成熟，容易实现，且光电变换后还可进行整形、放大处理，但因电光变换、整形和放大处理，失去了光域的透明性，带宽也受检测器和调制器的限制。第二种是利用行波半导体放大器的饱和吸收特性、半导体光放大器交叉增益调制效应或交叉相位调制效应来实现波长变换。第三种是利用半导体光放大器中的四波混频效应来实现波长变换，此方案具有高速率、宽带宽和良好的光域透明性等优点。

图 10-22 所示为另一种波长交换结构。它是从各个单路的原始信号开始，先用各种不同波长的单频激光器将各路输入信号变成不同波长的输出光信号，把它们复合在一起，构成一个波分多路复用信号，然后再由各个输出线上的处理部件从该多路复用信号中选出各个单路信号来，从而完成交换处理。该结构可以看成是一个 $N \times N$ 阵列型波长交换系统。N 路原始信号在输入端分别去调制 N 个可变波长激光器、产生出 N 个波长的信号，经星型耦合器后形成一个波分多路复用信号，并输出到 N 个输出端。在输出端可以采用光滤波器或者相干检测器检出所需波长的信号。入线和出线连接方式的选择，既可以在输入端通过改变激光器波长，也可以在输出端通过改变调谐 F-P 滤波器的调谐电流或改变相干检测本振激光器的振荡波长来实现。

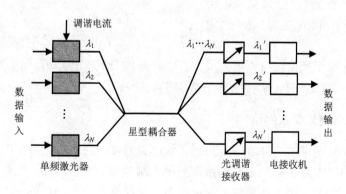

图 10-22 波长选择型光交换结构

10.2.3.4 复合光交换网络

空分+时分，空分+波分，空分+时分+波分等都是常用的复合光交换方式。图 10-23 所示为 TST 和 STS 两种结构的空分+时分光交换单元，其中，空间复用的时分光交换模块 T 由 N 个时隙交换器（TSI）构成，时间复用的空分光交换模块 S 可由 LiNbO₃ 光开关、InP 光开关和半导体光放大器门型光开关（它们的开关速率都可达到纳秒（ns）数量级）构成。图 10-23（b）中的空分光交换模块容量为 $N×N'$，当 $N'≥2N-1$ 时，此交换单元为绝对无阻塞型；当 $N' ≥N$ 时为可重排无阻塞型。图 10-23（a）中时隙交换器的输出与输入的时隙数相同，即 $T= T'$，所以此交换单元只能是可重排无阻塞型。

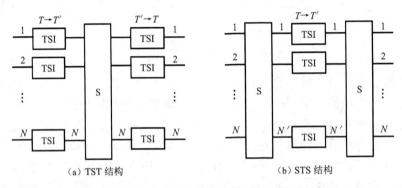

图 10-23 空分+时分光交换单元的两种结构

空分+波分光交换需要波长复用的空分光交换模块和空间复用的波分光交换模块，分别用 S 和 W 表示。由于前面介绍的空间光开关都对波长透明，即对所有波长的光信号交换状态相同，所以它们不能直接用于空分+波分光交换。一种方法是把输入信号波分解复用，再对每个波长的信号分别应用一个空分光交换模块，完成空间交换后再把不同波长的信号波分复用起来，从而完成空分+波分光交换功能。另一种方法是采用声光可调谐滤波器，它可以根据控制信号的不同，将一个或多个波长的信号从一个端口滤出，而其他波长的信号从另一端口输出，如图 10-24 所示。因此，它可以看做波长复用的空间 1×2 光开关（对不同波长的变换状态不同），由它构成的空分光交换模块很适用于空分+波分光交换，但因它的电调节时间在 10μs 左右，故不适用于时间复用。

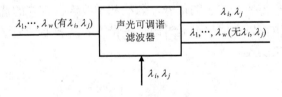

图 10-24 声光可调谐滤波器

用 S, T 和 W 3 种交换模块可以组合成空分+时分+波分光交换单元，组合形式有 WTSTW，TWSWT，STWTS，TSWST，SWTWS 和 WSTSW 6 种。

10.2.3.5 混合型光交换网络

设计大规模交换网络的一种方法是进行多级链路连接，在基于空分交换的大规模交换网络中，交换元件的容量过小将引起链路级数随出入端口数的平方增加，同时会引起光插入损耗、噪声和串音的增加，因而需要加入光放大器，从而会使交换网络的结构变得很庞大且控制很复杂。解决这个问题的措施是在链路上采用波分复用技术，然后利用空分交换完成链路级交换，最后利用波分交换技术选出相应信号进行波分合路输出。将时分和波分技术结合起来可以得到一种极有前途的混合型光交换网络，其复用度是时分多路复用与波分多路复用的乘积。例如，时分多路复用与波分多路复用的复用度分别为 8，那么可以实现复用度为 64 的时分—波分混合型交换网络。再将此种交换结构利用 4 级链路连接进行空分交换，则可以构成最大端口数为 4096 的大容量光交换网络。

在光交换系统实现中，要满足众多用户两两相连，除了交换元件技术的可实现性外，重要的是交换控制机理的实现问题。解决大容量交换系统的控制管理问题，和人们日常解决复杂问题的方法有点类似。当把一个问题的各个部分顺序排列起来看时，问题会显得烦琐而难以解决，但当把它分成两个方面来看时就会变得简单，如果从多个方面去看就会更加简化。也就是说，单方面看问题，其解决方法的选择只有一个自由度（一维空间），增加一维空间就会增加一个选择自由度，并且每一个方面的解决方案将会减少一半，从而使问题变得清晰且易于解决。

到目前为止，还没有一种单一的光交换技术能够实现要求大于 1000×1000 个 150Mbit/s 信号的交换规模。但是光纤很细，已有成百上千个纤芯的多芯光纤在售，而且每根光纤都具有巨大的频宽，很容易复用多个波长的信号，再者每个波长又可以携带大量时分复用信号。于是，电时分复用（TDM）、光频分复用（OFDM）和空分复用（OSDM）各占用一个自由度就可以构成一个比单独使用一种复用技术大得多的网络，这就是多维光网络（Multidimensional Optical Network，MONET）。其优点是增加了构成网络的灵活性。

10.2.4　新的光交换技术

1．热光交换技术

热光交换技术是采用可调节热量的聚合体波导，由分布于聚合体堆中的薄膜加热元素控制光交换的技术。当电流通过加热器时，它改变了波导分支区域内的热量分布，从而改变了折射率，这样就可将光从主波导耦合引导至目的分支波导。热光交换机的体积非常小，能实现微秒级的交换速度；其缺点是介入损耗较高，串音较严重，消光率较低，耗电量较大，并且要求有良好散热器。

2．液晶光交换技术

液晶光交换技术是利用液晶片、极化光束分离器或光束调相器等器件来实现光交换的技术。液晶片的作用是旋转入射光的极化角，当电极上没有电压时，经过液晶片的光线的极化角为 90°，当有电压加在液晶片的电极上时，入射光束将维持它的极化状态不变。极化光束分离器或光束调相器起路由器的作用，将信号引导到目的端口，对极化敏感或不敏感的矩阵交换机都能利用这种技术。当使用向列的液晶时，交换机的交换速度大约为 100ms；当使用铁电的液晶时，交换速度为 10μs。使用液晶技术可以构造多通路交换机，但其缺点是损耗较大，热漂移量较大，串音较严重，驱动电路也比较昂贵。

3．声光交换技术

声光交换技术是基于声光技术，通过在光介质中加入横向声波，将光线从一根光纤准确地引导到另一根光纤的交换技术。声光交换机可以实现微秒级的交换速度，可以方便地构建端口数较少的交换机。但是声光交换技术并不适于矩阵交换机，这是因为需要复杂的系统通过改变频率来控制交换机，而且其衰耗随波长变化较大，驱动电路也比较昂贵。

4．微机电光交换技术

目前已经开发出多种微机电（Micro-Electro-Mechanical，MEM）交换机，它们是利用微机电（MEM）技术，在空闲的空间内调节光束；采用了不同类型的特殊微光器件，这些器件由小型化的机械系统激活。MEM 光交换机的主要优点就在于体积小、集成度高，并可像集成电路那样大规模生产。

随着新的和改进的光交换技术的不断涌现，光网络容量的持续扩展，当出现更有效的信号管理方式时，全光网络最终会变成事实。基于光纤的非线性特征的全光交换设备（使用非线性定向耦合器的光交换机）就是新出现的技术，其耦合器由靠得很近的两根纤芯组成。当两根纤芯的相位失配时，纤芯会分开，从而产生了开关效应。由于交换是在光纤内完成的，这种交换机具有较高的交换速度，较低的损耗，并在矩阵配置中可实现多级级联，很有希望在未来的光网络中采用。因此，在未来的大容量光网络中，光交换机必将起到关键的作用。

复习思考题

1．什么是 IMS 技术？
2．在移动通信领域，主要通过什么样的演进方式将现有业务向 IMS 业务平滑迁移？
3．简述 IMS 的体系结构。
4．IMS 功能实体主要可以分为哪些实体？
5．IMS 与软交换的区别是什么？
6．IMS 主要包括哪些相关协议？
7．在 IMS 应用环境下，SIP 主要支持哪些方面的功能？
8．什么是光交换？它与电交换相比具有哪些优点？
9．目前常用的光交换元件有哪些？各有何特点？
10．为什么要研究和发展光交换网络？
11．构成空分光交换模块有几种类型？各有何特点？
12．自由空间光交换网络的主要特点是什么？
13．在光时分交换网络结构中，为什么要用光延迟线或光存储器？
14．简述波分光交换网络的工作原理。
15．混合型光交换网络的产生解决了哪些问题？
16．极有前途的一种混合型光交换网络是哪两种技术的结合？其复用度是如何计算的？
17．新的光交换机技术有哪几种？它们各自的特点是什么？
18．你对交换技术未来的发展有哪些新的观点和认识？
19．在当前的技术条件下，请你举出几个可以应用光交换的例子，并说明采用光交换的好处。

英文缩写	英文全称	中文含义
AAA	Authority Authentication and Accounting	认证、授权和计费
AAL	ATM Adaptation Layer	ATM 适配层
ACCH	Associated Control CHannel	随路控制信道
ACM	Address Complete Message	地址全消息
AF-PHB	Assured Forwarding-PerHop Behavior	可靠转发 PHB
AG	Access Gateway	接入网关
AGCF	Access Gateway Control Function	接入网关控制功能
AGCH	Access Given CHannel	接入允许信道
AH	Authentication Header	认证首部
AKA	Authentication and Key Agreement	密钥协定计划
AM	Admission Manager	接纳管理器
AMG	Access Media Gateway	接入媒体网关
ANC	Answer signal-Charge	应答信号，计费
ANM	Answer Message	应答消息
API	Application Program Interface	应用程序接口
ARP	Address Resolution Protocol	地址解析协议
ARPA	Advanced Research Projects Agency	高级研究计划局
ARS	Address Resolution Server	地址解析服务器
AS	Application Server	应用服务器
AS	Assured Service	确保服务
AS	Autonomous System	自治系统
ASBR	Autonomous System Border Router	自治系统边界路由器
ASE	Application Service Element	应用业务单元
ATD	Asynchronous Time Division	异步时分
ATM	Asynchronous Transfer Mode	异步转移模式

ATIS	Alliance for Telecommunications Industry Solutions	世界通信产业解决方案联盟
AUC	AUthentication Center	认证中心
BA	Behavior Aggregate	聚集
BCCH	Broadcast Control CHannel	广播控制信道
BCH	Broadcast CHannel	广播信道
BCSM	Base Call Status Module	基本呼叫状态模型
BE-PHB	Best Effort-PerHop Behavior	尽力而为 PHB
BGP	Boundary Gateway Protocol	边界网关协议
BGCF	Breakout Gateway Control Function	出局网关控制功能
BICC	Bearer Independent Call Control	承载无关呼叫控制
B-ISDN	Broad band-ISDN	宽带综合业务数字网
BLCTL	Basic Level ConTroL program	基本级控制程序
BOM	Beginning Of Message	信息开始
BS	Base Station	基地站
BSC	Base Station Controller	基站控制器
BSS	Base Station Subsystem	基站子系统
BTS	Base Transceiver Station	基站收发信台
CA	Call Agent	呼叫代理
CAS	Channel Associated Signaling	随路信令
CBK	Clear BacK signal	后向拆线信号
CBR	Constant Bit Rate	恒定比特率
CCCH	Common Control CHannel	公共控制信道
CCH	Control CHannel	控制信道
CCITT	Consultative Committee of International Telegraph and Telephone	国际电报电话咨询委员会
CCS	Common Channel Signaling	公共信道信令
CDMA	Code Division Multiple Access	码分多址
CE	Customer Equipment	用户设备
CEF	Customer Equipment Forwarding	用户设备转发
CID	Channel Indication	信道标识符
CIPOA	Classical IP Over ATM	ATM 上的传统 IP
CIR	Committed Information Rate	承诺的信息速率
CLF	CLear Forward signal	前向拆线信号
CLP	Cell Loss Priority	信元丢失优先级
CM	Control Memory	控制存储器
CM	Connection Management	连接管理
CM	Connection Manager	连接管理器
COM	Continuation Of Message	信息连续
COPS	Common Open Policy Service Protocol	公共开放策略服务协议

CoS	Class of Service	服务类型
CPCS	Common Part Convergence Sublayer	公共部分汇聚子层
CPE	Customer Premise Equipment	用户边缘设备
CPI	Common Part Indicator	公共部分指示符
CPS	Common Part Sublayer	公共部分子层
CPU	Central Processing Unit	中央处理机单元
CR	Cell Relay	信元中继
CRC	Cyclic Redundancy Check	循环冗余检验
CR-LDP	Constrained Label Distribution Protocol	约束的标记分发协议
CS	Circuit Switching	电路交换
CS	Convergence Sublayer	汇聚子层
CS	Call Server	呼叫服务器
CSCF	Call Session Control Function	呼叫会话控制功能
CSI	Convergence Sublayer Identifier	汇聚子层指示符
CSPF	Constrained Shortest Path First	约束最短路径优先
CS-PHB	Class Selector -PerHop Behavior	类别选择 PHB
DCCH	Dedicated Control CHannel	专用控制信道
DG	Datagram	数据报
DLC	Digital Line Circuit	数字用户电路
DLCI	Data Link Connection Identifier	数据链路连接标识符
DNS	Domain name system	域名系统
DoS	Depth of Search	深度搜索
DS	Directory Server	目录服务器
DSCP	Different Service Code Point	差分服务代码点
DSL	Digital Subscriber Loop	数字用户环路
DSLAM	Digital Subscriber Loop Access Multiplexer	数字用户环路接入复用器
DSN	Digital Switch Network	数字交换网络
DTMF	Dual Tone Multi-Frequency	双音多频
DUP	Data User Part	数据用户部分
EF-PHB	Expedited Forwarding-PerHop Behavior	加速转发 PHB
EGP	External Gateway Protocol	外部网关协议
EIR	Equipment Identity Register	设备识别寄存器
EP	End Point	边缘端点
ESP	Effective Safety Package	有效负载安全封装
EOM	End Of Message	信息结束
EPC	Evolved Packet System	演进分组系统
FACCH	Fast Associated Control CHannel	快速随路控制信道
FBC	Flow based Charging	基于流的计费
FCCH	Frequency Corrected CHannel	频率校正信道

FCS	Fast Circuit Switching	快速电路交换
FDDI	Fiber Distributed Data Interface	光纤分布数据接口
FEC	Forwarding Equivalence Class	转发等价类
FEP	Front End Processor	前端处理机
FIFO	First In First Out	先进先出
FMC	Fixed-Mobile Convergence	固定网与移动网融合
FPS	Fast Packet Switching	快速分组交换
FR	Frame Relay	帧中继
FS	Feature Server	特征服务器
FS	Frame Switching	帧交换
FTP	File Transmission Protocol	文件传输协议
GCRA	Generic Cell Rate Algorithm	一般信元速率算法
GFC	Generic Flow Control	一般流量控制
GGSN	Gateway GPRS Supporting Node	GPRS 网关支持节点
GMSC	Gateway Mobile Switching Center	网关移动交换中心
GPRS	General Packet Radio Service	通用分组无线业务
GRE	Generic Route Encapsulation	通用路由封装
GSM	Global System for Mobile communication	移动通信全球系统
GSMP	General Switch Management Protocol	通用交换机管理协议
HDTV	High Definition TeleVision	高清晰度电视
HEC	Header Error Control	信头差错控制
HLCTL	High Level ConTroL program	H 级控制程序
HLR	Home Location Register	归属位置寄存器
HSS	Home Subscriber Server	归属用户服务器
IAD	Integrated Access Device	综合接入设备
IAI	Initial Address message with additional Information	带附加信息初始地址消息
IAM	Initial Address Message	初始地址消息
ICCC	International Computer Communication Conference	计算机通信国际会议
I-CSCF	Interrogation-CSCF	问询 CSCF
ICT	Information Communication Technology	信息通信技术
IDN	Integrated Digital Network	综合数字网
IETF	Internet Engineering Task Force	互联网工程工作组
IFMP	Ipsilon Flow Management Protocol	Ipsilon 流管理协议
IGP	Internal Gateway Protocol	内部网关协议
IKE	Internet secret-Key Exchange	Internet 密钥交换
IM	IP Multimedia	IP 多媒体
IM	Instant Message	即时消息
IMEI	International Mobile Equipment Identification	国际移动设备识别码
IMS	IP Multimedia Subsystem	IP 多媒体子系统

IMSI	International Mobile Station Identification	国际移动用户识别码
IN	Intelligent Network	智能网
INAP	Intelligent Network Application Part	智能网应用部分
IP	Internet Protocol	互联网协议
IPDC	Internet Protocol Device Control	IP 设备控制
IPOA	IP Over ATM	ATM 上的 IP
IP-PBX	IP Private Branch eXchange	用户级交换机
ISC	International Softsuitch Consortium	国际软交换联盟（协会）
ISDN	Integrated Service Digital Network	综合业务数字网
ISAKMP	Internet Safety Alliance and secret-Key Management Protocol	安全联盟和密钥管理协议
IS-IS	Intermediate System-Intermediate System protocol	中间系统-中间系统协议
ISP	Internet Service Provider	Internet 服务提供商
ISUP	ISDN User Part	ISDN 用户部分
ITU	International Telecommunications Union	国际电信联盟
ITU-T	International Telecommunications Union-Telecommunications Standardization Section	国际电信联盟电信标准部
IVC	Integrity Value Checked	完整性校验值
LAI	Location Area Identification	位置区标识码
LAN	Local Area Network	局域网
LANE	Local Area Network Emulation	局域网仿真
LAPD	Link Access Protocol of D-channel	D 通道链路接入协议
LC	Subscriber Line Concentrator	用户集线器
LCN	Logical Channel Number	逻辑信道号
LDAP	Link Data Application Protocol	链路数据应用规程
LDP	Label Distribution Protocol	标记分发协议
LER	Label Edge Switch Router	标记边缘（交换）路由器
LFIB	Label Forwarding Information Base	标记转发信息库
LI	Length Indicator	长度指示
LIB	Label Information Base	标记信息库
LIS	Logical IP Subnetwork	逻辑 IP 子网
LLC	Logical Link Control	逻辑链路控制层
LLCTL	Low Level ConTroL program	L 级控制程序
LM	Layer Management	层管理实体
LSA	Link Status Announce	链路状态公布
LSP	Label Switched Path	标记交换路径
LSR	Label Switch Router	标记交换路由器
L2F	Layer 2 Forwarding	第二层转发
L2TP	Layer 2 Tunnel Protocol	第二层隧道协议

MAM	Maximum Allocation Multiplier	最大分配因子
MAP	Mobile Application Part	移动应用部分
MARS	Multicast Address Resolution Server	组播地址解析服务器
MBMS	Multimedia Broadcast Multicast Service	多媒体广播组播功能
MC	Multipoint Controller	多点控制器
MCR	Minimum Cell Rate	最小信元速率
MCS	Multicast Server	组播服务器
MCU	Multipoint Controll Unit	多点控制单元
MEGACO	Media Gateway Controll Protocol	媒体网关控制协议
MEM	Micro-Electro-Mechanical	微机电
MF	Multi-Field	多字段
MFC	Multi-Frequency Controlled	多频互控
MG	Media Gateway	媒体网关
MGC	Media Gateway Controller	媒体网关控制器
MGCF	Media Gateway Control Function	媒体网关控制功能
MGCP	Media Gateway Control Protocol	媒体网关控制协议
MIB	Management Information Base	管理信息库
MID	Multiplexing Identification	多路复用识别
MM	Mobile Management	移动管理
MMD	Multimedia Domain	多媒体域
MMSC	Multimedia Messaging Service Center	多媒体消息服务中心
MMtel	Multimedia Telephony	多媒体电话业务
MNC	Mobile Network Code	移动网标识码
MONET	Multidimensional Optical Network	多维光网络
MPEG	Motion Picture Experts Group	活动图像专家组
MPLS	Multi-Protocol Label Switching	多协议标记交换
MPOA	Multiple Protocol Over ATM	ATM 上的多协议
MRCS	Multi-Rate Circuit Switching	多速率电路交换
MRFC	Media Resource Function Controller	多媒体资源功能控制器
MRFP	Media Resource Function Processor	多媒体资源功能处理器
MRS	Management Route Service	管理路由服务
MRS	Media Resource Server	媒体资源服务器
MS	Mobile Station	移动台
MSB	the Most Significant Bit	最高有效位
MSC	Mobile Switching Center	移动交换中心
MSF	MultiService Forum	多业务论坛
MTP	Message Transfer Part	消息传递部分
MTU	Maximum Transmission Unit	最大传输单元
NASS	Network Access Subsystem	网络接入子系统

NAT	Network Address Translation	网络地址翻译
NCP	Network Control Protocol	网络控制协议
NGN	Next Generation Network	下一代网络
NHRP	Next Hop address Resolution Protocol	下一跳地址解析协议
N-ISDN	Narrow band-ISDN	窄带综合业务数字网
NLRI	Network Layer Reachability Information	网络层可达信息
NNI	Network Node Interface	网络节点接口
NPL	National Physical Laboratory	国家物理实验室
NSP	Network Service Provider	网络服务提供商
OAM	Operation Aministration and Maintenance	操作管理与维护
OMA	Open Mobilc Alliance	开放移动联盟
OMAP	Operations & Maintenance Application Part	操作维护应用部分
OMC	Operations & Management Center	操作管理中心
OML	Operations and Management Link	操作和管理链路
OSA	Open Services Architecture	开放服务体系
OSF	Offset Field	偏移量
OSI	Open System Interconnection	开放系统互连
OSPF	Open Shortest Path First	开放式最短路径优先
OUI	Organizationally Unique Identifier	组织唯一性指示符
PBX	Private Branch Exchange	专用小交换机
PCC	Policy and Charging Control	策略与计费控制
PCH	Paging CHannel	寻呼信道
PCI	Protocol Control Information	协议控制信息
PCM	Pulse Code Modulation	脉冲编码调制
P-CSCF	Proxy CSCF	代理 CSCF
PDF	Policy decision fuction	策略决定功能
PDH	Plesiochronous Digital Hierarchy	准同步数字序列
PDU	Protocol Data Unit	协议数据单元
PE	Premise Equipment (router)	边缘设备（路由器）
PHB	PerHop Behavior	每跳转发行为
PLMN	Public Land Mobile Network	公共陆地移动网
PM	Physical Medium	物理媒质
PMD	Physical Medium Dependent sublayer	物理介质关联子层
PNNI	Private Network Node Interface	专用网络节点接口
POC	Push to talk over the cellular service	蜂窝服务的按键电话
POTS	Plain Old Telephone Service	普通电话业务
PPP	Point to Point Protocol	点对点协议
PPTP	Point to Point Tunnel Protocol	点对点隧道协议
PS	Packet Switching	分组交换

PS	Policy Server	策略服务器
PS	Praised Service	奖赏服务
PSPDN	Packet Switched Public Data Network	分组交换公用数据网
PSTN	Public Switched Telephone Network	公用（共）电话交换网
PT	Payload Type	信息类型
PTI	Payload Type Identifier	信息类型指示符
PVC	Permanent Virtual Circuit/Connection	永久虚电路/连接
PVP	Permanent Virtual Path	永久虚通路（路径）
QoS	Quality of Service	服务质量
RACH	Random Access CHannel	随机接入信道
RAM	Random Access Memory	随机存取存储器
RAN	Radio Access Network	无线接入网
RAS	Registration, Admission and Status	注册、准许和状态
RCS	Rich communication suite	富通信套件
RD	Route Discriminator	路由识别器
RFC	Request For Comment	请求评论（IETF 文件类型）
RIP	Router Information Protocol	路由信息协议
RLG	ReLease Guard signal	释放监护信号
RN	Root Node	根节点
ROM	Read Only Memory	只读存储器
RRM	Radio Resource Management	无线资源管理
RSL	Radio Signaling Link	无线信令链路
RSVP	Resource reSerVation Protocol	资源预留协议
RTCP	RTP Controll Protocol	RTP 控制协议
RTP	Realtime Transport Protocol	实时传输协议
SA	Safety Alliance	安全联盟
SACCH	Slow Associated Control CHannel	慢速随路控制信道
SAP	Service Access Point	业务接入点
SAPI	Service Access Point Identification	业务接入点标识
SAR	Segmentation And Reassembly	分段和重装
SBBC	Service Based Bearer Control	基于业务的承载控制
SCCP	Signaling Connection and Control Part	信令链路连接控制部分
SCH	Synchronous CHannel	同步信道
SCP	Service Control Point	业务控制点
SCR	Sustained Cell Rate	确保信元速率
S-CSCF	Serving-CSCF	服务 CSCF
SCTP	Signaling Control Transmission Protocol	信令控制传输协议
SDCCH	Stand-alone Dedicated Control CHannel	独立专用控制信道
SDH	Synchronous Digital Hierarchy	同步数字序列

SDP	Session Description Protocol	会话描述协议
SDU	Service Data Unit	业务数据单元
SEG	Security Gateway	安全网关
SG	Signaling Gateway	信令网关
SGCP	Simple Gateway Control Protocol	简单网关控制协议
SGSN	Service GPRS Supporting Node	GPRS 业务支持节点
SIP	Session Initiation Protocol	会话发起协议
SLA	Service Level Agreement	服务等级协定
SLC	Subscriber Line Circuit	用户电路
SLF	Subscription Locator Function	订购关系定位功能
SM	Speech Memory	语音存储器
SMTP	Simple Mail Transmission Protocol	简单邮件传输协议
SN	Sequence Number	序号
SNAP	SubNetwork Attachment Point	子网联结点
SNMP	Simple Network Management Protocol	简单网络管理协议
SONET	Synchronous Optical NETwork	同步光网络
SPC	Stored Program Control	存储程序控制
SSCS	Service-Specific Convergence Sublayer	业务特定汇聚子层
SS7	Signaling System 7	7 号信令系统
SSM	Single Segment Message	单段信息
SSP	Service Switching Point	业务交换点
ST	Segment Type	信息段类型
STD	Synchronous Time Division	同步时分
STF	STart Field	开始码
SVC	Switch Virtual Circuit/Connection	交换虚电路/连接
TC	Transmission Convergence	传输会聚
TCA	Traffic Conditioning Agreement	流量调节协定
TCAP	Transaction Capability Application Part	事务处理能力应用部分
TCH	Traffic CHannel	业务信道
TCP/IP	Transmission Control Protocol/Internet Protocol	传输控制协议/因特网协议
TDP	Tag Distribution Protocol	标记分发协议
TE	Traffic Engineering	流量工程
TED	Traffic Engineering Database	流量工程数据库
TFIB	Tag Forwarding Information Base	标记转发信息库
TG	Trunking Gateway	中继网关
TIB	Tag Information Base	标记信息库
TISPAN	Telecommunications and Internet converged Services and Protocols for Advanced Network	电信和互联网融合业务及高级网络协议
THIG	Topology Hiding Internet Gateway	网络拓扑隐藏互联网关

TLV	Type-Length-Value	类型-长度-值
TMG	Trunking Media Gateway	中继媒体网关
TMSI	Temporary Mobile Station Identification	临时移动用户识别码
TS	Time Slot	时隙
TSI	Time Slot Interval	时隙间隔
TTL	Time to Live	存活时间域
TUP	Telephone User Part	电话用户部分
UA	User Agent	用户代理
UAC	User Agent Client	用户代理客户
UAS	User Agent Server	用户代理服务器
UBR	Unspecified Bit Rate	未指定的比特率
UDP	User Datagram Protocol	用户数据报协议
UE	User Equipment	用户设备
UMTS	Universal Mobile Telecommunication System	通用移动通信系统
UNI	User Network Interface	用户网络接口
UUI	User-User Indication	用户间指示
VBR	Variable Bit Rate	可变比特率
VC	Virtual Channel	虚信道
VC	Virtual Circuit	虚电路
VCC	Virtual Channel Connection	虚信道连接
VCI	Virtual Channel Identifier	虚信道识别符
VLR	Visitor Location Register	访问位置寄存器
VN	Virtual Network	虚拟网络
VOD	Video On Demand	视频点播
VoIP	Voice over IP	IP 语音
VP	Virtual Path	虚通路
VPC	Virtual Path Connection	虚通路连接
VPI	Virtual Path Identifier	虚通路识别符
VPDN	Virtual Private Dial Network	拨号虚拟专用网络
VPN	Virtual Private Network	虚拟专用网络
VRF	VPN Route/Forwarding	VPN 路由/转发表
WAN	Wide Area Network	广域网
WCDMA	Wideband Code Division Multiple Access	宽带码分多址
WDM	Wavelength Division Multiplexing	波分复用
WFQ	Weighted Fair Queuing	加权公平排队
WG	Wireless Gateway	无线接入网关
WiMAX	World Interoperability for Microwave Access	全球微波接入互操作性
WLC	Wired Logic Control	布线逻辑控制

参 考 文 献

[1] 陈锡生，糜正琨. 现代电信交换. 北京：北京邮电大学出版社，1999.

[2] 金惠文，陈建亚，纪红. 现代交换原理. 北京：电子工业出版社，2000.

[3] 朱世华. 程控数字交换原理与应用. 西安：西安交通大学出版社，1999.

[4] 金准丰，韩春光. 程控数字交换技术. 北京：电子工业出版社，2002.

[5] Dick Knight. 宽带信令. 王立言等译. 北京：人民邮电出版社，2001.

[6] 杜治龙. 分组交换工程. 北京：人民邮电出版社，1998.

[7] 邢秦中. ATM 通信网. 北京：人民邮电出版社，1998.

[8] 赵慧玲，张国宏，高兰. 宽带网络技术及测试. 北京：人民邮电出版社，1999.

[9] 黄锡伟，朱秀昌. 宽带通信网络. 北京：人民邮电出版社，1998.

[10] 李津生，洪佩林等. 宽带综合业务数字网与 ATM 局域网. 北京：清华大学出版社，1998.

[11] 杨宗凯. ATM 理论及应用. 西安：西安电子科技大学出版社，1997.

[12] 万博通公司技术部. 宽带 IP 网络技术及其应用实例. 北京：海洋出版社，2000.

[13] 许金裕，刘汉明，甘志春. 程控交换技术. 北京：解放军出版社，1999.

[14] 叶敏. 程控数字交换与交换网. 北京：北京邮电大学出版社，1994.

[15] 尤克等. 现代数字移动通信原理及实用技术. 北京：北京航空航天大学出版社，2001.

[16] 达新宇，孟涛等. 现代通信新技术. 西安：西安电子科技大学出版社，2001.

[17] 孙青卉. 移动通信技术. 北京：机械工业出版社，2001.

[18] 鲁士文. 数据通信与 ATM 网络. 北京：清华大学出版社，1998.

[19] 吴江，赵惠玲. 下一代 IP 骨干网络技术—多协议标记交换. 北京：人民邮电出版社，2001.

[20] 冯径等. 多协议标记交换技术. 北京：人民邮电出版社，2002.

[21] 石晶林，丁炜等. MPLS 宽带网络互连技术. 北京：人民邮电出版社，2001.

[22] （美）Ivan Pepelnjak，Jim Guichard. MPLS 和 VPN 体系结构. 信达工作室译. 北京：人民邮电出版社，2001.

[23] Steven Brown. 构建虚拟专用网. 董晓宇等译. 北京：人民邮电出版社，2000.

[24] 糜正琨. IP 网络电话技术. 北京：人民邮电出版社，2000.

[25] Casey Wilson 等. 虚拟专用网的创建与实现. 钟鸣等译. 北京：机械工业出版社，2000.

[26] 强磊等. 基于软交换的下一代网络组网技术. 北京：人民邮电出版社，2005.

[27] 杨放春，孙其博. 软交换与 IMS 技术. 北京：北京邮电大学出版社，2007.

[28] Gonzalo Comarillo，Miguel A.Garcia Martin. 3G IP 多媒体子系统 IMS——融合移动网与因特网. 张同须等译. 北京：人民邮电出版社，2006.

[29] Miikka Poiksellka，Georg Mayer. IMS：IP 多媒体子系统概念与服务（第三版）. 望育梅，周胜译. 北京：机械工业出版社，2011.

[30] Shyam Chakraborty，Janne Peisa 等.基于蜂窝系统的IMS-I 融合电信领域的 VoIP 演进.黄

宇红，薛海强等译．北京：机械工业出版社，2009．

[31]（美）Christopher Y．Metz．IP Swicthing Protocols and Architectures．

[32]"ISC Reference Architecture Description"International softswitch consortium，Version 1. 1,2002．

[33] RFC1633："Integrated Services in the Internet Architecture： an Overview."R.Braden, D. Clark, S. Shenker. 1994.

[34] RFC2430："A Provider Architecture for Differentiated Services and Traffic Engineering （PASTE）." T. Li, Y. Rekhter. 1998.

[35] RFC2474："Definition of the Differentiated Services Field （DS Field） in the IPv4 and IPv6 Headers." K. Nichols, S. Blake, F. Baker, D. Black. 1998.

[36] RFC2475："An Architecture for Differentiated Service." S. Blake, D. Black, M. Carlson, E. Davies, Z. Wang, W. Weiss. 1998.

[37] RFC2597:"Assured Forwarding PHB Group."J. Heinanen, F. Baker, W. Weiss, J. Wroclawski. 1999.

[38] RFC2543："SIP： Session Initiation Protocol." M. Handley, H. Schulzrinne, E.Schooler, J. Rosenberg. 1999.

[39] RFC2547:"BGP/MPLS VPNs." E. Rosen, Y. Rekhter. 1999.